当惊世界殊

菲迪克工程项目奖
中国获奖工程集

WORLD-
MARVEL
PROJECT

FIDIC PROJECT
AWARDS COLLECTION

中国工程咨询协会 编

人民出版社

编辑出版委员会

序一

中国自古就是善于创造奇迹的国度。

万里长城横亘东西，京杭运河纵贯南北。千百年来，中国人民的智慧在神州大地留下了一个又一个超级工程的丰碑。

新中国成立以来，在中国共产党领导下，中华民族将传统智慧融合了现代科学技术，通过学习引进和自主创新，以工程咨询为引领，测经纬，拓通途，筑广厦，束湍流，一步一个脚印，一关一项对策。伴随着第一个百年奋斗目标的实现，我国业已成为名副其实的工程建设强国，中国项目、中国标准、中国质量走出国门，获得世界盛赞。

党的十八大以来，工程咨询行业积极贯彻以习近平总书记为核心的党中央"以人民为中心"、"创新、协调、绿色、开放、共享"的新发展理念，贡献了一大批造福百姓的基础设施及社会公益项目，为脱贫攻坚战的全面胜利、为小康社会的全面建成倾注全力。自2013年至今，中国工程咨询项目蝉联"菲迪克"（国际咨询工程师联合会）获奖总数的榜首。我国精品工程层出不穷，其项目的质量、建设的廉洁高效、发展的可持续性皆令世人瞩目。

在举国同庆中国共产党建党一百周年之际，编纂一部工程咨询行业为党献礼的年鉴正当其时。翻开厚实的书页，"七连冠"工程咨询项目掠影及纪实跃然纸上，这是新发展阶段工程咨询业向党和人民呈交的一份沉甸甸的答卷，是对党和国家在基建民生领域丰硕成果的讴歌，抒发了工程咨询人爱党爱国的坚定信念和民族复兴的必胜决心。

创新驱动发展，技术引领未来。我国历年菲迪克获奖项目在理论、技术与方法等方面不断取得新突破，日新月异的业绩，无不凝聚着工程咨询人员的心血与智慧，尽显全行业在中国特色社会主义建设事业中的责任与担当。中国咨询工程师也逐步走向世界，在菲迪克传递中国声音。

这部文集，是我国近年来重大项目和标志性工程的集中亮相，反映了新时代大国工程的优良水准，浸润着行业楷模的家国情怀。

中国工程咨询协会于 1996 年成为正式会员后，在国家有关部门的支持和指导下，始终致力于引领中国工程咨询业走向国际、融入国际、影响国际，已成为在菲迪克有声音、有形象、有位置的重要成员，得到了国际工程咨询界的认可与尊重。协会将依照菲迪克提倡的"质量、廉洁、可持续发展"理念，一如既往地组织好菲迪克评奖申报工作，积极为多边工程咨询的交流合作搭建开放平台，积极为我国工程咨询业深度参与"一带一路"建设提供智力服务，让更多优质的中国工程咨询项目在国际舞台上大放异彩。这部文集，也是对协会多年来国际业务板块的梳理总结，将激励协会成员以更大力度、更高质量推进菲迪克相关工作。

大桥卧波，天路行空，缔造超级工程、铸就大国重器的中华民族正以崭新姿态屹立于世界东方。"七连冠"只是里程碑，绝非终点站。面对百年未有之大变局，中国工程咨询更要有放眼世界、纵观全球的大格局。殷切期望业界同人再接再厉，用专业精神谱写无愧于历史、无愧于时代的华彩乐章。相信在党的伟大思想指引下，工程咨询人必将锻造崇高觉悟与过硬本领，披荆斩棘，乘风破浪，在攻坚克难中继续创造奇迹！

中国工程咨询协会会长

序二

在 2013 年举办的"菲迪克百年庆典"上,菲迪克所倡导的"质量、诚信和可持续"的核心价值得到了充分彰显。作为此次庆典的一项重要活动,"菲迪克百年工程项目奖"首次亮相,以表彰对世界经济社会发展做出突出贡献的工程项目。此后,一年一度的菲迪克工程项目奖评选成为备受瞩目的一项活动。

从 2013 年在"菲迪克百年庆典"上首秀至今,中国推选的项目可圈可点,共有 73 个中国项目获得殊荣,展示了中国工程咨询毋庸置疑的实力,赢得了世人的赞誉。中国对菲迪克举办的年度全球基础设施大会和系列活动也给予了积极的支持,包括菲迪克工程师培训认证项目(FCCE),该项目在中国试点的成功,极大提升了中国咨询工程师的价值和影响力。

菲迪克工程项目奖的评选基于"严谨、公平、公正"的标准,并需满足"国际认可、技术卓越、创新性和可持续"的严格条件。菲迪克对中国咨询工程师取得的巨大成就,以及在推动中国基础设施发展进步与全球业界共享方面表现出的敬业与合作,表示衷心的祝贺。

这是一部很有价值的项目集萃,我非常荣幸能为本书献言。在此,我谨代表菲迪克祝愿中国同行在业务发展、技术创新和国际交流合作方面取得更大的成就。

国际咨询工程师联合会主席

威廉·霍华德

Preface 2

In 2013, highlighting FIDIC's core principles of "Quality, Integrity and Sustainability", FIDIC proudly hosted its centenary celebrations. Part of this celebration included FIDIC's Centenary Awards, to recognise and celebrate the best consulting engineering achievements in the global infrastructure sector. The awards ceremony included recognition of several projects that have made outstanding contributions to the world's economic and social development. The annual awards program has since continued to be an admired and highly valued FIDIC event.

Chinese professionals continue to play a prominent role in FIDIC awards programs. Since the initial awards held in 2013, FIDIC is proud to have recognised 73 awards won by Chinese projects in various areas including, major building projects and major civil engineering projects. These awards show the unquestionable strength and reputation of the Chinese engineering consulting industry. Since then, Chinese professionals continue to attend and support various FIDIC events and conferences, including FIDIC's annual infrastructure conference and many training and learning initiatives, including FIDIC's FCCE programme, which has been successful and added value to many Chinese engineers.

The awards presented by FIDIC are based on the application of rigorous, fair and impartial criteria and meet the strict requirements of international recognition, technological excellence, innovation and sustainability. FIDIC would like to take this opportunity to applaud China's consulting engineering professionals for their remarkable achievements as well as for their dedication and cooperation to ensuring the progress and achievements of China's infrastructure development are shared with the global consulting engineering industry.

This book presents a valuable collection of projects and I am honoured to be able to contribute to it. FIDIC would also like to take this opportunity to wish our Chinese colleagues continuous success in business development, technological innovation and international exchange and cooperation.

William J Howard

综述

筑梦百年, 广厦万间

——菲迪克工程项目奖中国获奖工程集

人与工程的故事, 在千锤百炼后写下文句, 令人动容; 工程予人的馈赠, 在万水千山中画出奇观, 堪比天工。

工程咨询是人与工程之间的智力互动, 中国咨询工程师的头脑风暴宛如宫商角徵羽, 凝固成大国工程的磅礴乐章, 而属于他们的荣耀, 则在全球工程咨询领域的"诺贝尔奖"——菲迪克工程项目奖中熠熠生辉。

时光倒溯回黑白胶片中的 1913 年, 国际咨询工程师联合会在两次世界大战前的短暂平静中悄然成立, 其法文名 Fédération Internationale des Ingénieurs Conseils 化为字母简写 FIDIC, "菲迪克"之名遂为工程咨询业界所共知。彼时的世界, 列强横纵, 战云密布, 像菲迪克这样的非政府组织并未引起世人广泛关注; 彼时的中国, 故楼满衰蓬, 九州尽板荡, 或许鲜有人料到, 看似羸弱的东方巨人, 终有一天会在中国共产党的带领下强筋健骨, 成为一个个超级工程的缔造者。

2013—2019 年, 菲迪克在全球范围内评选表彰了一批对世界经济社会发展具有突出贡献的工程项目, 其中, 中国工程项目获奖数目连年居世界第一, 赢得了"七连冠"的佳绩。三峡工程的壮美、广州塔的挺拔、京沪高铁的顺畅……看神州大地, 大国营造神采奕奕; 展中华情怀, 73 个获奖项目各领风骚。

七桂光华, 七砺春秋, "七连冠"的成就, 是党和人民集体智慧的结晶, 集中体现着习近平总书记提出的"创新、协调、绿色、开放、共享"五大发展理念, 彰显了我国社会主义制度集中力量办大事的优势。站在中国共产党建党一百周年的伟大历史节点, 回眸中国智慧在菲迪克 (FIDIC) 工程项目奖中的高光片段, 爱党爱国之豪情油然自生。

| 非凡工程 · 创新之智 |

改革开放四十余年, 中国人民见证了国内生产总值的飞速增长, 见

证了无数大型基建的快速推进。"基建大国"美誉和"中国速度"热搜的背后，是工程建设者多年来挑战极限、勇于创新的不懈追求。创新工艺工法，对标世界前沿，以精品工程助力经济发展，用技术改良推动行业进步，细数我国历年获奖项目，由传统要素驱动向创新驱动演化的时间轴线分外清晰。

用情怀仰望星空，凭智慧敲开天眼，被誉为"中国天眼"的FAST工程，是突破技术极限的创新工程。这座世界最大单口径射电望远镜创造性地发明了主动变形反射面，采用光机电一体化技术，搭建起世界上跨度最大、精度最高的索网结构，在黔南葱郁的群山深处擦亮了云集中国科技的通天之眼。科技服务工程，工程反哺科技，"中国天眼"对我国乃至国际天文重大基建的里程碑式意义足以令世人惊叹。

路起兰州行无极，心驰轮台揽月明。兰新高铁在大西北的苍茫与雄浑中延伸，所经之处面临多种不良地质类型和极端气候，其综合修建技术之艰，非创新无以克难。在干旱环境中为混凝土保湿，在剧烈温差下使道床耐久，从穿越祁连铁壁的保温涵洞，到抵御达坂劲风的虚实墙体，新技术的力度与温度刚柔兼济，中国智造在高铁动车的急驰中进一步腾飞。

在"九省通衢"武汉，天兴洲公铁两用长江大桥刷新了多个世界第一，三索面三主桁斜拉桥的新结构体系，在自主创新中由图纸方案化为可观成果。在"普陀胜境"舟山，西堠门大桥创新地采用分体式钢箱梁断面，抗风性能佳，成为在台风区建造特大跨径钢箱梁悬索桥的先例。一道道"人间彩虹"各展英姿，跨越天险，如履平地，以超大跨度斜拉桥、悬索桥、拱桥和大规模跨海工程建设为代表的中国桥梁通过一系列创新，践行天堑变通途的建桥使命，显著提高了中国桥梁的国际竞争力。

| 优质工程·协调之本 |

当今，全球形势波谲云诡，面对百年未有之大变局，欲行稳致远，

必须以协调为根本遵循，理顺各种重大关系。在我国，一系列重点工程正发挥着补齐基础设施短板、缩小地域差距、改善人民福祉的积极作用。我国菲迪克获奖项目的协调特质，体现在工程与环境的相适，体现在当代与传统的相融，更体现在优化产能布局的相守相助。

潮有信，人有心，连接嘉湖、宁绍平原古海塘，贯穿观潮胜地杭州湾，钱塘江隧道的营建倾注着工程咨询人的良多匠心。保护好"天下第一潮"，克服高水压、高渗透性地层等难题，率先使用超大直径盾构机一次性折返长距离施工技术，让海陆造化之奇观和工程弄潮儿的奇功在钱江隧道项目中合而为一，让湾区城市协同发展的脚步随着隧道的通车进一步加快。

传统与现代的交汇，既存在于物理空间，也成型于理念维度。为八百里大美秦川赋新篇，西安地铁二号线是关中平原第一条地铁，穿梭于十三朝古都的文化地层间，项目以轨道无缝铺设方式降振，减少了对地下文物的扰动，从而完美解决工程建设与文物保护、现代科技与历史传承的矛盾。位于北京的凤凰国际传媒中心，是新世纪数字革命的产物，但并不将东方文化视作西方文化的对立面，采用先进的数字技术进行精确化建造，只为传达柔美律动的东方意韵，莫比乌斯数学模型与传统凤凰文化的水乳交融，让技术尽显建筑的精神价值。

暖风习习的南海之滨，宝钢湛江钢铁基地以点带面，充分利用国内国际两个市场、两种资源，满足中国南方市场和"一带一路"新兴经济体对中高端钢铁产品的需求，打破我国钢铁业"北重南轻"的布局壁垒，优化着我国钢铁产业的空间分布格局。

| 多元工程·绿色之思 |

守护绿水青山，共建美丽中国，绿色发展标志着我国经济社会从传统发展向现代发展的价值转换。改善环境就是发展生产力，"绿色"是

菲迪克项目评选的关键指标,更是我国工程咨询人在新时代开展业务的行动指南。回顾我国历年获奖项目,"绿色工程"的成绩榜单同样可圈可点。

在世界屋脊青藏高原,通天大道不会轻易铺就,脆弱生态一旦遭施工破坏更不会轻易恢复。举世瞩目的青藏铁路工程,不仅要克服百倍于常的施工困难,更要担起永葆"江河源""生态源"生机的重责。工程设计者以建设具有雪域高原特色的生态环保型铁路为目标,制定周详的环保纲领性文件,将环保意识、环保技术贯穿到工程的每一个环节。这条神奇的天路,寄托着党和各族人民的期许,承载着新中国的荣光,是依靠科技进步和艰辛付出在世界之巅铸就的绿色通途。

众所周知,多元利用可再生能源是应对资源消耗、环境污染问题的必由之路。然而,新能源发电的不稳定性以及新能源电力大规模并网消纳,业已成为发展绿色电力的巨大挑战。面对诸多世界级难题,坝上草原天穹下的国家风光储输示范工程集风力发电、光伏发电、储能系统、智能输电于一体,发挥示范作用,赋能低碳冬奥,为新能源的并网安全和大范围配置秀出中国方案。

发展清洁能源,水电当仁不让,新时代的中国水电工程秉持绿色理念,在高峡平湖间继续浇筑传奇。云崖渐暖的金沙江上,溪洛渡水电站工程坚持生态优先,在保护中开发,在发展中保护,节约峻极深谷间宝贵的土地资源,将自身锻造为水土保持生态文明工程。滔滔不息的雅砻江中,锦屏一级水电站树起一面投映环保之光的"生态之屏",建设者在项目开发过程中始终坚持节约节能,充分采用当地岩石作为筑坝骨料,避免了外运材料带来的能耗。昔日桀骜的红水河滩头,龙滩水电站成为"西电东送"的龙头,以库区生态公园为佐,为大坝平添绿色情怀。

| 应时工程 · 开放之姿 |

"双循环"的新发展格局,正加速我国高水平对外开放的步伐。"一

带一路"的广阔天地间，处处有中国工程咨询业大显身手的舞台，开放发展的重要理念，为我国工程建设单位扬帆远航指明了方向。顺应世界发展潮流，依托工程项目打造开放平台，国内基建与全世界的对接联动正当其时。

冲出白龙堆，大漠腾巨龙。西气东输管道一线工程的上马，是党中央、国务院高瞻远瞩，为建设跨国能源通道奠定基础的创举。这条横贯祖国西部、中部和东部的能源大动脉，不仅开创了中国大口径、高压力、长距离、大输气量管道建设的先河，更开启了我国大规模跨境输气项目合作的新纪元。继西气东输工程之后，连接中亚、缅甸、俄罗斯等地域和国家的天然气管道工程也陆续投产，充分调配利用好国内外资源，一条条坚实的管线延展八方，造福亿万民众，服务百业兴旺。

坐标鸟语花香的粤港澳大湾区，中国进出口商品交易会琶洲展馆轻盈、飘逸的意象浮现在珠江之洲，为广交会这一中国规模最大的国际贸易盛会提供优质的硬件服务。在向海而生的大湾区，还有很多获奖项目星罗其间，它们有如明珠出海，在对外开放的前沿地带闪烁着智慧的光芒。

| 康庄工程 · 共享之福 |

让人民共享经济社会发展的成果，充分体现着社会主义的本质要求。从顶层设计到"最后一公里"，在落实共享发展的具体环节中，在决胜脱贫攻坚的主战场上，我国重大工程项目扮演着不可或缺的重要角色。

古有京杭大运河，兴漕运以续国祚；今有南水北调中线工程，利国利民以谋共享发展。围绕党的伟大战略构想，这一当今世界规模最大的调水工程，在半个多世纪以来，见证了几代人的艰辛努力。一座座"水中立交"顺应河川到海的自然轨迹，一处处明暗梁渠突破地理单元之阻隔，缓解了水资源分布不均状况，满足了水资源调控的多目标需求，实现了"南北两利、南北双赢"。随着一库清水永续北流，"四横三纵"

格局下的中国水网终将浸润民族复兴之梦。

"八横八纵"蓝图中的中国高速铁路,不只是象征"中国速度"的"快进符",更是推动共享发展的"指挥棒"。衔江淮,抚彭蠡,越武夷,抵闽中,"中国最美高铁"合福高铁拥有的绝不只是颜值,"三省之福,合于一路",盘活沿线城市的独道优势,拉动存在感薄弱的县域经济实现共享发展,一条黄金通道的重要价值不言自明。

高水准建筑群是城市的文化符号和地标。在新中国的政治中心北京,天安门广场建筑群象征着人民政权的蓬勃生机。历经多次改造与扩建,新老建筑秩序井然、和谐统一,大体量营造,大空间布置,宏大气象中蕴藏匠心雕琢,与时俱进中兼具文明积淀。这一雄伟的建筑集群,铭记着人民领袖的庄严宣告,书写着人民代表的真知灼见,记录着亿万中国人民的欢声笑语,充分体现了发展成果由人民共享的理念,是向党和国家献礼的璀璨建筑瑰宝。

区区千言,无以尽述所有获奖项目的魅力风采;纵览详阅,方能从这部业界文萃中体会荣耀背后无数中国工程咨询人和工程建设单位的无悔付出。

筑梦百年,广厦万间。昂首迈入新时代,在中国共产党的坚强领导下,大国工程实现了从无到有、从有到优的沧桑巨变。恰似相交的轨道,恰如合龙的桥头,顶天立地的"人"字见证了勤劳勇敢的中国人与国际盛典的风云际会。让我们牢记习近平总书记"以人民为中心"的发展思想,矢志践行五大发展理念,古老的中国在工程建设的新征途上必将走向更加辉煌的未来!

目录

▌交通篇

▌水利水电篇

▌建筑篇

▌能源篇

▌科技篇、产业篇

PART 1

交通篇

TRAFFIC

　　交通产业是国民经济中基础性、战略性、先导性产业，也是重要的服务性行业。近二十年来，是我国交通产业的大发展期。这得益于国民经济的高速增长，得益于国家重视基础设施建设的方针政策。交通建设的前瞻性、高起点和勇于创新的精神造就了一系列世纪工程，举世瞩目。所取得的成就必将增强我国到 2050 年全面建成交通强国的目标实现的决心。"人享其行、物优其流"的美好愿景一定会实现！

绿色天路

青藏铁路环境保护纪实

项目名称：青藏铁路工程
获奖单位：中铁第一勘察设计院集团有限公司
获得奖项：百年重大土木工程项目优秀奖
获奖年份：2013 年
获奖地点：西班牙巴塞罗那

　　青藏铁路之所以举世瞩目，除了工程巨大、技术复杂，更与西藏独特的文化背景尤其是恶劣的自然环境和脆弱的生态系统密切相关。

　　青藏高原至今还保持着原始古朴的自然风貌，拥有独特的高原、高寒生物区系和丰富多样的自然景观，高原特有的珍稀野生动植物具有特殊的生态价值和科研价值。同时，长年负温和短促的生长季节，使得植被及其生长环境一旦被破坏，在短期内极难恢复甚至无法恢复。而且人为

青藏铁路沿途风光

2020 年 6 月 25 日，西藏自治区当雄境内，行驶在皑皑雪山下的青藏铁路由 NJ2 型内燃高原型机车牵引的绿皮特快旅客列车。

的破坏和扰动，会打破冻土环境的热平衡，加速冻土融化，对工程的稳定性产生致命的危害。

如何在大规模建设中保护原始、独特、脆弱而敏感的生态环境，是青藏铁路的建设者面临的重大课题，也是必须解决好的重要任务。国内外的目光关注着这里，党中央、国务院也对此寄予了厚望。

｜美丽而敏感的神奇高原｜

青藏铁路全长 1142 公里，其中 960 公里位于海拔 4000 米以上的地段，线路的平均海拔达到了 4438 米，是一条真正穿行于"世界之巅"的"天路"。

在这 1142 公里的行程中，铁路要陆续穿越山地荒漠、高寒草原、高寒草甸、沼泽湿地和高寒灌木丛等不同的高原、高寒生态系统；

要经过可可西里国家级自然保护区和三江源自然保护区；要紧邻西藏色林错黑颈鹤自然保护区；要跨越长江源的主要河流；要从美丽的错那湖畔擦肩而过；要断断续续地穿过 100 多公里的沼泽湿地；要翻越昆仑山、风火山、唐古拉山等著名的山峰；还要跨越美丽富饶的羌塘大草原，穿过险峻幽深的羊八井峡谷……雄奇壮丽而又变幻莫测的高原风光在这里一览无余。保护好、建设好青藏铁路这条名副其实的黄金旅游线路，意义重大。

青藏铁路的环境保护是一项涉及多学科、多专业、多领域的系统工程。不仅包括冻土的保护，更涵盖了动物、植物、土壤、水利甚至大气等方方面面，其被社会的认知度和关注度都更高，产生的影响也更广泛、更深远。

那么，青藏铁路沿线的自然生态环境都有哪些特点呢？概括地说，其不仅是我国乃至世

青藏线格尔木至拉萨段"1：2000 航测数字化地形图"
于 2006 年获国家铜奖

查看冻土岩芯

错那湖防沙带

谷露人工湿地一角

界的气候调节器，而且是我国和南亚地区的"江河源"和"生态源"。同时，它还是全球气候变化的敏感区和"放大器"，对全球的环境具有特殊的意义。

青藏高原保存有相对完好的原始高原面，随着高原内部水热条件的差异，形成了由高寒灌丛、高寒草甸、高寒草原、高寒荒漠组成的高寒生态系统。在这个独特的高寒自然环境和高寒生物区系中，高寒草原和高寒草甸的分布最广，并且在亚洲和世界高寒地区中具有不可替代的代表性，至今还基本保持着原始的自然演变过程。

青藏铁路沿线的自然景观呈现出多样性和独特性：既有不同种类植被组成的水平高寒生态景观，又有草甸、草原与冰雪带组成的垂直景观；既有可可西里和三江源有蹄类野生动物的栖息和迁徙环境，又有西藏境内广布的沼泽湿地和鸟类的栖息环境；既有昆仑山、唐古拉山和念青唐古拉山的神秘雪峰、冰川，又有多年冻土地区的冻胀丘、冰椎、热融湖塘等冻土奇观；既有长江源头古老的楚玛尔河、沱沱河、通天河，又有美丽的高原圣湖错那湖；既有幽深的羊八井峡谷，又有广阔的藏北草原。另外，在水平高寒地带还分布着沼泽植被和高原特有的垫状植被。

青藏高原独特的自然条件和丰富的自然资源，造就了丰富多彩的动植物区系，这也使它被世界自然基金会列为全球生物多样性保护的"最优先地区"。青藏高原也是中国生物多样性保护行动计划中优先保护的区域。铁路经过地区动植物物种虽少，但珍稀特有物种较多，种群数量大。常见的哺乳类动物有 16 种，其中

11 种为青藏高原的特有物种；鸟类约 30 种，其中 7 种为青藏高原特有；植物种类有 47 科、197 属、486 种，其中 80 种以上为高原特有品种。属国家一级保护的动物主要有藏羚羊、藏野驴、野牦牛、白唇鹿、雪豹、藏雪鸡和黑颈鹤。

青藏铁路沿线分布着 5 个已建成的自然保护区、6 个规划的自然保护区和 1 个特殊生态功能区。铁路要先后经过可可西里国家级自然保护区边缘地带约 100 公里，三江源自然保护区边缘 193.4 公里，紧临西藏色林错黑颈鹤自然保护区缓冲区 31 公里，还要穿越长江源的特殊生态功能保护区。

由于具有涵养水源、调节气候、净化环境等功能，湿地被称为地球的"肾脏"。青藏铁路沿线的湿地分布较多，主要类型有沼泽型、湖泊型和河床型三类。唐古拉山以北的湿地以河床型、沼泽型为主，具有小片、不连续分布的特点。唐古拉山以南的湿地主要为沼泽型和湖泊型，具有分布面积大、发育等特征。其中聂荣、安多和那曲的沼泽湿地已被列入中国湿地保护行动计划。

青藏高原是我国和南亚地区的"江河源"，是亚洲十大水系的源头，被誉为"亚洲水塔"。我国最主要的长江、黄河、怒江、澜沧江、雅鲁藏布江等许多大江、大河都源自青藏高原；水资源丰富，水能资源尤为丰沛，占全国年水资源总量的 18%。

由于地处海拔四五千米的高原，青藏高原空气稀薄，氧气含量只有海平面的 50%，并且气候寒冷、干旱，自然条件极其恶劣，高原植物的生长期短，遭破坏后极难恢复，生态环境十分敏感而脆弱。

青藏高原丰富的珍稀特有物种和严酷的自然环境，多彩多姿的自然景观和脆弱的生态系统，星罗棋布的保护区和广泛分布的湿地，构成了一幅既矛盾又和谐的独特画卷，散发着特殊的魅力，就像一位美丽而敏感的少女，让我们在渴望与之亲近的同时，更需要用心地去呵护。

| 倾"举国之智"的"先头战役" |

作为我国的一项基本国策，生态与环境的保护近年来得到了越来越广泛的重视。国务院制定、实施了"环境影响评价制度"和同时设计、同时施工、同时投产的"三同时制度"，以减缓项目建设对环境的影响，保护生态环境，有效控制污染。如何在青藏铁路的建设中体现这一要求，做好建设前期、勘测设计期和施工运营期的环境保护工作，使其更具针对性与操作性，更有实际效果，对于青藏铁路沿线脆弱生态的保护显得尤为重要。

为此，国家成立了专门的"青藏铁路建设领导小组"，全面负责青藏铁路的建设工作。领导小组肩负党和人民的重托，努力实践"三个代表"重要思想，全面落实科学发展观的要求，把保护生态环境、实施可持续发展作为自己的神圣职责，提出了"拼搏奉献，依靠科技，保障健康，爱护环境，争创一流"的建设方针，并在借鉴国内外重大工程环境保护经验的基础上，结合青藏铁路的建设实际，提出了"努力建设具有高原特色的生态环保型铁路"的建设目标，并严格按照环保设施与主体工程同时设计、同时施工、同时投产的要求，对青藏铁路

行驶在牦牛草场旁的青藏铁路货运列车

2012 年，青藏铁路列车在念青唐古拉山脚下运行

的环境保护作出了明确的要求。

国家环保总局、铁道部、各有关部委以及地方主管部门对青藏铁路的生态环境保护问题也极为重视，各级领导多次亲临现场指导工作并提出了许多有建设性的意见和要求。

2001 年 2 月 18 日，铁道部、国家环保总局在北京联合召开了青藏铁路建设环保工作座谈会，邀请了水利部、国家林业局、青藏两省区相关部门的主管领导、国内与环境保护有关的著名院士、专家和社会各界代表 90 余人参加，重点针对中铁第一勘察设计院集团有限公司（简称"铁一院"）编制完成的《青藏线格拉段环境影响评价总体设想》《青藏线格拉段主要环境敏感问题》《青藏线格拉段环评技术路线和思路》《青藏线格拉段设计和施工期的环境保护措施》《青藏线格拉段沿线的规划标

准》等六个纲领性文件进行讨论，充分发表意见和建议，共同出谋划策，最终确立了"预防为主、保护优先，开发与保护并重"的指导思想和"以环评成果指导设计、施工、环境管理"的实施原则。这一重要思路后来贯穿于建设的全过程，奠定了青藏铁路环保工作的基石，完成了自然保护区、野生动物通道等专题研究报告，为青藏铁路达到"一流环保铁路"的目标从根本上提供了保障。

思路已经确定，接下来就要看建设者了。

作为从 20 世纪 50 年代就开始承担青藏铁路勘测设计工作的铁一院来说，半个世纪从不间断的探索与付出，使他们与青藏铁路结下了不解之缘，更对这片神奇的土地产生了深厚的感情。2001 年 3 月，由铁一院、中国环境科学研究院生态所、国家环保总局南京环

青藏铁路沿途风光

境科研所的 14 名核心专家组成的"环境评估调查队"奔赴高原，10 天行程 1200 公里，对青藏铁路沿线进行现场踏勘。为使青藏铁路的环境保护工作能够吸取当今国内外最新的思路与技术，代表国内最高的水平，铁一院先后邀请了中国环境科学院，中科院动物所、植物所，国家环保总局环科所，中科院西北高原生物研究所，以及青海省林业局、西藏林业局、中铁西北研究院、西南交通大学等国内最具权威性的环境保护与研究单位共同参与，充分利用了各单位在自然保护区、珍稀野生动植物、生物多样性，以及冻土生态环境研究等方面多年积累的工作经验，集国内众多一流研究队伍的技术之长，采用了地理信息系统及 3S 等最新的技术，先后进行了 5 次较大规模的现场调研与监测，并前后 3 次再赴高

原开展补充踏勘，掌握了大量的第一手资料，为制定科学合理的环境保护措施奠定了坚实的基础。

为了充分体现"预防为主，保护优先"的方针，避免对生态环境的影响造成既成事实，铁一院从工程可行性研究和铁路的线路选择阶段就开始了细致全面的环境保护工作。他们一方面从生态大环境的角度分析初选线路方案与各类自然保护区、野生动植物分布区的位置关系和影响；另一方面积极与铁道部主管部门、自然保护区主管部门等协调沟通，通过广泛调研、现场踏勘，解决了青藏铁路建设与自然保护区在法律上的冲突，顺利完成了"青藏线格拉段自然保护区、野生动物专题报告"；共同确定、设置了野生动物通道；并从环保的角度出发，进一步确定了铁路的线路走向和方案。

在铁路进入拉萨的方案选择上，从 50 年

青藏铁路沿途风光

代起就一直有羊八井方案和东线林周方案的争议。选择前者，要穿越羊八井峡谷，工程量巨大并且战备条件不好；而选择东线方案，线路虽长但地形地质条件较好。但最终大家还是一致选择了羊八井方案，因为一方面工程技术水平已经今非昔比，另一方面也避免了穿越东线的林周彭波黑颈鹤自然保护区。在铁路必须经过的可可西里、三江源等自然保护区，线路最大限度地靠近保护区的边缘地带通过，并且紧临公路，力求将对保护区的影响降到最低。

|绿色、科学、细致、和谐|

工欲善其事，必先利其器。经过充分吸纳各方、各界的意见和建议，一系列代表当今国内最高水平，体现工程设计者和国内高原动植物专家以及高原学家共同智慧的纲领性文件终于正式出台了，这就是贯穿青藏铁路建设全过程的《环境影响评价大纲》《设计和施工期的环境保护措施》等六个纲领性文件。这些文件涵盖了从勘测设计一直到施工运营管理全过程的环境保护问题，既提出了明确的指导思想和实施原则，又指出了高原环保面临的主要问题和特点，更针对工程建设的各个环节作出了详细而具体的规定。

例如在设计文件中，破天荒地设计了专门的施工便道；对取土场、弃土场的位置选择和土石方量也进行了明确的规定；对施工场地、植被恢复等细节问题，也都有量化而具体的措施。又比如为避免大量挖方造成水土流失，设计中普遍采取了以顺河桥代替挖方路基的新方案；为保护高温不稳定冻土和大片的湿地以及牧场，建设中大量采用了以桥代路方案，其中最长的桥梁达到了 11.47 公里。至于引起社会广泛关注的高原特有珍稀野生动物的保护，更是被列为工作的重点加以研究，一次性确立了 33 处野生动物通道。甚至对于列车通车运营后的废弃物排放，文件中也给出了科学可行的解决措施。

综观这一系列的纲领性文件，无一处不生动地体现了一种崭新的环保理念，这就是工程与环境的和谐统一、发展与环境的和谐统一。

2000 年，铁一院组织 1000 人的队伍奔赴高原，超前开展初步测量，也率先拉开了青藏铁路建设的序幕。鲜为人知的是，铁一院青藏铁路指挥部进入现场后下达的第一号文件不是机构设置，也不是生产组织，而是勘测、勘探过程中的生态环境保护。在整个初测会战中，这个"一号文件"得到了忠实的贯彻与执行。所有的勘测队野外作业时都随身带着回收垃圾的塑料袋，所有的钻机在结束钻探后都会用土掩埋钻孔，并彻底清理掉地表的残油和污渍。会战结束后，除了一排代表未来线路位置的整齐的木板桩静静地矗立在地面上，看不出任何曾经有人经过的痕迹。

勘测是所有工程建设的尖兵，这个"青藏铁路的环保第一仗"打得很漂亮，但这毕竟只是千人规模的会战，影响的也只是小范围，而青藏铁路全线一旦开工，将至少有 10 万人同时奋战在高原上，文件中规定的各项环保措施

青藏铁路沿途风光

是否切实可行、实施中是否能落在实处，我们的队伍是否能经得起考验，脆弱的高原是否能依旧保持往日的美丽与神圣，都对我们提出了前所未有的严峻挑战。

为了提高参建人员的环保意识，青藏铁路建设领导小组、铁道部和国家环保总局责成铁一院编制了《青藏铁路施工期管理人员环保手册和施工人员环保手册》，青海省也编制了《青藏线格尔木至唐古拉段环境保护手册》，在青藏铁路总指挥部的精心部署和施工单位的积极配合下，环保手册和环保理念深入传达贯彻到了每一位参建职工，大家的环保意识有了明显提高，环境保护成为每一个人的自觉行动。

在1142公里的铁路建设沿线，从生活营地到施工场地，乃至公路两侧、山坡草场，都竖立着大量醒目的标语牌，书写着诸如"静心施工，把青藏铁路建设成生态环保模范线""科学施工，珍爱生态环境""爱护高原每寸绿地""珍爱野生动物、呵护高原生态"等环保宣传标语。这样的宣传牌在全线一共有500多个，既起到了宣传作用，又寓含着警示意义。在整整5年的施工期内，它已经成为青藏铁路和公路沿线的一大景观，既提醒了参建职工，又给过往的司机和旅客上了一堂直观、形象的环保教育课。

作为青藏铁路建设的"总管家"，在一系列纲领性文件的指导下，青藏铁路总指挥部出台了相应的规章管理制度和实施细则，大至各施工单位的环保目标，小至各标段草皮移植的成活率，都作出了明确而具体的规定。为提高

青藏铁路沿途风光

一列进藏客车行驶向远方，列车行驶在雪上铁路之上

各单位尤其是现场管理者的环保意识和水平，青藏总指每年都要对进场的各单位技术负责人和管理人员进行环保方面的专业培训；各参建单位也要对进场施工人员进行不同层次的培训。几年来累计举办各类人员培训班 40 多次，先后培训环保技术骨干 4300 多名。

青藏铁路的环境保护工作从一开始就站在一个很高的平台上，无论是指导思想、设计理念，还是管理体制、保证措施，都进行了大胆的尝试与创新。这也使青藏铁路从一开始就代表了今后重大工程建设中环境保护工作的发展方向，既是重要的试验和检验，又具有带动和示范作用。

| 科技环保的典范 |

作为地球上最高的大陆，青藏高原被誉为"地球第三极""世界屋脊"，而修筑于这片土地上的青藏铁路，又以其绿色、人文、和谐的理念和大胆丰富的科技创新，筑起了中国铁路建设史上的又一座丰碑。

放眼国内，截至到目前，没有任何一条铁路，能够像青藏铁路这样在开工之前就规划了详尽的环保方案和措施；也没有任何一项工程，能够像青藏铁路这样在立项之始就必须经过严格的环境影响评价和审查。即使在世界范围内，目前也没有任何一项铁路工程能够像青藏铁路这样将环境保护的意识和理念贯穿到工程的每一个环节、每一个角落，拥有如此众多、别具新意而又切实有效的环保措施和办法。

青藏铁路面临的最大工程技术难题就是550 公里的冻土，这种极不稳定的土壤结构形式不但会对工程造成严重的危害，同时也是青藏高原独特生态环境的一部分。冻土一旦被大面积破坏或退化，将直接影响到高原脆弱的生态系统，带来不可估计的严重后果。从这个意义上说，青藏铁路最大的环境保护问题就是如何保护冻土。经过铁一院、中科院、铁科院

措那湖畔的青藏铁路

等单位 50 年不间断的努力探索，针对这一世界性的难题终于找到了比较可靠的解决办法。青藏铁路的冻土保护突破了以往单纯依靠增加路基高度、增添保温隔热层等被动措施的禁锢，而是以片石风冷路堤、热棒等多种能够主动降低冻土地温的方式为主，实现了从设计思想到工程措施的"三大转变"。

青藏铁路是我国第一个为野生动物的迁徙设置专门通道的重点建设工程，要根据不同动物的不同需要采用不同的形式，这可让设计者犯了难。没有现成的经验可以借鉴，他们就主动与国内著名的高原动植物学家联系，向他们请教，登门拜访青藏两省区的环保部门主动沟通、取经，虚心向当地的农牧民求教，在社会各界的大力协助下，最终选择、设置了 33 处

野生动物通道，主要采用了桥梁下方、隧道上方和路基缓坡 3 种形式。在工程建设过程中，又根据野生动物在现场的反应，采取了降低缓坡的坡度和拆除挡水埝预制板贴面等措施，及时对设计方案进行动态调整。在藏羚羊迁徙的高峰时期，位于通道位置的各施工单位全部停工，最长的整整停了 10 天！每个工地的损失都在百万元以上。

其实不仅是野生动物，青藏铁路还在羌塘大草原以及多处湿地上设立了 200 多个用于农牧民和牛羊通行的专用通道，既保护了大片的湿地和草场，又满足了家畜通行和人民生活的需要。

2001 年 9 月，由铁一院牵头并组织中科院植物所、中科院西北高原生物所等国内权

威科研单位参加的"青藏铁路高寒植被恢复与再造试验研究"正式启动；同年，确立了试验研究场地和试验工程类型；2002年初，完成了室内研究阶段性成果；2002年下半年进行野外试验，建成总面积3万平方米的试验场，完成了初期坪床建植和管理、中期苗木养护、晚期植物越冬前处理等3个关键阶段的工作；2003年，完成植物的越冬返青技术处理，开始展开苗木的后期养护管理和对物种适应性的研究；截至2006年，沱沱河、安多、当雄等3处试验场已基本适应青藏高原的恶劣环境，试验研究取得了阶段性成果。相信在不久的将来，青藏铁路的唐古拉山以南部分将成为一座矗立在世界屋脊的"绿色长城"。

作为一条世界级的旅游黄金线路，青藏铁路不但要保护冻土环境、野生动物、高原生态，还要最大限度地减少对原始地貌和自然景观的破坏，最大限度地维持雪域高原的原始形态。为达到这一目标，青藏铁路基本上都是沿着公路的方向修建，一方面便于施工和维护，另一方面也避免了进一步割裂和破坏高原的原始地貌。在铁路的两侧，看不到任何人为施工的痕迹，因为所有的取弃土场都放在了远离公路并且在视线之外的地方。对施工便道等无法避免的场地，则采取熟土回填、草皮覆盖、植被恢复等措施，使恢复后的地表和周围的环境协调一致。

青藏铁路大量引进和开发了具有国际领先水平的新技术和新装备，在亚洲率先采用了世界最先进的GSM－R数字移动通信技术，结合调度集中指挥系统和虚拟自动闭塞等新技术，在我国率先实现了列车控制信息的无线传输和远程控制，实现了1142公里铁路干线的无人化管理，既减少了人员、建筑对环境的影响，又最大限度地减少了高原恶劣环境下的用工人数，在节约能源与成本支出的同时，充分地体现了"以人为本"。

| 尾声 |

2006年8月18日，全国首次环保科技大会提出了具有里程碑意义的"科技兴环保"战略，实现这一战略的核心就是坚持自主创新。

而无论是环保理念的创新、环保机制的创新，还是具体工程措施的创新，青藏铁路的建设者们都始终坚持了"挑战极限，勇创一流"的"青藏铁路精神"，依靠科技进步，用智慧和汗水在世界之巅铸就了一座"绿色的天路"。

青藏铁路开通15年来，已累计运送旅客4000余万人次，青藏游也成为一个方兴未艾的旅游热点。给所有旅客留下深刻印象的除了湛蓝的天、圣洁的湖、洁白的雪山、自由自在的野生动物，就是雄伟铁路与周围环境的完美融合。它已经成为一座丰碑，一座镌刻于所有人心中的"绿色长城"。

文 / 高俊

高寒高铁谱新篇

带你走进创新的哈大高铁

项目名称：哈尔滨至大连铁路客运专线工程
获奖单位：中国铁路设计集团有限公司（原铁道第三勘察设计院集团有限公司）
获得奖项：优秀奖
获奖年份：2015 年
获奖地点：阿联酋迪拜

　　2012 年 12 月 1 日，4 列 CRH380B 型高寒动车组分别从哈尔滨西站、长春站、沈阳北站、大连北站同时首发，标志着世界首条投入运营的高寒地区高速铁路——哈大高铁开通运营。

　　哈大高铁突破速度、温度两大难题，标志着我国已进入高速铁路普及推广阶段，铁路的发展正跨入"新纪元"。"高纬度严寒地区设计标准最高的一条高速铁路""世界上首条在高寒地区建

哈大高铁

成运营的高速铁路"等概念逐渐为普通公众所了解，哈大高铁也迅速成为当时举国关注的新闻热点之一。

"哈大"究竟因何而生？为了它，建设者做了几番努力？面对极端寒冷的天气，"哈大"又怎样兼顾高速和安全的特点？哈大高铁的总体设计单位——位于天津的中国铁路设计集团有限公司（简称"中国铁设"）的诸位设计师给出了答案。

| 铺划高速路网动脉 |

哈大高铁全长 904 公里，是我国高速铁路网规划中京哈（大）高铁的重要组成部分，是东北地区客运主通道。哈大高铁不仅连接沿线的省会城市，也与黑龙江、吉林、辽宁三省内部高铁网络相连，一同并入全国高速铁路网。自开通运营至 2021 年，东北已形成了以哈大高铁纵贯南北主轴，北部衔接哈齐、哈牡、哈佳 3 条高铁，中部衔接长珲、长白乌、新通 3 条高铁，南部衔接沈丹、丹大的高速铁路网，并通过与京哈高铁衔接，融入全国高速铁路网。

四通八达的东北高速铁路网，覆盖辽宁 14 个地级城市中的 13 个、吉林 9 个地级市和自治州中的 5 个，形成以沈阳、长春、大连等城市为中心的 2 小时经济圈、各主要城市到北京的 4 小时至 6 小时经济圈。

依托日益完善的高铁网，哈大高铁列车开行方向覆盖了东北、华北、华中、华东等地区的 20 余个城市，通过中转换乘可以通达国内所有高铁城市，进一步缩短了区域时空距离，拉近了地区"经济距离"。

在哈大高铁建设前，既有的哈大铁路是东北路网最重要的线路，承担着大量的路网运输任务。2011 年最大区段货运量达到 8510 万吨，开行客车 78 对，处于超饱和状态，已经不能满足区域社会经济发展的需要。哈大高铁的建设彻底解决了通道运能紧张的状况，极大地提高了东北路网主干线的运输能力和服务质量，对于促进东北地区经济和社会协调发展、保障振兴东北老工业基地战略的顺利实施必将发挥重大作用。

哈大高铁是东北地区人们加强联系的一条客运大动脉，沿线集结了东三省绝大部分的优质资源和旅游资源，其"同城效应"显而易见，时间距离的缩短让人们的空间感更为接近。以哈大高速铁路为南北主轴的东北铁路网，通过与秦沈客专衔接，融入中国高铁路网，形成以沈阳、长春、大连等城市为中心 2 小时经济圈、各主要城市到北京 4～6 小时经济圈，不仅极大缩短了中国东三省主要城市间的时空距离，为东北区域经济一体化创造了条件，而且能释放东北地区铁路货运能力。

哈大高铁基础设施按时速 350 公里标准设计，主要技术标准与同类高速铁路基本一致。哈大高铁所经地区经济环境、工程条件，尤其是地理环境的特殊性，决定了其工程技术更具多样性、复杂性，对工程设计的要求更高，设计单位需要统筹考虑技术、经济、功能等方面。

哈大高铁纵贯东北三省，经由 4 个副省级城市（包括 3 个省会城市）和 6 个地级市及所辖区县，沿线城镇密布，人流密集，因此，它兼有路网干线和城际铁路双重功能，其线路走向和车站分布充分考虑了上述特点。沿线主要城市均考虑设站，全线设 23 座车站，平均站间距约 40 公里，车站设置密度高于其他高铁，因此在设置上尽量引入既有站或靠近城市。在大连、沈阳、长春、哈尔滨四大枢纽中，哈大高铁线路均引入既有客运站，特别是沈阳枢纽，两大客运站均在既有站基础上改扩建，采取本站过渡施工措施，降低了建设期对旅客出行造成的影响。

中国铁设建筑专业总工程师高虹说，在 23 座车站中，大连北站、长春西站、哈尔滨西站为新建客站。整个站房设计，遵循了功能性与经济性、文化性和以人为本的有机统一。

哈大高铁车站设计的诸多细节也充分体现了科学发展、以人为本的设计理念，令中国铁

路再次吸引了世界的目光。这条饱含中国铁设设计人员和众多铁路人心血的铁路，至 2021 年已开通运营 8 年有余，她始终安全平稳地穿越冬季，拥抱春天。

| 攻克高寒高速难关 |

哈大高铁是世界上第一条投入运营的建造于高寒地区的高速铁路，也是中国继青藏铁路后，在高寒地区铁路建设的又一个杰作。它攻克了防冻胀路基、接触网融冰和道岔融雪三大技术难题，能够在 −40℃ 的环境下照常运行，并能抵御风、沙、雨、雪、雾等恶劣天气。迄今为止，只有俄罗斯和北欧国家拥有在 −40℃

沈阳北站，旅客乘坐哈大高铁列车出行

的气候条件下运行的高寒铁路，且总里程不足700公里。运行时速最高的是莫斯科至圣彼得堡间的高速铁路，但其以250公里时速运行不超过20分钟。

哈大高铁的设计自始至终都面临着重重挑战。在设计过程中，设计人员秉承"先进、成熟、可靠"的设计理念，充分借鉴国内外同类项目的设计经验，开展了哈大高铁基础工程综合技术等一系列课题的研究，主要包括寒区铁路路基防冻胀结构及设计参数研究、寒区铁路工程冻胀特点与防治措施研究、寒区客运专线路基与桥涵防冻胀技术研究、寒区铁路混凝土结构耐久性技术研究、哈大高铁施工综合技术研究等，并取得了多项突破。

哈大高铁沿线冬季极端最低温度达–40℃，全年温差达到80℃，最大积雪厚度达30厘米，沿线土壤最大冻结深度达205厘米，修建技术难度在国内高铁项目中独占鳌头，堪称中国最具挑战性的高铁。

众所周知，高速铁路对轨道的平顺性有着近乎苛刻的要求，而路基工程因为结构相对松散、易变形等自然特性，其稳定性要远远低于桥梁、隧道等刚性结构，这也是目前国内高铁大范围采用桥梁和隧道结构的重要原因之一。

哈大高铁路基工程面临的冻胀问题是世界性难题，没有成熟可借鉴的建造经验。哈大高铁建设之初对于路基防冻胀给予了高度重视，参考了日本新干线、法国TGV及德国ICE等高速铁路的防冻胀设计理念，吸取了青藏铁路、秦沈客专路基防冻胀经验教训和哈尔滨铁路局滨绥线成子站严寒地区无砟轨道试验段有关路基冻胀防治方面的研究成果，这对指导哈大高铁路基防冻胀设计及施工起到了一定作用。

中国铁设副总工程师张西泽认为，哈大高铁系统提出了严寒地区高速铁路路基防、排、疏、渗防冻胀理论，构建了基于路基防护深度范围内控制水分和填料冻胀性的成套设计技术，同时研发了高速铁路路基粗粒填料冻胀试验方法及装置，创新了高渗透性、低持水性、弱冻胀性填料路基和特殊条件下混凝土基床等防冻胀路基结构，解决了严寒地区路基防冻胀世界性难题。

在哈大高铁建设中，中国铁设建立了严寒地区高速铁路路基冻胀综合监测分析系统，揭示了路基冻胀变形时空发展和分布规律；研究确定了无砟轨道路基冻胀关键影响因素，建立了路基冻胀演变模型；提出了严寒地区高速铁路路基兼顾冬夏的动态平顺处理技术，控制了路基冻胀对运营的影响，降低了维护工作量，保障了高速铁路的安全运营。

此外，哈大高铁系统研究形成了严寒地区板式无砟轨道设计、施工关键技术，形成了整套严寒地区无砟轨道设计、施工技术成果。为克服冰雪严寒影响，哈大高铁首次设计了适应严寒地区高速铁路的道岔融雪和道岔缺口监测系统，并创新了严寒地区接触网防冰融冰关键技术和严寒地区高速动车运营安全保障系统。道岔融雪系统作为哈大高铁被攻克的技术难题，入选"2012年中国十大科技进展新闻"。

| 助力东北经济振兴 |

哈大高铁不仅为广袤的东北大地增添了一道亮丽风景线，也为地方经济的发展注入了强劲动力。哈大高铁的开通运营为东北地区架起一条客流、物流、信息流和资金流的快速通道，构建起东北三省"高铁经济走廊"。中国东北振兴研究院副院长李凯表示，高铁促进了沿线城市间人才、产品等流动，优化了资源配置，对区域经济发展起到了重要作用。

新建高铁站带动了地方区域经济发展，哈尔滨的重工业，长春的汽车工业，沈阳的装备制造业，大连的石化、造船和高新技术产业，鞍山的钢铁产业等分布在哈大高铁沿线的支柱型产业借助高铁实现了人员、技术快速整合。

可以说，哈大高铁开通运营实现了"东北同城化"，极大缩短了"黑土地"到"蓝色海洋"的"时空距离"，有效拉近了不同地区的"经济距离"，加快了地区之间的经济流动，对推动东北区域协调发展、促进新一轮东北振兴发挥着越来越重要的作用。

哈大高铁沿线集结了三省绝大部门的优质资源，包括冰雪、森林、湿地、海滨、民俗、红色旅游、边境旅游等。很多景区随着高铁的开通，纷纷筹备加大促销力度，迎来了高铁开通后的新一轮旅游高峰。众所周知，东北地区以传统重工业为主，是综合性大农业基地。高铁不仅缩短了城市之间的空间感知距离，对促进区域间旅游资源优势互补具有极大的推动作用，而且还能增强旅游地综合实力。这意味着在一定程度上扩张了旅游资源吸引力的范围，增加了城市休闲旅游的需求基础。高铁沿线景区因高铁的开通而转变独自发展的理念，通过高铁的有效串珠式连接，区域旅游资源得到了更好的整合，并且可以形成旅游区域发展统一体。

哈大高铁开通,压缩了东北全线游时空,沈阳、长春、哈尔滨等城市都将纳入大连的"一日旅游圈"。长春市文化国际旅行社负责人表示,高铁开通后,东北全线旅游时空压缩,大连、沈阳、长春、哈尔滨等城市都将纳入一日旅游圈,这将给最为看重交通的旅游业带来新的契机。上午坐在大连的家里,中午到沈阳逛街,下午去长春看 IMAX 电影,晚上到哈尔滨吃大列巴、喝俄式啤酒,午夜再回到大连的家中,一天就能跑遍东三省的四大城,这在过去是一个幻想,现在却成了现实。

哈大高铁纵贯东北三省,不仅极大地缩短了中国东三省主要城市间的时空距离,为东北区域经济一体化创造条件,而且能释放既有哈大铁路每年 1000 万吨以上货运能力,极大缓解通道运输能力紧张局面。

统计数据显示:截至 2017 年 12 月 1 日,哈大高速铁路累计安全开行动车组列车 33 万趟,成功应对 102 场风雪考验,彰显了中国高铁的非凡实力。

这是一条全线地处高寒地带的高铁。严密的安全保障体系加之科学的调度、有力的指挥,使得一列列动车组穿越风雪,始终安全运行在 904 公里线路上。

这是一条充满生机与活力的振兴之路。哈大高铁贯穿黑龙江、吉林、辽宁 3 省,穿越东北平原粮食主产区,辐射黑龙江双城和吉林德惠、四平等国家重要的东北粮食生产基地,为东北大粮仓铺就一条高速"绿色人流传输带"。

东北大地,"银龙"驰骋。承载着光荣与梦想的哈大高铁,为东北全面振兴、全方位振兴架起了一座金桥。

文 / 赵长石

一条铁路串起的百年梦想

重庆至利川铁路

项目名称：重庆至利川铁路工程
获奖单位：中铁二院工程集团有限责任公司
获得奖项：杰出奖
获奖年份：2015 年
获奖地点：阿联酋迪拜

韩家沱长江大桥长 1137.5 米，时为世界上最大跨度的双线铁路斜拉桥；

蔡家沟特大桥主墩 139 米，时为世界上最高的"A"字形桥墩；

长洪岭隧道全长 13294 米，最浅处离地上的江池镇仅有 22 米；

……

重庆至利川铁路，西起重庆市，东至湖北省恩施州利川市，线路全长 264.6 公里，含车站 9 座，桥梁 130 座累计 45.85 公里，隧道 53 座累计 165.94 公里，桥隧比例高达 80%。该项目自 20 世纪初即开始筹划，直至 2008 年才开工建设，2013 年如期开通运营，时间跨度逾百年之久。

综合减灾选线

正是沿线极其复杂的地形及地质条件，使之成为世界铁路建设史上极具挑战性的工程项目之一。重庆至利川铁路是我国西南地区铁路建设的又一个代表作，也是中铁二院工程集团有限责任公司（简称"铁二院"）工程师们厚积薄发的心血之作，为复杂艰险山区的高速铁路设计和建设工作积累了经验。

| 大动脉上的最后一块拼图 |

重庆至利川铁路的建成是中国铁路的世纪梦。

1919 年，孙中山先生在《建国方略》中规划的川汉铁路就包含了重庆至利川铁路的一段。随着成渝铁路、宜万铁路等路线的相继开通，从重庆到湖北利川这段铁路成为"沪—汉—蓉"铁路大通道上的最后一块拼图。

重庆至利川铁路不是最长的铁路，不是最高的铁路，也不是最快的铁路，但让中国铁路人一梦百年，迟迟未通，非不为也，实不能也。

长江出四川，进三峡，一路风景旖旎，鬼斧神工，但游人的天堂却是铁路建设的梦魇。"山高、坡陡、沟深、谷险"，地形非常险峻。重庆至利川铁路所经区域是沿长江中上游鄂西南至渝东山区地形最为艰险、最为困难，地质最为复杂的一段。地形的复杂艰险，大大增加了工程设计的难度和风险。

随着我国综合国力的不断提升，铁二院经过几十年山区铁路建设的技术创新和经验积累，重庆至利川铁路的建设已是水到渠成。

经过 10 年的勘察设计和 5 年的工程建设，重庆至利川铁路在 2013 年 12 月建成通车，全长 264.6 公里，设计时速 200 公里。最后一块拼图拼装成功。

| 一条高铁的创新路 |

车行在重庆至利川铁路上，最直观的感受就是：这是一条悬在空中的铁路。重庆至利川铁路桥梁和隧道的合计长度占正线总长度的 81%，全线共有 130 座桥梁，全长 45850 米，桥梁长度占线路总长度比例高达 17%。"岩溶地区减灾选线""艰险山区高墩大跨铁路桥梁""丰都斜南溪沟谷回填造地工程"等工程都实现了重大技术创新。

跨越长江的韩家沱长江双线铁路钢桁梁斜拉桥，主跨 432 米，是目前世界上跨度最大、体量最轻、设计速度最高的双线铁路钢桁梁斜拉桥。

离韩家沱长江大桥上游不远处的蔡家沟特大桥长达 2060 米，是目前世界上百米以上高墩最多的铁路大桥，也是世界上首次在铁路桥梁建设中采用 A 形墩作为大跨高墩的新结构。

除了桥梁设计任务重，地质复杂才是铁二院在设计过程面临的最大难题。

重庆至利川铁路沿线需分别穿越四个核部为灰岩、白云质灰岩等高压富水岩溶强发育的条状中低山背斜，全长约 78 公里，每一个高压富水岩溶强发育区工程问题的情况及解决方案都不一样，稍有不慎就会出现工程问题，甚至会留下工程隐患，所以每一个解决方案都要经过反复勘测和试验。

在岩溶山区修建隧道是最好的选线，但山里的岩溶洞与山外的地表水密切相关，不破坏环境又确保安全，施工难度很大。工程师在设计的时候就采用了"线路绕避自然保护区""隧道早进晚出""填方段多做桥梁""边坡少开挖"等措施，以保障当地生态的平衡。

重庆至利川铁路实现工程设计与自然、社会协调发展的另一个典型案例是丰都斜南溪沟谷回填造地工程，线路需跨越丰都新县城区规划区的斜南溪沟谷。为增加城市用地，需将铁路线跨该沟拟设桥梁的位置（有 32 米高）改为高填方路堤，再在上面修建隧道，最后回填造地 120 公顷。这既实现了技术创新，又提供了城市用地，实现了经济效益、社会效益和环境效益的统一。

| 工程咨询的"中国梦" |

重庆至利川铁路的顺利开通，寄托了全体铁二院人的心愿，承载了铁二院土木建筑设计研究二院总工程师葛根荣十多年的时光和梦想。

作为重庆至利川铁路的主要工程师之一，从 2002 年工程咨询开始，葛根荣把大部分的精力都放在了这条铁路上，设计之初每年有半年时间都在野外勘察。

工程设计是个经验活，不能只在办公室看图纸，必须到现场才有发言权。铁路设计工程师是"开路先锋"（一般指施工队）的"先锋"。在铁路修建之前，他们要花几年甚至十几年的时间进行勘察和设计，在勘察之前很多地方连路都没有，更没有水和电，全靠设计师们肩扛人挑进入深山老林。

工程师的笔有千钧重，每一个点点下去都是真金白银，每一条线画下去都关乎安全，但工程咨询和工程设计又是最常被人忽略的工

作，他们常年在幕后，在工程建设前投入大量心血，在工程建设中献言献策，在工程完工后转身离开。

支撑起这些设计成就的，是踏踏实实的坚守，是兢兢业业的创新。有些设计师一辈子就扑在一条铁路的选线上，有些工程师一生就在钻研一个地质问题，有些勘察人员可能大部分时间都在荒山野岭中度过，他们的工作听起来很枯燥，但是却关系到一条铁路的寿命，关系到千千万万人的出行保障。

也正是这些精益求精的品质，成为中国铁路走出去最有价值的品牌内涵。从亚洲到非洲，从欧洲到美洲，中国铁路就是靠着技术、品质和服务，逐渐打开了被西方垄断的市场，逐渐摆脱了低水平竞争，与世界顶尖高手站在了同一个 PK 台上并开始领跑。

| 老少边穷地区人民的曙光 |

重庆至利川铁路建成后，促进了沿线土家族、苗族等少数民族与外界的交流，加深了外界对少数民族文化的认同，极大地促进了少数民族文化的发展和传播。另外铁路的建成极大地改变了货物运输及居民出行方式，降低对公路运输的依赖，大幅减少了石油燃料的使用，与公路运输相比每年减少化石燃料使用约 7.3 万吨，减少碳排放 24.5 万吨，降低了环境污染；煤炭、成品油及燃气通过经济、快速、便捷的通道进入山区，改变了贫困山区的能源结构，减少和消除了对芯材的消耗，有利于森林植被的保护和恢复。

重庆至利川铁路开通仅一年，累计客运送

蔡家沟特大桥

量达 480 万人次（来源于渝利铁路有限责任公司年度统计数据）；运输拉动"引擎"作用明显，对重庆、湖北两省市经济社会发展产生了积极的推动作用，其中仅重庆市国民生产总值已由 2008 年的 822 亿美元增加到 2014 年 2801 亿美元，年均增长 15% 以上，人均可支配收入已由 2008 年的 2533 美元增加到 2014 年的 4053 美元（来源于重庆市政府网站）。

重庆至利川铁路带动了少数民族地区特色旅游业的"井喷式"发展，到石柱县及利川市的游客大幅增加。石柱县旅游收入由 2008 年的 1935 万美元增加到 2014 年的 4.2 亿美元；利川市旅游收入由 2008 年的 2185 万美元增加到 2014 年的 4.22 亿美元（来源于石柱县及利川市政府网站）。国家级贫困县石柱县人均国民生产总值已由 2008 年的 1475 美元增加到 2014 年的 4890 美元（来源于石柱县人民政府网站），极大地改善了当地民生，使边远山区贫困人民搭上了致富的快速列车，为消除贫困事业作出了贡献。

中国土木工程咨询师通过不懈努力，用自己的智慧创造了人与自然和谐相处的新景象，使得亿万川渝人民的"百年梦想"终成现实，是工程咨询业奉献给人类工程建设史的一份厚礼！

文 / 葛根荣、陈克坚、毕强、王科、蔡胜全

乌金滚滚出太行

山西中南部铁路通道创新发展纪实

项目名称：山西中南部铁路通道
获奖单位：中国铁路设计集团有限公司（原铁道第三勘察设计院集团有限公司）
获得奖项：优秀奖
获奖年份：2016 年
获奖地点：摩洛哥马拉喀什

　　山西省作为全国主要煤炭能源基地，常被称为国家能源安全保障的"压舱石"。在我国对煤炭的各种运输方式中，铁路所占份额最高，是煤炭运输的主力。而在铁路货运量的构成中，煤炭一直保持较高的比例。

　　西起河东煤田北端山西兴县瓦塘镇，东至黄海之滨山东日照港，横贯晋豫鲁 3 省 12 市 47 县，先后穿越吕梁山、太岳山、太行山、华北平原、黄河和鲁南山区，正线全长 1270 公里的瓦日铁路（原名山西中南部铁路通道）是我国继大秦、朔黄铁路之后的又一条"晋煤外运"大能力煤运通道。

蒲县车站

瓦日铁路于 2014 年 12 月 30 日正式开通运营。这条铁路是中国首条满足 30 吨轴重的重载铁路通道，对提高山西中南地区煤炭外运能力、保障国家能源安全具有重要意义。作为"西煤东运"的能源运输动脉以及干线铁路网重要组成部分，瓦日铁路的开通将大力推进山西煤炭资源开发利用，确保国家能源安全供应，推动沿线城市经济快速发展。

| 攻关创新树标杆 |

中国铁路设计集团有限公司（简称"中国铁设"）副总工程师赵斗是瓦日铁路设计工作的主管人员，是该项目的"灵魂"人物。在他的带领下，瓦日铁路项目建立了 30 吨轴重重载铁路线桥隧设计理论和设计方法，提出了线桥隧关键技术参数和指标，为我国重载铁路建设提供了理论基础和技术支撑，研发了适用于 30 吨轴重的线桥隧新结构与关键部件，制定了一系列技术标准，建立了新建 30 吨轴重重载铁路线桥隧技术体系，研究成果总体达到国际先进水平。

作为惠及晋豫鲁三省的能源通道，瓦日铁路强化总体设计理念，统一协调各专业设计接口，运用综合选线技术，合理确定了线路方案，节省了工程投资。系统梳理、统筹规划、超前研究、同步推进主线配套铁路专用线规划研究工作，为专用线引入车站预留了良好的工程条件。贯彻落实生态环保理念，采用工程措施尽量降低对环境敏感点影响。通过自主创新，形成了我国 30 吨轴重重载铁路成套技术，完善了我国重载铁路设计标准体系。这项工程体现

了我国大轴重、大牵引质量、大运量重载铁路建设的最新成果，也体现了我国在艰险山区、复杂地质的条件下，长大干线重载铁路建设的最新成果，具有里程碑意义。

瓦日铁路沿线地形地貌险峻，自然地质条件复杂。在铁路的建设过程中，中国铁设联合多家单位开展了科研攻关、技术创新，解决了大能力重载铁路设计难题，形成了大能力的 30 吨轴重重载铁路成套技术，实现了系统间的最佳匹配和各子系统顶层的协调统一，使瓦日铁路成为重载铁路建设和行业技术的标杆工程。

既有重载铁路运营实践经验证明，重载铁路运输对于煤炭、石油等大宗商品输送具有极其显著的优势，大轴重重载货运列车的经济效益性更为突出。为提高"三西"（山西、陕西、内蒙古西部）地区煤炭产能向外转化能力，瓦日铁路首次按照满足开行 30 吨轴重列车设计。

在设计之初，我国国内既没有成熟的标准规范可供选用，也没有工程项目可供借鉴。为此，中国铁设开展了"30 吨轴重重载列车运行下桥梁设计活载标准及相关参数""重载铁路隧道结构设计关键技术""重载铁路轨道设计参数和设计标准研究"等系列专项研究，取得了多项科研成果及新型实用专利，攻克了一系列重载铁路设计难题，形成了大能力 30 吨轴重重载铁路路基、桥梁、隧道、轨道等成套技术，部分研究成果纳入了《重载铁路设计规范》。

| 科学选线定成败 |

众所周知，铁路选线事关铁路项目建设的成败，铁路选线是不容小觑的一项重要工作。

在瓦日铁路设计工作中，为满足矿区规划、车站布点、隧道进出口、桥梁桥址、无砟轨道铺设、绕避不良地质、绕避名胜风景区、自然保护区等不同层面的需求，综合选线理念贯彻始终。

中国铁设与沿线各级地方政府充分沟通，详细调查沿线煤矿生产力布局以及战略装车点规划，协调好满足煤炭运输需要和占压煤炭资源的关系。同时在线路方案，尤其是车站选址及车站两端选线设计中，对专用线等其他线路一并进行了统筹规划，既保障了主线工程的技术经济合理性，同时也为专用线等其他线路引入车站预留了良好的技术条件。实现铁路线路与地方规划、产业布局密切融合，满足运输需求并带动沿线经济发展。

瓦日铁路所经区域内存在滑坡、溜塌、错落、危岩、落石、顺层、富水砂层、岩溶、断裂、膨胀岩（土）、软土、活动断裂、采空区等不良地质，结合沿线各矿区的具体特点，在对沿线不良地质综合判识的基础上，设计人员充分利用地质选线，合理确定了线路方案与矿区、采空区间的关系，对大部分易于避让的不良地质区域进行了绕避。对线路方案影响巨大的不良地质，设计人员通过多方案比选，综合审视不良地质的危害程度及工程措施的代价，分别采用不同的处理方式确定线路方案。

十八大以来，"绿水青山就是金山银山"的生态理念逐渐深入人心。瓦日铁路选线设计中深入贯彻环保理念，采取平面绕避的方式对海则头水源地、柳林泉域、南山灵泉寺、石楼西卫水源地、五鹿山国家级自然保护区、辛安泉域等环境敏感点进行了避让，采取立面避让的方式对龙子祠泉域地下岩溶水进行了避让，

既节省了工程投资，也满足了环保要求，得到了环保部门的认可。

土地是不可再生资源，在设计过程中考虑集约利用土地，对于走向与本通道接近的既有铁路和公路考虑尽量共通道，合理使用土地。通过房屋集约布置，合理设置结构工点，部分线路并行既有交通走廊并尽量减少夹心地，节省了大量用地。

针对瓦日铁路沿线多重控制因素的复杂性，中国铁设采取从大面积着手，多方案比较，由面到线，由线到段，逐步接近的方法，运用了综合选线技术，通过17段方案优化，节省工程投资9.9亿元。

|优化系统保安全|

重载运输是一项综合性的系统工程，除土建结构要特殊设计以外，牵引动力、车辆、列车制动、多机牵引同步操纵和遥控、供电等也都必须适应列车重量增加的要求。

在瓦日铁路项目总工程师曹祥同志的带领下，设计团队充分借鉴类似工程项目中取得的成功经验，高度重视系统设计、接口设计、总体设计的重要性，想现场之所想、急现场之所急，结合指导性施组安排，强化管理，紧盯落实，按月度下达生产计划，组织项目团队及时提供施工图纸。

瓦日铁路作为首条满足开行30吨轴重列车的新建铁路通道，基于本线山区越岭隧道及与既有铁路线交叉较多的现状，"四电"专业结合自身优势进行了一系列技术攻关，解决了制约长大列车山区运行的一些关键性难题，确

保了重载铁路运营安全。

针对本线桥隧比例高的特点，对全线长度大于1公里隧道及隧道密集区，首次采用了集中接地设计，即在实施集中接地的区段，信号电缆槽侧设置一根贯通地线，供通信、信号等弱电专业设备及设施接地，电力电缆槽侧设置一根贯通地线，供电力、接触网等强电专业设备及设施接地。这既保证了"四电"接地系统的安全稳定运行，也节省了大量工程投资。

瓦日铁路首次在重载铁路长大隧道采用了GSM-R单网交织冗余覆盖方案，攻克了与既有高速铁路交叉区域无线网络覆盖设计难题，采用了双冗余服务器、防火墙，A、B网双平面的扩容方案，采取了不同传输路由、传输设备，板件冗余，业务组网结构冗余三种措施相结合的方案，攻克了普速铁路单光缆传输通道冗余保护难题。

此外，为适应沿线自然地形条件，综合考虑变电工程工艺要求、高低压进出线方向、交通运输、土方平衡等因素，兴县、孟门、隰县3处牵引变电所还首次采用了阶梯型布置方案，有效克服了地形条件的影响、降低了场地边坡高度、减少了工程数量、节省了工程投资。

| 与时俱进助脱贫 |

在瓦日铁路开通之初，货物列车牵引定数最高为5000吨。近年来，中国铁设在瓦日线先后组织进行了6大类共计83个科目的重载综合试验，在机车车辆、工务工程、通信信号、牵引供电、重载运输、振动噪声等方面取得了40多项科研成果，为我国重载铁路管理运营积累了宝贵经验。

2018年1月17日，瓦日线上首次正式开

兴县站咽喉区道岔

行万吨重载列车。2019 年 10 月，瓦日线开展了 1.2 万吨重载列车牵引试验；4 月 10 日，全国铁路实行新的列车运行图，瓦日线单元万吨重载列车牵引定数由现行不超过 96 辆调整为不超过 106 辆，运力再次提升。这也是铁路部门迅速贯彻落实中央经济工作会议精神，调整运输结构、打好污染防治攻坚战、扩大铁路货运量的具体举措，对于进一步挖掘瓦日铁路运输潜力、提高"三西"地区煤炭外运保障能力、支撑山东及周边地区煤运市场需求，具有十分重要的意义。

瓦日铁路的起点吕梁市是革命老区，也是山西省贫困程度最深的地区。地处吕梁山脉的山西省兴县，曾是晋绥边区首府所在地和八路军 120 师主战场之一，兴县蔡家崖村是当时晋绥政治、军事、文化中心，时人誉称"小延安"。

同时，以盛产小米、红枣等特产而著称的兴县是山西省版图最大的县，但由于该县位于吕梁山的深处，周围群山环绕、沟壑纵横，因此，这里曾是山西省 35 个国家重点扶持的贫困县之首。近几年来，在当地政府的带领下，兴县各种农特产品越来越丰富，当地百姓走出大山的愿望也越来越强烈，他们渴望家乡的特色农产品也能走出大山，从而实现脱贫致富的梦想。

为助推兴县红色旅游发展，加快老区人民脱贫攻坚的步伐，中国铁设积极响应国家号召，设计通过对瓦日铁路原"兴县北站"进行局部改建，并更名为"蔡家崖站"，使线路具备了旅客列车开行条件。

2018 年 6 月 20 日，太原至兴县的"蔡家崖号"列车开通前，林炎志、贺晓明等 30 余名晋绥儿女、120 师后代纷纷从北京赶到兴县，直奔蔡家崖站。他们排起长队，购买列车首发之日蔡家崖至太原的火车票，他们要与这方热土上的人民共同体验火车开行的喜悦。21日7时20分，"蔡家崖号"列车从蔡家崖站首发，热情洋溢的晋绥儿女、老战士代表、兴县党政干部代表、以120师番号命名的120师学校师生代表、扶贫一线代表、吕梁山护工代表、铁路沿线乡镇群众代表600多人，满怀喜悦之情，登上了这趟驶向幸福、驶向富裕的列车。那一刻，老一辈无产阶级革命家曾经奋斗过的地方响起了火车风笛嘹亮的声音，革命老区兴县的人民圆了乘坐火车走出大山的梦想。

如今，一列列奔驰在瓦日铁路线上的列车为我国东部地区能源需求带来源源不断的"营养"，也在为沿线地方经济发展持续"充电"，让更多的人享受到铁路发展带来的福利。

文／刘金旺

山水诗画间的"速度旅行"

记杭州至长沙铁路客运专线

项目名称：杭州至长沙铁路客运专线
获奖单位：中铁第四勘察设计院集团有限公司
获得奖项：优秀奖
获奖年份：2017 年
获奖地点：印尼雅加达

2014 年 12 月 10 日，岁末初寒，暮云千里，杭州至长沙铁路客运专线（简称"杭长高铁"）横贯浙江、江西、湖南三省，全线开通运营。

杭长高铁，即沪昆高速铁路杭长段，作为中国铁路快速客运网"四纵四横"主骨架的重要组成部分，东起浙江杭州，经江西南昌，西至湖南长沙，历金华、上饶及萍乡等诸市，全长 933 公里，正线设计速度 350 公里 / 小时，全线设 21 个车站，使杭州东站至长沙南站的旅行时间由建成前最快的 8 小时 15 分缩短至 3 小时 36 分，年输送能力单向达 8000 万人次。

晨览潇湘洞庭湖光，夕赏舟岛海浪云山，杭长高铁在江南山水诗画间定义中国品质、中国"智"

长沙南疏解区转体桥

造、中国速度。作为国内由一个项目组承担勘察设计的最大投资的铁路工程，中铁第四勘察设计院集团有限公司（简称"铁四院"）的设计师们统筹规划，攻坚克难，秉承"工匠精神"，追求卓越品质，再创铁路勘察设计辉煌。项目验收时获得"到目前为止客运专线建设较高水平"的赞誉并荣获国内外诸多奖项，凝聚着中国设计师呈现给世界的智慧结晶，其中又有哪些鲜为人知的高品质？让我们一起去探寻品质杭长在山水诗画间"速度旅行"的真正内涵。

| 精妙设计，铸就品质工程 |

杭长高铁是铁四院作为总体单位独立设计完成的一次建成里程最长、投资最多的铁路工程，其位于中国东、中部经济较发达地区，该地区交通发达、水系繁多，地质条件复杂且变化大，分布多种不良地质。线路走向需要多次与既有铁路、高等级公路和大江大河交叉，且引入枢纽和地区方案复杂，安全施工风险高，整体工程建设规模大，技术标准要求高，要将多个车站引入城市客流中心，建成区拆迁数量多，这给设计者和建设者提出了严峻的挑战。

车站并站

杭长高铁规划设计阶段，铁四院坚持以人为本，多次组织现场调查，合理确定车站站位，尽可能将车站设置在既有城市客流中心，实现各交通方式零距离对接，合理选择线路走向，线路与既有沪昆交通走廊并行。

"杭长高铁 21 个车站，有 12 个车站设计采用与既有沪昆铁路火车站并列设置的方案。其中有 14 个车站位于市中心，其余 7 个车站基本距市中心约 3 公里。"杭长高铁总设计师——铁四院盛勇说，"这样不仅方便了旅客出行，也减少了城市交通压力，同时最大限度地吸引了铁路客运量，增加了铁路行业的经济效益。"

高铁跨高铁

杭长高铁线路走向需跨越多条铁路、高速公路及江河，在杭州、金华、衢州、上饶、南昌、长沙、鹰潭等地与既有或规划铁路交叉，设计时除采用常规的连续梁外，多次采用转体梁施工方案。

历经数年科研攻关、十几轮方案论证，铁四院桥梁设计团队缔造了中国首个高铁跨高铁桥梁"转体秀"。2013 年 7 月 20 日至 30 日，杭长高铁引入京广高铁长沙南站，是中国第一次在既有高铁线路上改造车站，长沙南站西北上行联络线和南西联络线两座特大桥通过"空中转体"，成功"双向跨越"武广高铁实现对接，意味着这两条南北、东西高铁大动脉实现空中交汇。

"虽然目前国内已经有多座跨越深谷、急流或者公铁立交的转体桥，但高铁跨高铁是一个新事物，"桥梁设计者——铁四院桥梁处工程师饶少臣介绍，"在 80 米的高空，让长 196 米、重 1.45 万吨的主桥逆时针旋转 21 度，与两端桥体亲密接触，绝不是一件轻松浪漫之事。差之毫厘，谬以千里，甚至会极端凶险。"

此项工程在铁路建设领域创造了三项第一：高铁跨高铁转体跨度第一、转体总梁长第一、第一次在高铁上应用独塔非对称边箱式槽形梁斜拉桥，为后来的高铁跨高铁桥梁施工提供了借鉴。

杭州南站疏解区为解决沪昆通道和沿海杭

深通道交叉问题，设置了四层立交；在上饶，为解决杭长高铁与合福高铁的交叉问题，国内首次将两条高铁在一个车站设置为上下两层的垂直"十字"交叉车站，共用一个站房，形成城市综合交通枢纽，实现各交通方式零距离对接，为国内首创。

五年磨一剑，铁四院的设计者夙兴夜寐，以追求卓越之心，铸就品质工程。

| 立足创新，彰显中国"智"造 |

作为中国高铁的集大成者和走向世界的"名片"，杭长高铁立足创新，彰显中国"智"造。引入新理念、新设备、新技术，用中国"智"造，

铸就品质工程。

测量精准

CORS技术在初测中全面推广应用，利用GNSS技术全线建立统一的高精度控制网，该技术以勘测、施工、竣工和运营维护等"三网合一"为理念，建立统一的坐标和高程基准，使工程建设各阶段测量数据统一协调，达到利于测量数据的检测和共享的要求，同时确保轨道的空间定位精度能够满足高平顺性的要求，确保列车运行的安全性和舒适性；利用铁四院自主知识产权的"铁路工程精密控制测量数据处理系统"进行精测网平叉计算，为精密控制网测量数据处理提供理论严密、方便高效的数据处理系统，提高了高速铁路

上饶站（杭长与合福"十"字型交叉）

金华半封闭声屏障

精密控制测量精度。

设计巧妙

跨越既有武广高铁采用（32+80+112）米转体不对称斜拉桥，为国内首次，不仅降低了轨下结构建筑高度且减轻了梁体自重，还最大限度地缩短了跨线作业时间，减少后期养护，斜拉桥塔梁墩固结结构获 2013 实用新型专利；跨越九龙大道的南昌西站东咽喉桥采用（3×32+102）米连续梁拱，既满足了城市规划和景观的要求，又很好解决了车、岔、桥动力响应的问题，为国内首次采用；金华江特大桥为目前国内 CRTS Ⅱ 型板式无砟轨道温度跨度最大的连续梁桥，突破了 CTRS Ⅱ 型板式无砟轨道在大跨度桥梁上的应用范围，解决了技术难题。

因地制宜

沿线大部分隧道存在浅埋、偏压和溶洞发育段，地质条件较差，其中有 26 座隧道穿越可溶岩地层。项目团队通过详细勘探和全面的设计方案研究，对大型发育溶腔采取跨越结构通过，既确保了工程安全质量、节省了工程投资，也大大降低了隧道施工对周边环境的影响，保持了岩溶水的既有通道不被破坏，经过多个雨季的考验，证明该设计措施是合理的。

杭州南疏解区 4 组 42 号道岔渡线分别位于普安寺隧道和赵坞隧道内，国内大号码道岔渡线间距一般采用 6.5 米，通过对道岔无砟轨道结构的研究和优化改进，将渡线间距调整到 5.3 米，不仅满足了道岔结构的安装要求，而且减少了隧道断面及洞外两线间的工程量和夹心地，为国内首创。

设计者立足创新，"首创"与"首次"是杭长高铁的代名词，"创新"与"突破"为杭长高铁的关键字。杭长高铁，中国"智"造。

却降温方式，节约能源。

| 尊重环境，引领绿色发展 |

杭长高铁以"工程建设，百年大计"为宗旨，以路基、桥梁及隧道等主要构筑物均满足100年使用年限的耐久性为要求，设计时注重绿色发展和贯彻环保理念，实行环保选线、环保选址。

全线绕避环境保护区17处，对无法绕避的特殊环境敏感点，均考虑采取相关工程措施，共设置声屏障约140公里。为减少高速铁路线路对金华城区居民的影响，采用半封闭声屏障1.5公里，为当时已建成的最长的半封闭型声屏障，在居民楼密集地段高标准地采用了将近600米的半封闭声屏障，保证居民生活不受列车运行噪声影响。

设计中注重将工程与周边环境和谐紧密结合，路基边坡采用绿色防护，美观和工程措施并重。为配合浙江省江山市建设国际旅游城市，对江山站高边坡进行了景观绿化设计，使之与周边环境协调一致。

杭长高铁浙江省诸暨段与杭金衢高速公路近距离并行，为消除高速列车灯光对汽车司机的影响，国内首次在铁路边设置光屏障（约3公里）。

线路设计从选线到设备选型，始终贯彻节约能源政策，注重提高能源利用率。采用可再生能源技术供应热水，并利用空气源热泵辅助供热，雨水统一收集后存储作为绿地灌溉水源和非饮用水水源，空调系统利用地源热泵可再生能源技术进行采暖和制冷；厂房使用蒸发冷

| 助力发展，领航"机遇之城" |

杭长高铁的全线开通运营，将杭州、南昌和长沙等沿线城市群连成"直线"，与沪杭、宁杭、杭甬、武广等高铁互联互通，共同构成华东地区至中南、西南、华南等地区高速铁路客运便捷通道。杭长高铁沿线城市，变身"机遇之城"，乘上"品质杭长"高速列车，开启经济"速度旅行"新时代，迈向经济发展新纪元。

全长2264公里的沪昆高铁是中国东西向线路里程最长、经过省份最多、影响最大的高铁大通道。其中，杭长段线路全长933公里，连接长三角和中三角两大经济区，横贯浙江、江西、湖南三省，各省途经线路共设21站，直接惠及沿线约4446万人，辐射国土面积11.9万平方公里。

"从吸引客流、服务质量、工程投资、综合效益等方面比选，杭长高铁总体走向沿既有沪昆铁路通道。"总设计师盛勇介绍，"线路位于浙江、江西、湖南三省城镇发展主轴线上，沿途分布的环杭州湾产业带、金衢丽产业带、环鄱阳湖生态经济区、赣西城镇群、长株潭城镇群等经济带，是区域重要的城镇及交通复合轴，也是沿线省市规划重点建设的经济产业带。"

"杭长高铁改变的不仅仅是某个单一城市，甚至可能重构江西的经济版图。"江西经济发展研究院研究员朱丽萌说，杭长高铁让南昌的"一小时经济圈"扩容，向心力增强，同时使赣东、赣西经济板块"两翼齐飞"的态势更加明显。

江西省东大门上饶，杭长和京福两条高铁在此交汇，是国内少数几个拥有高铁"十字型"线路的地级市。随着杭长高铁的开通，该市依托交通优势，有望成为国内区域重要物流节点城市，同时可以承接东南沿海的产业转移；西大门萍乡，也因高铁成为一座"机遇之城"，乘坐杭长高铁，萍乡到株洲只要半个多小时，到株洲后转武广高铁去广东只要一个半小时，萍乡因此成了江西对接珠三角的"桥头堡"。潇湘山水，岳麓山间，杭长高速延伸至湖南长沙，作为杭长高铁和武广高铁的十字交叉点，长沙高铁枢纽城市的地位将大大提升。杭长高铁全线贯通后，从长沙到南昌仅需1.5小时，到杭州3小时，到上海4小时，这将使长沙地区每天往上海方向的旅客发送量由建成前的1.5万人增长到3.2万人，增幅113%。沪昆高铁大通道全线建成后，湖南省内醴陵、湘潭、韶山、娄底等市县将首次有高铁直达。

| 结语 |

FIDIC优秀奖、中国土木工程詹天佑奖、中华全国铁路总工会火车头奖、中国优秀测绘工程白金奖、8项2012年度国家发明和实用新型专利，杭长高铁诸多奖项和发明专利的背后，是一群默默坚守在一线岗位的铁四院优秀设计者，他们披星戴月，砥砺前行，铸就了杭长品质工程。

文 / 盛勇、陈应鹏、李应兵

中国西南出海的"黄金走廊"

云桂铁路

项目名称：云桂铁路
获奖单位：中铁二院工程集团有限责任公司
获得奖项：优秀奖
获奖年份：2019 年
获奖地点：墨西哥墨西哥城

云桂铁路东起南宁铁路枢纽，沿南昆铁路走廊前行至百色站，然后经过云南省的文山壮族苗族自治州、红河哈尼族彝族自治州，最终到达昆明市呈贡新区，进入昆明铁路枢纽。2009 年以来，为了设计出科学合理的建设方案，中铁二院工程集团有限责任公司（简称"铁二院"）技术人员跑遍了 710 公里线路沿线的山山水水。

云桂铁路跨广西、云南两省区，正线南宁（不含）至昆明南（含）段全长 710 公里。该线东

云桂铁路绿色走廊采取及时有效的生态保护及生态修复措施，结合自然生态、地域文化及少数民族特色打造绿色景观工程，实现工程与自然和谐共处

与南广、湘桂、南防线相连，西接成昆、贵昆线，是西南与华南地区客货交流的重要通道，也是西南地区出海主通道之一。

提到云桂铁路，不得不提到铁二院老一辈设计者设计的南昆铁路。南昆铁路东起南宁，西至昆明，是在艰险山区修建的一条长大干线。铁路从北部湾海滨爬上云贵高原，相对高差达2010米，实属罕见。全线修建桥梁447座、隧道258座，设计难度极高。铁二院在这条线路上创下多个纪录：第一座铁路弯梁桥、第一高墩、第一长单线隧道……铁二院也因此获得了国家科学技术进步一等奖。

结合国家战略规划、区域路网规划，沿线地方政府及群众迫切要求国家在昆明至广州间客货运输通道内新建一条高标准线路，在此背景下，云桂铁路于2008年立项，后续勘察设计由铁二院全面负责。

2010年，云桂铁路建设正式启动。经过建设者们多年的艰苦努力，2016年12月28日，云桂铁路全线正式开通运营，新一代的铁二院人在前辈军功章上继往开来，在云桂大地上谱写了新的高铁篇章。

云桂铁路建成后，与已开通运营的南广线共同形成连接昆明至广州间的标准高、运输能力大的快捷铁路通道，通道运输距离1275公里，较原有通道缩短360公里，昆明至广州间客运时间节省13小时，昆明至南宁间客运时间缩短至5小时，大大拉近了昆明至南宁、广州间的时空距离，缓解了相邻铁路线运输能力紧张状况，对于加强云南与广西及珠江三角洲地区的联系、实现资源优化配置、提升西南地区出海通道的运输能力、促进区域协调发展具有重要的意义和作用。

1997年南昆铁路开通至今，20多年弹指一挥间，时任铁二院总经理朱颖感慨万千："铁二院通过几十年、几代人的持续努力，积累了复杂艰险山区设计的丰富经验，在行业内有口皆碑。云桂铁路是铁二院人在山区铁路设计上的又一次高水平体现。"

| 科学设计，铁二院人用专业技术为云桂铁路保驾护航 |

云桂铁路沿线分布着膨胀土（岩）、岩溶、软土、泥石流、滑坡多发区和地震区，可称之为"地质百科全书"。

铁二院专门成立科研课题组，就膨胀土路基展开专题研究及技术创新，一方面充分听取老一辈专家膨胀土处理的经验教训，一方面创新性地提出"消能、排水、防渗保湿"的膨胀土路基处置理念，并应用柔性减胀生态护坡、桩板墙结合框架锚杆的坡面防护形式、全封闭基床结构以及自主研发的基础橡胶沥青水泥基防水材料，成功解决了云桂铁路膨胀土处理问题。铁二院为此共申请了5项实用新型专利、2项国家发明专利和2项企业级工法。

云桂铁路云南段隧道总计90座，占云南段线路总长的70.5%，其中超过10公里的隧道有11座、I级风险隧道9座。石林隧道全长18.196公里，为当时（截至2013年12月）全国最长单洞双线隧道。沿线隧道主要不良地质条件为断裂、岩溶、软岩变形、高瓦斯等。沿线隧道80%穿越可溶岩地段，岩溶及岩溶水极其发育。

为解决隧道不良地质问题，确保施工及运营安全，铁二院人借鉴南昆铁路及宜万铁路的选线经验及教训，在勘察设计各阶段充分贯彻"地质选线"的原则，开展上百次现场踏勘及方案研究会审，制定了"抬高线路标高、大面积绕避岩溶极发育区，合理选择辅助坑道配置"的措施，极大降低了长庆坡、幸福、石林、老石山及新莲等特长隧道的岩溶突水涌泥风险；隧道设计中充分利用铁二院艰险山区隧道设计经验及人才优势，成立了"辅助坑道选择""超前地质预测预报""高瓦斯处理"等专题研究及技术攻关小组，并多次组织路内外专家进行方案论证，提出了"动静分离结构控制无砟轨道变形""形式多样的引水及堵水"等设计理念，极大降低了隧道施工风险。

2013 年 12 月石林隧道顺利贯通，2014年 12 月六郎隧道顺利贯通，2015 年 6 月幸福隧道顺利贯通，隧道施工捷报频传，无一不在证明隧道设计的成功。

南盘江特大桥是云桂铁路重难点控制性工程，位于云南省红河州弥勒市与文山州丘北县交界处，大桥全长 852.43 米，桥面距江面高差达 270 米，主桥为 416 米上承式钢筋混凝土拱桥，最高桥墩 102 米，是世界上最大跨度的客货共线铁路混凝土拱桥。大桥拱圈采用单箱三室截面，矢高 99 米，主拱采用劲性骨架法施工。

南盘江特大桥设计难度大、技术风险高，

极具民族特色的昆明南站综合交通枢纽 车站位于 8°地震区，按 4 场 16 台 30 线＋高架站房＋双向广场布置，与轨道交通"零换乘"，是西南地区规模最大的高速客运站

将铁路混凝土拱桥跨度从 200 米提升到 400 米级。这在国际上都无任何先例可循,设计中许多技术指标在我国现行桥梁设计规范中还未曾涉及。

南盘江特大桥设计小组齐心协力进行设计攻关,开展了多项科研项目。在桥型结构、拱圈施工方案、全桥竖横向刚度控制、拱座基础形式以及抗震设计等各方面均取得了重大突破。担任南盘江特大桥专家组成员的中国工程院院士、著名桥梁专家郑皆连说:"拱桥在我国已有 1400 多年的悠久历史,南盘江特大桥的顺利建成,无论是在国内还是在世界上,其在同类桥梁中都具有里程碑式的意义,它的承载力是国内外公路桥梁都无法比拟的。南盘江特大桥的建设者走出了一条适合我国钢筋混凝土拱桥建设的经济、快捷的新路子,实现了我国拱桥建设的又一个新跃升,使我国桥梁建设的设计和施工水平再次站在了世界前沿。"

| 坚忍不拔,铁二院人为铁路建设高效推进提供有力保障 |

2014 年 7 月 14 日下午,云桂铁路隧道发生坍方关门事故。险情就是命令,时间就是生命,中铁二院现场配合施工项目部快速反应、快速行动,立即启动了事故应急预案,上报集团公司并第一时间赶赴现场投入抢险救援。铁二院救援人员连夜制定了 3 个救援方案,分别为正面小导洞、侧壁迂回导洞及 620 毫米大孔径钻机钻进方案。技术组现场绘图,迅速提供了每种方案的设计图纸并现场交底,保证了救援方案及时实施。

时间一分一秒地过去,铁二院救援组人员不顾洞内粉尘、高分贝噪声、高温闷热的环境,全力以赴、精细测量、精心设计,确保了侧壁导洞每班开挖顺利推进。经过全体人员近 132 小时的不懈努力,7 月 20 日凌晨 2 时 28 分,侧壁导洞终于贯通。在现场的欢呼声中,被困人员成功获救。

回首峥嵘岁月,屏幕上的一条线变成了腾飞在云贵高原的钢铁巨龙。这是铁二院人的骄傲!我们期待在华夏大地的高铁诗篇中,会有更多铁二院的乐章奏响!

文 / 张文健、李文、胡京涛、蒋登伟、李祺

引领前行铸丰碑

京沪高铁勘察设计纪实

项目名称：京沪高速铁路
获奖单位：中国铁路设计集团有限公司（原铁道第三勘察设计院集团有限公司）
获得奖项：百年重大土木工程项目优秀奖
获奖年份：2013 年
获奖地点：西班牙巴塞罗那

　　京沪高铁几经波折，终成大业。它，记录着建设者的传奇与功绩，承载着中国人的梦想与骄傲，演绎着新时代的速度与激情。从立项、设计、施工，直到运营、管理，京沪高铁始终受到社会高度关注。

　　作为高铁发展成就的典型代表，京沪高铁注定要在中国铁路发展史上留下浓重的一笔。作为京沪高铁的总体设计单位，中国铁路设计集团有限公司（简称"中国铁设"）也一定会在铁路设计史的星空中闪耀着永恒的高光。

和谐号动车驶出京沪高铁上海虹桥站（丁万斌摄）

| 高瞻远瞩定方案 |

20 世纪 80 年代，东部沿海经济起飞，京沪铁路客货运量猛增，运输能力趋于饱和，京沪间亟须建设一条客运专线。国务院有关部门和专家学者为此做了大量前期工作。从 1990 年铁道部向国务院报送《关于"八五"期间开展高速铁路技术攻关的报告》开始，到 2008 年京沪高铁正式全线开工建设，国家决定修建这条铁路就用了 18 年。其间，方案比选，波澜起伏；前期论证，曲折颇多；勘测设计，精益求精。万千铁路科技工作者精诚合作，联合攻关，克服了常人难以想象的困难，付出了巨大的心血和精力。

中国铁设是京沪高铁的总体设计单位，虽然承担具体勘察设计工作的范围是从北京至徐州间的 600 多公里，但是中国铁设却足足勘察设计了 1800 多公里，相当于把京沪高铁勘察设计了 3 遍。这反映了京沪高铁从决策到建设过程的复杂程度及研究的深入程度。

20 世纪 90 年代，铁道部向国务院提出修建高铁的报告后，中国铁设就开始参与研究。铁道部组织科研、设计和高校等有关部门，针对京沪高速铁路进行了无砟轨道系统与结构设计研究、地基沉降特性和沉降计算方法研究、特殊桥梁新结构新工艺技术研究、桥梁声屏障气动风压的测试研究等大量的科学研究和技术创新工作，为京沪高速铁路建设储备了雄厚的技术基础，这些科研成果和技术创新广泛应用于京沪高速铁路建设，在运营实践中得到验证并在其他客运专线建设中推广应用。此后，在研究推进的同时，争论也不断，出现过要不要建设京沪高铁之争、建设标准之争、轮轨磁浮之争、线路布局之争等等，每一次争论后，都需要进一步深入的勘察设计研究。截至京沪高铁建成，中国铁设主编过 10 个版本的设计规范，进行了 4 次大规模的勘察设计，可以说勘察设计里程相当于把京沪高铁设计了 3 遍。

从北京到天津存在两条高铁线路，这在常人看来可能不被理解。但是这个方案却来之不易，而且事实证明，正是这个方案的实施，才使得京沪高铁的运输能力真正得到保证。

中国铁设在设计京沪高铁时，北京和天津间的高速通道，就是现在京津城际铁路作为高铁试验性质的铁路，已经先期建设了，并定位为京津城际高铁。针对能不能把京津城际铁路作为京沪高铁的一部分，中国铁设进行了深入的论证，结果表明，京沪高铁经过天津到达北京，如果不再开辟通道，可能会因为京津间客流密度过高形成京沪的瓶颈。因此，作为京沪高铁的总体设计单位，中国铁设建议再建新线，预留京津上行联络线。但这一建议受到质疑，为此中国铁设又进行了长达一年左右的设计论证，最终建议得到采纳。事实证明，两条高铁线路都很繁忙，当时近期规划 10 年的客运量提前就达到了，如果京津间不是有两条高铁，京沪高铁就可能变成津沪高铁了。

在京沪高速铁路设计之初，中国铁设联合西南交大、北方交大等高校进行了高速铁路土建工程技术体系集成专题研究：系统研究了高速铁路土建工程技术体系的构成，对各子系统的功能与定位、国内外技术特点及技术标准进行了深入的对比研究，提出了高速铁路工程技术体系集成的基本理念，对集成的关键问题进

京沪高速铁路南京大胜关长江大桥（丁万斌摄）

行了深入分析，提出了技术体系集成的方法，站后四电沟槽管线和接触网基础预埋、站区综合管线布置等技术在京沪高速铁路设计中推广采用；四电系统集成在京津城际铁路四电集成基础上进一步优化、完善。

| 学习引进再突破 |

中国高铁技术借鉴国外先进经验，主要以国际技术交流、技术咨询和技术转让的形式开展。从1990年铁道部提出把高铁作为重点攻关课题以来，中国铁设参与了上百次的国际交流活动。

正如中国铁设副总工程师、时任中国铁设京沪高铁勘察设计指挥部副指挥长的李树德所说，"技术成熟的标志就是掌握规范"。伴随着京沪高铁的建成，中国高铁的技术规范，从一个又一个版本的"暂行规定""规范（试行）""设计指南""修订"，到最终的《高速铁路设计规范》，标志着中国高铁技术的成熟。

中国高铁规范的研究发端于1990年《关于"八五"期间开展高速铁路技术攻关的报告》，将高速铁路技术作为我国科技攻关的重点课题。1993年，包括中国铁设在内的47个单位、120余位专家参加，围绕工程建设方案、资金筹措与运营机制、国际合作、经济评价等进行了"京沪高速铁路重大技术经济问题前期研究"，同年7月，铁道部下发了《关于印发"京沪高速铁路线路主要技术条件"的通知》。

1999年编制了《京沪高速铁路线桥隧站设计暂行规定》。

2003年，结合我国几大干线提速、秦沈客运专线建设及试验经验，以及最新研究成果、各设计院在各客运专线具体设计中的设计经验和体会，铁道部组织编制了《京沪高速铁路站后工程设计暂行规定》。到 2004 年完成了国际咨询和修编。

在规范编制、京沪高铁勘察设计过程中，中国也积极引入国际咨询。2003 年 7 月至 2005 年 7 月，分别邀请法国、德国和日本三个高速铁路原创国的铁路咨询公司的技术专家对《京沪高速铁路设计暂行规定》进行专业咨询。同时，为检验该规定在具体设计中的应用情况以及设计的正确性和可靠性，又分别邀请法、德两国的咨询机构开展了沪宁段和京宁段的设计国际咨询。通过国际咨询，中国铁设学习和借鉴了世界上高速铁路建设先进的设计理念和方法，同时也检验了自身的设计能力和水平，进一步完善了京沪高速铁路的技术路线。

与此同时，通过咨询，中国铁设对国外高速铁路的技术发展趋势及其各自特点有了比较深入的了解。当时代表世界高速铁路最高水平的德、法、日三国高铁技术标准和制式各不相同，自成体系，互不兼容。中国铁设提出，必须吸取韩国和中国台湾地区建设高铁的教训，坚持取各国之长，绝不生搬照抄别人的东西，必须根据自己的情况，科学解决自己的问题，形成适合中国国情的京沪高速铁路技术体系。为此，中国铁设充分发挥自身专业优势，通过自主研发创新，与引进先进成熟技术相结合，博采众长、系统集成，高标准、高效率地建设世界一流高速铁路。

京沪高铁建设还通过技术转让的方式，得到外国技术，并在此基础上进行了消化吸收再创新，形成具有自主产权的技术。从京津城际开始，中国高铁引进了德国二型板式轨道板。

为自主掌握高速铁路轨道板设计、制造、安装技术，2009 年初，中国铁设联合相关科研机关及施工单位组成技术攻关团队，用自己的理论、自己的软件、自己的硬件（轨道板车床）设计制造出高质量的轨道系统，还开发了 II 型板布板软件、精调软件、打磨机控制软件，最终成功掌握轨道板制造技术，打破了国外的技术封锁，使施工布板软件技术转让费用降到原来的十分之一，经济性、自主性大大提高，实现了我国铁路轨道设计和施工的突破。

| 树起高铁新标杆 |

在中国铁设档案馆里，京沪高铁设计原始存档文件保存得十分完整。京沪高铁存档文件有 2500 多卷，图纸 6.7 万多张，重量以吨计。部分设计资料见证和记录着京沪高铁的诞生和成长轨迹。在这些历史资料中，仅设计文件中的初步设计总说明书就有 400 多页、40 多万字。作为中国的第一座高铁站，北京南站最终的设计图经过了几十次修改。一次次修改，一次次推翻，设计者在挑战中一点一点填补着中国高铁的空白。勘察设计永远是工程建设的源头和灵魂，设计质量高低直接影响到整个项目的施工、寿命、投资、使用。中国铁设副总经理、总工程师孙树礼认为："10 年前开通运营的京沪高铁，其中很多技术现在看来仍然不过时。京沪高铁的建设标志着中国高铁技术体系的形成。"他说："未来要建设精品工程和智能工程，我们的高铁技术要继续保持领先，就需要我们的技术不断创新。"

在 1000 余项科技项目支撑下，京沪高铁

CR400AF 型复兴号动车组驶出京沪高铁北京南站

建设团队创新了我国高铁技术发展和建设管理模式，形成了以《高速铁路设计规范》为核心，涵盖149项建设标准、22项技术规范、768项产品技术标准和运营维护标准的高铁标准体系，使我国具有设计、建造和运营维护时速250公里和350公里速度等级高速铁路的强大能力。

京沪高铁于2008年4月18日全线正式开工建设，2011年6月30日建成通车，2013年2月25日通过国家验收，2016年初获国家科学技术进步奖特等奖，创造了多项世界第一。

京沪高铁是当时世界上一次建成里程最长的高速铁路。其中，南京大胜关长江大桥在当时创造了世界桥梁体量最大、跨度最大、荷载最大、速度最快4项纪录，被授予"乔治·理查德森"国际大奖；2010年12月3日，枣庄至蚌埠区间创造了运营动车组最高试验时速486.1公里的世界纪录。

历经10年运营砥砺，京沪高铁正在日益走向成熟和完善，在交通强国、铁路先行的新征程上，为人民群众的美好生活提供出行服务，为实现中华民族伟大复兴的中国梦提供运输支撑。

世界高铁看中国，中国高铁看京沪。今天的京沪高铁，已然成为世界高铁的标杆和典范。70余年风雨兼程，中国铁路紧跟着新中国的发展步伐大踏步前进。中国高铁在建设中国特色社会主义的伟大征程中与祖国共同成长，不断创造着历史、刷新着纪录。

文 / 梁振发

万水千山任纵横

贵广高铁纪实

项目名称：贵阳至广州高速铁路
获奖单位：中铁二院工程集团有限责任公司
获得奖项：杰出奖
获奖年份：2016 年
获奖地点：摩洛哥马拉喀什

　　铁路勘察设计工作，就是一趟以千山万水做背景、以千辛万苦为里程的艰难之旅。了解中铁二院工程集团有限责任公司（简称"铁二院"）的人都知道，贵广高铁是他们参与设计的众多铁路中的一条，为此奔忙的勘察设计人员，也只是这个团队的一个缩影。管中窥豹，可见一斑。透过他们刻骨铭心的记忆，我们可以看到，这些可敬可爱的二院人，为了设计这条钢铁通途，克服了哪些艰难困苦，经历了哪些心路历程，又收获了怎样的成长。

一列贵广高铁动车从贵州省从江县往洞镇朝利侗寨旁飞驰而过

经过桂林漓江—阳朔风景区，采用"近而不进"的选线原则，达到了工程与环境的完美结合

|"我愿意做这个挑战者"|

桂林山水向来以"山清、水秀、洞奇"三绝闻名中外，千百年来不知陶醉了多少文人墨客。在黔桂粤山区，因为缺少迅捷通达沿海经济发达地区的铁路，所以这里的交通、物流相对闭塞，秀美山水不易亲近，也阻碍了地方经济的进一步发展。

贵广高铁跨越黔、桂、粤3省区，是国家《中长期铁路网规划》的重要组成部分，也是我国西部地区出海铁路大通道。2007年，铁二院凭借丰富的山区长大干线设计经验，当仁不让地承担起贵广高铁的设计任务。

贵广高铁自贵州省贵阳市起，经龙里、都匀、榕江，广西壮族自治区三江、桂林、恭城、钟山、贺州，广东省怀集、广宁、肇庆、佛山抵达广州，全长856公里。全线设贵阳北、三都县、贺州、广宁、广州南等20个车站。这条铁路从云贵高原飞驰而下，直达粤北，沿线地形地貌十分复杂，地质灾害严重，软土、泥石流、滑坡、岩堆随处可见。在铁二院承担设计的597.5公里范围内，隧道159座、共计363.1公里，桥梁275座、共计116.8公里，桥隧占比较大。这是继南昆铁路、内昆铁路之后，铁二院承担设计的又一条典型山区铁路。

广西与贵州的河川谷地之间，铁二院勘察设计人员踏上了跋山涉水、穿越四季的征程。无论是在勘察设计阶段，还是在配合施工期间；无论是在交通极为不便的山区靠徒步开展初步勘测，还是在极其寒冷的2008年冬天被困在形同孤岛的榕江，铁二院人不畏艰险的工作精神始终如一。

"是那山谷的风，吹动了我们的红旗；是那狂暴的雨，洗刷了我们的帐篷。我们有火焰般的热情，战胜疲劳和寒冷，背起我们的行囊，踏上层层山峰……"这首《地质队员之歌》，每一个地质专业技术人员都耳熟能详。地质专业是勘察设计的"先锋队"，他们既要和其他专业准确配合，又要最大限度为初步设计争取时间。在勘测贵广高铁的过程中，他们留下了许多惊险的故事，其中最让人难忘的，是2008年3月他们深入天平山勘测的经历。

位于桂林市临桂县黄沙瑶族乡境内、全长14公里的天平山隧道是贵广高铁全线最长的隧道，也是全线控制工期的特大工程，其工点所在位置地形陡峻。整座隧道穿越3条区域性大断层，其中天平山隧道的进口是极其困难的一个工点，不但荒无人烟，而且无山路可走。要想到达进口处，需要在两侧都是悬崖陡壁的沟谷中步行8公里，其中近5公里的路只能在齐腰深的黄沙河中行进，脚下踩的是河谷中滑溜溜的漂石，还有一段河流需要游泳才能渡过。

既然如此艰险，为何还要一往无前？因为隧道进出口是否存在控制方案的不良地质，它的工程地质条件到底如何，不但关系到线路方案，而且关系到工程设计资料的质量，所以冒险勘探，从而掌握第一手地质资料至关重要。

面对如此重任，铁二院地勘公司贵广高铁三江地质组组长覃雄谋说："我愿意做这个挑战者！"2008年3月10日，他带领3位地质工程师踏上了征服天平山的坎坷之路。从项目驻地出发，到天平山脚下需要3个多小时的车程。5时，他们就出发了。山里情况复杂多变，当日必须完成任务出山，否则待的时间越长，情况越难以预料。8时30分，一行人驱车抵达山脚。覃雄谋和李伟二人向天平山隧道进口工点进发。因为考虑到这趟路程的险恶，为及时应对突发情况，李朝辉和张天云在外面接应。

在沟谷里穿越了3公里的山路后，覃雄谋和李伟已经汗流浃背。但此时考验才刚刚开始，灰蒙蒙的天空下起了雨，雨越下越大，山路没了，放眼望去，只有陡峭的悬崖和齐腰深的水沟。有野外作业经验的人都知道，山上的大雨很可能会引发洪水，他们的处境相当危险。

考验无处不在。由于下雨，裸露出来的山

石很滑，覃雄谋两次从悬崖上滑下，落入崖下的河水中。李伟也频频在水沟中摔倒，身上多处受伤。当时正是春寒料峭，寒冷刺骨而入。

14时，极度疲惫的两人终于到达了目的地——天平山隧道进口。他们顾不上休息，就开始对工点进行勘测，量产状、记录、调查沟中水流情况及线路工程地质条件……为了防止资料被雨水打湿，他们用保鲜袋和塑料布将记录包裹了好几层，再放入背包防水袋里。

经过短暂的休整后，他们开始返程。雨天，山里的夜色降临得格外早。由于随身携带的手电筒浸了雨水只能发出微弱的光，他们在雨中艰难地摸索前行。

在外接应的两名同事心急如焚。时间一分一秒过去，周围聚集的村民也越来越多。他们听说为了让大家在家门口坐上火车，铁二院有两位工程师徒步闯进了沟口搞勘测。

大家凝望着深夜里幽暗的山谷。突然，沟谷出口处出现了一丝微弱的光……是他们！人群沸腾了！老乡们松了一口气，纷纷打开手中的手电筒为他们指引方向。当两个身影逐渐清晰显现，守在山谷外的两位同事像迎接英雄一样张开双臂拥抱他们。

| 暴风雪压不垮的铁二院人 |

2008年1月，一场突如其来的暴风雪在北方原野肆虐，随后又蔓延至南国大地，造成交通中断、电力设施受损、煤炭运输受阻，其中湖南、贵州、广西等7个省区受灾最为严重。在这种困难的条件下，铁二院专家组专程来到贵广高铁勘测设计一体化作业现场，解决设计

连接中国西南山区和东南沿海经济发达地区的桥梁

中的疑难问题，看望坚守现场的员工。

隆冬的桂北大地，寒风刺骨。专家组顶风冒雪赶到桂林，在一间小小的设计室里，与坚持作业的工程技术人员共同研讨设计中的疑难问题：南圩附近的危崖落石，是清方还是桩网拦截？是桥隧相连还是路基边坡处理？三江特大桥是重要控制工程，三个设计方案哪一个更合适？三五人、几盏灯，铺开图纸，思路在碰撞，笔底凝智慧。窗外呼啸的风雪拼命撼动着玻璃，夜越来越深了，几个关键控制工程的设计方案逐渐明朗。

恭城是专家组去的第二站。经过几小时的车程，专家组在现场进行仔细察看和深入讨论后，在设计室里对线路方案进行了充分研究。海洋山长隧道设计方案是他们研究的重点。这里地质情况复杂，有玄武岩、砂岩，还有火成岩，再加上要经过阳朔国家风景区和森林公园风景区，国家环保总局只允许铁路在一个狭小的空间通过。专家组每位工程师对线路的走向都发表了自己的意见，最终一致认为这个长隧道设计方案要慎之又慎，地勘工作要做细，先物探，再在中线布深孔，一定要把地下情况搞

清楚，否则会给施工作业带来很大的困难。

第三站，专家组来到贵阳。这天，风雪格外猛烈，每个人都穿着厚实的羽绒服和棉鞋，同时还用围巾严严实实地包着脑袋，坚持完成了对贵阳枢纽的考察。贵阳枢纽桥梁设计难度较大，其中线路半径在 600—800 米的大跨度桥梁比较多。专家组和桥梁专业的设计人员对每一个方案都进行了认真研究。

第四站是榕江配合施工组。当时，那里已在风雪中成了一座孤岛。所有道路封闭，高压电线被压断，全城断电，没有气、油，与外界的联系都成了问题。铁二院榕江配合施工组的20 多位设计人员陷入了困境。专家组的领队、铁二院土建二院院长好不容易与榕江配合施工组取得了联系。他告诉设计人员，一旦道路开通，就立即撤回桂林搞设计，待天气好转后再进榕江。榕江配合施工组设计人员在电话里婉拒了领导的好意。为了干好榕江坝子的设计工作，他们必须在现场坚持作业。"请领导放心，我们只要冻不坏、饿不着，就一定会按期完成贵广高铁设计任务！"他们信誓旦旦。

临走前，专家组反复叮嘱设计人员："现

场作业要多进行方案比选和优化设计，必须经得起检验。造桥铺路功在当代、利在千秋。二院人一定要为贵州、广西、广东人民建出一条优质的铁路！"

|"有你的地方才是家"|

铁二院贵广高铁勘察设计人员在远方为铁路建设事业默默奉献的同时，还要忍受与亲人的离别之苦。

土建二院路基专业的高继涛 30 岁出头，有个两岁的儿子。只要谈起儿子，高继涛就会乐得合不拢嘴。可是从儿子出生那天起，他和儿子相守的时间加起来还不足 10 天！每每想到这些，高继涛便神色黯然。他对儿子所有的了解，都来自妻子在电话里的描述。君问归期未有期。电话中妻子总是表达对他浓浓的思念和归期的企盼。妻子理解他，曾认为的"事业在高继涛心中远重于家庭"，其实是把他厚重的感情狭隘化了。她果断辞掉了工作，来到贵阳陪他。"有你的地方才是家。"她说。

每当回忆起这些事，高继涛的心中便充满了对妻儿的愧疚。作为父亲和丈夫，他认为自己是失职的，但作为铁二院的一名工程师，他无悔又骄傲——贵广高铁约 100 公里的路基设计任务，他一个人就完成了 10 多公里。在他心中，配合施工的这 4 年，他亲手将图纸上的线条变成了通达的坦途，与业主建立了良好的关系，和地方政府、当地村民的协调能力也提高了，所有这些让他终生受益。他对贵广高铁倾注了深厚的情感，眼见路基成型，他仿佛看见了自己的孩子正在茁壮成长。

|梦想融入碧水青山|

这是贵广高铁项目部桂林配合施工组所在地——桂林郊外一个被称为"森林公园"的山庄。这里实际上是个已经废弃多年的度假村，只有两栋很普通的三层楼房，由于多年罕有人迹，路面已经长出了青苔。

两栋楼的背后，紧靠着一座矮土山。2013 年春节后 4 个多月都没消停过的雨，总是让项目部的人为滑坡提心吊胆。山庄下有一口池塘，因连日的阵雨积满了水，变得浑浊。项目部办公条件很简陋，狭长的单向走廊，黄色的板式木门，墙壁单薄，桌椅简易，用了 4 年多的办公设备已经略显老旧。在每间办公室的墙上，挂有用几张纸拼接而成的线路平面图和《配合施工守则》。

土建二院桥梁专业的徐涛是同济大学毕业的高才生。他 2005 年到铁二院工作，常常感慨自己赶上了好光景。从工作的那天起，繁忙的设计任务就"逼"着他快速成长起来。

徐涛热爱建筑艺术，业余时间都在钻研国外建筑结构。他有扎实的绘画功底，非常喜欢钢笔线描。在他的办公桌上，贴着两张 A3 打印纸拼接的画纸，他笔下的贺州市钟山县境内全长 7 公里多的贵广高铁两安双线特大桥在密匝匝的低矮灌木中雄起赳地延伸。在从事桥梁设计之余，他为爱好和事业找到了一个很好的平衡点。他把日常工作当成使命，而对精深的建筑艺术的爱好，则是他事业前进的不竭动力。

徐涛是土建二院特桥组的第一批成员，曾参与过福厦、玉蒙、襄渝、成都至都江堰铁路的设计。在配合施工阶段，最重要的是解决施工中遇到的问题，保证进度的及时推进，因此和业主、地方以及施工单位的沟通能力显得非常重要。贵广线桥隧比高，拥有众多长隧长桥，且预留时速高。在半年多的配合施工中，徐涛跟着大伙儿汗流浃背地查看工点，皮肤愈发黝黑。如今，他能够游刃有余地处理工作中的各种问题。

山庄在桂林的北郊，离市区有 20 分钟的车程，门口是通往阳朔方向的旅游公路，周围连个超市和小饭馆都没有。年轻人大都喜欢热闹，难免会感到这里有些闭塞。为了营造"家"的感觉，丰富员工的业余生活，铁二院贵广高铁项目部为驻地员工购置了羽毛球拍、乒乓球拍，设立了棋牌室，在球场安上了路灯，让大家晚上有空时能切磋球技、锻炼身体。周末，小伙子们会和当地施工单位员工打场篮球赛，聚在一起吃顿饭热闹热闹，日子过得平淡而充实。

日复一日，坚守的人，都有一颗耐得住寂寞的心。他们的梦，已在这里融入碧水青山。

文／王毅、陈亮、蔺建国、何昌国、宋辰昱

兰新高铁：中国"智"造

带你走进不一样的兰新高铁

项目名称：兰州—新疆高速铁路
获奖单位：中铁第一勘察设计院集团有限公司
获得奖项：杰出奖
获奖年份：2017 年
获奖地点：印尼雅加达

2014 年 12 月 26 日，兰新高铁全线开通运营。

随着开通前后各路媒体的集中报道，其"世界一次性建成里程最长的高速铁路""全球第一条修建在高原地区的高速铁路""全球第一条通过大风地区的高速铁路""中国西部建成通车的第一条高速铁路"等称号逐渐为普通公众所了解，兰新高铁也迅速成为岁末年初举国关注的新闻热点之一。

鲜为人知的是，作为一条长达 1776 公里的长大干线，兰新高铁沿途所经地区包含了高原、

兰新高铁

高山、黄土、戈壁、沙漠、绿洲、湿地，以及干旱、大风、极寒等各种不良地质类型和极端气候。基本上除软土和西南地区常见的喀斯特岩溶地貌外，其他工程地质难题在兰新高铁都能遇到，其综合修建技术难度在国内高铁独占鳌头，堪称中国最复杂、最具挑战性的高铁，也最能代表中国高铁的综合技术水平。

兰新高铁有哪些鲜为人知或尚不为人所知的特点？又在哪些方面体现了中国"智"造的技术水平？

| 牛！中国高铁"一半路基在兰新" |

众所周知，高速铁路对轨道的平顺性有着近乎苛刻的要求，而路基工程因为结构相对松散、易沉降变形等自然特性，其稳定性要远远低于桥梁、隧道等刚性结构，这也是目前国内高铁大范围采用桥梁和隧道结构的重要原因之一。而长达 1776 公里的兰新高铁，沿线所经地区大多为荒漠、戈壁，从工程的经济性和合理性考虑，采用造价相对低廉的路基工程应为首选方案。

这给设计和建设者提出了严峻的挑战。为此，铁一院进行了大量前期科研和试验，选择确立了最科学合理的路基高度和结构形式，在设计建设中采用加强填方、减少挖方，以疏为主、以堵为辅的防排水加强措施和先期施工、自然沉降等一系列综合手段；针对沿线极端寒冷和昼夜温差大的特点，选用防冻性较好的路基填料，并在施工中严格控制，保证了路基填筑的高密实度。经过连续 3 年的观测，已建成路基的最大沉降值仅为 8 毫米，从而将路

基的沉降率牢牢地控制在 15 毫米的许可范围内，确保了将来的安全运营。

据介绍，兰新高铁的路基工程占全线总长度的 66.8% 以上，主要集中在祁连山以西至乌鲁木齐以东的河西走廊地区，全长接近 1200 公里，相当于目前中国已建成高铁的路基总长度！

得益于大量采用了路基工程，兰新高铁的每公里造价仅为 7000 万元左右，而国内已建成高铁的每公里造价基本上都在亿元以上，沿海及经济发达地区的平均造价更是达到每公里近 1.4 亿元。

"敢于在高铁建设中大范围采用路基工程，一方面体现了设计、建设者的底气和自信，另一方面也反映出中国的高铁技术取得了全面的进步。"这是所有参加过兰新高铁设计、施工的建设者共同的心声。

| 奇！"内服外敷"解决干旱难题 |

兰新高铁全线采用无砟轨道铺设，承载轨道的整体道床板为大面积现浇混凝土结构，在施工过程中需要通过定期洒水进行养护。而兰新高铁经过的很多地段都是干旱大风环境，其穿越戈壁地段超过线路总长的 50%，年均降雨量小于 100 毫米，中心地带甚至不足 50 毫米，如果采用传统的覆盖洒水养护方式，在施工过程中水分蒸发的速度要远远大于洒水的速度，很容易造成混凝土一直处于干湿循环状态，恶化了混凝土质量，有可能形成大量的收缩裂缝，会对工程质量和后期的运营安全造成严重影响。

为此，铁一院专门开展了"干旱风沙地区混凝土和无砟轨道施工质量控制措施研究"课

兰新高铁祁连山一号隧道

题研究，并根据相关研究成果，针对大风干旱环境提出了"内服外敷"的办法。"内服"即预先在混凝土内部掺入塑性阶段表面保水、硬化阶段内部补水的内养护材料；"外敷"则是指混凝土收面完成后立即在道床板表面喷涂保水率不小于85%的外养护材料。通过"内外兼治"，起到了很好的保湿作用，从而有效防止了混凝土的水分蒸发，提高了一次成型的成功率和施工效率，满足了高铁施工严格的质量要求。

| 巧！"化整为零"避免道床开裂 |

兰新高铁沿线的昼夜温差非常大，极端情况下可以达到80℃，如果采用常规的连续道床板结构，在强烈的热胀冷缩作用下，极易发生温度裂缝且裂缝的宽度难以控制，同时隧道洞口段还易受雨水侵袭而影响混凝土的耐久性。

为从根本上解决无砟轨道的开裂问题，铁一院创造性地将整体道床"化整为零"，在路基地段设计采用19.5米长度的双块式单元无砟轨道结构，每隔19.5米设置一道横向伸缩缝、每3.9米设置一道横向假缝，并通过支承层设置纵向锯齿形的凹槽，在道床板的伸缩缝设置传力杆装置，实现了道床变形的调节和控制；在隧道段，则采用6.5米的单元双块式无砟轨道结构，每隔6.5米设置一道横向伸缩缝，并通过在道床板与隧道仰拱间设置连接钢筋等措施，有效避免了连续式道床板温度裂缝的产生，提高了道床板混凝土的可靠和耐久性。

| 妙！"穿衣盖被"确保隧道畅通 |

兰新高铁全线共有隧道64座，总长185.15公里，其中50座隧道集中在甘肃和青海境内，总长 166.197 公里，占全线隧道的 92%。

全线最长的隧道是位于青海西宁市大通县和海北州门源县的大坂山隧道，全长 15918 米；最高的隧道是大梁隧道，轨面标高海拔 3607 米；最著名的隧道是祁连山隧道，全长 9490 米，与大梁隧道仅一沟之隔。

这些隧道共同的特点就是都位于极度严寒地区，夜间最低温度往往达到 -40℃。而且祁连山区地下水极其丰富，隧道先后通过十几条大的断裂带，地质构造复杂、新构造运动强烈，褶皱、断裂极度发育，岩石极其破碎，隧道开挖后经常会遇到突然涌水，祁连山隧道的最大涌水量甚至达到了每天 10 万方。雪上加霜的是，高铁隧道的开挖断面往往达到 160 平方米，远远超过一般铁路隧道的 50—60 平方米，直接表现为极高的地应力。刚刚开挖成型的隧道在强大的压力下会迅速变小，常规支护的钢架和仰拱会扭曲、隆起，甚至连钢筋混凝土衬砌都会被挤爆、开裂。

冰冻、涌水、高地应力，这些世界级的工程建设难题，成为隧道建设中必须解决的"拦路虎"。

借鉴青藏铁路的成功经验，铁一院在高寒隧道的建设中沿袭了"保温"的设计思路，并在此基础上再增加一层衬砌，形成了双层保温衬砌结构，铁一院隧道设计负责人田鹏将其形象地称为"穿棉袄"；针对隧道开挖后岩石松动造成的涌水尤其是洞口渗水形成的冻结带，则用"盖被子"的方式，设计采用压浆法施工，在衬砌内部紧贴岩石注入一层水泥浆，以最大限度地封闭岩石缝隙，避免流水的侵蚀；为了解决地应力大导致的变形问题，设计采用分步开挖、临时支护以及增设钢支撑加固"钢腰带"等方法，有效地解决了这一施工难题。

| 强！"明挡暗钻"通过四大风区 |

兰新高铁新疆段穿越举世闻名的内陆四大戈壁风区，总长度达 462.4 公里，占此段线路总长的 65.1%，且大风频发、风速极高，部分区段年均大于 8 级大风的天气达到 208 天，最大速度 60 米／秒，相当于 17 级大风，对高铁设施和行车安全已造成严重危害。

为确保运营安全，铁一院在高铁路基的迎

攀越祁连山

穿越花海

防风工程

防风工程

下穿嘉峪关城墙

风侧设置了高度 3.5—4 米的挡风墙，并根据不同区域的风力、风向、频率、地形及线路条件，因地制宜地设计了悬臂式、扶臂式、柱板式等多种结构形式的钢筋混凝土挡风墙，其中仅新疆境内的路基挡风墙总长度就达到 345 公里。

针对大风区的 124 座桥梁，分别设计了 T 形、箱形、槽形桥梁结构和总长达 95 公里的挡风屏，根据风力大小，由不同尺寸的 H 形钢柱和开孔波形钢板组成，固定在桥梁的两侧或一侧。在大风频繁、风力最为强劲的百里风区，更是采用结构受力和防风结构相结合的槽形梁形式，这也是该结构在高铁的首次应用。

在百里风区的核心地带，还设计建成了长达 1.2 公里的防风明洞，相当于在路基上拼装了一座完整的"地上隧道"，迎风一侧为实体墙，背风一侧留有通风和照明窗口，确保了高速列车的运行安全。

兰新高铁的防风工程建设规模在世界高速铁路中居首位，防风工程技术的运用在高速铁路建设中尚属首次。通过路基挡风墙、桥梁挡风屏、防风明洞等三类主要防风结构和沿线的隧道、渡槽明洞及深路堑等兼顾防风工程，兰新高铁实现了"明挡"和"暗钻"的结合，将大风的影响降到最低程度，将每年因大风限速的时间从既有兰新铁路的 60 天大幅度缩减至10 天以内。

| 好！中国"最亲民"的高铁 |

兰新高铁先后穿越甘肃、青海和新疆三个省区，其中甘肃境内全长 799 公里、青海境内 267 公里、新疆境内 709.9 公里，途经青

海民和、乐都、平安、大通、门源各县，穿越祁连山进入甘肃河西走廊，经民乐、张掖、临泽、酒泉、嘉峪关、玉门等县市以及新疆的哈密、鄯善、吐鲁番，将兰州、西宁和乌鲁木齐三个西部最重要的省会城市连为一体，全线共设 37 座车站（不含兰州西和乌鲁木齐新客站）。

不同于国内高铁车站往往远离市区、旨在带动城市新区建设和发展的常见思路，兰新高铁在车站位置的选择上有意识地向人口密集城区靠拢，以方便广大群众的日常出行。

作为新建设的大型铁路客运枢纽，兰州西站位于城市中心繁华地带，并通过多层次立体化的交通衔接，将高铁、城市轨道交通和常规的公交、出租车、长途客运及社会车辆高效地整合在一起，形成了快速便捷的大型城市综合交通枢纽。西宁站则直接接入位于市中心的现有西宁火车站，并进行现代化改扩建，以满足高铁运营和人民群众日益增长的出行需求。

既有兰新铁路的吐鲁番、鄯善车站都远离市区，其中吐鲁番车站距离市区 49 公里、鄯善车站距离市区 39 公里。兰新高铁在设置新的站位时，为旅客出行方便，将新设的吐鲁番北、鄯善北车站位置选择在距离市区 3 公里的地方，同时将吐鲁番北站与吐鲁番机场平行临靠，实现了航空旅客与铁路旅客的零换乘。

兰新高铁全线开通后，12 小时之内即可从兰州直达乌鲁木齐，比现有最快的特快列车还要节省 6 小时以上，且未来运营时间将进一步压缩到 8 小时以内。而随着几年后宝兰客专的建成通车，昔日的丝绸之路将全线迈入"高速时代"，乌鲁木齐至成都、重庆、郑州、西安均可实现"夕发朝至"。

| 美！"最美高铁"览尽西部风情 |

作为横穿整个中国西部的长大干线，兰新高铁不但是西部地区的交通命脉，更串连起一座座久负盛名的西部旅游胜地，成为一条不折不扣的黄金旅游线路。

在甘肃省会兰州乘着羊皮筏子感受完黄河的魅力，可以坐着高铁一路向西，欣赏青海湖的湖光山色，感受塔尔寺的人文氛围，在门源的油菜花海中徜徉流连，领略"大美青海"的个中真谛；之后穿大坂、越祁连，著名的河西走廊便会出现在你的视野中：鬼斧神工的张掖丹霞地貌，历尽沧桑的古丝路名关阳关、玉门关，"天下第一雄关"嘉峪关，以及"中国航天工业的摇篮"酒泉卫星发射中心，稍远还有著名的莫高窟、鸣沙山、月牙泉；略作休整继续向西，即进入了新疆的东大门哈密，这里有神秘的魔鬼城，还有辽阔的巴里坤草原；在吐鲁番品尝过甜美的葡萄，于火焰山下与唐僧师徒合影留念，最后来到兰新高铁的终点乌鲁木齐。体会过大巴扎的风情，品味过烤肉拌面的浓烈，美丽的新疆便从此在你心里种下一颗牵挂的种子，成为永不磨灭的记忆。

乘坐兰新高铁出行，一定会带给你一种不一样的感觉。

文 / 高俊

遁地穿行莲花山，高铁飞抵九龙湾

亚洲最大的地下火车站福田站

项目名称：广深港高铁福田站及相关工程
获奖单位：中铁第四勘察设计院集团有限公司
获得奖项：优秀奖
获奖年份：2017 年
获奖地点：印尼雅加达

2015 年 12 月 30 日上午 8:17，停靠于深圳福田站地下三层股道上的 G6272 次列车准点发车，这标志着广深港专线高铁福田站正式投入运营。作为连接香港、服务内地的控制性节点工程，它主要承担了广州、深圳和香港之间的城际客流运输。广深港专线贯通后深圳到香港最快仅需 14 分钟，深圳到广州最快仅需 33 分钟，这对构建加强广深港三个城市核心区联系、推动粤港澳大湾区一体化发展、促进内地与港澳地区经贸文化交流具有重要意义。

福田站位于深圳中央商务区（福田 CBD），是我国首座选址于城市中心的新建高铁车站，打破了高铁选线绕避既有城市中心的传统思维，解决了我国高铁建设选线面临的引入城市高密度建成区线路通道不足，拆迁大，分割城市，占地多，噪声污染等难题，充分发挥了高速铁路对城市

深圳福田 CBD 鸟瞰

的服务功能，实现了高铁车站与既有城市的"站城融合"。

遁地穿行莲花山，高铁飞抵九龙湾。2020年已是福田站投入运营的第五年，这座隐藏于市中心高楼之下的高铁站日复一日地迎送着"和谐号""复兴号""动感号"高铁列车的频繁出入，为来自天南海北的旅客提供高效便捷的出行服务。

这座深埋于城市中心、服务于深圳长远可持续发展的全地下重大交通枢纽，在规划之初便被赋予了"福田站是我国第一座大型的、国铁与城轨接驳的地下车站，在功能上要满足需求，在外观上要体现时代感和高水平，在质量上要成为世界一流"的期望。为满足项目功能需求，福田站被中铁第四勘察设计院集团有限公司（简称"铁四院"）的工程师们打造为集高速铁路、城际铁路、城市轨道交通、公交以及出租等多种交通设施于一体的立体式换乘综合交通枢纽，设出入口36个，项目总建筑面积达15.2万平方米，相当于21个足球场，平均埋深32米，相当于10层楼高度，整个车站采用地下三层结构：地下一层为换乘大厅，可实现出租车、公交车和地铁的无缝接驳；地下二层为站厅层和候车大厅，共设置进站检票口8个，地下三层为站台层，共设8条股道4个站台。

超级工程的背后离不开设计团队的辛勤付出，福田站的建设从立项到通车共耗时9年零4个月，而来自铁四院的一支200多人工程师团队也陪伴了项目近10载，他们勇攀工程高峰，用智慧和汗水将规划蓝图变为示范工程；他们攻克了地下施工难度大、高速列车气

动效应复杂、多种形式交通接驳、地下空间安全疏散困难、站台门匹配车型多等工程难题，取得了8项发明专利、21项实用新型专利、3项省部级施工工法的创新成果。项目成果也得到了国内外知名专家学者的青睐，先后摘得FIDIC奖、詹天佑奖。

在一座超级城市的中心建造一座全地下的超级车站究竟有多难？项目建设中铁四院的工程师究竟用上了多少"黑科技"？让我们一起来回顾福田站的建设历程，揭开中国铁路建设示范工程的神秘面纱。

|打造开放、共享的全地下"城市客厅"|

福田站选址区域为深圳中央商务区，建设有40余座高度超过100米的写字楼，城市道路及轨道交通线网密布，地面无建设用地可满足高铁车站的设置要求，必须考虑地下方案。福田高铁站客流与城市交通系统的接驳充分考虑城市中心位置敏感、用地紧张、交通压力巨大的特点，提出以城市轨道交通换乘为主导的公交接驳换乘理念，构建全地下"城市客厅"，通过全方位、多层次的立交疏解，在繁华CBD实现人车分流，保障城市道路交通的畅通，新建高铁车站未明显增加福田CBD地面车行交通流量。

能否充分发挥不同交通方式之间的换乘效率是综合枢纽工程成败的关键，在全面分析了枢纽工程整体功能布局的基础上，项目团队对不同的交通方式之间的换乘采取了不同的策略：高速铁路与其他交通方式之间的换乘适当拉开距离，通过地下一层"城市客厅"公共空

隧道局部

"和谐"号动车停靠站

间进行，换乘时间控制在 10 分钟以内；城市轨道交通线路间换乘时间控制在 5 分钟以内。全地下"城市客厅"的设置，解决了旅客的换乘、集散及市民过街需求，实现 1 座高铁车站、5 条地铁线路、9 个地铁车站、超高层办公楼、公交首末站、出租车场站全地下平层接驳。

| 创建绿色、安全的地下空间 |

福田站为超大型地下站，其地下一层旅客活动区建筑面积达 63100 平米，接近于 9 个标准足球场的规模。

空间环境设计：在如此大规模的地下空间中，重复单调的视觉信息会使人失去方向感。福田站通过在地面绿化带中设置自然采光天窗、在枢纽的南侧和东侧设置了地下采光庭院来改善室内环境，由被动式的人工照明采光向主动式的自然采光系统过渡，尽可能多地将自然光线引入地下，增加地下空间的方向导向。

结构设计：为满足铁路旅客车站大客流多方向快速通过的需求，工程师们首次提出了"钢管混凝土柱 + 型钢混凝土梁 + 钢筋混凝土楼板"的地下大跨度劲性结构体系，发明了"多层钢环板 + 内外加劲 + 钢筋分层立体联通"的新型劲性混凝土梁柱节点。它是国内首次采用

横向连续柱跨的设计项目，且与上部高架桥合建的地下大跨度结构（为国内同类型结构之最），实现了"大跨小柱低梁"的舒适地下空间效果，解决了高铁车站地下化对大跨度空间需求的难题。除此之外，还提出地下超长车站结构不设缝创新思路，避免了 1023 米长车站地下结构按传统设计方式需设置的 22 道变形缝，彻底解决了结构设缝带来的地下工程漏水和防水问题，相关成果获得 3 项实用新型专利授权，入选"十二五"国家重点图书出版规划项目的专著《无伸缩缝超大地下交通枢纽设计与建造关键技术》已于 2015 年 12 月正式出版。

气压控制设计：福田站投入运营后，存在 200 公里 / 小时高速列车高速通过车站的情况，由于车站站台区域存在断面突变、密封性变差情况，会引起气压突变，对站台区域旅客、机械设备的安全造成极大影响。借助计算机模拟仿真和缩尺模型对比试验，项目团队针对正线高铁列车高速越站对隧道及车站内风压进行反复测试，得到了轨旁设备及全高站台门设置的位置及承压要求，并提出地下封闭空间瞬变压力缓解技术，采用全高站台门系统缓解列车高速过站的风压冲击（相当于 17 级台风）。该项成果填补了我国高铁技术空白，成果在本

项目及后续同类项目中得到广泛应用。

站台门设计：为保障旅客乘降安全，福田站设置全高站台门，也是我国首座设置全高站台门的高铁车站。福田站的站台门是世界上首个大风压下兼容多种相互干涉停站位要求的高铁全高站台门系统，解决了常规站台门无法与多车型多停站位工况对应的矛盾。相关成果获发明专利3项、实用新型专利授权8项。

疏散消防设计：提出了单洞双线带地下站高铁区间隧道通风排烟成套技术标准，日常通风通过每3000米设置1处活塞风井来满足隧道温度和换气需求，火灾排烟设置排烟道的半横向排烟系统，该技术填补了我国该领域技术空白；结合项目工法多、结构类型多的特点，采用软件模拟为主的设计手段，系统研究各类火灾工科下隧道及车站内火灾蔓延及烟气扩散规律，得出隧道及车站安全疏散时间。相关成果对应广州铁路集团公司已颁布实施的应急预案编制成文，形成《福田站突发公共事件总体应急预案》和九种分类应急事件预案手册，并采用典型案例的方式指导实际模拟演练。

| 高超工法、精湛工艺保障实施安全 |

在城市中心区新建高铁车站，存在建设环境复杂、隧道穿越软硬差异极大的花岗岩复合地层及多处重要建构筑物、车站基坑规模超大、地下结构规模大要求高等特点。到现场参观的25位中国工程院院士曾一致评价："这个车站不仅规模最大，施工难度之大也可见一斑！"

开放、共享的全地下"城市客厅"

地铁 2、11 号线方向

广深港客运专线方向

福田站（全地下高铁站）剖透视图

结合实际情况，福田站在城市复杂环境深基坑施工扰动精细控制技术、城市复杂环境大断面隧道施工工法、大流量城市交通环境下不间断交通施工组织等方面形成了成套创新技术。

城市中心密集区超长超大深基坑施工扰动精细控制技术：福田站位于深圳福田中心密集区，车站深基坑全长1023米，最宽处78.86米，平均深度32米。基坑紧邻13栋超高层大楼布置（离建筑物最近距离仅12米），对变形十分敏感，被原铁道部列为全路两个最高风险工程之一。为控制基坑和土体的变形，提出了超长、超宽深基坑的明挖、盖挖组合支护体系，集成了基坑主、被动区域加强措施及时空效应影响，研发了远程实时数字化深基坑监控预警服务平台，形成了城市中心密集区超长超大深基坑施工扰动精细控制成套技术，保障了福田站基坑及紧邻超高层建筑物的安全。

城市复杂环境大断面隧道先墙后拱交叉中隔壁工法（PBCRD工法）：在不良地质条件

下，新建交通隧道近距离下穿运营轨道交通隧道时，沉降控制极为困难。国内其他项目多以盾构隧道形式下穿。该项目由于14根桩基影响，无法采用盾构法下穿地铁1号线。通过研究采用暗挖法修建大断面隧道在穿越多种复杂既有地下结构时的时空力学变化规律与相互影响机制，首创了适宜于城市敏感复杂环境条件下先墙后拱交叉中隔壁工法（PBCRD工法），实现了大断面隧道在富水全风化花岗岩地层中以3米净距安全下穿深圳地铁1号线，并减少了福田站基坑深度3米，节省投资5.1亿元。

大流量城市交通环境下不间断交通施工组织：为了保障项目施工期间城市交通的不间断运转，设计师们利用软件对不同交通疏解方式进行模拟优化，充分利用区域微循环、导向系统，提出了"保证东西向道路畅通，南北向道路适度封闭"的原则，结合施工场地、管线迁改、分段施工等进行道路交通疏解。由于设计分析准确，措施得当，施工5年期间深圳市各主要干道方向交通基本不受影响，其中位于车站正上方的城市东西向主干道——深南大道——交通从未间断。

福田站首次将全速高铁引入城市中心区，统筹策划多层次多功能交通枢纽与复杂城市工程施工环境相匹配，全面兼顾多维立体智能化现代交通与和谐包容国际化科技都市相适应，探索了新时代配套完善、换乘便捷、站城融合的现代化综合交通枢纽建设新模式，设计新颖、技术标准高，在中国高铁建设史上具有开创先河的意义，对于今后国内将国家铁路引入城市中心区起到了重要的示范作用。

福田站的建设过程中，铁四院的工程师们以全新的设计理念和超前的综合规划，成功解决了在城市中心区进行高铁建设所带来的线路分割城市，征地、选线困难等众多技术难题，

项目设计成功摘得 2017 年 FIDIC 优秀奖，每年为旅客节约出行时间所产生的经济效益达 3.81 亿元，节省地上建设用地约 12 万平方米，节省工程投资约 10 亿元，在改善环境、减少污染及增加就业岗位等方面具有重大社会效益，进一步推动了我国地下工程建设技术的发展。"建设伟大工程，推进伟大事业，实现伟大梦想"，这是始终奋战在国家基础设施工程建设一线的铁四院工程师们内心最响亮的口号，他们曾为庆祝建党一百周年"全面建成小康社会"目标的达成而挥洒过汗水、奉献过青春，他们也将为新中国成立一百周年"实现社会主义现代化"新目标而秣马厉兵、砥砺前行。

文 / 张燕镭、余行、沈学军

合福高铁线，大美天地间

合肥至福州高速铁路

项目名称：合肥至福州高速铁路
获奖单位：中铁第四勘察设计院集团有限公司
获得奖项：杰出奖
获奖年份：2018 年
获奖地点：德国柏林

有一条高铁线路全长 834 公里，连接海峡西岸、赣鄱大地和江淮之滨，犹如一条巨龙，穿越青山绿水，游走于密林花海之中，在生机勃勃的大地上划出一道史诗般的梦幻轨迹。

这就是在中国高铁版图上有着特殊地位的合福高铁，它跨越武夷山，纵贯赣东北，北接安徽合肥，并衔接京沪高铁一路北上，经山东、河北、天津，直达北京，将八闽与喷薄的华中、华东、华北紧紧串联和拥抱。

合福高铁沿途风光

这条钢铁长龙不仅颜值高——被称作"中国最美高铁",而且创下了中国铁路多个"之最":

我国目前开通运营铁路中标准最高,也是地形最为复杂的一条山区高速铁路,桥隧比高达86.8%,其中新建隧道占线路全长约42.0%,工程十分艰巨。

纵贯南北,与16条铁路交叉跨越或并行,这在全国的高铁中绝无仅有。

铜陵长江公铁大桥主跨630米,是当时建成的世界上最大跨度的公铁两用斜拉桥;穿越武夷山脉的北武夷山隧道,全长14629米,是目前我国最长的单洞双线高铁隧道。

上饶站是全国首个骑跨式高铁站,合福高铁上下客在离火车站地面高20米处进行,节约了15公里正线长度……

2018年,合福高铁荣获菲迪克工程项目杰出成就奖等多项大奖,这背后,有着许多我们想不到的故事。

| 时代召唤接下艰巨任务 |

合福高铁是京福高铁的重要一段,跨越安徽、江西、福建三省,以合肥为起点,抵福州而终,其中福建段长283公里。

这是继京津、武广、郑西高铁之后,运营时速300公里的又一条双线电气化高速铁路。它北接合蚌客运专线、京沪高铁,形成京福高速铁路大通道。

合福,有"三省之福,合于一路"之意。对三省老百姓而言,这点体会将尤为明显。合福高铁通车后,福州至武夷山只需55分钟,至合肥4小时内,至北京将由原来的12小时以上缩短至8小时以内。朝发午至,构建起闽赣皖三省"同城生活圈",人们实现了中午在福州吃碗鱼丸、晚上到安徽听黄梅戏的愿望。

在惊叹高铁高速之际,人们更惊叹铁路基础设施建设的突飞猛进。

以合福高铁经过的福建为例,1997年12月15日之前,福建连一寸高速公路都没有。20世纪90年代,福建一直都只有鹰厦线(鹰潭—厦门)这一条出省铁路,福建成为全国铁路的"神经末梢",铁路到福建就算到了头。

"蜀道难,难于上青天。"当年李白的一句诗让世人记住了蜀道。蜀地被群山环绕,古时交通不便,蜀道因此常成为难以行走的代名词。其实,很多人不知道的是,东南沿海的福建,山地丘陵面积约占全省土地总面积的90%,到了福建的人才真切感受到"闽道更比蜀道难"。

福建是海峡西岸经济区的核心,长期以来,重山叠嶂有如一道鸿沟,横亘在福建人的梦想与现实之间。出行难,让福建人对路的建设有着更多的渴望;出行难,也让福建交通的发展显得尤为迫切。

2007年实施的中国铁路第六次大提速,让中国铁路进入提速时代。此后,"中国速度"一再刷新普通民众的认知。2008年,中国第一条设计速度350公里/小时级别的高速铁路——京津城际铁路开通运营。2009年底,武广高铁正式运营,最高运营速度达到394公里/小时,从武汉到广州仅需3小时便可到达。

而作为京福高铁重要组成部分的合福高铁,也提上了建设日程。连接21世纪海上丝绸之路重要城市——福州,能纵贯长江中游城市群、环鄱阳湖经济圈的东北部,并在合肥衔接京沪高铁一路北上，成为"一带一路"区域间经济、社会、文化等方面合作的"黄金通道"。顺势而出的合福高铁，被赋予了光荣的历史使命。

中铁第四勘察设计院集团有限公司（简称"铁四院"）接下了这个艰巨的任务。

一年完成 800 多公里勘察设计

从 2008 年方案竞标开始，铁四院人就开始奔走沿线，为项目每一个关键节点的"提速"开足马力。为了确保合福高铁在 2009 年底顺利开工建设，铁四院在沿线 8 个测段派遣 800 余名将士，不到一年完成了 800 余公里的勘察设计和批复全过程。

合福高铁穿越青山绿水，沿路风景秀丽，可是沿线地质构造也极度复杂，发育着数十条大规模的褶皱与断裂，存在岩溶、涌水、突泥、塌方、滑坡和落石等风险，堪称中国铁路建设的"地质博物馆"。

勘测工作正值高温季节，为了赶进度，提高有效作业时间，现场勘测人员每天早上 4 点半就出工，目的是趁着天气凉快多干一点儿活。烈日当头，蚊虫叮咬，在桑拿天摸爬滚打了一天的勘测人员终于收工了，工作服已经被汗水打湿了一遍又一遍。同事们之间相互打趣道："如果你没有晒黑，领导就知道你没有认真干活。"

白天测绘、放孔、验孔，晚上下钻孔任务书，勾化验单，整理钻孔资料，每天，铁四院人都如行军打仗一般，不到晚上 12 点绝不会有一个人撤退。办公室里灯火通明，工作间隙，老同志会带着新同志一起"把玩"验孔带回来

的岩样——岩性如何、手感如何、肉眼能看见哪些成分，不少新同志趁着这个"娱乐"的机会，恶补了不少地质知识。

地路组组长代云山在完成繁重的地质调查、勘探任务的同时，不忘舞文弄墨，在一首《念奴娇·合福客专》中他直抒胸臆："地路英雄青年，豪情别红颜，犹恋河山。尘疆岁月，谈笑间，拂袖峥嵘万千……"

2009 年底，合福高铁正式开工，铁四院人更是进入了连轴转节奏，一些同志大年初二离家后，就从一个工地直接转移到另一个工地，行李箱里装满一年四季的衣服。

带队领导都是身经百战的老四院人，他们平时话不多，字里行间却透露出"不怨天尤人，不犹疑观望，困难再多，也难不倒我们"的朴实干劲。

合福高铁：崇山峻岭间书写技术传奇

与已建成的武广、郑西等高铁相比，合福高铁是典型的山区高铁，不仅桥隧比重大，而且长大隧道和大跨度结构的桥梁也多。铁四院人采用了大量的新技术、新结构，一路开山凿岭，攻克了一系列技术难题，在群山间写下了一个又一个传奇。

以合福高铁闽赣段为例，这一段全长 466.8 公里，其中桥隧总长就达 422.4 公里，桥隧比有 90.5% 之高，列车穿行于隧道群中时，让人感到如坐地铁。

北武夷山隧道就是其中最精彩的一个传奇。这条隧道位于福建省武夷山市北侧约 29 公里处，一路穿越福建与江西交界的分水岭——

武夷山脉，全长 14.646 公里，是目前我国最长的单洞双线高铁隧道。

时速 300 公里的高速列车进入隧道，由于空气动力学效应，往往会使乘客感到不适。北武夷山隧道也是国内第一座采用平导式缓冲结构的隧道。进洞出洞关键是负高压的冲击，相当于活塞效应，铁四院的设计人员在隧道口加上一缓冲段，对活塞效应进行释放。

竣工验收试验数据表明，洞口平导型缓冲结构能够将隧道的压力梯度降低至无缓冲结构时的 80% 左右，加上现在高铁车体密封性非常好，大大减轻了乘客的不适。

选择以桥梁代替路基是当今高铁的一个通行做法，这不仅可以很好地满足线路的沉降要求，同时具有环保、节约土地等优势。

桥梁堪称高铁线上的"皇冠"。一座座大桥，挺起了高铁脊梁，提升着中国速度。然而，彩虹飞架的背后，有着许多我们想不到的故事。

合福高铁上，南平建溪特大桥的桥墩犹如一根根擎天巨柱撑起了蜿蜒而行的桥面，高达 78 米的桥墩让其摘获"合福高铁第一高墩"的美名。铁四院桥梁设计团队进行了车桥耦合动力仿真分析，以求让相应脱轨系数、轮重减载率及舒适度指标满足相关规定的要求。

铜陵长江公铁大桥主跨 630 米，是当时已建成的世界上最大跨度的公铁两用斜拉桥。大桥在设计和施工中采用了深水沉井基础、钢桁梁全焊桁片、铁路钢箱桥面、钢绞线斜拉索等多项创新技术，并配置了新型阻尼装置。

穿越武夷山茶乡的南岸特大桥，让乘客能近距离领略茶香风情，被誉为国内第一条最美山区高速铁路，真正实现了"车在轨上行，人在景中游"。

合福高铁：奇思妙想节约投资 12 亿元

合福高铁创造的奇迹远远不止这些。

纵贯南北的合福高铁与 16 条铁路交叉跨越或并行，这在全国高铁中绝无仅有，如何在跨越连接中，将高铁交织成网，合福高铁有着其独门绝技。

2014 年 6 月，引入合肥枢纽内既有线 10 个接口成功大拨接，数千人同时拨接、上千台机械设备有序穿插施工的场面，蔚为壮观。此次拨接参建人员克服工作量大、工序多、安全压力大等困难，解决了线长面广、合龙口多、大机配合多等难题，实现了大拨接的全国"零突破"。

向北，合福高铁接合肥枢纽经合蚌客专衔接京沪高铁至北京；向南，连接福州枢纽至福州，构筑起京福快速铁路大通道，未来通过福平铁路跨台海通道还将延伸至台湾；向中，则与宁安城际和杭长高铁相交，其中在上饶与杭长高铁"十字交叉"。

而在上饶建成的"骑跨式"车站，也是国内规模最大的"骑跨式"高架高铁车站。

工程设计之初，铁四院人就首次提出高铁车站骑跨式布置，将车站骑跨在沪昆高铁和繁忙的沪昆既有铁路线上。

这种骑跨式设计将正线长度缩短了 15 公里，节省了工程投资近 12 亿元，同时降低了运输成本，也节省了旅客在途时间。

对于已经开通运营的沪昆高铁和沪昆普速铁路而言，骑跨式车站布置最大限度地减少了对其运营的干扰。整个施工期间，沪昆高铁和沪昆铁路都不受影响，正常运营。

| 合福高铁：环保选线为扬子鳄绕路 |

合福高铁沿线经过黄山、婺源、三清山、武夷山等世界自然遗产，一路飞驰南下，如画的景色随处可见，可谓名副其实的"最美高铁"。

也正是因为途经多个风景区，合福高铁最大程度地体现了环保选线的理念。

在选址时，如果遇到很大的自然保护区，铁四院人采取的原则就是尽量避开，实在无法避开，也尽量不要穿越保护区的核心区。为了保护沿线自然景观和人文资源，铁四院人通过优化线路方案，绕避了35处重要生态敏感目标，包括3处世遗地、7处自然保护区、8处风景名胜区、13个文物保护单位。

在安徽泾县，有一片面积很大的扬子鳄自然保护区，合福高铁在扬子鳄国家级自然保护区范围内长达5公里。为了保护扬子鳄的栖息地，铁四院人对铜陵北到泾县到旌德之间近80公里长的线路进行绕避，最终，泾县和旌德的车站设置要离县城稍远一点。

为了减少高铁运行对扬子鳄的影响，铁四院人做设计时，将穿越保护区环评阶段的240米路基全部变更为桥梁。而且，在原环评要求的实验区路基两侧修建长240米的生态声屏障，在护坡堤上用密植灌草丛绿化，既起到了隔离、消声的作用，又美化了铁路沿线，减少了噪声对扬子鳄和其他动物的影响。

建设时青山绿水，建成后绿水青山，这是一条景观、生态、绿色的环保线，这也是一条绿色可持续发展的高速线。合福高铁的《环境影响报告书》，获得了湖北省优秀工程咨询成果一等奖、国家三等奖。

正是最大限度地保护生态，还原生态，如今，穿行在合福高铁沿线，白天可以看见牛羊在溪水边自在嬉戏，夜晚能听青蛙唱歌，赏萤火虫跳舞，高铁沿线的"小伙伴"们已经接纳了这个钢铁"朋友"进入自己的生态圈……

| 合福高铁：一站一景诉说千年往事 |

合福高铁不仅沿线风景如画，这条线路上的车站也宛若颗颗璀璨珍珠。在设计过程中，铁四院人重交通功能、时代特征和地域文化的有机融合，一站一景，让这些站房也能开口说话，讲述当地的文化特色。

黄山北站是合福高铁上规模最大的车站，曾经在全球进行建筑概念设计方案的征集。12家国内外知名建筑设计单位都拿出看家本领，一决高低。经过三轮的激烈角逐，最终，花落铁四院。铁四院人以"古徽新韵"为建筑创意，从中国写意山水的笔法中汲取灵感，以黄山为题，以徽宣为底，以徽笔徽墨作画，用建筑语言描绘黄山云海、山石、古松、崖刻、透雕的奇观。

建成后的黄山北站，造型雍容大度，姿态优美，如迎客松一般伸出臂膀，欢迎远道而来的客人。

古老与现代相映，历史与未来交融，除了黄山北站，合福高铁上还点缀着很多融入了浓郁地域风情和文化特色的高铁站房，它们不仅是沿线城市发展的新名片，更是引领城市奋进的新地标。

闽清北站将当地最具特色的建筑宏琳厝元素加入站房建筑的正立面，灰白色的设计给人古朴和典雅的感受；建瓯西站用拱门的意向结合建筑细部的朱红色运用，流露着八闽首府的国都气质；婺源站以徽路花语为设计概念，以层叠的马头墙托起六根花柱作为立面主体，洋溢着徽派建筑的古朴韵味……

此外，有如白鹭展翅的南平北站、曲线勾勒波光灵动的巢湖东站、白墙黛瓦的旌德车站、马头墙式的泾县车站，都以独特的造型、丰富的意向，诉说着穿越千年的往事。

| 合福高铁：深刻改变着闽赣皖人民的生活 |

从 2015 年合福高铁开通到现在，贴地飞行的"和谐号"动车，载着福建、安徽、江西三省快速迈入高铁新时代，也深刻地改变着闽赣皖人民的生活。

在福建，半小时，可以在相邻城市间自由转换；3 小时，长三角地区和长江中部城市群展现面前；6 小时，便可踏上京津冀地区的土地。高铁拉近了城市间的距离，让彼此之间的交流也越来越热络。

合福高铁开通后，福州、南昌至合肥最快铁路旅行时间分别由原来近 8.5 小时、7 小时压缩至 4 小时左右，省会城市南昌、福州、合肥、贵阳形成"5 小时交通圈"，省际同城生活不再是梦想。

不仅如此，合福高铁的开通还结束了武夷山、建瓯、南平等地不通高铁的历史，婺源、德兴、五府山等地也从"手无寸铁"跳入"高铁时代"，彻底改变了当地居民的出行方式。

高铁呼啸过，日行数千里。时空半径的转换，使得沿线城市特有的生态、资源、空间、区位等优势得到全面盘活，带动了沿线经济的发展。高铁的片刻"驻足"，带给当地的，是时空距离的骤缩，是百姓生活的巨变，是社会发展的飞跃。

素有"铜都"美誉的德兴，搭乘高铁快车，积极延伸传统产业链，3 个百亿级的产业区规划已经启动；有着中国"食用菌之都"之称的古田，努力做好"高铁＋"文章，全面推进特色现代农业、食用菌产业等产业的转型升级；"宣纸之乡"泾县，借道合福高铁，融入"长江经济带战略"，承接华南的产业布局调整，县域经济继续保持平稳运行。

对这些偏居一隅的县镇而言，合福高铁不因其小而轻言"放弃"，俯身将这些散落在大山深处的"珍珠"有机串联起来，让许多"藏在深闺人未识"的美丽城镇落落大方地展现于世人面前，形成连带反应，产生规模效应，带动的是县域经济社会快速发展，带来的是沿线群众满满的"获得感"。

2015 年开通以来，合福高铁带来的改变正渗透进人们生活的方方面面。这样的成就，是铁四院人一张张草图的勾勒，一份份执着的坚守，一处处细节的校验带来的，铁四院人还会创造更多的奇迹，也必将创造更大奇迹！

文／方国星、叶兵成、成艺文、纪雪艳

千年蜀道不再难

记西安至成都高铁

项目名称：西安至成都高速铁路
获奖单位：中铁第一勘察设计院集团有限公司
获得奖项：杰出奖
获奖年份：2019 年
获奖地点：墨西哥墨西哥城

　　秦岭，蜀道之所在。"蜀道之难，难于上青天。"数千年来，这条横亘于中国大陆东西的屏障，与巍峨险峻的大巴山脉一起，成为秦蜀两地难以逾越的天然障碍。

　　曾经，峥嵘、突兀、崎岖、强悍的蜀道，让秦蜀两地人民"望山兴叹"。自从秦国人用石牛骗开了纵穿秦岭的第一条路，巍峨雄壮的秦巴山脉就再也不是阻碍雄心壮志的借口了。

　　时光前进到 20 世纪 50 年代，火车开进来了，轰隆隆的响声震彻山谷。蜀道，终于从诗人

西成高铁动车组在油菜花海中穿行

油菜花竞相开放，西成高铁穿行其间

绮丽的诗篇中解脱出来，变成了坦途。如今，西安至成都高速列车正以 250 公里的时速，穿梭在秦岭大巴山区。这条由铁一院总体勘察设计的我国首条穿越秦岭的高铁，使得千年"蜀道"由此迈入高速时代。

| 开路：
在秦岭大巴之巅铺就现代钢铁巨龙 |

新中国成立之初，来自铁一院的工程师们就一头扎进巍峨险峻的秦岭山脉，展开了长达半个多世纪的铁路勘测设计工作。随着几代铁一院人不断探索的足迹，宝鸡至成都铁路、西安至安康铁路、阳平关至安康铁路等一批国家级铁路交通大动脉相继建成，彻底把秦岭大巴山区从与世隔绝中解放出来。与外界的"畅通无阻"，赋予了千年"蜀道"崭新的生机和活力。

在此过程中，铁一院不仅创造了荣获国家科技进步一等奖、FIDIC 全球百年重大工程奖

的秦岭隧道群等享誉世界的伟大工程，而且培养和造就了以中国工程院院士梁文灏等为代表的一大批铁路勘察设计顶尖团队，他们凭借雄厚的技术实力和钻研精神，在秦岭深处不断开辟着现代铁路交通事业的宏伟蓝图。

西成高铁，从西安出发，经鄠邑区进入秦岭山区，再沿涝峪而上穿越秦岭，经佛坪、洋县至汉中，经宁强过米仓山入川，由朝天经广元，青川至江油，与绵阳至乐山城际铁路相接，直达成都。这条铁路新建西安北至江油段线路建筑长度约为 510 公里，其中陕西省境内长约 340 公里的线路以及线路引入西安枢纽、汉中车站相关配套工程由铁一院负责具体勘察设计，这也是全线最为复杂艰险的区域。

2009 年元旦刚刚过完，西成高铁的勘察设计工作正式拉开帷幕。2009 年 5 月 6 日，铁一院西成高铁定测项目部第一批地质专业人员及陕勘院测绘、勘探人员奔赴全线地质条件最为复杂、涉及稳定线路方案地段的秦岭大巴

西成高铁动车组在油菜花海中穿行

山区开展地质调查工作，为西成定测会战拉开了序幕。5月11日，指挥部下设的三支定测队伍全面驻扎现场，在秦岭大巴之巅，吹响了全线定测会战的冲锋号。

|寻路：
一场记忆犹新的攻坚之战|

自西成高铁勘测工作全面开展以来，时任铁一院副院长、西成高铁指挥部总指挥长董勇，带领院工作组多次下现场稳定方案，在技术上予以把关；现场勘测指挥部常务副指挥长岳迎九来回奔波于各个勘测队伍之间，协调解决现场问题；各专业技术人员不辞辛苦，奋战在勘测一线，通过大量科学翔实的调查，掌握了详细的第一手资料。与此同时，项目组还积极开展相关课题的研究，并在现场使用 V8 物探等先进的勘察设备，详细查明影响方案稳定的不利因素，用过硬的技术实力确保了定测工作的圆满完成。

秦岭山区道路难走，从鄠邑到新场街直线距离只有 40 多公里的路程，但是山路蜿蜒曲折，道路湿滑，汽车往返一次就得 8 小时，道路两旁就是悬崖峭壁，遇到下雪天，技术人员经常不得不步行前往调查地点，在山路上一走就是十几公里。菜籽坪是西成一队范围内最难干的地段，进山的道路路况极差，车辆只能顺着原先当地林场废弃的一条木材通道艰难前行。由于道路年久失修，碎石滑塌到处都是，尖利的片石布满了小道，越野车的车胎一不留神就会被划破，出去一次就得报废掉好几只轮胎。每次从营地出发都要配备小铁锹、登山绳、外伤急救药品，以防万一。

"来了西成二队，没有进过萝卜峪，就不算真正干过西成线。"萝卜峪是二队范围内最难啃的骨头，其艰辛程度不亚于菜籽坪。这里不但交通条件极差，蚊虫毒性极大，还时不时地能碰到毒蛇和野猪，队员们每次进山总是提心吊胆，虽说已经在安全防护上做了足够的准备，却仍免不了皮肉之苦。陕勘院测绘人员李亚军和李胜强有一次在萝卜峪勘测时，不小心踩到了地窝蜂，遭遇成群马蜂的疯狂袭击，两人情急之下慌忙跳入旁边的水渠中才得以脱离险境，之后打了两天点滴，被马蜂叮咬的伤口才慢慢消肿。

"秦岭地区的地质情况的'坏'，是坏在外部，而大巴山区的'坏'，是坏在内部。"时任西成定测三队地质专册焦国锋提起大巴山区复杂的地质情况，一度眉头紧锁。他说："我们技术人员是吃尽了苦头。大巴山区沟壑纵横，GPS信号在沟里根本接收不到，所有的测量点都只能拿全站仪一个一个往出抠，工作量巨大。"陕勘院测绘组组长杨亮遭遇毒蛇的经历，在队上更是无人不知。一次在森林里进行深孔连测时，小伙子一抬头，一条大蛇正在头顶上方注视着他，当时他就吓得出了一身冷汗。提起这事儿，杨亮说他终身难忘。

通过详细的现场勘察工作，铁一院最终确立了西成客专的宏观线路走向为西安—汉中—广元—成都。在秦岭越岭地段，依据环保专题研究成果，在线路走向上有效地避开了朱鹮和大熊猫等珍稀野生动物保护区；在汉中至江油段翻越大巴山系的路线选择上，按照地质选线的原则，巧妙地避开了大巴山中山区，使线路

远离地震带，最终经宁强取直，经过广元直抵江油。由此，一条凝聚着铁一院人智慧和汗水，以及秦蜀两地百姓热烈期待的高速铁路，开始由蓝图逐渐变为现实。

| 铺路：
创新成就精品工程 |

西成高铁可以称得上我国目前建成的最为复杂的具有鲜明山区特点的高标准客运铁路。其综合修建技术难度在国内高铁独占鳌头，堪称中国艰险山区最复杂、最具挑战性的高铁，代表了中国山区高速铁路修建的综合技术水平。

25‰大坡度持续爬坡首屈一指。西成高铁穿越秦岭山区地段线路总长135公里，仅隧道长度就高达127公里，其中长于10公里的特长隧道就有7座，最长的双线隧道天华山隧道长达15.9公里。线路翻越秦岭山区地段设计采用的最大坡度达到25‰，且单个大坡度里程长度达到45公里，这在我国铁路客运专线建设中还没有先例。此举可以使越岭的主隧道由24.8公里减短至15.9公里，大大地缩短施工工期，节省工程投资11.7亿元，在我国山区高速铁路建设中具有里程碑式的意义。

隧道群防护措施独具匠心。秦岭山区越岭段长大隧道极为密集，形成了百余公里的长大密集隧道群，桥隧比例高达95%，这在我国乃至世界高速铁路建设史上都实属罕见。

越岭地区隧道洞口大多处在"V"形沟谷中，这一地形最为明显的特征就是坡面陡峻，伴有零星危岩落石，给运营带来安全隐患。因受地

形限制，两个隧道洞口之间的明线段长度普遍较小，最小的地方仅有 17 米。当高速列车频繁进出隧道时，会导致洞口气动压力频繁变化，以时速 250 公里瞬间进出，压差高低来回切换，将给乘客耳鼓带来巨大的不适。这使得"危岩落石安全防护、空气动力学效应"两大技术难题尤为突出。

针对这一难题，铁一院的技术专家们经过 3 年多的科研攻关，采用计算分析、数值模拟、落石冲击试验等一系列综合手段，对部分间距较小的两座洞口进行合理封闭连接，解决了因小间距引起的空气动力学效应问题，提高了乘客的舒适度。在危岩落石安全防护方面，提出了两种新型明洞防护结构：一种是桩柱式钢筋混凝土防落石明洞，类似于给裸露在隧道洞

口外的线路戴上了一顶时尚小巧的"安全帽"，用"人工明洞"连接两座隧道，避免了因短时高速进出隧道产生的高气流压差给人带来的损伤；另外一种则是桥隧一体化柔性钢网防落石棚洞，这就好比给隧道洞口外的线路穿上了"钢丝铠甲"，有效解决了围岩落石带来的安全隐患。这两种结构创新性地将柔性防护系统与桥梁结构、洞门结构融为一体，不但避免了以往钢筋混凝土明洞基础高大、笨重的现象，而且节约了工程量，解决了结构基础的稳定性，彻底解决了现场施工作业场地条件受限及沟谷行洪的问题。

铁一院在西成高铁的这一研究成果已经获得了发明专利 1 项，实用新型专利 2 项，并在宝兰客专、兰渝铁路及兰州至中川城际铁路中

西成高铁

陕西汉中，一列动车组试验列车驶过秦岭深处的西成高铁新场街站

都曾推广使用，成效显著。

防灾救援体系筑牢生命通道。由于西成高铁穿越秦岭、大巴两大山区，全线有5大隧道群呈密集分布，列车在运行过程中一旦发生火灾险情，该如何第一时间有效疏散乘客，实现及时救援？这个问题早在西成高铁前期勘察设计阶段，就被铁一院专家组成员作为方案研究的重中之重。专家们围绕隧道群救援疏散问题开展了多项专题研究工作，开拓性地提出疏散定点的概念。通过科学合理的编排，在全线隧道设置了7处救援站，每处救援站均能通过合理设置的疏散通道将乘客疏散至地面的安全区域，达到快速自救的效果，为隧道防灾救援提供了充分保证。与此同时，西成高铁防灾救援站模式被纳入到相应设计规范当中，为今后艰险山区高速铁路防灾救援提供了可借鉴的范本。

综合施策打造特色高铁。西成高铁在综合科技创新方面也取得了不俗的成绩。其中，主桥采用132米再分式简支钢桁梁西成高铁跨西宝高铁特大桥，是目前我国单跨简支最大跨度的高铁专线简支钢桁梁，其首次在国内高铁桥梁设计中采用了独特的"三角形再分式"腹杆形式，有效解决了桥梁刚度及腹杆稳定性等难题；首次将正交异性板桥面应用于无砟轨道钢桁梁；首次采用"横移"法施工，有效减少了施工期间对下方西宝客运专线的运营干扰，获得了"一种高速铁路再分式钢桁梁"实用新型专利，再次用一份骄人的成绩延续着铁一院桥梁专业雄厚的技术实力和底气。

站前专业如此，站后专业也用一系列的创新性技术，为打造复杂艰险山区高速铁路样板工程的目标增光添彩。

一列动车组试验列车驶过秦岭深处的西成高铁新场街站

针对秦岭、大巴山区地势险峻、选址困难的特点，铁一院在设计中提出了牵引变电所亭场坪布置方式的创新设计：采用了330千伏GIS组合电器、27.5千伏GIS开关柜、箱式分区所、箱式AT所等多种高集成性的设备，尽可能地减小了场坪占地面积，降低了土建工程实施难度；还在西成高铁的牵引变电所场坪设计中，利用山区地形条件，首次采用了阶梯型布置方式，在不增加电气设备投资的情况下，大大减少了场坪填、挖方量。这一创新性的设计方式为我国山区高速铁路解决所址问题积累了宝贵的经验。

与此同时，为满足旅客在旅途中的通信业务需求，铁一院在西成高铁的设计中，联合几家移动运营商在隧道里铺设了替代基站的漏缆，铺设高度与车窗平齐，成功实现了全线2G、3G、4G通信制式的信号覆盖，保证了旅客的通话和上网需求，让乘客在穿山越岭的过程中，感知高铁带来的快捷与便利。如今，西成高铁成为全国首条4G信号设备全覆盖的山区高铁，成功实现了"高铁通、信号通"的全新设计理念。

| 引路：
打造山区高铁环保设计示范线 |

秦岭地区素来就有"世界生物基因库""中央国家森林公园""动植物王国"的美称，区内自然保护区、风景名胜区、森林公园、水源保护区等环境敏感点众多，而且分布等级高、范围广，沿山岭呈带状分布。对于一条穿越秦岭的山区高速铁路来说，环保，是一个无论如何都无法避开的话题。

西成高铁所经的陕西省汉中市洋县被称作朱鹮之乡。据资料记载，目前洋县朱鹮种群数量达到2000多只。由于西成高铁要经过朱鹮保护区的边缘实验区，为了不影响朱鹮的栖息，铁一院在洋县段的桥梁上方总共设计安装了33公里的金属防护网。这种防护网高4米，每隔一段都贴有蓝色反光膜，这种蓝色反光膜对于朱鹮来说，是最易辨识的颜色，朱鹮飞到这里，会主动避开这些反光标志。这个专门为保护鸟儿而设置的防护网，在全国高铁建设中尚属首次。在西成高铁开通之前，铁一院经过一年多的现场实验监测，发现朱鹮有效飞跃西成高铁达 8000 多次，至今没有发生一例撞上防护网的现象。

如果说西成高铁对朱鹮的保护是"架桥装网"的话，那么对于秦岭地区其他自然保护区的保护措施就是"隐蔽穿隧"。

秦岭天华山是野生大熊猫栖息生长的地方，铁一院技术专家在西成高铁穿越这一段时控制了海拔高度，基本上采用密集隧道群的走行方式，使得线路高度在保护区 1500 米以下通过，如同城市中的双层立交枢纽，其上方是保护区，下方则是西成高铁，两者互不干扰。这样的设计最大限度地减少了对自然生态群系的切割，保持了秦岭的原生态。

钢铁巨龙飞驰来，穿越秦巴变坦途！

如今，作为国家《中长期铁路网规划》八纵八横高速铁路主通道京昆通道的重要组成部分，西成高铁的通车运营，彻底打通了我国西部地区高铁网络，使得西安和成都两个千万级人口的特大城市高速直连，旅行时间缩短到 3 个半小时。今后，西安枢纽将同郑西高铁、大西高铁、陇海铁路、包西铁路、兰渝铁路、成都枢纽紧密衔接在一起，使全国高速铁路网得到进一步完善，推动秦巴山区经济发展驶入快车道。

文 / 丁洋

西成线上的白色精灵——朱鹮

关中平原的第一条地铁

西安地铁二号线

项目名称：西安地铁二号线工程
获奖单位：中铁第一勘察设计院集团有限公司
获得奖项：杰出奖
获奖年份：2014 年
获奖地点：巴西里约热内卢

2013 年 9 月 16 日，西安地铁二号线正式开通运营。这条地铁线路，是千年古都西安兴建的首条地铁，标志着千年古都进入了崭新的地铁时代。

中铁第一勘察设计院集团有限公司（简称"铁一院"）与西安地铁的渊源要追溯到上世纪末的 1999 年，从那时开始，铁一院就在做西安地铁的前期规划和筹划工作。从 2004 年到 2005 年初，铁一院与长安大学共同编制了《西安市城市快速轨道交通线网规划》和《西安市城市快速轨道交通建设规划（2006—2015）》。2005 年 3 月和 6 月，这两个"规划"分别通过了中国国际工程咨询公司专家评估。2006 年 9 月，《西安市城市快速轨道交通建设规划（2006—2015）》

钟楼站剖透视图

经国家发改委正式批准。2007 年 8 月，西安地铁二号线一期工程全线开工。

建成通车的西安地铁二号线（西安铁路北客站至国际会展中心站），线路全长 20.5 公里，建设周期为 5 年。能在 5 年的时间里平稳顺利地完成一个城市的首条地铁，这在全国地铁建设中是不多见的。作为该线总体总包管理的铁一院，为之倾注的智慧、心血和情感可想而知。

| 总体总包：
彰显地铁设计管理的综合实力 |

2006 年，铁一院承担了西安地铁二号线总体总包管理工作，同时还承担着通风空调、给排水及气体灭火系统，供电系统，渭河车辆段及综合基地、灞河停车场及出入段线，信号系统（车辆段部分），控制中心（工艺部分）及 3 站 3 区间的设计工作。

总体总包管理是一项庞杂的工作，分为总包管理和总体设计。在当时没有经验可循，没有相关制度文件的情况下，铁一院抽调地铁设计精英，形成核心力量，成立了西安地铁项目部，下设总包部、总体部、综合部。在总体负责人杨沛敏、副总体负责人李谈的带领下，开展了一系列的培训、学习、研究。通过准确认识地铁二号线的设计特点，建立了科学的目标和成效测评体系，加强技术与管理的综合与协调，使总体总包工作逐渐步入正轨。

项目部全体人员全力投入，积极向业内专家学习，聘用资深专家进行咨询，先后出台《西安地铁二号线总体总包管理办法》《西安市城市快速轨道交通二号线工程初步设计技术要

求》，完成全线工程策划及《初步设计系统对土建技术要求》《初步设计文件编制规定》《初步设计文件组成与内容》《初步设计概算编制规定》等文件。这些文件为总体总包管理提供了依据。

要控制十几家设计单位的设计进程，必须在烦琐的日常管理中厘清头绪，从而让管理高效有序。项目部除了建立一些管理制度，还建立了"西安地铁总体总包网"，设置了"最新公告、会议通知、新闻速递、信息交换、科技信息交流、配合施工、设计文件管理、计划与合同"等模块，以达到互动方便、快捷，文件管理有迹可寻的效果。

针对西安地铁设计条件不稳定的特点，总体部通过要求工点设计单位认真做好设计文件技术交底，同时，加强配合施工的现场管理，采取了逐站落实配合施工人员，加强现场联合办公，加强设计人员现场巡查，积极排查安全隐患等措施，有力地保证了施工的顺利进行。

| 技术攻关：
让地铁融入历史文化大都市 |

西安地铁二号线下穿钟楼、城墙等国家级重点文物保护单位，穿越西安市独有的地裂缝地段、湿陷性黄土层等，这些都对地铁工程设计构成极大的挑战。

西安市文物古迹丰富，处理好文物保护和工程建设的关系是搞好地铁建设的关键之一。为了保护文物古迹，铁一院设计中，线路尽量远离钟楼基座及城墙的变形敏感区，线路纵断面尽量加大埋深以避让地下 8 米"文化层"，

轨道采取无缝铺设以降低振动对文物的影响。区间隧道选择盾构掘进工法通过，确保施工期间古城墙及钟楼的安全；为了减少隧道施工对古城墙及钟楼的影响，预先对钟楼及城墙加固处理；地铁轨道选用国际最先进的"钢弹簧浮置板减振道床"进行无缝线路铺设，以减少振动对文物的影响。

西安市区发育有14条地裂缝，成为闻名世界的特殊城市地质灾害，地裂缝对建筑物、道路、管线和桥梁等的破坏性极大，以往地面建筑物一般采用避让的措施进行防治，而地铁工程无法避免。

为了掌握地裂缝活动对地铁结构的破坏方式及程度，铁一院与建设单位、科研部门共同开展了西安市地铁沿线地裂缝带结构措施专题研究工作，依托科研成果制定了区间结构扩大断面、预留净空，结构分段设缝加柔性接头，加强结构配筋，采用可调节特殊道床等多种措施来确保地铁区间隧道通过地裂缝处长期安全。

西安地区的土质具有湿陷性，西安地铁是国内首次在湿陷性黄土地质条件下施工的地铁工程。2006年9月底地铁二号线试验段张家堡站（现名为行政中心站）及张家堡至尤家庄站（现名为凤城五路站）区间开工建设。从一年来的施工情况看，试验段湿陷性黄土盾构施工取得了成功，为全线5个盾构标段8台盾构机施工积累了经验，并且使全线安全生产措施得到了落实。

技术创新是企业的生命力。面对一个个难题和一次次挑战，多少个日日夜夜，项目部的技术人员反复学习、研究、讨论、论证，针对二号线设计面临的诸多关键性技术问题开展了十多个专题研究，在各阶段中得出了明确的结论。专家普遍认为各项专题研究深入、细致，能有效指导各阶段的设计工作，工程方案与工程措施安全、科学、合理、可行，有的专题研究填补了我国工程案例的空白，其中地裂缝与文物保护专题研究获得了2009年度中国铁道建筑总公司科学技术一等奖和三等奖。

系统设计：尽显地铁的现代化功能

西安地铁二号线在设计初期，业主就提出在设计阶段实现"系统功能均衡先进，设计管理国内领先"的目标，这对铁一院提出了很高的要求，亦是一次挑战。

地铁的系统设计就是要安全、可靠地实现地铁的各种使用功能，是地铁技术水平的集中体现。铁一院在西安地铁二号线的设计中，本着"以人为本、安全高效、功能先进"的原则进行总体把关，对技术难点逐一认真研究，详细论证，协调各系统通力配合，最终出色地完成了从设计到系统调试的各阶段工作。

铁一院还具体负责了信号系统、供电系统、通风空调与采暖系统、给排水及气体灭火系统等系统的设计。信号系统采用完整的列车自动控制（ATC）系统，包括ATS、ATP、ATO子系统及正线计算机联锁设备。系统满足初期、近期、远期行车间隔的要求。

供电系统采用集中供电方式，从外部电网的主变电站引入两路独立可靠的110千伏电源，中压环网采用35千伏，向车站、车辆段及停车场的牵引降压混合变电所、降压变电所供电。全线设电力监控系统，对供电系统进行远距离监控。各车站设置综合接地系统，满足各种电器设备工作和保护接地要求。

西安地铁二号线通风空调、给排水消防、气体灭火系统设计中引进地铁热环境模拟计算软件，在模拟计算过程中对区间的单、双风井、长区间通风换气量进行反复模拟，最终得出最优系统设计方案，全线采用单风井设计，减少了地面风亭数量，减少了对规划和环境的影响。

二号线通风空调系统的轨道排热风机、公共区空调箱和回排风机采用变频技术，根据不同工况提供所需风量，实现了显著的节能效果。在公共区空调箱设置了空调净化装置，有效保证了人员卫生要求。设于风道内的大型消声器采用整列式布置，满足现场安装的灵活性要求，提高了施工安装速度。

给排水系统设计在工程前期积极与业主及市政部门配合，及早稳定了给水、排水市政接口条件，为工程的顺利实施创造了良好条件。

车辆段采用了太阳能热水供应系统，减少了常规能源的使用，实现了节能效果。

| 车站装修：
现代科技与历史文化的完美结合 |

西安是世界历史文化名城和国际旅游热点城市，车站建筑与装修要将古都历史文化融入其中，是工程建设的一大特点。铁一院在总体设计中考虑到西安地铁与历史古城间的时空联系，对地铁露出地面部分的景观设计做到使"历史元素的高辨识性、现代元素的高运用性"

达到完美统一。

在地铁二号线装修工程中提出"全线统一，突出个性，赋予文化"，全线 17 座车站的整体装修风格统一，各车站通过历史文化元素的组合变化，统一中突出了每个站点的个性。

行政中心站位于行政中心区域张家堡广场中部。站厅顶部中空设置自然采光穹顶，给人强烈的视觉冲击效果，沉闷的地下空间豁然开朗。车站中空穹顶下的艺术墙，展现了历史的沧桑画卷。在时间的滚滚巨轮下，古都西安继往开来，翻开新的盛世篇章。

钟楼站位于钟楼北侧的西安市商业中心。钟楼为全国重点文物保护单位，亦是西安著名的旅游景点。装修设计以"汉唐风格"为基调，站厅天花采用藻井的形式与地面钟楼形成艺术和文化的交融，展现古都的盛世风采。

今天，随着《关中—天水经济区发展规划》和《关中平原城市群发展规划》的颁布实施，西安这座在历史上具有极其重要地位的文化名城，其经济社会的发展进入了一个新的历史时期。地铁二号线作为西安乃至西北的首条地铁线路，它的通车运营加快了西安建设国际化大都市的步伐，为古老的关中平原注入了新活力。

这些正是设计人的使命。五度春秋寒暑的拼搏与奉献，五度春秋寒暑的管理与创新，印证了铁一院人是一支特别能吃苦、特别能战斗、特别能奉献、特别能创新的队伍。这支队伍不会停下探索与创新的脚步，抖擞龙马精神，必将创造出更多的奇迹和辉煌。

文 / 曾小英

贯穿魔都市区的"黄金线路"

上海轨道交通 10 号线一期工程记

项目名称：上海市轨道交通 10 号线（M1 线）一期工程
获奖单位：上海市隧道工程轨道交通设计研究院
获得奖项：优秀奖
获奖年份：2015 年
获奖地点：阿联酋迪拜

"本次列车终点站新江湾城，下一站同济大学，请把爱心专座留给有需要的乘客……"

上海有一条轨道交通线路，它途经交通大学、上海图书馆、同济大学、复旦大学等文化中心，青春洋溢、朝气蓬勃；上海有一条轨道交通线路，它穿越新江湾地区和五角场城市副中心，快捷便利、以民为本；上海有一条轨道交通线路，它串起了上海动物园、宋庆龄故居、淮海路、新天地、文庙、豫园、南京东路、外滩、四川路等商业中心和名胜景点，时尚繁华、文化浓郁。它就是上海轨道交通 10 号线，一条贯穿魔都市区的"黄金线路"。

吴中路停车列检库内

上海轨道交通 10 号线一期工程始于虹桥火车站，终至新江湾城，线路全长 36.2 公里，设 31 座地下车站，是上海市轨道交通网络中的重要骨干线路，与网络中 14 条轨道交通线形成换乘枢纽（节点），连接了上海城市东北地区、中心城核心区、城市西南地区。它的建成改善了特大型城市"出行难"的问题，工程连接了上海虹桥高速铁路客站和虹桥机场，形成了大型综合交通枢纽，同时促进了长江三角洲都市群和经济圈的发展。

| 运维一体，敢为人先 |

上海轨道交通 10 号线主线工程在 2010 年上海世博会前顺利开通，在世博会期间客流量约 5000 万人次，为缓解世博会的地面交通压力作出了重要的贡献。到 2019 年底，客流统计数据显示，月日均客流量从 9.99 万人次增长到 87.63 万人次，10 号线经受住了如此大运营强度的考验，整体运维成本大幅度降低，运营安全性、可靠性及运营效率均得到显著提高，成为国内（内地）第一条自动化等级达到最高级（GOA4 级）的全自动运行线路。

| 技术攻关，破解难题 |

上海轨道交通 10 号线一期工程安全运营至 2021 年，经受住了日均客流近百万的强度考验，对缓解上海市主干交通压力、改善交通环境和沿线各区的重点建设区域的发展，起到了巨大的推动和促进作用。工程在建设过程中，着力于技术攻关、技术创新，及时破解了列车运营模式、土建结构、综合交通体系建设等难点问题，为我国轨道交通建设积累了许多创新做法与先进经验。

国内首次采用全自动运行系统。上海轨道交通 10 号线是国内轨道交通项目中首个按列车全自动运营管理模式设计和建设的线路。全自动运行系统是一种将列车驾驶员执行的工作，完全由自动化的、高度集中的控制系统所代替的列车运行模式，已经在世界一些城市轨道交通线路中采用。采用全自动运行系统可以实现列车的小编组高密度运行，既能改善运营服务水平，也可降低生命周期成本。

上海轨道交通 10 号线采用的是以机电设备监控为核心的集成方式。该系统是高度集成、精确监控的机电、列车一体化系统，涉及信号、车辆、综合监控、通信等系统设备和车辆基地、控制中心的设计建设，它给轨道交通在建设、管理、运营、设计等诸多领域带来革命性的突破，打破了传统模式中的专业分工局限性，加快了轨道交通建设中的系统化、标准化、模块化进程。

该技术通过高效、集成、智能化列车控制系统替代司机的工作，结合人工监视、干预的机制，提升了技术先进性和安全性；通过对列车的精确定位及实时跟踪，缩短行车间隔，提高旅行速度；通过小编组、高密度开行列车大幅提高运能，减小车站规模，节省投资；通过集中的控制中心级调度和线路全职能队伍完成全线运营管理和维护工作，取消驾驶员（纳入多职能队伍），大幅度减少人员配置数量，有效降低运营成本；在提高运营管理水平和质量、降低运营成本等方面呈现出显著的经济效益和社会效益，对实施"以人为本"全新概念的城市轨道交通具有重要意义。

成功破解区间隧道施工难题。上海轨道交通10号线一期工程全线横跨上海市中心城区，多数车站面临地下管线密集、道路交通繁忙、施工现场狭小、周边建筑林立、地质条件差、换乘节点多，基坑深度深，环境和基坑保护等级高等问题。为此，结构设计结合各车站不同的边界条件和车站本身特点，分别采取顺作法、逆作法、盖挖法等与实际情况相适应的施工方法和基底加固措施，创造了一系列困难条件下设计与施工的新技术和新工艺，从设计源头把控施工的重大风险，确保工程的质量。

全线区间隧道极大部分采用成熟的单圆盾构工法，但在四平路站南、北两端区间，因边界条件特殊采用双圆盾构工法。由于四平路站及其两端区间处于市中心四平路段，周边建筑和道路环境复杂，且区间和车站又位于四平路下立交工程的正上方，车站部分与既有8号线车站呈"十"字形侧式站台－岛式站台换乘，形成了多种工程功能结合的复杂结构，给设计和施工带来了极大的挑战。为了满足市政工程与轨道交通工程相结合的需求，项目团队将本区间隧道工程和下立交工程，以及10号线和8号线两座车站这四个分项工程作为一体进行统筹策划、同步设计、同步施工。利用双圆盾构工法的诸多优点，经过对设计和施工方案的专题研究，克服了设计和施工中的多个难点，高质量地完成了本区段的车站和区间工程，使双圆盾构技术的应用范围由偏市郊地段，发展到市中心地段，并获得了成功。

首次在国内地铁停车场上盖进行综合开发。上海轨道交通10号线一期工程与沿线周边地区开发结合的有9座车站，车站与地块开发都采取了同步规划、同步设计和同步实施，最终使轨道交通节省了前期成本，增长了客流，开发项目加速了项目的推进和发展，实现了双赢。10号线一期工程建设与沿线周边开发结合的规模之大、结合的形式之多可为全国轨道交通之魁。

吴中路停车场综合开发一体化设计项目属国内轨道交通中的首创，在满足车辆运用检修功能的基础上，停车检修库房上盖建造钢筋混凝土大平台，以及部分库房下方建设地下开发空间，与就近地下车站连接，可供商业办公、购物、市政、公益等开发。将上、下开发建筑和车场工艺布置作为整体方案，进行同步规划、同步设计和分步实施，打造出一个综合性新概念的城市空间。这种节约土地、尊重环境的模式在后续工程中也有推广，包括10号线（二期）港城路停车场、17号线徐泾停车场等。

科学化的网络换乘设计。上海轨道交通10号线一期工程中有多个换乘节点。根据既有的网络规划，工程设计人员进行了"十"字形、"T"形、"Z"形、"L"形、平行换乘、通道换乘等多种换乘方式的设计，实现了建筑和设备资源共享，充分体现了现代交通建筑的特点，达到了国际先进水平。

规划引领轨道交通空间综合利用。城市轨道交通建设与沿线物业开发的结合是促进城市空间增长和土地合理利用的策略。自本世纪初，上海迎来了城市轨道交通新的发展时期，轨道交通建设由单线进入网络化发展阶段。上海轨道交通10号线一期工程建设中，本着结合沿线地块商业开发、上盖物业开发、车站内部空间开发、民用通信和广告灯箱、LED 媒体、自助服务、便民服务等一体化开发途径，整合了工程资源，实现了工程资金筹措。

| 地铁，也是陶冶情操的艺术课堂 |

上海轨道交通 10 号线一期工程串联了上海著名的商业、旅游中心和文化中心，其车站装修的总体思想是结合各车站周边建筑和地块环境的特点，以"都会旋律"为主题，谱写出一篇篇和谐大都会乐章，展现城市都会风尚和浓厚的海派城市韵味，体现出现代化国际大都市的风貌。

全线装修以"都会旋律"为主题，旨在展现城市的都会文化特色，装修方案与站点周边文化背景交相融合，注重对历史的传承以及与上海生态城市建设和现代风貌的和谐统一，从壁画艺术、装饰品、色彩等方面来体现上海的文化韵味。如豫园站壁画通过古典与现代的融合，显现了本土文化的风味；南京东路站壁画展示出了古今中外文化交融、时尚、热情的"中华第一街"；上海动物园站壁画则通过动物形态艺术剪影，体现了人与动物的和谐意境；同济大学站运用船桨切合装修主题，表达了"同舟共济"的精神与文化；全线的站名墙更是荟萃了从魏晋到现代多位书法大家的字迹，展现了中国瑰宝——书法艺术的博大精深。

10 号线有 8 座车站采用裸露装饰，在吊顶方面做了简化，形成无吊顶简装修的风格；简装修风格的裸露装饰车站，采用节能型荧光造型灯具或工矿灯使异形铝板装饰与柱面同种色系互相呼应。车站地下空间通过暴露建筑结构，用现代工业化及结构化的设计表达手法，突出车站整体空间个性，可以说是繁而不乱，简而不单调。

以综合桥架和黑灰空间概念为核心的车站简装修设计是该工程取得的新突破，创新性地将综合桥架应用于车站的公共区，采用无吊顶风格。通过综合桥架对管线的梳理，辅以三维设计模拟演示、加之黑空间与灰空间概念的应用，形成了简洁的空间层次，达到了美观与综合功能的统一，开创了国内地铁建设的简装修先河，现已作为一种新潮的车站装修风格在国内推广。

这项工程的设计工作是在掌握和应用轨道交通已有成熟技术的基础上，不断地突破成规、追求卓越，其中每一处创新特色都历经了艰难曲折的探索和实践，最终创造了轨道交通历史上的又一个里程碑。

文 / 曹文宏、王晨、杨玲

新时期北京地铁大环线

记北京地铁 10 号线

项目名称：北京地铁 10 号线工程
获奖单位：北京城建设计发展集团股份有限公司
获得奖项：优秀奖
获奖年份：2016 年
获奖地点：摩洛哥马拉喀什

 2013 年 5 月 5 日，北京地铁 10 号线全线开通，成环运营，开启了北京地铁大环线。这条历时 12 年，耗资 422 亿元人民币的地下"二环路"为解决北京交通拥堵发挥了重要作用。

 北京地铁 10 号线是北京轨道交通线网中的第二条环线、骨干线，其大部分路段与北京三环重叠，具有连接中心城西北、东南方向的对角线功能，是线网中的连接线，促进了地铁线网的互联互通，对提高北京轨道交通网络运营效率作用巨大。线路全长 57.11 公里，设车站 45 座，其中换乘站 19 座，1 座车辆段和 2 座停车场，全部为地下线，是全世界最长的全地下地铁环线。由北京市轨道交通建设管理有限责任公司委托北京城建设计发展集团股份有限公司作为设计总体

国贸站厅层

总包单位负责全线设计管理工作。全线分二期建设，一期工程于 2002 年 3 月开始设计工作，2008 年 7 月建成通车，二期工程自 2007 年 12 月底动工，于 2012 年 12 月 30 日开通 C 型试运营，2013 年 5 月 5 日全线成环运营。

| 以人为本，创新为营，亮点多 |

10 号线工程自 2002 开始前期规划工作，至 2013 年全线建成通车，历时 12 年；其间设计、施工及建设管理等所有参建单位不畏艰难险阻，勇于创新、敢于担当、群策群力、攻坚克难，为本工程的顺利建设贡献了全部精力。

亮点一：基于北京轨道交通网络形态、本线功能定位、预测客流要求，提出构建世界最长全地下地铁环线。

北京地铁网络呈"环形+放射"布局，原线网规划中 10、11 号线为两条独立运营线路。但从本线功能定位分析，两线成环贯通运营，符合客流规律，可增加客流总量，提高平均运距，提高周转量，对提高网络运营效率作用突出；且可以简化节点工程，大大降低工程难度和投入。最终提出两线构成物理环，贯通运营，构建了北京地铁第二环线、世界最长全地下地铁环线。

亮点二：通过多样性、综合性、创新性的换乘站设计，实现与网络中 24 条线 32 个节点的便捷、舒适换乘。

针对本线几乎与线网中所有直径线均设有换乘站且换乘节点多的特点，设计针对不同地形条件及客流特点，综合环境、工程实施等条件，采用不同的换乘形式，实现乘客便捷转换；预留更具前瞻和灵活性，为最终形成网络化运营奠定了良好基础。

为给乘客提供便捷、舒适的换乘环境，设计在换乘方式、换乘距离、人性化和无障碍等方面，进行多方面探索和改进，换乘车站设计执行的标准均高于现行国家标准。线路条件允许时优先选择同站台换乘方式，行走时间不超过 1 分钟；其次根据现场条件不同，选择"十"字、"T"形、"L"形等节点换乘方式，行走时间一般不超过 3 分钟；第三条件受限时选用通道换乘方式，并尽量减小换乘通道长度，行走时间一般不超过 5 分钟。

国内首次连续 5 座车站采用分离岛式形式，解决了立交桥区设站的难题，同时保证了桥梁结构安全。

为解决宋家庄站 5 号线、10 号线、亦庄线三线换乘量大、行车密度不匹配，存在运营风险等问题，在北京首次采用加宽岛式站台端部的"楔形"方案，提高了车站的抗风险能力、增加了与周边建筑接驳能力、降低了运营风险。该理念在其后的慈寿寺站设计中再次得到应用。

公主坟站为与既有地铁 1 号线的换乘站，位于长安街与三环交叉口，车站南北走向，为躲避桥桩采用"分离岛"站台形式。车站下穿既有地铁 1 号线公主坟站，与之呈"双十"字换乘。受既有站、新兴桥、古树、管线、文物、公交、场地等众多因素控制，设计难度极大。车站平面布局较为特殊，为保证桥区各象限的均衡客流需要，设计首创性采用四个象限单独设置附属站厅（兼进出站及换乘）方式，客流组织清晰，使用功能更加人性化。

丰台站毗邻规划中的丰台火车站，与国铁

丰台站的换乘衔接方式有别于北京南站（零换乘）和北京站（地面换乘），而是适当拉开换乘距离，这样可避免铁路换乘客流对地铁的冲击，保证地铁的运营安全，又可兼顾周边居民小区的出行。同时与北京站的地面换乘形式又有所不同，北京站的换乘距离虽然已拉开，但需要从地面进行转换，增大了空间距离；而丰台站的换乘方案可直接通过地下一层换乘厅进行客流转换，缩短了乘客在空间上换乘距离，充分体现"以人为本"的设计理念。

亮点三：通过功能匹配、系统平衡、接口顺畅的系统设计，实现原网络上两条线的整合，确保了既有线的不间断运营。

本线两期工程分期实施，在不间断一期运营情况下完成两线整合困难极大。二期工程并非简单新建一条线路，须充分考虑一期工程改造，实施只能在夜间 3.5 小时内进行；开通时间确定，挑战空前，须制定环环紧扣的实施方案。不同系统构成方案导致与工程系统接口和运营方便程度的不同，须充分考虑各系统平衡。从方案到后期招标、确定施工图整个过程中，各系统均全方位、多角度逐步细化，包括供货及服务范围、与一期工程接口和改造、投资、适应性、难度、风险、对运营方便程度等，最终圆满实现了整合并贯通。

亮点四：基于规划功能多、土地资源少、环境要求高的设计条件，创建了资源集约型、环境友好型、地下地上一体化的新型车辆基地典范。

五路综合交通站场包括地铁慈寿寺站、五路停车场、公交站场、变电站、物业开发（含库上开发）等多种功能为一体，区域交通便利，景观好，土地价值高。设计首创地上、地下

叠落双层地铁车库形式，将地铁用地由 25 公顷压缩至 12 公顷，为其他设施腾出大量用地。采用咽喉区加盖、隔声墙及百页、专用减振垫、3.7 万平方米绿化平台等措施解决噪声及振动问题。采用高标准材料及节能、低噪设备，彻底避免工业厂房对周边环境影响。该场段采用了库上及落地开发、屋顶绿化等车辆基地所有的可开发方式，是地铁车辆基地一体化设计新典范。

亮点五：基于本线条件最复杂、环境最困难、控制最严格的设计条件，推陈出新，采用新技术、新工艺攻克各种技术难题，确保了工程顺利实施。

本工程自身技术及环境保护难度极大，结构设计大胆创新：国内首次推广使用洞桩法（PBA 工法）；国内首次成功应用多维度预应力伺服顶撑微沉降控制技术（实现 14 米跨隧道密贴下穿既有站沉降控制小于 3 毫米），即在平顶直墙 CRD 工法的基础上，首次研究并完成了基于充分利用横、纵向时空效应的"多维度伺服预顶撑主动沉降控制"方法。首次提出类似工法在控制大跨度新建站密贴下穿既有站变形的施工关键技术要求——"24 字方针"：快封闭，早加顶；密监测，勤调整；不卸力，重转换；慎拆顶，高注浆。首次提出来基于空间场分析与力学传递假定下各工序构件计算相结合的既有结构沉降计算方法，并在工程设计中加以应用，在工程实践中得到验证。基于本工法的科研成果"新建平顶直墙大断面地铁车站密贴下穿既有车站的关键技术研究"在北京市住房和城乡建设委员会组织的科技成果鉴定会上，获得"国际领先"评定。

实现国内最大长度地铁区间下穿铁路站场

慈寿寺站全景图

工程（720米）、国内最大规模的全断面注浆封闭地下水软地层浅埋暗挖施工（约15万方土体加固处理）、国内首次在暗挖车站导洞内采用桩底压浆技术，国内首次采用中跨盖挖顺作法施工技术，国内首次采用深基坑（基坑深度约15米）土钉墙支护技术，国内首次采用并成功实施了小间距、长距离平行盾构隧道的设计与施工技术；保护措施采用桩基托换，各种注浆、隔离、阻水工艺等加固措施，堪称北京地铁工法措施集大成者。全线环境风险源工程1220余处，包括下穿地铁既有线类共10处，下穿铁路类共6处，下穿或近邻市政桥梁桥基类共75处，下穿房屋或近邻高层建筑类共150处，下穿河流类共12处，是北京地铁建设史上风险难度最大线路之一。

亮点六：国内首次在地铁建设中系统地提出了风险源评估及专项设计体系，开创全国地铁用科学程序处理工程风险源的先河。

| 城市交通与环境和谐的典范 |

巴沟车辆段设计了国内首个花园式车辆段，采用微地形手法，堆土为山，建筑物顶部全范围绿化，使车辆段与颐和园南部绿化景观和谐一致，给城市带来更多绿色和氧气。宋家庄停车场规划设计为三条线共址建设，充分考虑资源共享，根据三个基地的用地条件，对其使用功能进行合理分工，既满足全线分期实施的运营和维修功能要求，又使检修设施相对集中，充分提高劳动生产率、提高检修设备的利用率。既节省了用地，又实现了人力资源共用、设备资源共享，从而节省整个地铁的投资。

北京地铁10号线一期工程作为北京奥运会配套工程，采用适应奥运会大型赛事突发客流的运营模式，在国内首次实现了3分钟间隔的高水平开通，国内首次通车即实现"全功能开通CBTC信号系统"、实现"ATO功能"，实现了奥运开闭幕式70分钟内疏散观众的效果，为奥运会成功举办发挥了杰出作用，受到国际奥委会高度评价。自2013年5月5日贯通成环运营以来，客流增长迅猛，工作日客流在2013年7月12日首次突破200万人次，在9月18日达到204.75万人次，全年客流总量约5.7亿人次，占全线网客流总数的17.3%，位居线网首席。同时，随着10号线成环运营，各换乘站的换乘客流亦增长显著，充分发挥了本线在线网中骨干、联络及截留的作用，强力支持了北京市"公共交通为主体、轨道交通为骨干"的综合交通发展战略。

文 / 田东、于松伟、王琦、郝志宏、高灵芝

"换乘之王"炼成记

上海轨道交通 12 号线

项目名称：上海市轨道交通 12 号线
获奖单位：上海市隧道工程轨道交通设计研究院
获得奖项：优秀奖
获奖年份：2018 年
获奖地点：德国柏林

　　上海是我国很早就实行对外开放的城市。早在 1993 年，上海轨道交通 1 号线的建设便宣告上海进入了地铁时代。上海虽然不是最早建设地铁的城市，但现在已经成为全球地铁总里程最多的城市，地铁的到来将上海多个行政区连接在一起，地面交通的拥堵情况减少了，拥挤的城市交通情况得到了有效缓解，与此同时，也给上海的经济发展带来了巨大的推动力。

　　目前，上海地铁已达全路网 17 条线路、415 座车站、总长 705 公里的规模。其中，深绿色

车站站厅吊顶引入"天体星空"布置，将科普知识融入车站建筑装修

的轨道交通 12 号线，几乎能和所有线路换乘，是上海名副其实的"换乘之王"。轨道交通 12 号线是上海城市轨道网络中最重要的骨干线之一，它纵贯上海中心城区西南一东北轴向，串联了上海中心城区的 7 个区域，沿线有古色古香的名人故居、神秘的下海庙、充满异国情调的老外街以及电影《功夫》里的筒子楼——隆昌公寓等。搭乘这条轨交线，你可以随时来一场说走就走的申城之旅。

在上海轨道交通 12 号线的建设过程中，针对长距离穿越高密度保护建筑群，建设轨交枢纽结合型超深、超大地下综合体，在既有运营轨交高架线路下施工车站基坑，既有轨交换乘枢纽站不停运改造等方面的重大挑战，在设计理念、技术集成、理论仿真、工艺装备、软件研发等方面形成了诸多技术创新并应用于工程实践。正是因为这些创新技术的实现，该项工程收获了菲迪克全球优秀工程项目奖、中国土木工程詹天佑大奖、上海市科技进步二等奖、全国和上海市优秀设计一等奖、上海市设计咨询一等奖等重要奖项。

| 名副其实的"换乘之王"|

上海轨道交通 12 号线全长 40.4 公里，途经 7 个行政区，设有 32 座全部地下的车站。它是上海城市轨道交通网络中串联上海西部与东北部的直径线，已成为纵贯中心城区西南一东北轴向的主干线。12 号线西起闵行区七莘路站，途经徐汇区、黄浦区、静安区、虹口区、杨浦区这五大上海中心城区，并最终到达工程终点——浦东新区金海路站，它的建成运营不

但极大地方便了沿线市民的出行，而且对改善周边环境、提升区域商业的发展起到了显著的作用，自开通运营以来，已连续多次获得市民乘客满意度评价第一名。

12 号线全线可与多条运营中的轨道交通线路相交换乘，包括：漕宝路站（换乘 1 号线）、龙漕路站（换乘 3 号线）、龙华站（出站换乘 11 号线）、龙华中路站（换乘 7 号线）、大木桥路站（换乘 4 号线）、嘉善路站（换乘 9 号线）、陕西南路站（换乘 1 号线、10 号线）、南京西路站（出站换乘 2 号线、13 号线）、汉中路站（换乘 1 号线、13 号线）等等。其中，汉中路站、大木桥路站、龙华中路站、嘉善路站等车站均可通过站台或站厅直接进行换乘，陕西南路站、龙漕路站、漕宝路站等车站可通过新增的地下通道实现换乘。12 号线不愧是名副其实的"换乘之王"。

|"换乘之王"的八大"黑科技"|

上海轨道交通 12 号线起点七莘路站，终点至金海路站。正线全长约 40.4 公里，共设 32 座地下车站，龙华中路站和江浦公园站各设开闭所 1 座、设江月路主变电所（与 11 号线共享）、巨峰路主变电所（与 6 号线共享）、中山北路控制中心（与 8、10 号线共享），另设金桥定修段（与 9、14 号线共享）和中春路停车场。线路沿途穿越了密集居民住宅区，盾构区间近距离与居民住宅小区高层桩基"擦肩而过"、线路采用"S"形连续转弯避让江边煤炭堆场和码头桩基、大纵剖深埋穿越黄浦江、线路"见缝插针"穿越"外滩"地道及狭窄道

路两侧的历史保护建筑、与 1 号线和 13 号线组成汉中路三线换乘枢纽，形成超大规模地下综合空间开发、连续高难度密集穿越 20 世纪 20—30 年代老旧洋房和历史风貌保护建筑群，近距离侧穿千年古龙华塔及地铁 1、2 号线盾构区间、车站等。

No.1 首创超长距离穿越历史悠久保护建筑群的超微环境影响控制技术体系

工程人员在设计建造过程中，以地层损失率精控为核心，构建了穿越超大规模建筑群风险分类的线型优选设计模型，发明了盾构机推进过程中新型"抗剪缓凝砂浆"注浆材料，优化了盾构设备与推进参数，研发了盾构进洞抗风险装置，实现了推进过程中地面建筑可视化及地表沉降曲线精确控制。其中，盾构区间 2.7 公里范围内穿越 411 处 20 世纪 20—30 年代的老旧历史保护建筑（约 69 万平方米），房屋累计沉降小于 3.1 毫米，地层损失率小于 3‰，确保了周边居民的正常生活未受影响；距离盾构区间 32 米处的千年古塔龙华寺的累计沉降小于 2.84 毫米，沉降速率小于每天 1 毫米，累计倾斜增量小于 0.08‰。

No.2 首创地下车站基坑零距离穿越运营轨道交通高架站桩基础的施工关键技术

除了穿越历史保护建筑群以外，上海轨道交通 12 号线还多次穿越各类重大市政管线及公共设施，如航油管、原水箱涵、大直径煤气管、污水管及高架桥桩基、运营的轨道交通地下区间和高架区间等。

工程设计人员面对高架梁下净空仅 5 米且地下车站基坑围护紧贴高架桩基的严苛条件，通过对高架桥墩一侧土体开挖过程中的桩基承载力影响分析、卸载次序及沉降等，形成一整套深基坑卸载开挖和变形控制技术，使其累计变形小于 4 毫米，确保了两者之间的安全，并成功将技术应用于实践，对 6 号线巨峰路高架站，4 号线大连路站和大木桥路站，10 号线天潼路站，8 号线曲阜路站，1 号线汉中路站、陕西南路站和漕宝路站，9 号线嘉善路站，7 号线龙华东路站，3 号线龙漕路高架站等的改造，较好地满足了乘客换乘的需求。

No.3 首创既有轨交结合型超深超大地下

12 号线控制中心与 8、10 号线共享，运行调度大厅和 8 号线合用，既方便管理还节省空间

站台布置功能性强，建筑装修简洁大方

综合体设计施工关键技术

在工程建设中，1号线、12号线、13号线"三线换乘"的汉中路站，成为上海最大（约5万平方米）、最深（下挖深度33米）的换乘枢纽站。汉中路三线换乘站结合地块开发有效地解决了换乘大厅客流对冲（单循环人流走向）及出入口、风井的整合；加强基础桩基的抗不均匀沉降措施，确保了结构的整体稳定与抗渗要求；先深后浅、间隔分段施工，严格控制基坑变形，保证了周边高层建筑的安全与稳定。

在汉中路站三线换乘站建设过程中，工程人员首次研发了敏感环境下的超深基坑工程支撑体系稳定性控制技术、承压水"隔-降-灌"综合管控技术及设备系统等基坑变形控制技术，基于多参数的定量相关性和Pareto理论，提出了超深基坑多参数安全评估方法，形成风险动态反分析预测方法。超深、超大换乘枢纽车站施工关键技术的研究成果为今后深埋车站施工提供了强有力的技术支持，也使我国超深基坑风险控制技术达到了国际先进水平。

No.4 构建换乘枢纽站不停运改造技术体系

上海轨道交通12号线是上海市第十三条建成运营的地铁线路，于2008年12月30日开工建设，2013年12月29日开通运营东段（金海路站至天潼路站），2014年5月10日开通运营曲阜路站，2015年12月19日开通运营西段（曲阜路站至七莘路站）。因其在规划上需要和诸多线路交汇，换乘枢纽站的改造成了12号线面临的重大考验。其中，有些线路建设较早，既有站台规模无法满足客流需要，对既有车站进行改造将是未来地铁行业不可避免的问题。

上海轨道交通12号线在建设过程中，根据客流仿真计算，优化改造期间车站大客流组织，实现了既有站（正常运营的1号线汉中路站、陕西南路站、漕宝路站，3号线龙漕路高

全线采用 60kgm 钢轨；DT Ⅲ 2 型扣件、整体道床，特殊减振地段采用钢弹簧浮置板道床及 9 号对称三开道岔；轨道附属设备有钢轨涂油器、挡车器、线路及行车标志等

金桥定修段占地 32.41 公顷，定修 5 列位、周月检 8 列位、停车 50 列位、18 座单体，除停车库外，其余设施均与 9、14 号线共

架站及 6 号线巨峰路高架站等）楼扶梯增加、侧墙大面积开门洞、核心设备用房整合、新老控制系统衔接及非开挖顶管工艺施工换乘通道等，确保了整个施工期间运营线路的正常使用，极大提升了运营管理效率。

No.5 首创围合运营轨交高架立柱的基坑设计施工技术

对于龙漕路站，上海轨道交通 12 号线地下站与 3 号线高架站的换乘连接使其在进行结构设计时面临重大难题——车站基坑与高架桩基紧贴（围护结构与桩基净距 1 米左右），地下车站基坑开挖深度达到 16 米左右，严重影响到原有桩基的实际承载力，所以在设计中必须考虑对相邻桩基进行加固处理，通过增加桩基、扩大承台基础等技术措施来减少地下车站基坑施工对高架结构的影响。

因此，工程设计人员面对高架梁下净空仅 5 米且地下车站基坑围护紧贴高架桩基的严苛条件，通过对高架桥墩一侧土体开挖过程中的桩基承载力影响分析、卸载次序及沉降等，形成一整套深基坑卸载开挖和变形控制技术，使其累计变形小于 4 毫米，确保了两者的安全。

No.6 首次实现大规模光伏并网发电

"光伏＋"早已不是新鲜词，作为太阳能转化为电能的新能源技术，光伏与屋顶、渔业、工商业，甚至 5G 等都得到了全方位应用。上海轨道交通 12 号线建设中，"光伏＋交通"模式的运用再次实现了突破性创举，使我国的地铁建设在迈向绿色交通的使命中再下一城。

12 号线首次在地铁实现分布式光伏发电系统与地铁的大规模结合，将绿化、光伏发电等运用到车辆基地建筑设计中，在金桥停车场运用库屋顶，设置大面积的太阳能光伏发电装置及屋顶绿化，其中光伏发电最大功率达到 1.91 兆瓦，并首次实现中压并网，年节约用电成本 120 余万元。

No.7 首次全周期应用 BIM 技术

轨道交通行业设计、建设、运营的分离现状与采用传统二维设计带来的信息量限制及建设过程信息的缺失，给轨道交通项目建成后的运营维护管理带来了巨大的挑战。BIM 技术通过在设计阶段建立项目的三维建筑模型，继而录入建设过程中项目的土建、机电设备等相关信息，打造一个融设计、建设、运营等项目全生命周期的数字化、可视化、一体化系统信息管理平台，可以有效地解决信息记录、传承问题，真正实现运营维护的信息化。

针对轨道交通项目具有点多、线长、面广、规模大、投资高、建设周期长的特点，且机电系统复杂设备繁多，建设、运营风险高、社会责任大，对建设和运营特别是运营提出的高要求，上海轨道交通12号线的工程设计人员首次在轨道交通建设的前期规划、设计、施工及运营维护等全寿命周期中应用BIM技术，构建了基于BIM技术的建设管理平台，研发了配套的建模插件，建立一套完善的信息化系统来提高管理效率和水平，提高运营可靠性和应急处理能力，降低工程的安全风险。

No.8 实现基于轮轨关系的减振降噪技术有效匹配

我国的城际和城市轨道交通线网结构越来越完善，列车密度越来越大，列车速度越来越快，对便于人们的出行起到了重要的作用，但是人们在享受安全、快速、便捷的轨道交通服务的同时，也在承受着现代交通带来的烦恼，如轨道交通运营产生的振动和噪声困扰。

上海轨道交通12号线线路有多处大面积穿越中心城区的密集建（构）筑物，为减少地铁运营时对环境振动的影响，首次采用"预制短板节段拼装"施工新技术、钢桁架长轨枕、CPIII的测量技术，精度达到毫米级，实现轨道的高平顺性与高稳定性，减少了对周边环境及居民生活的影响，受到了市民的好评。

上海轨道交通12号线在汉中路站的装饰

设计上，设计者因地制宜，结合车站结构，以围绕换乘大厅140米长的核心筒和5根邻近的结构斜柱，开辟出一片独特的《地下蝴蝶魔法森林》艺术墙。它将地下换乘大厅设计成"地下森林"，5根结构斜柱被设计为5道形似"丁达尔现象"的"阳光"，从地面"引入"温暖的光感，从中国蝴蝶中选定了凤蝶、蛱蝶、绢蝶、斑蝶四种具有代表性、体态优美的蝴蝶，来代表上海地铁四个蜕变发展的过程。同时，配以光电数码技术，2015只形态各异的3D打印蝴蝶围绕核心筒翩翩起舞，变幻赤橙黄绿青蓝紫等多种颜色，魔法般围绕核心筒的轨迹飞散而开，并"围绕"在乘客的周围。

在有着上海地铁"最古老"车站之称的1号线漕宝路站贯通的换乘通道中，设计者还呈现出地铁车轮造型与纵横交错的轨交网络概念，运用点线面交织的轨道交通线路几何形态和漕宝路站工程建设的老照片相结合的空间环境，展现了上海轨道交通新老线相交的时空历史发展轨迹和漕宝路车站建设的珍贵历史片段。

作为换乘最多的线路，上海轨道交通12号线在实态上方便了人们的出行，在内涵上又外延出轨道交通更多的寓意——上海轨道交通，在车轮穿梭间体味艺术空间，于人潮交错中感知城市魅力。它是"换成之王"，也是"由车轮串联的城市艺术馆"。

文 / 高英林、张伟国、胡春晖

地下超级工程

万里长江"公铁合建"徐家棚站

项目名称：武汉地铁徐家棚站综合交通枢纽
获奖单位：中铁第四勘察设计院集团有限公司
获得奖项：特别优秀奖
获奖年份：2019 年
获奖地点：墨西哥墨西哥城

　　人间烟火又一秋，万里长江波澜阔。2018 年 10 月 1 日，武汉地铁 7 号线一期工程全线开通运营，为这幅"万里长江图"添上了最浓墨重彩的一笔。

　　"虎踞龙盘今胜昔，天翻地覆慨而慷。"武汉地铁 7 号线是规划线网中衔接武汉北部和南部新城的一条重要骨干线路，北连黄陂前川新城和天河机场，南至江夏区，如气势恢宏的矫健蛟龙，伸展于千回百转的高楼大厦之间，高效快速实现新城与武汉中心城区的联系。7 号线一期工程在长江南岸，与武汉地铁 5、8 号线实现换乘，与三阳路越江公路隧道"公铁合建"，世界首创"公

武汉地铁 7 号线徐家棚站站厅

铁合建地下车站"和"公铁合建盾构隧道"，完美整合地铁车站和越江隧道，开历史之先河。

世界超级工程必然伴随巨大的技术突破和科技创新。

| 因地制宜，融合三线换乘 |

武汉地铁 5 号线，位于武汉市长江南岸，南北向贯穿武昌全镇，是一条沟通顺江方向的重要客运交通走廊；武汉地铁 8 号线，穿越长江，沿武汉大道平行敷设；武汉地铁 7 号线工程，穿越长江，连接汉口三阳路和武昌秦园路。三线在徐家棚站交汇，基于项目特点和工程需要，率先提出"多通道立体疏解交通"先进理念；为节约过江通道资源，与三阳路越江公路隧道"公铁合建"，实现一个节点解决"三线一路"四条通道的完美交汇，为城市打开了更加立体的发展格局。

徐家棚站 5、7、8 号线呈"冂"形换乘枢纽站，充分利用工程特征形成的土建空间，实现三线间付费区换乘和非付费区贯通的双重功能，构建高效、集约、舒适的交通换乘空间；7 号线与 5、8 号线可实现扶梯及垂直电梯的无障碍换乘，极大提高了换乘的舒适度和便捷性；8 号线和 5 号线可实现"台对台"换乘，既缩短了换乘距离，又扩大了换乘断面，有效提升了客流换乘效率。

| 独具匠心，打造地下殿堂 |

穿越过江隧道，遇见别有洞天的徐家棚站。7 号线和 8 号线徐家棚站均为穿越长江后的第一座车站，具有先天的地下土建深层空间，车站设计之初便以工程特征形成的土建空间为基础，践行"建筑、文化、艺术、景观、装修"一体化的理念。紧邻长江，徐家棚站以江城芦苇为设计元素，营造一种"风吹芦花飘，人在画中游"的视觉享受，以春天的芦苇喻示 8 号线的生机勃勃、蓄势待发，用秋季的芦苇展现 7 号线的金秋雅韵、收获与成熟。徐家棚站巧妙利用 7 号线公路隧道下方的高大空间，最大净空达到 10.8 米，结合艺术设计和装修点缀，打造了大跨度、高净空地下文化艺术空间，形成了地上地下贯通、动态静态结合的自然景观，培植着与优美自然环境相映衬的浓郁风情文化。

8 号线徐家棚站，国内首次对站厅至站台提升高度达 12 米的楼梯取消站台立柱，采用中板下悬挂钢筋混凝土柱悬吊楼梯休息平台，使车站站台层空间更加通透。通过双层通高的中庭、净高 13.4 米、净跨 15 米大跨度纵向空间、无柱侧式站台等空间设计手法结合结构美学，打造宽敞、开阔、高大的地下公共空间。

| 越江开拓，首创公铁合建 |

结构优化，品质提升，特色引领。公铁合建的首创之举从规划设计之初就赋予了徐家棚站更高的关注度，也考验着设计师们的高超技艺和攻坚决心。为高度集约利用城市道路和下穿长江通道的资源，首创公路隧道和地铁"公铁合建"模式，高效整合了公路隧道和地铁车站两种结构，践行集约发展路线，真正践行了共享共建的先进理念。7 号线三阳路越江隧道连接汉口三阳路和武昌秦园路，采用公路隧道与地铁"公铁合建"方案，道路主线4650米，合建段大盾构区间长2590米，这是世界上首座公路与轨道交通合建的盾构法隧道，同时也是目前国内已贯通的最大直径盾构隧道。

公铁合建越江隧道外径达15.2米，上下三层，上层为排烟通道，中层为3车道公路隧道，下层为地铁区间、疏散通道和管道。

百舸争流中劈波斩浪，千帆竞发中勇立潮头。建设过程中，最困难、最艰险之处在于15.76米的超大直径盾构穿越"钻石层和年糕团"上软下硬复合地层。越江隧道在长约1360米的江底，同时分布着强度极高的砾岩和黏性极大的泥岩，两者如同"钻石层"和"年糕团"。超大直径＋复合地层让施工的风险和难度呈几何级数上升，在中国隧道建设史上还是第一次遇到，在全球工程领域也极为罕见。通过精心设计，高质量施工，攻克了15.76米超大直径"公铁合建"盾构在施工过程中"钻石层和年糕团"复合地层的世界级难题，在超大盾构复合地层施工领域具有里程碑意义。

越江隧道武昌盾构工作井，结构外包尺寸长66米，宽52米，开挖深度44.1米，为紧邻长江最深地铁基坑，为确保工程安全，采用逆作法施工。

为避免在长江中筑岛设隧道风井，有效保护长江水利资源和生态环境，8号线下穿长江隧道，创造性采用中国最大直径"单洞双线"盾构隧道，盾构隧道外径达12.1米，同时也是中国首创双层衬砌的盾构隧道。

7号线公铁合建车站，基坑最深处达36.76米，为长江边最深明挖地下车站，相当于12层楼高。工程建设者高水平设计，高质量施工，攻克了超深地连墙接缝渗漏的世界性难题，全过程零事故，彰显杰出的专业技术水平。

| 技术突破，创新逆作工法 |

关键技术不断突破，创新成就亮点纷呈。徐家棚站位于长江边，场地内存在40多米厚的饱和粉细砂，承压水压力大，风险突出，为确保工程安全，本工程开创了"先逆后顺再拓"新型逆作工法，有效解决了"公铁合建"二次转换结构逆作施工难题；以车站结构板替代临时混凝土内支撑，保证了工程安全，减少了近万方混凝土废渣，成功实践了"绿色建造、降噪、节能、低碳"环保建设理念。

为提升逆作工程钢管混凝土柱的定位精度，降低工程投资，本工程研发了逆作超长钢管混凝土柱"两点机械定位"技术，替代传统钢套筒法，绿色安装，安全高效，减少了水下钢套筒近3000吨钢材的废弃和锈蚀，有效保护了环境。

为攻克地连墙接缝止水难题，构建了超深地下连续墙接缝注浆、先进接头、接缝箱工艺"三位一体"地下水综合治理技术体系，首次在长江边超高水头、强渗透、超深基坑条件下采用RJP工法接缝止水，科学有效地解决了超厚饱和粉细砂富水地层地连墙接缝渗漏的世界性难题。

最为艰难的会战岁月，7号线徐家棚站项目总体负责人欧阳冬，每天泡在工地，地上骄阳似火，地下水汽弥漫，冰火两重天，每天上上下下无数个来回，挥汗如雨，气喘吁吁，只为不漏掉每一个质量细节，精心防范每一处风险，做好现场服务的每一声响应，以十年磨一剑的工匠情怀精心打磨这个超级工程。念念不忘，必有回响，多年坚守，终成正果。江河万里，甘苦自知，这里有奋斗的艰辛、有坚守的泪水、有匠心的情怀、有自发的歌声，唱出了地铁建设者心中的大好河山。

| 物业开发，开创全新模式 |

深挖交通潜力，激发城市活力。将三阳路越江公路隧道配套的两座210米高的风塔与两座超高层建筑深度有机融合，首创越江隧道风塔超高层建筑物业开发模式，打造出总建筑面积近50万平方米的综合体，赋能武汉成为新的"高效城市"与"立体城市"。轨道交通与城市物业功能有机整合，实现了土地二级开发的增值和物业价值最大化。通过"轨道+物业"模式，提升武汉城市功能和土地开发价值，并利用综合开发增值收益反哺轨道交通的建设与运营，既美化了城市环境，又有效利用了城市土地资源，开创了物业开发和集约利用土体的新模式，实现地铁自身的"造血"盈利

功能和可持续发展。

| 结语 |

历经荣光，几多艰辛，更平添几分豪情。武汉地铁徐家棚站综合交通枢纽开通以来，有效缓解了武汉过江交通压力，进一步巩固了武汉市跨江发展战略。它已直接惠及2000万次乘客和近2000万次过江车辆，提供就业岗位1000多个。随着武汉长江主轴和武昌滨江商务区的蓬勃发展，徐家棚站综合交通枢纽的辐射范围将持续扩大。

万里长江横渡，极目楚天舒。茫茫九派流中国，沉沉一线穿南北。武汉神韵精彩，人文风貌风流，作为武汉地铁建设者，设计武汉、建设武汉，不断进行更加辉煌的开拓，充满希望，更朝气蓬勃！

集萤火之光，朗照交通之路；聚涓涓细流，汇合发展之海。未来已来，梦在路上，地铁人的征程号角已然吹响，且看：鸟语花香处，声声皆入耳。创新发展路，我辈写豪篇。

文 / 王华兵、董俊、周兵、欧阳冬

晋北金匙铸成记

忻阜高速建设回眸

项目名称：忻州至阜平高速公路忻州至长城岭段
获奖单位：山西省交通规划勘察设计院有限公司
获得奖项：优秀奖
获奖年份：2016 年
获奖地点：摩洛哥马拉喀什

"北隔长城揽云朔，南界石岭通太原，西带黄河望陕蒙，东临太行连京冀"，忻州市位于山西省中北部，素有"晋北锁钥"之称，是山西省重要枢纽。忻州至阜平高速公路（忻州至长城岭段）起点位于忻州市北，与忻保高速相接，终点位于晋冀交界长城岭，与河北省保阜高速公路相接，全长 124 公里，全线采用双向四车道标准建设，设计时速 80 公里。在科技的引领下建设者发扬艰苦奋斗的精神，历时短短两年，于 2010 年 9 月实现通车。

忻阜高速的通车，打通了山西通向京津环渤海经济区的咽喉，完善了山西省高速公路网布局，服务了"西煤东输"的经济发展战略，带动忻州市社会经济发展和世界著名佛教圣地五台山的旅游发展，促进了山西及周边地区的经济建设。

忻州作为国家级贫困地级市，下辖的 12 个县中有 11 个为国家级贫困县。2014 年忻州市开

低路堤路基

始响应国家的精准扶贫政策，利用忻阜高速得天独厚的交通便利条件，积极发展经济，发展旅游事业，使得全市的贫困县于 2019 年顺利脱贫。忻阜高速贯通后，由太原出发经忻阜高速去往五台山只有 200 公里。从北京至五台山，时长也大大减少。五台山作为世界文化遗产，应该让更多的国内外友人去了解它。忻阜高速公路的贯通，能够更方便地推动佛学文化的传承，使五台山的佛教文化更广泛地传向全世界。

忻阜高速公路横贯五台山，沿线沟壑纵横、地质复杂、工程建设难度大，同时生态和文物景观保护的要求也很高，受到了国家有关部门的高度重视，被交通部确定为全国十大公路勘察设计典型示范工程之一。同时该高速公路是交通运输部确定的"设计新理念典型示范工程"，项目穿越了数条河流与黄土区，黄土覆盖分布广泛，途经数个长大隧道，工程建设难度高；穿越平原区和山岭区，路线走廊带狭窄，耕地数量有限，土地资源非常珍贵；沿线多次跨越清水河及其支流，对于水资源的保护及其周边的生态环境尤为重要。本项目成功地克服了这些难点，巧妙地做到了佛教历史文化与现代建设的完美融合，建设成为一条"生态环保、低碳绿色、人文品质"的高速公路，这些成果均源于新理念的引进与新技术、新材料的应用。

科技创新，践行可持续发展战略

针对资源综合利用，生态环保等理念要求，参建各方联合科研攻关，推广了 20 项科技成果，实施了 2 项科研攻关，依靠科技进步，立足自主创新，确立先进的设计思想，采用先进的工程技术，推动了高速公路的工程技术的发展，为同类高速公路的建设提供了可靠的技术支撑。

在全国最大规模推广使用废胎胶粉橡胶沥青技术。忻阜高速公路有 73 公里路面采用废胎胶粉橡胶沥青筑路技术，是目前国内应用规模最大的实体工程，共计使用了约 60 万条废旧轮胎。与 SBS 改性沥青相比，节约工程投资 3500 万元，每年节约公路养护维修费用 480 万元。这种做法既提高了路面质量、降低了路面行驶噪声，又实现了废物循环利用、保护了环境，达到多赢效果。

提出了隧道弃渣综合利用技术。忻阜高速公路依托交通运输部科技示范工程对高速公路隧道弃渣综合利用技术进行研究，对隧道弃渣进行分类后，将隧道弃渣广泛用于圬工砌筑（防护、排水工程、涵洞砌筑）、路基填筑（软地基处理、仰拱回填、桥背回填等）、筑路材料再加工（碎石、机制砂等）等多个方面，共利用隧道弃渣 162.4 万立方米。

首次在高速公路的建设中大规模推广使用机制砂技术。忻阜高速公路成功利用机制砂技术将隧道弃渣应用于工程建设中，实际利用隧道弃渣生产砂石约 36 万立方米，加工生产机制砂约 12 万立方米，减少弃渣占用耕地 50 多亩，节约工程投资 1080 万元。此做法既满足了资源的循环利用，又实现了弃渣的零堆放，大大避免了凤凰岭一带次生地质灾害的发生，最大限度地保护了周围生态环境的稳定，提高了资源利用率。同时在国内机制砂混凝土应用研究成果的基础上，制定了《忻阜高速公路用机

彩色路面铺装

钢-混组合箱横跨大运高速

制砂混凝土应用技术指南》，为同类高速公路采用机制砂技术提供了技术支持。

同时制定出了弃渣综合利用工作流程图，确定隧道弃渣综合利用范围。提出了本项目隧道弃渣路基填筑施工参数和质量检测指标，编制了隧道弃渣综合利用技术指南，为同类隧道的设计和施工提供了技术参考。

| 理念创新，以人为本贯穿始终 |

本项目将低碳环保的理念贯彻到高速公路设计、施工和运营的全过程中，对缓解高速公路沿线自然资源紧缺，保护生态自然环境起到重大的作用。同时，也对高速公路节能减排，建设绿色低碳公路，起到积极的促进与推动作用。

应用设计新理念，节约耕地，保护环境。忻阜高速公路K0+000—K39+600段位于忻定盆地，这个地区农田灌溉渠网密布，人口密度较大，人均耕地面积较少。根据公路设计新理念，对跨越人口密集的地区采用了合理低路堤方案，路基平均填土高为2.5米，减少占用耕地180亩。减少路基填土近90万立方米，节约了工程投资近800万元，取得了良好的社会与经济效益。

精心布线，高架桥与山谷自然环境融为一体。忻阜高速公路沿古峪沟布线，与忻台公路走向基本一致，忻台公路左侧为卧虎山，左侧的路基挖方边坡较陡，右侧为基岩出露的条状冲沟，走廊狭窄，线位布设极其困难。设计时本着水土保持的原则，精心设计、合理布线，采用高架桥的形式跨越古峪沟，避免了对山体稳定性的破坏。

应用了路侧安全设计理念与方法。忻阜高速公路作为我国综合应用路侧安全设计理念与方法的示范路，采用了新型的路侧安全防护形式，包括属于路侧事故主动预防性质的新型可解体消能杆柱交通标志、新型细杆多柱式杆柱交通标志、新型肩章式太阳能主动发光诱导设施、新型光带式主动发光诱导设施和新型护栏柱帽等；属于降低路侧事故严重性的新型缆索护栏、新型转动护栏、新型预镀锌合金镀层波形梁钢护栏、新型可导向防撞垫、新型吸能式波形梁护栏端头、新型波形梁护栏上游端头和新型桥梁混凝土护栏与路侧波形梁护栏过渡段等。

根据实际调查结果，各项路侧安全防护设施应用效果良好，较好地解决了相应的路侧安全技术难点，据调查，通车 10 年多来，每年能减少重大交通事故 10 余起，为安全出行保驾护航。

应用了高速公路路域生态工程技术。通过高速公路路域生态工程技术的推广应用，减少了土壤侵蚀，有效地保持了水土，改善和调节了小气候环境，为高等植物定植打下了良好的基础；减缓了太阳辐射，降低了行车噪声，对行车舒适性起到良好的保障作用。

成功解决了凤凰岭特长隧道的偏压、溶洞、断层、涌水、高地应力等技术难题。忻阜高速公路对凤凰岭特长隧道建设关键技术进行研究，利用有限元数值模拟的方法，对凤凰岭隧道偏压区域施工过程的围岩、支护结构稳定性进行评价，提出凤凰岭隧道偏压浅埋隧道的斜交（或者虚拟正交）进洞的施工技术，提出浅埋隧道零开挖的结构新形式，给出其结构设计图纸和施工技术工序、工艺，成功解决了凤凰岭隧道存在的偏压、溶洞、断层、涌水、高地应力等这些工程技术难题。

提出适合凤凰岭公路隧道施工斜交偏压隧道进洞技术方案；提出了两种新型直接进洞技术；研发了公路隧道不良地质灾害处治对策系统，保证凤凰岭隧道建设的顺利进行和质量安全，该系统在长城岭隧道施工涌水灾害的治理中得到应用，为长城岭隧道涌水灾害的处治措施和方法提供了参考资源。

创新提出并应用了高速公路重载交通路面修筑技术。忻阜高速公路为重点解决重载交通下高温、高寒山区高速公路连续长大纵坡路段沥青路面的高温车辙、低温裂缝问题，开展了

PR PLAST.S 改性沥青混合料技术性能研究，对路面二、三合同段连续上坡路段共 45.5 公里采用了 PR 改性沥青路面。根治了长大纵坡路段车辙"顽症"，提高忻阜高速公路路面使用性能，延长路面寿命和路段的运营水平。与 SBS 改性沥青路面相比，路面使用寿命可提高 5 年以上，经济效益显著。

| 融合佛教人文，展五台圣境风采 |

作为连接世界文化遗产——五台山佛教圣地的旅游通道，对环境景观、部分隧道洞口和服务区进行了统一的环境美学设计，使公路构造物（如服务停车区、收费站、管养区）巧妙与佛教文化相融合，营造了古香古色、优美宜人、与环境和谐的公路景观。

通过沿线河流的防护和绿化工程，构筑亮丽的河岸景观，使边坡稳定一劳永逸，且养护成本低。充分考虑道路绿化的后期养护，尽力降低养护成本。应用生态学原理，使植物自然更新，最终达到稳定的道路绿化景观效果。

中国进入新的发展时代，习近平指出"绿水青山就是金山银山"，倡导绿色发展，可持续发展，尊重自然，保护自然，坚持人与自然和谐共生。忻阜高速公路完美地契合了这一发展的理念，设计时布线与环境融为一体，路段采用低路堤，减少对耕地的占用，施工时采用新的低碳环保技术和材料，减少了对环境的污染，创建了一条绿色生态公路。

文 / 邱建冬

多彩贵州，大美贵瓮

贵阳至瓮安高速公路

项目名称：贵阳至瓮安高速公路
获奖单位：中交公路规划设计院有限公司
获得奖项：特别优秀奖
获奖年份：2018 年
获奖地点：德国柏林

　　2015 年 12 月 31 日，由中交公路规划设计院有限公司（简称"公规院"）设计的贵阳至瓮安高速公路（简称"贵瓮高速"）交工通车。贵瓮高速的建成标志着承载贵州几代人"县县通高速"的梦想实现，为脱贫攻坚打下了坚实的基础，对贵阳市、黔南州乃至贵州全省社会、经济发展以及推动国家新一轮西部大开发等具有特殊重要意义。

　　贵瓮高速是《国家高速公路网规划》中银川—百色在贵州境内重要段落，是贵州"黔中经济区一小时经济圈"重要组成部分。里程 71 公里，决算 86 亿元。项目位于云贵高原东段，沿线层峦叠嶂、沟壑纵横、山高谷深，局部相对高差 900 米，具有地质、地形及水文条件复杂，桥隧施工难度大，

大美贵瓮

"八方"连通的终点银盏枢纽互通

生态环境脆弱、可耕种土地资源稀缺，灾害防治及环境保护要求高，沿线少数民族世代聚居、脱贫攻坚任务艰巨，矿产资源分布广泛、施工管理任务重等诸多特点、难题。

| 科技强驱动 |

贵瓮高速在建设全过程中，始终坚持全寿命周期设计和可持续发展的根本原则，将科技作为最主要的驱动源，针对工程建设难题和重点控制性工程开展联合科技攻关，采用科技研发和应用新技术、新工艺、新材料、新设备等科技创新技术，攻克了工程建设中的技术难题，取得了一批高水平的技术创新成果，并应用于工程实际指导、工程优化设计及工程施工，为提高贵瓮高速公路建设的质量和水平提供了有力的技术支撑。

创新管理模式。贵瓮高速采用省政府招标社会投资人，BOT+EPC建设模式，充分发挥了三家股东单位中交投资公司、中交二公局、

中交公规院在设计、施工、项目管理等方面的优势，BOT+EPC模式的超强管理协调能力，实现了各施工标段之间在施工便道、取弃土场、预制梁场、跨标段土石方调配、输电线路永临结合等方面的全局"一盘棋"，实现了经济效益最大化、环境影响最小化的目标。并通过创新管理，创纪录地在不到3年的时间内保质保量完成了诸如千米级悬索桥、特长隧道施工的"贵州速度""中国速度""中国质量"。

| 创新利和谐 |

自然风景美丽但生态系统又极为脆弱的环境，要求必须采用创新的设计理念和先进的手段实现工程与环境、工程与人文的和谐统一。贵瓮高速在GIS平台上综合运用国际先进的"澳大利亚Trimble天宝旷达路线智能三维优化决策系统"，采用可视化土石方调配、实景工点设计等先进技术，综合平纵指标、工程风险、环境、工程造价、后期运营、全寿命周期

"扶贫"的大桥

成本等多变量因子，选定了最佳路线方案，用地较类似项目总体用地指标少1200多亩，减少外购石料240万方；对沿线155万立方米的表土和洼地挖出的淤泥集中堆放，之后用于边坡、中分带、互通区、取弃土场等的绿化、复耕，充分保护和利用了宝贵的土壤资源；对沿线水土流失严重的冲沟或基岩裸露路段，利用弃方回填并采取适当的防护、排水措施，将施工表土和不适应填筑的土料置于弃土场顶面，增加可耕种土地580亩。安全设计贯穿始终，贵瓮高速全线开展了安全性评价工作，并针对路基边坡安全性问题首次在工程中采用路基岩土、防护工程耐久性设计理念，将边坡岩土体和锚固结构耐久性理论应用于具体工程设计，实现了全寿命周期内投资效益、安全性、耐久性的综合效益最大化。独立开发的《智绘路基设计软件》，实现了道路三维交互式和可视化的设计，站在了行业内道路设计的制高点；公规院独立开发的《智绘地质设计软件》首次建立了全专业、全信息三维地质模型、自动提取岩土参数进行桩基础和边坡防护设计，桩基和边坡防护工程接近"零变更"；率先将北斗定位系统和机载LIDAR测量技术应用于贵州山区公路，大大提高测量精度；广泛使用了大地瞬变电磁（EH4）、孔内电视、跨孔CT等综合勘察新技术，准确查明了岩溶等不良地质，实现了在三维地质空间内进行大尺寸承台、深桩、群桩基础的设计。

| 千米跨越清水河 |

清水河峡谷深约400米、宽约1公里，跨越峡谷技术方案是贵瓮高速的关键，设计采用了主跨1130米钢桁梁悬索桥跨越峡谷。

公规院开展了"千米级悬索桥板桁结合加劲梁结构体系"研究，首次应用了悬索桥板桁结合体系，与同等跨径的板桁分离体系相比节省支座 745 个、伸缩缝 4 道、钢材 5%，节约上部结构 10% 以上的工程造价，大桥总工程造价节约 1 亿元，还提高了行车舒适性，同时大幅降低大桥后期维护费用，减少了维护频次；公规院首次尝试在大桥桁梁设计、施工中应用 BIM 技术；通过板桁结合加劲梁多种稳定板气动措施模型风洞试验，贵瓮高速首次采用板桁结合加劲梁单片式上中央稳定板，将大桥颤振临界风速由 36.06 米 / 秒提高至 51.5 米 / 秒，大桥颤振性能显著提高，并使稳定板造价下降 30%；自主研发的跨径 1130 米、吊重 220 吨的千米级大吨位缆索吊，突破国内外缆索吊技术瓶颈，显著缩短了吊装作业时间，有效降低了安全风险，为世界上首次在 29 个月之内建成千米级悬索桥提供了保障；公规院研发的大桥自行式主缆检修车，采用钢制橡胶轮为行走轮，并采用液压马达驱动，最大爬升角度 26°和 360°全范围检测，实现了检修车自动通过索夹、吊索的"自行走"功能，填补了山区悬索桥检修设备的空白，推动了我国山区悬索桥主缆养护技术的发展，使山区悬索桥主缆养护技术走到了世界前沿；贵瓮高速在国内首次采用了"圆形钢丝 + 缠包带 + 干燥空气除湿"的防护体系，为复杂环境的悬索桥主缆防护施工提供了良好借鉴；采用新型主缆缠包带，将主缆防护层平均寿命从 10 年提升到 20 年以上。

清水河大桥

顺势而为体现自然和谐

| 万尺穿越建中岭 |

建中特长隧道长 3300 米，范围下穿建中镇区、平均埋深仅六七十米、隧址区分布 8 个岩溶漏斗，岩溶及其发育、地下水环境要求高。公规院为克服建设难题，加强科研攻关，对地层变形响应及预测方法进行了研究，提出了"小埋深岩溶隧道预警预报控制方法"，实现了岩溶隧道地层工程变形响应的准确预测，施工中通过 TSP、地质雷达、红外探水等长短结合的超前地质预报以及超前可视化钻孔，实现了对前方地层的准确掌握，有效避免了不良地层和突涌水对隧道施工的不利影响。

针对隧址区生态环保的高要求，公规院通过生态化设计理念和方法揭示了岩溶隧道不同地层、不同工法的施工过程变形特性，提出了"岩溶隧道施工分区段全过程变形控制标准"，建立了"隧道机械化、信息化施工技术体系"，

实现了这一长大岩溶隧道的安全快速施工，平均日成洞 8.1 米，提前 6 个月贯通，刷新了岩溶发育区特长、小埋深隧道的施工速度。同时建中隧道在施工过程中所采取的涌水量和水质超前预报和主动防控措施，切实保障了隧道上方的生态安全和建中镇人民的用水安全。

| 成果创辉煌 |

贵瓮高速于 2012 年 12 月开工建设，于 2015 年 12 月建成通车投入运营使用，交工验收质量综合评定 99.22 分；2019 年 1 月通过竣工验收，质量综合评定 96.51 分，工程质量评定为"优良"。贵瓮高速荣获国际咨询工程师联合会（FIDIC）特别优秀奖，贵州省科技进步一等奖、中国交建科技进步奖一等奖等省部级科技进步奖 12 项，"新中国成立 70 周年优秀勘察设计"、"建国七十周年公路交通勘

大坳隧道桥隧相连

察设计经典工程"、中国公路勘察设计协会勘察、设计一等奖等省部级优秀勘察设计奖9项，贵州省黄果树杯优质工程、中国交建优质工程等省部级优质工程奖7项，2人次获得贵州省"五一劳动奖章"等各类荣誉和奖励共计31余项。

|效益促发展|

贵瓮高速的建成促进瓮安县至贵阳市减少绕行里程60公里，车程由原来3个多小时缩短至1个半小时内，极大改善了少数民族地区沿线百姓和矿产公司的交通条件，同时招聘沿线群众300余人在本项目上建设和运营管理工作，提高了沿线群众的家庭收入，帮助贫困人口告别贫困。贵瓮高速在建设中采用先进设计理念和技术创新，节约用地、保护环境、生态恢复，始终坚持可持续发展原则，寻求与环境的和谐统一。根据交通量计算，贵瓮高速在30年营运期内累计节约燃油共计117635万升，折合标准煤142.81万吨。截至2020年9月（通车4年半以来），已累计通行车辆2600多万辆，对贵阳市、黔南州以及贵州全省社会、经济发展具有极大的推动与促进作用，社会效益和经济效益显著。

贵瓮高速作为"科技引领之路、精准扶贫之路、民族团结之路、生态景观之路、红色旅游之路"，已成为"多彩贵州·最美高速"建设大潮中的标志性典范工程。"成枢成纽外联临省川渝湘桂滇，如经如络内通全境八十八个县"，贵瓮高速的建成标志着承载几代人梦想"县县通高速"的实现，必将承载西南部地区振兴的梦想，驶入辉煌壮丽的新时代！

文 / 王晓良、林国涛、孙增奎、彭运动、李智武

醉美高速，绿色鹤大
记鹤大高速设计建设

项目名称：鹤岗至大连高速公路抚松段
获奖单位：中交公路规划设计院有限公司
获得奖项：优秀奖
获奖年份：2019 年
获奖地点：墨西哥墨西哥城

2016 年 10 月 26 日，由中交公路规划设计院有限公司（简称"公规院"）设计的鹤岗至大连高速公路抚松段（简称"鹤大高速"）交工通车，鹤大高速的建成标志着吉林省《国家高速公路网规划》的完善、长白山旅游及地方经济发展的促进、交通部双示范工程及品质工程的落实。

| 纵贯三省、通边达海的战略高速 |

鹤岗至大连高速公路 (G11) 为《国家高速公路网规划》中的纵一线的重要路段，其纵贯黑龙江、吉林、辽宁三省，主要承担区域间、省际以及大中城市间的中长距离运输，是区域内外联系的主

鹤大高速

动脉。它的建设开辟了黑龙江和吉林两省进关达海的一条南北快速战略大通道，也是经济大通道，扩大了丹东港、大连港的影响区域。它是东北东部通往朝鲜、韩国、日本等东北亚地区，开展国际贸易的快捷通道，也是东部边疆地区国防建设的重要通道。

长白山是著名的旅游胜地，旅游资源丰富；是世界三大矿泉水产地之一，矿泉水资源丰富品质优良。抚松县森林资源丰富，森林覆盖率达82%，是中国木材主产区之一；也是著名的人参产地，人参销往世界各地，是当地居民重要的收入来源。

项目建成不仅开辟黑龙江和吉林两省进关达海的一条南北快速战略大通道，更使当地木材、人参、矿泉水等资源及时便捷运出，长白山旅游资源得到有效开发，促进地方经济的发展，给沿线周边百姓经济生活带来巨大变化。

| 山水大道、交旅融合的醉美高速 |

鹤大高速为《吉林省东部绿色转型发展区总体规划》"落地"项目，影响范围占全省总面积近二分之一，作为先导型、战略型、基础型产业，贯彻落实"创新、协调、绿色、开放、共享"发展理念，以交通运输扶持旅游业科学发展为主线，以全新理念建设为生动实践，打造"以路连景、以景促业"多功能大通道，加快吉林东南部以长白山为核心景区的精品旅游带建设，辐射带动沿线旅游资源，改善旅游发展环境，促进由旅游资源大省向旅游产业强省的转型升级。

鹤大高速公路沿线自然风光旖旎，秀丽怡人，既有起伏的群山、蜿蜒的河流、茂密的森林、悠然的田园、错落有致的村庄，还有丰富的季相变化，行于路上宛如在欣赏一幅渐次展开的山水画卷。鹤大高速沿线有着丰富的世界自然文化遗产、红色文化胜地、山水养生名地、人参文化旅游区、朝鲜族民俗风情等人文风光。人文景观连片打通，相得益彰。

| 资源节约、低碳节能的绿色高速 |

鹤大高速是交通运输部"资源节约循环利用科技示范工程""绿色循环低碳示范工程"的双示范工程。以资源节约循环利用科技示范工程为核心，紧扣"抗冻耐久、生态环保、循环利用、低碳节能"主题，围绕理念创新、科技创新规划设计，努力打造行业科技创新与应用的范本。立足季冻区抗冻耐久、生态敏感区生态环保、建筑材料循环利用低碳节能、长白山景区核心区、民族地区的特点，打造行业科技发展的鲜活"标本"。

科技示范工程，着眼于切实解决季冻区高速公路设计、建设、运营管理难题，以耐久、生态、环保、节地、节能及废旧材料综合利用为重点贯穿设计始终，将科研成果应用到工程实践中。

1. 抗冻耐久示范技术的应用提高了季节性冻土地区高速公路建设质量：

生态敏感路段湿地路基修筑关键技术研究应用，为广大季冻区建设抗冻耐久路基提供了示范。

季冻区柔性组合基层沥青路面合理结构形式的推广应用，提高了行车的舒适性和路面的耐久性,减少了对自然环境的破坏。

高寒山区隧道抗冻保温技术推广应用,对隧道抗冻保温方案进行了优化,节省大量的养护维修费用,为整个季冻地区隧道防冻保温提供了工程示范。

2. 生态环保示范技术的应用为在生态敏感区修建高速公路提供了技术支撑:

季冻区服务区污水处理与回用技术推广应用,建设了我国季冻区首个服务区冬季、污水处理稳定达标样板工程。

季冻区公路边坡生态砌块铺装成套技术推广应用,利用大量的隧道弃渣,建立就地应用、就地修复的一体化生态修复流程,转化利用率高达 90% 以上。

民俗文化及旅游服务与沿线设施景观融合技术应用,提升了旅游服务品质与旅游价值。

植被保护与恢复技术推广应用,建立了植被分级保护方法,推广应用植被恢复技术,最大限度地保护了原生植物资源。

3. 特色地产材料、废弃材料循环利用示范技术切实践行了节约资源、保护环境建设理念:

填料型火山灰、硅藻土改性沥青混合料技术推广应用,为全国 12 个火山灰分布省份及 10 个硅藻土分布省份高速公路地产材料的应用提供了经验。

应对极端气候的橡胶粉 SBS 复合改性沥青成套技术研究与应用,有效提高了沥青路面应对极端高低温气候的能力。

油页岩及植物沥青混合料路用性能研究与应用,提出了不同种类油页岩灰渣在沥青混合料中利用的可行性。

弃渣弃方巨粒土及尾矿渣路基填筑技术推广应用,有效降低了公路建设给沿线带来的自然环境破坏,并降低了工程造价。

4. 绿色高速公路低碳节能示范技术引领了高速公路建设新方向:

基于环境感知的高速公路隧道及服务区照明节能与智慧控制技术研究应用,相比于灯具全提供 80% 亮度模式可实现 48% 的节能。

寒区高速公路房屋建筑工程节能保温技术推广应用,实现了服务区野外独立建筑节能效果 65% 的目标。

| 精心设计、匠心打造的品质高速 |

鹤大高速沿线地形、地物、地貌、水文、地质和生态条件复杂,路线走廊区域涉及水源保护地、矿产、森林、基本农田,设计过程中尽量避让公益林和基本农田,降低取弃土规模。项目地处积雪冰冻地区,路线布设充分考虑积雪冰冻地区地质病害的因素,尽量选择阳坡路段通过,并优化路线的平纵组合,充分考虑行车安全。

路基设计重视资源利用、绿色环保,设置浅碟形生态边沟代替传统的浆砌梯形、矩形边沟,在改善路侧景观视觉效果的同时,增加了路侧净宽,降低了事故的危害程度,体现了容错理念。人与自然的和谐理念,通过"自然恢复""人工导入"的方式,最大限度地恢复公路沿线植被,使公路融入自然之中。同时,结合沿线地形条件,提出了将挖方段设置为"人工路堤"的断面形式,使路床及路面结构处于干燥状态,有效降低了冬季冻胀对挖方段路面的影响,同时兼顾沿线取土,减少取土场的设置。

沿线白山板石铁矿存在大量的尾矿废渣，既占用土地，又对当地优美的自然环境造成污染。项目利用尾矿渣填筑路基，首次在公路建设中利用了废弃资源，既节省资源又保护环境。

路基防护及排水设计以自然、绿色为主，在保证路基边坡稳定前提下尽可能不采用生硬的圬工防护，采取与周边环境协调的断面形式，绿化依靠人工干预下的自然恢复。

桥型结构以"技术可行、安全、适用、经济合理、造型美观、利于环保"为原则，结合路线平纵指标、地形、地质、施工条件，并兼顾美观与周围景观协调。一般大中桥桥型结构以中、小跨径为主，力求标准化、装配化，以方便施工、缩短工期、降低工程投资。

隧道衬砌保温防冻技术，在二衬内表面设置保温防火层，保温防火层采用聚酚醛保温板＋防火保护板。路线交叉充分考虑地形、地物及周围环境条件确定交叉方式和孔径，对路侧带有排水沟的交叉尽量采用路、沟一起跨越的方案，使结构更加经济、合理。林区设置必要的通道，以便野生动物通行。

取弃土场是最容易破坏生态环境，产生水土流失的工点。鹤大高速重视了取弃土场的复垦及生态恢复。对原为耕地、山林的取土场，进行地形整理后利用集中堆放的地表土进行复耕、复栽；对于取土后较陡的风化沙边坡，采取坡面栽植小灌木的方式进行恢复；对弃土场表面进行地形整理，回填种植土，栽植乔灌木，改造成新的林地。

鹤大高速始终坚持推行现代工程管理，进行工厂化、集中化、专业化生产，细化和优化施工工艺提高工程质量，探索引进技术服务，充分依托权威科技技术机构，制定科学合理的施工方案，大力开展科研项目。一切为了行车人不断完善服务功能优化设计，实现"交钥匙"工程，将设计规范与公众出行的认知习惯相结合，统一设计、统一规范全线交通标志，有力改善服务环境、提升服务质量，将地域特色、民俗文化、沿线景观融为一体，将客流集中的服务区打造成小型旅游景点。通过增设彩色防滑路面、港湾式停车区、避险车道、U形转弯区、柔性护栏、浅碟式植草边沟等措施，提高行车安全系数和乘车舒适度。

| 凝心聚力、勇于担当的梦想高速 |

鹤大高速通车以来承担了区域间、省际以及大中城市间的中长距离运输，成为区域内外联系的主动脉。开辟了黑龙江和吉林两省进关达海的一条南北快速战略大通道、经济大通道，扩大了丹东港、大连港的影响区域，同时也是东部边疆地区国防建设的重要通道，促进了白山市经济发展，促进了长白山等地方旅游，对白山市以及吉林全省社会、经济发展具有极大的推动与促进作用。

聚指成拳、众志成城，青山绿水添锦绣、三省通衢绘蓝图，伴随着鹤大高速的建成通车，公规院在高速公路建设的道路上行稳致远、步履铿锵，用智慧和奉献谱写大地新的诗篇，为白山松水带来憧憬和希望。

文／张刚刚

一桥飞架南北，天堑变"畅途"

武汉天兴洲公铁两用长江大桥

项目名称：武汉天兴洲公铁两用长江大桥
获奖单位：中铁大桥勘测设计院集团有限公司
获得奖项：百年重大土木工程项目优秀奖
获奖年份：2013 年
获奖地点：西班牙巴塞罗那

"滚滚长江东逝水，浪花淘尽英雄"，也见证着中国桥梁从无到有，从有到优的历程。

1957 年 10 月 15 日，伴随着武汉关的钟声响起，第一列火车鸣着汽笛穿越长江天堑，在 5 万多名现场观礼群众的欢呼声中，武汉长江大桥正式通车。毛泽东欣然赋词："一桥飞架南北，天堑变通途。"这座万里长江第一桥，如同一条脊梁，沉稳地横亘在江涛之上。

2009 年，同样是在武汉，当时世界上跨度最大、设计时速最高的公铁两用桥——天兴洲长江大桥于 12 月 26 日正式通车，开启了中国高铁时代大跨度斜拉桥篇章，长江天堑不再仅仅是"通途"，更是"畅途"。

武汉天兴洲公铁两用长江大桥

武汉天兴洲公铁两用长江大桥

|"九省通衢"更是"建桥之都"|

武汉是湖北省省会，我国中部重要的中心城市，全国重要的工业基地和交通、通信枢纽，素有"九省通衢"之称，为全国铁路枢纽客运中心城市之一。武汉因长江与汉水阻隔，分为武昌、汉口与汉阳三镇。作为我国中部的特大中心城市，武汉是全国重要的工业基地和交通通信枢纽，也是全国六大铁路客运枢纽中心之一。

1957年建成通车的武汉长江大桥是新中国成立后在长江上修建的第一座公铁两用桥，被称为"万里长江第一桥"，也是武汉市的标志性建筑。但经过60多年的超负荷运营，武汉长江大桥日益不能满足新时代高速客运列车时速的需求。

新建天兴洲大桥，使武汉成为当时唯一拥有两座公铁两用长江大桥的城市，这一特性鲜明诠释了武汉在全国南北交通中独特的使命。

天兴洲大桥地处武汉市中心城区，位于武汉长江大桥下游16.3公里、长江二桥下游9.5公里的天兴洲分汊河段上，北岸为汉口江岸区谌家矶，南岸为武昌区建设十路。正桥全长4657米，青山一侧的南汊采用主跨504米的双塔三索面斜拉桥，上层为公路，下层为铁路。

天兴洲大桥是京广铁路过江通道、武汉铁路枢纽第二过江通道，同时也是武汉市三环线过江通道，2009年5月4日天兴洲大桥铁路货运线开通时，距1957年10月15日通车的万里长江第一桥武汉长江大桥已过去50多年时间，其铁路货线的开通担负起了武汉铁路枢纽、京广铁路货运交通功能，武汉铁路枢纽货运线从此主要通过天兴洲大桥外绕，极大减轻了武汉长江大桥的铁路交通压力。

同时通行公路、国家Ⅰ级铁路、高铁的长江大桥只有天兴洲长江大桥，宝贵的桥位资源在这儿得以充分利用，这座具备多种交通功能的长江大桥成为我国交通网络中的闪光点，正在为我国铁路事业、公路交通事业、武汉市经济社会发展发挥重要作用，为其后国内修建同类桥梁开创了先河。

在兴建天兴洲大桥之前，武汉市中心城区长江大桥已有3座，自上而下分别为武汉白沙洲长江大桥、武汉长江大桥、武汉长江二桥。天兴洲大桥通车后短短十余年时间内，武汉市又相继建成了5座长江大桥，中心城区四环线内建成的长江大桥已达9座。如今，武汉这座以修建万里长江第一桥为地标的城市已然成为名副其实的"建桥之都"。

| 大桥刷新四个世界第一 |

跨度最长

在此之前，国内公铁两用斜拉桥的跨度纪录为2000年建成通车的由中铁大桥院设计、中铁大桥局施工的芜湖公铁两用长江大桥，上层为公路四车道，下层铁路为双线铁路，其跨度为312米；国外的公铁两用斜拉桥跨度纪录为1998年建成的丹麦至瑞典的厄勒海峡大桥，上层为公路四车道，下层为双线铁路，其跨度为490米。天兴洲大桥则以其504米的主跨跨度在国内实现了由300米级到500米级的跨度飞跃，在当时也刷新了世界纪录。

那么，天兴洲桥504米的跨度又是怎么来的？长江是中国内河的黄金水道，武汉天兴洲河段长江航运繁忙，修建桥梁需要满足桥下通航需要，该河段为微弯分汊河段，且在武汉港青山作业区内，航道狭窄、上下游变化较大加之船舶进出港作业较频繁，下段又有船舶停靠，桥梁必须采用大跨度方案方能满足通航要求。经过通航论证，桥区河段海轮采用五千吨级江海直达轮、船队采用4万吨级船队作为代表船型和船队，其桥梁净空宽度要求主汊内单孔双向不小于455米，考虑桥塔基础结构及防撞设施尺寸以及钢桁梁节间长度后确定为504米，因此成为世界最大跨度公铁两用斜拉桥。

荷载最重

大桥的荷载是由大桥的交通功能决定的。大桥上层六车道，下层四线铁路，其中两线为国铁Ⅰ级铁路，另两线为高速铁路。四线铁路的公铁合建斜拉桥在当时世界范围来看，已建成的仅有20世纪80年代日本本四联络线主跨420米的岩黑岛和柜石岛桥。同时也是世界上第一座按四线铁路修建的大跨度客货公铁两用斜拉桥，可以同时承载2万吨，为当时世界上载荷量最大的公铁两用桥。

宽度最宽

桥梁上层通行六车道公路、下层通行四线铁路，车道宽度与结构布置需要使得主桁宽度达30米。此前，国内公铁两用斜拉桥仅芜湖长江大桥，其桁宽12.5米、公路桥面宽21.5米，国外四线铁路公铁两用斜拉桥仅日本岩黑岛桥与柜石岛桥，按照四线铁路和四车道公路标准设计，其桁宽为27.5米，因此，天兴洲桥成为当时同类型桥梁中最宽的桥梁。

速度最快

作为我国高速铁路首座跨越长江的斜拉桥，按照列车时速 250 公里进行动力仿真设计，在 2012 年 6 月开展的动载试验中列车时速达 275 公里。武汉天兴洲大桥也因此成为当时中国第一座能够满足高速铁路运营的大跨度斜拉桥，其四线铁路为京广高速铁路和沪汉蓉客运专线，其中沪汉蓉客运专线设计时速 250 公里。上层为六车道公路，设计时速 80 公里；下层为可并列行驶四列火车的铁道，设计时速 200 公里。公路引桥长 5.1 公里；新建铁路线长 22.6 公里。从此国内大跨铁路斜拉桥开启了高速时代。

| 从"建成""学会"到领先世界 |

作为武汉第二座公铁两用大桥，我们不禁会联想起"万里长江第一桥"武汉长江大桥建造的过程。千百年来，长江如一道难以逾越的天堑，横亘在长江两岸。历史上，1913 年、1929 年、1935 年、1946 年，曾先后 4 次提出过建造武汉长江大桥的规划，李文骥也 4 次参加了大桥的规划，然而这 4 次规划最终都不了了之。当时有民谣"黄河水，长江桥；治不好，修不了"，表达了人们对这种结果无奈的心态。

湖北党史《万里长江第一桥——武汉长江大桥建设始末》记载："1949 年 9 月，中华人民共和国即将成立。63 岁的桥梁专家李文骥联合茅以升等一批桥梁专家，向中央递交了《筹建武汉纪念桥建议书》，建议建造武汉长江大桥，作为新民主主义革命成功的纪念建筑。新中国成立伊始，建造一座旧中国喊了几十年都没有建造的武汉长江大桥，自然成为毛泽东心中的一件大事。"毛泽东要求我国的工程技术人员和苏联专家配合好，虚心向他们学习，一是要建成大桥，二是要学会技术。"

在武汉长江大桥建设过程中，两万多名建设者参与其中。物质条件捉襟见肘，所有参建人员用"三班倒"来应对。施工过程中，所有的砂石、水泥，全靠工人肩挑背扛；一百多万颗铆钉，每一个都采用手工方式来铆合。

而时隔 50 多年，作为武汉的第二座公铁两用桥，同时也是世界最大公铁两用桥，我们看到了我们在建造大桥方面的技术从"建成""学会"到如今的领先世界，彰显的是科技的进步、工艺的创新。

单以工人数量而言，天兴洲大桥总工程量约为武汉长江大桥的 2.5 倍、南京长江大桥的 2 倍、芜湖长江大桥的 1.5 倍，但是，天兴洲大桥使用的工人数量最少，建设者最多时也不到 2000 人。武汉长江大桥建设时，高强度螺栓还没有出现，钢梁全靠铆钉连接、固定。铆钉要先烧得通红，再由工人趁热打进钢梁。全桥打了 100 多万颗铆钉，当时的工人很多都是打铆钉或为之服务的。而天兴洲大桥使用的是高强度螺栓，工人们手中的机械一响，螺栓就上到钢桁梁上了，效率大大提高，工人数量也就不需要那么多了。

| 科研助力解决关键技术难题 |

面对这座具有多种功能、拥有多项世界纪录的世界级桥梁工程，设计提出的新结构体系、

武汉天兴洲公铁两用长江大桥

结构形式解决方案，在没有可参考借鉴的工程先例条件下，其技术难度与挑战不言而喻。

三索面三主桁斜拉桥是全新的空间结构，其结构设计计算采用什么样的软件进行分析，结构静、动力性能如何，四线铁路斜拉桥如何进行活载加载，结构构造疲劳性能如何，抗风、抗震性能又如何等一系列关键技术难题摆在了这座大桥的设计者面前。

为了解决好大桥面临的技术难题，建设好这座世界级桥梁，以秦顺全院士、高宗余大师为核心的中铁大桥院、中铁大桥局技术团队，组织联合铁科院、同济大学、西南交通大学、华中科技大学、北京交通大学、中南大学、武汉理工大学等多家国内科研院校，开展了"武

汉天兴洲公铁两用长江大桥关键技术研究"，具体内容包括"三主桁三索面斜拉桥空间结构行为及稳定性分析研究""斜拉桥动力特性分析及四线铁路活载加载标准研究""钢桁梁结构构造疲劳性能实验研究""铁路混凝土与钢桁梁结合桥面试验研究""MR智能阻尼器和液压阻尼器混合控制研究""车桥耦合振动分析研究""斜拉桥抗风性能与模型试验研究""抗震分析及大吨位阻尼装置研究""大位移轨道温度伸缩调节器与梁端伸缩装置研究"等十余项关键技术研究。

通过自主创新，大桥关键技术难题得以解决，形成了"三索面三主桁公铁两用斜拉桥建造技术"成果，获得了2013年度国家科学技

术进步一等奖。其中创新技术成果主要有：在世界上首创了三索面三主桁斜拉桥新结构，解决了桥梁跨度大、桥面宽、活载重、列车速度快带来的难题；首次采用边跨公路混凝土桥面板与主桁结合、中跨公路面钢正交异性板与主桁结合共同受力的混合组合结构，解决了大跨度公铁两用桥梁中跨加载时的边墩负反力问题，同时提高桥梁结构刚度以适应高速列车运行；在国内外首次采用钢桁梁整节段架设技术，实现了钢桁梁工厂化整体制造、工地大节段架设的突破；首创吊箱围堰锚墩定位及围堰随水位变化带载升降技术，实现了大型深水围堰的精确定位，提高了围堰的渡汛能力；研制了KTY4000型全液压动力头钻机，把深水钻孔能力从3米直径提高至4米，研制了700吨架梁吊机，实现了整节段架设中的多点起吊和精确对位。

"三索面三主桁公铁两用斜拉桥建造技术"科技成果在武汉天兴洲大桥成功应用，节省了工程直接投资1.5亿元，并使该桥提前7个月建成，实现了我国公铁两用斜拉桥跨度从312米到504米的飞跃。天兴洲大桥为我国首批高速铁路建设中的跨长江大桥，其中的科技成果在随后我国高铁建设高潮中得以推广应用，如三索面三主桁斜拉桥结构在京福高铁线上主跨630米的铜陵公铁两用长江大桥、宁安城际铁路线上主跨580米的安庆铁路长江大桥、主跨1092米的沪苏通公铁两用长江大桥等桥中推广应用，三主桁结构在南京大胜关长江大桥、郑州黄河公铁两用大桥等多座大桥中推广应用，钢 – 混凝土混合组合体系已推广应用到武汉二七长江大桥三塔结合梁斜拉桥、沪苏通长江大桥，3.4米大直径钻孔桩技术已广泛应用于黄冈公铁两用长江大桥、马鞍山长江大桥等多座大桥。

文 / 石建华、丁晓珊

梦想照进现实，天堑变通途

苏通大桥

项目名称：苏通大桥
获奖单位：中交公路规划设计院有限公司
获得奖项：百年重大土木工程项目杰出奖
获奖年份：2013 年
获奖地点：西班牙巴塞罗那

　　在中国高速公路规划图上，有一条贯通沿海最活跃经济区域的交通大动脉，这就是沈阳至海口的高速公路，苏通大桥就处在这条高速公路跨越长江的重要节点上。2008 年 6 月 30 日，举世瞩目的苏通大桥正式通车！自此，梦想照进现实，天堑变通途。

　　这座大桥如同蛟龙横卧在万里长江入海口，113 座桥墩支撑起钢筋铁骨的庞大身躯，两座高耸入云的主塔高 300.4 米，与法国埃菲尔铁塔相当，比苏通大桥建成前斜拉桥世界排名第一的日本多多罗大桥主塔 224 米高出了 76 米多。支撑主塔的两座桥墩屹立在长江深水中，每座面积有一个足球场大，131 根桩基深达 120 米，这是当时世界上最大最深的群桩基础。主跨跨径达到

苏通大桥主桥

1088 米，是世界上斜拉桥首次突破 1000 米，比多多罗大桥的原世界纪录长出了近 200 米，也比之前位列中国第一的南京长江三桥的 648 米，多出 440 米。在苏通大桥总共 272 根斜拉索中，56 根的长度打破了世界纪录，其中最长的为 577 米，重达 59 吨。

在苏通大桥四项世界纪录背后，满载着大江南北的梦想与期盼，凝铸了中国建桥人的心血智慧与创新成果，擦亮了中国"桥梁强国"的新名片，播撒着光彩洋溢的骄傲与自豪。

| 一次千年梦想的跨越 |

南通被称作"海通辽海诸夷，江通吴越楚蜀，运渠通齐鲁燕冀"，但长江恰似天堑横亘在眼前，让历代诸多志士望江兴叹，而只能偏居江东一隅。南通向南不通成了南通人民的心头之痛，世世代代苏州人、南通人梦想着能跨

越长江那一日的到来。

千年的梦想，百年的企盼。1986 年江苏省交通厅根据交通部和江苏省发展战略要求，把建设南京长江大桥以外的第二条过江通道的规划研究提上了议事日程。由此点燃了南通和苏北地区人民建设长江全天候通道的梦想之火。2007 年 6 月 18 日，随着南通市长和苏州市长在苏通大桥合龙庆典上的握手拥抱，千年梦想照进现实，百年企盼一朝成真。

苏通大桥的建成，有利于完善国家及江苏省干线公路网，实现长江下游公路过江通道的合理布局；有利于苏南、苏北的交通与经济联系，促进苏南、苏北社会经济的均衡发展；有利于增强上海的经济辐射作用，促进我国东部沿海地区的社会经济发展以及区域之间的经济交流和合作；有利于满足日益增长的过江交通量需求，减少对长江黄金航道的干扰，充分发挥长江航运优势。虽然六公里惊涛拍岸依旧，

苏通大桥

但五分钟风驰电掣乃气定神闲。江苏沿海开发和长三角经济一体化的滚滚巨轮渐行渐近，为两岸人民带来了便利、便捷和效益。

一面自主创新的旗帜

苏通大桥从初步设计、技术设计、施工图设计到施工配合工作，每个环节无不体现着"创新"的理念。创新是苏通大桥的生命之源。在"十一五"期间国家强调科技创新，强调自主创新的大背景下，加之工程本身面临抗风、抗震、防冲、防撞、防腐蚀等多项复杂的技术难题，苏通大桥攻关项目——"千米级斜拉桥建设核心技术"被交通部立项，列为"十一五"全国交通科技5个重大专项研究之一，"苏通大桥建设关键技术研究"是国家科技支撑计划项目支持的第一个公路交通领域国家重点工程。这一切都是想以苏通大桥为依托，通过进一步科技创新，深化研究，形成成套的核心技术，提升我国大跨径桥梁建设创新能力和技术竞争力、促进交通行业技术进步。正如时任苏通大桥建设总设计师，现为中国工程院院士张喜刚所说："苏通大桥不仅是一个实体的精品工程，而且是一个管理创新和科技创新的工程。"

基础坚如磐石。由于水文、地质条件极为复杂，大桥的基础建设尤其受到关注，在基础施工时，正逢天文大潮，江面狂风大作，江中潮涌浪动。9根钢管桩在水流作用下产生剧烈的涡激振动。专家们经过认真分析得出结论，在30多米的深水中，钢管桩自由长度大，很容易在强水流的冲击下产生震荡，想要安全搭设平台，必须使用更粗大的钢管。然而，1.4

米钢管桩已经接近现有一般工程平台搭设使用的极限，再大怎么起吊，怎么打入？大桥基础的施工承包单位之一，中交二航局的建设者们独辟蹊径，把目光聚焦在了直径2.85米的钻孔桩钢护筒上（护筒本来就是要打入大桥底基，作为永久支撑结构存在的），直接把它也作为桩基础的一部分。这样一来，苏通大桥基础需要在一块足球场大小的面积上打下131根钢护筒，每根护筒之间的距离仅为3—4米，若垂直精度不够，极可能引起120米深的灌注桩基础相互碰撞。针对这个问题，苏通大桥施工项目经理、二航局副局长刘先鹏带领团队研制出一种桩基础引导装置——定位导向架。这是在国际上首次创建深水、急流、潮汐河段条件下大型群桩基础全钢护筒施工控制技术，将倾斜度标准由传统的一百分之一提高到二百分之一。不久，一座足球场大的平台出现在浩瀚的长江上，131根Ⅰ类桩顺利打入长江，造就了世界规模最大、入土最深的群桩基础，并节约资金近2000万元。2005年5月，苏通大桥南北两座主塔的承台完成施工，第一项世界之最——超大群桩基础建设提前完成。

桥塔高耸入云。大桥所处地段气象复杂多变，灾害性天气频繁，桥位处风大浪急且风期长，台风、强风、龙卷风等出现的频率较内陆天气明显偏多，严重威胁大桥的安全。采用什么样的塔型，是一个重大工程技术问题，也是一个建筑艺术和文化问题。中国最著名的风洞试验室，承担了苏通大桥的风洞试验，苏通大桥的模型在同济大学、西南交大等风洞试验室里接受了长期严格的检验，他们对桥梁结构、抗风安全和风环境行车安全问题进行了系统研究。首先在大桥主塔选型上进行比较，最终采用人字形混凝土塔柱，优化后的塔柱断面风阻力系数较小，结构上更加合理，稳定性和抗震等性能更高，也体现了天人合一的思想。桥塔将由斜拉索拉起的桥面上部荷载向基础传递，是支撑整个桥梁的关键结构，苏通大桥的每座主塔耗用 2.8 万立方米混凝土，9000 多吨钢材，桥塔的中下塔柱采用高性能的钢筋混凝土结构，上塔柱作为固定斜拉索的关键受力部位，采用了钢锚箱和混凝土混合结构。在陆地上建一座百层高楼尚且不易，那么在水流湍急的江中，建造如此高的桥塔，难度无法想象。苏通大桥提出采用多构件三维无应力几何形态和设计制造安装全过程施工控制方法。历时 496 天，300.4 米高的桥塔创造了苏通大桥的第二项世界纪录。

凭着这种执着精神，建设者们最终完美地建造出了苏通大桥。前科技部部长徐冠华视察苏通大桥时指出，以苏通大桥为代表的中国桥梁建设是我国自主创新的一面旗帜。

一幅桥梁强国的写照

在苏通大桥工程建设中，建设者克服了复杂的气象、水文、地质和通航条件带来的影响，解决了河床冲刷、船舶撞击、结构抗风、施工控制等十多项关键技术难题，这不仅提高了斜拉桥的竞争力，有力促进了世界桥梁技术的发展，更重要的是，依托苏通大桥工程，锻炼和培养了多方面的桥梁建设队伍，大幅提高了我国桥梁建设龙头企业的核心竞争力。工程在建设过程中，充分发挥政府的引导和扶持作

用，重点培育国内龙头企业整合技术资源的能力，增强自主创新能力，带动相关产业的发展。它通过构建一个立足自主创新的全方位开放平台，加强国际合作引入国外先进技术和管理经验，让国内桥梁专家和企业有机会与国际桥梁专家和企业同台竞技，展示水平，在吸收国外先进理念和管理技术的基础上，积极促进消化吸收和再创新。利用苏通大桥这一创新平台，一批企业的创新能力得到大幅度提高，一批青年人才得到了极大锻炼。10 多名桥梁科技领军人才脱颖而出；100 多名高级技术人才的技术水平得到极大提升；50 多名硕士研究生、10 多名博士研究生得到了培养，大批高级技工和合格的施工人员得到成长。在首届"中国桥梁文化周"中参与苏通大桥建设的 4 个单位荣获"十大桥梁英雄团队"等称号。几个大型龙头企业通过科技创新战略、人才战略、专利发展战略和走出去战略的贯彻实施，核心竞争力大大增强，国际声望明显提高。有些企业已经走出国门，参与国际竞争，有些发达国家也开始了解我国的技术实力，主动邀请参加过苏通大桥建设的单位参与合作。自国家科技支撑计划"苏通大桥建设关键技术研究"项目实施后，国内桥梁建设企业涉足国家科技计划这一领域，开始主动承担国家科技项目，这些举措已取得显著效果。

据悉，国家规定只有拥有国家级工法、承担过国家科技计划项目的施工企业才有资格成立研发中心，在苏通大桥奋斗过的几家龙头企业得益于苏通大桥工程的培养，具备了这些条件，将在竞争中独占鳌头。

| 一个现代文明的地标 |

苏通大桥飞扬灵动、挺拔优美、气势恢宏、韵律和谐，它以"天人合一"的刚劲雄姿屹立于桥梁世界之林，造就了一支建桥"国家精英队"，孕育出了新时代桥梁"工匠精神"，是国际桥梁技术发展史上具有里程碑意义的工程。

苏通大桥工程建设引起了国内外的广泛关注。从前期工作开始，国内外知名专家和学者就为苏通大桥出谋划策；在工程实施过程中，专家和学者们更是关心工程建设进展情况，多次到工地现场指导。韩国、日本、印度等国家也多次组织技术代表团到苏通大桥进行参观，交流技术经验。在国内，苏通大桥是各桥梁建设单位参观与交流的必经之站，国内外媒体对苏通大桥也多有关注，加拿大探索频道和美国地理频道等对苏通大桥进行现场采访，以"无与伦比的工程"为名拍摄专题片，将中国工程介绍给了无数的外国观众。中共中央宣传部和江苏省委宣传部也将苏通大桥列为经典中国重点工程和重大题材进行宣传，多国政要、工商界人士在苏通大桥考察时都对工程建设发出由衷的赞叹，前国家审计署审计长李金华视察苏通大桥时提出，要把苏通大桥作为中华民族爱国主义教育的基地。苏通大桥展览馆在记录和宣传大桥建设历程、关键技术的同时，也承载着传播桥梁知识，培育公众科学兴趣，提高全民科学素质的重任，而且也是激发爱国情怀、培育民族精神和陶冶道德情操的重要课堂。

中国长江三角洲地区举世闻名，苏州市和南通市更是著名的历史文化名城和旅游胜地。在工程建设过程中，新时代的建设者们以劳动和智慧诠释了中华文化中优良的人文元素，以高超的技术、精细的操作和新型的设备塑造出现代工程的特质，大桥与日俱增的蓬勃朝气和磅礴的宏伟气势震撼着每一个关注大桥的人的心灵，苏通大桥工程打造出世界新地标，成为长江口上一道亮丽的风景线。

一座创造世界纪录的跨江大桥，一个弘扬科技创新的史诗级纪录，苏通大桥不仅仅是一座交通意义上的大桥，更是一座通向腾飞的大桥，实现梦想的大桥。中国桥梁的明天必将随着苏通大桥的建设而更加辉煌！

文 / 张旭、吴宏波、杨雪

历史记忆母亲河，科技创新黄河桥

记郑州黄河公铁两用桥

项目名称：京广高铁郑州黄河公铁两用桥
获奖单位：中铁大桥勘测设计院集团有限公司
中国铁路设计集团有限公司（原铁道第三勘察设计集团有限公司）
获得奖项：优秀奖
获奖年份：2014 年
获奖地点：巴西里约热内卢

2012 年 12 月 26 日，京广高速铁路京郑段通车运营，标志京广高速铁路全线贯通。郑州黄河公铁两用桥在这一天开始全面投入运营。大桥建设历时七年，2005 年启动设计，2007 年 7 月动工建设，公路 2010 年 9 月 29 日通车运营。

郑州黄河公铁两用桥位于河南省郑州市，是郑州市至新乡市 107 国道复线工程与京广高速铁路共同跨越黄河的共用特大桥梁。桥梁通行两线高速铁路和六车道高速公路。桥梁总长 14.9 千米，其中公铁合建长度 9.177 千米。主桥全长 1684 米，为（120+5×168+120）米六塔七跨连续钢桁

郑州黄河公铁两用桥

结合梁单索面斜拉桥及 120+3×120+120 米连续钢桁结合梁桥；滩地引桥跨度 40 米。

大桥建设期间，中铁大桥勘测设计院集团有限公司设计团队攻坚克难、精心设计，研发了多项创新技术。大桥先后获得 FIDIC 奖、鲁班奖、詹天佑奖、铁路优质工程设计奖、湖北省优秀工程设计奖等多项大奖，取得 6 项专利。大桥建成时是世界上最长和最大规模的公铁合建桥梁，首次采用了中桁竖直边桁倾斜的三主桁结构，首次采用双重板桁组合结构梁，运用了新的"多点同步顶推"技术，在顶推最大跨度、总长度和总重量方面均创"世界之最"。

2009 年 4 月 2 日，时任中共中央政治局常委、中央书记处书记、国家副主席的习近平同志在河南省考察期间，专程到郑州黄河公铁两用桥建设工地视察。汽车达到施工栈桥后，习近平同志走下车来，在栈桥上边走边看，不时向大桥建设人员询问大桥建设情况，当得知大桥在设计和施工中，大量采用了我国乃至世界领先的新技术、新工艺、新材料和新方法时连连称赞。

| 聚焦中原——大桥与黄河在郑州交汇 |

河南地处中原，承东起西，连接南北，是东部企业调整和转移、西部资源输出的枢纽，是全国各类物资交流集散地。河南铁路在全国铁路网中占有极为重要的位置，省内有京广、京九、陇海、焦枝、新菏五大国家铁路干线，东西、南北铁路干线都从河南境内经过并在郑州形成"十"字交叉。郑州黄河公铁两用桥的铁路部分为京广高速铁路提供服务，建成后从

郑州至信阳等城市都可在一小时内到达。

桥上铁路是中国《中长期铁路网规划》中"八纵八横"高速铁路网的重要"一纵"——京广高速铁路，纵贯中国南北、线路里程最长、辐射范围最广、具有世界一流水平的大能力快速客运通道，是覆盖中国的铁路快速客运网的主骨架之一。

桥上公路缓解了既有 107 国道郑州黄河公路大桥的交通压力，进一步完善了河南省交通运输网络，加快了以郑州为中心的中原城市群建设，促进了河南省黄河两岸城市经济发展、人口和产业聚集，对实施中原经济区建设，逐步实现中原城市群的资源共享、产业互补、生态共建、协调发展，推动区域经济社会全面协调发展具有深远而重大的意义。

| 实事求是——科学论证建设方案 |

公铁两用桥梁集铁路功能和公路功能于一身，需满足铁路和公路的服务需求。实际上，铁路业主和公路业主的要求又各有侧重。这就需要设计人员本着科学的态度，实事求是地做好方案研究和投资分析。郑州黄河公铁两用桥建设方案研究分析的焦点集中在确定合理的公路桥面宽度和公铁合建段长度。

从满足交通需求和投资效益角度出发，设计团队不辞辛苦、不厌其烦地对公路车道数和桥梁公铁合建范围进行研究分析。记得有一天晚上 7 点钟左右，设计团队接到通知，第二天上午要在省政府讨论建设方案。黄燕庆院长、宁伯伟总工和项目总体负责人王为玉随即从武汉驱车出发，赶往郑州。当时武汉至郑州两地

无高铁，往来不方便。时值冬季，汽车行驶在信阳至许昌区段时高速公路上突发大雾，能见度不足 30 米。但为参加讨论大桥建设方案，汇报研究成果，司机不得不小心驾驶，所幸冬天下半夜高速公路上车辆少，最终安全抵达目的地，准时参加了方案讨论。

为了论证大桥上是否设置人行道，设计团队对国内多座公铁合建桥实地调研，发现超过 3 千米长的桥梁很少有行人步行过桥，人行道的功能基本丧失。桥位处黄河两岸大堤距离 10.5 千米，且两岸并非人口密集区域，设置人行道会增加工程投资，经济性较差。通过调研论证，决定不设置人行道。

业界人士普遍认为公铁合建比分建节省投资。"但是真理只要向前多走一步就会变成谬误"。设计团队通过细致的研究工作，发现大跨度的主桥公路与铁路共用主梁，节约投资明显；而引桥跨度 40 米，合建方案的公路面位于铁路面上方 10 米以上，其桥墩与基础规模比分建方案桥墩与基础规模均明显增大，经济性不如分建方案。

经多次深入研究论证，郑州黄河公铁两用桥确定采用公路六车道标准、公铁合建 9.177 千米长的方案。

| 文化传承——多塔斜拉桥横空出世 |

面对千米长度的公铁两用桥，为保证高速铁路平稳驰骋，高速公路安全运营，滚滚黄河向东奔腾，设计团队依据防洪影响评价研究等多项相关专题研究成果，构思了多个技术方案并对比研究，最后确定主桥采用

(120+5×168+120) 米的跨度布置。

郑州黄河公铁两用桥肩负国内南北高速铁路及高速公路两大通道使命，头顶中国最高速度铁路的技术光环，倾注着交通强国的期盼憧憬。大桥院总工程师高宗余号召设计团队，积极响应业主需求，提出了"经济合理、安全耐用、技术先进、景观协调"的设计原则，确保将大桥建设成为技术丰碑、样板工程。

对于主跨 168 米的公铁两用桥，可选择的桥型较多，但钢桁梁桥在经济性上具有比较优势。结合公路桥面宽度及主桥跨度，设计团队详细研究后确定郑州黄河公铁两用桥采用三片主桁的钢桁梁。但三主桁结构的中间桁架受力偏大，给设计、制造及经济价值带来一定困扰。高宗余看着钢桁截面冥思苦想，突然想起小时候农村常用的扁担原理，借助外力达到力量转移的目的，提出郑州黄河公铁两用桥可以通过在墩顶处钢桁梁中间主桁上弦设置斜拉索，减小中桁受力，进而优化桁架杆件截面尺寸，同时也充分利用了公路双幅桥面中间分隔带的"闲置"空间。为适应主桁结构，主塔纵向设计为"人"字造型。通过计算分析比选，最终大桥方案因地制宜地选择了受力协调、经济合理、高挑挺拔、蕴含文化的六塔连续钢桁梁单索面斜拉桥结构。

大桥标志性凸显的高耸主塔既是历史的传承，也是大桥的名片，更是结构受力的重要组成。"人"字形外形体现了"以人为本"的中庸思想、中原文化，与当今和谐社会息息相连，并与桥面下的三角形主桁结构上下呼应，浑然一体。六个主塔通过斜拉索延续相接象征中华文化的源远流长，代代相传、紧密相连。主塔

设置在公路桥面中央分隔带内，既不侵占桥面结构，还使得主梁受力更加匀称合理，节省工程投资。

| 匠心独运——首创边桁倾斜的三主桁结构 |

新中国成立以来，我国自"万里长江第一桥"武汉长江大桥开始，在长江天堑上修建了多座公铁两用钢桁梁桥。这些公铁两用钢桁梁桥都通行两线铁路与四车道公路，桥面分层布置，公路在上层，铁路在下层，公路桥面略宽于铁路桥面，主桁采用竖直布置，主桁上弦外侧设钢挑臂支撑公路桥面。这种钢梁结构对两线铁路与四车道公路的公铁两用桥有很好的适用性，经济效益显著。

郑州黄河公铁两用桥上层桥面通行六车道公路，桥面宽 32.5 米，下层桥面通行两线高速铁路，线间距 5 米，上下层桥面宽相差17.5 米。设计团队研究发现，若仍按传统设计思路采用直主桁布置，不论根据下层铁路桥面宽度确定主桁中心距，还是根据上层公路桥面宽度确定主桁中心距，总有冗余结构，方案的经济性和景观效果均不理想。

郑州黄河公铁两用桥上下层桥面宽度悬殊，远超以往类似桥梁。传统的桁架形式已不适用。大桥主梁布置是一个新的课题，需要设计人员突破思维惯性、拓宽思路找到合理的结构布置方案。

项目负责人肖海珠在解决这个问题中起到关键作用，他首次提出郑州黄河公铁两用桥钢桁梁主桁倾斜布置方案，桁架断面呈倒梯形，适应上下层桥面宽度相差悬殊的结构特点。依此思路，大桥首次采用中桁垂直、边桁倾斜的三主桁结构，设置中桁减小了上层公路桥面的计算跨度，改善了受力状况，同时预留了主塔的锚固条件，边桁倾斜布置使得铁路桥面宽度不需要增加，同时将公路桥面两侧悬臂长减至合理范围。

斜主桁结构是一种全新的桁架结构。设计团队对这种新结构从结构受力、工程经济性、制造和安装工艺、环保节能、景观效果等方面进行了充分的研究，论证了中桁垂直、边桁倾斜的三主桁结构适用于郑州黄河公铁两用桥。方案付诸实施，解决了上下层桥面宽度悬殊的结构设计难题，构件受力明确，布置紧凑，整体性好，各项刚度大，行车条件好，同时减小了杆件规模，景观效果较好。该项技术在黄冈长江大桥得到应用，也为今后类似桥梁的设计提供了有益的借鉴。

文 / 张晓勇、孙英杰、王为玉

巨龙卧波国脉兴

记京广高铁郑州黄河公铁两用桥

项目名称： 京广高铁郑州黄河公铁两用桥
获奖单位： 中铁大桥勘测设计院集团有限公司
　　　　　　中国铁路设计集团有限公司（原铁道第三勘察设计院集团有限公司）
获得奖项： 优秀奖
获奖年份： 2014 年
获奖地点： 巴西里约热内卢

　　在历史上的数千年间，黄河这条地上巨龙，把神州大地一分为二，阻断了南北交通，使人们望河兴叹。新中国成立以来，一代代桥梁人锲而不舍，誓将"天堑变通途"，在蜿蜒 5000 余公里的母亲河身躯上，留下了追求通达之梦的足迹。

　　进入 21 世纪以来，随着新时代交通基础设施的迅猛发展，京广高速铁路与中原高速公路要同时跨越黄河这一鸿沟天险。中国铁路设计集团有限公司（以下简称"中国铁设"）作为总体设计单位担起了重任，参与设计完成了我国第一座斜主桁多塔公铁两用斜拉桥——郑州黄河公铁两用桥。

　　这座大桥，见证了无数仁人志士"交通兴国"的梦想，展现着今日黄河之上巨龙卧波筑坦途的兴盛景象。

京广高铁郑州黄河公铁两用桥

| 承通达之重 |

京广高铁石武段是世界上运营里程最长、技术标准最高的京广高铁通道的重要组成部分，位于京广高铁的中北段，地跨华北、华中两大经济区域，是东北、华北、西北地区通往华南、华中地区的主要通道。

为减少桥梁建设对黄河河道及周围生态环境的影响，节约工程投资，并兼顾郑州市城市规划及地方政府的意见，将京广高铁与中原高速公路共用过河通道，建成公铁两用大桥，不仅能彻底解决国道 G107 线郑州黄河公路大桥交通瓶颈的痼疾，也能为新郑州的大交通格局搭起框架，为大郑州的发展建设留足空间，构成完整的"辐射加环线"快速通道系统，进而带动河南省的经济发展。

京广高铁郑州黄河公铁两用桥公铁合建段长 9.177 公里，是截至 2021 年世界上最长的公铁两用合建桥梁。该桥在设计和施工中大量采用了我国乃至世界当时领先的新技术、新工艺、新材料和新方法，它的建设成功推动了我国桥梁行业的技术进步，使我国公铁两用桥梁以崭新的技术面貌跃居桥梁排行榜的"世界之最"，加速了"中国桥"这一金名片走出国门、走向世界。

在中华文明五千年的历史进程中，桥梁是一本厚重的史书，一座桥就是一个美丽的故事，每一座桥都有一个动人的传说。李约瑟博士在他的巨著《中国科学技术史》中曾称赞："中国的桥梁无一不美。"

郑州黄河公铁两用桥除了继承铁路桥梁设计传统的经济性、实用性的理念外，还在构思桥梁建筑造型时充分考察桥址上下游既有桥梁的结构形式，尽量做到"一桥一景"，景观上不重复。大桥刚劲挺拔的桥身与壮丽的黄河景象相映生辉，在满足结构受力的同时还让斜拉桥绽放出了艺术和人文之美，实现了人工艺术与自然景观的完美融合。

| 解设计之难 |

桥梁设计大师邓文中曾在《造桥三十年》中写道："一座设计得成功的桥是在形式、功能和经济三方面的创新性的集合体。"郑州黄河公铁两用桥恰是这句话的完美诠释。

郑州黄河公铁两用桥是到 2021 年为止世界上最长的公铁两用合建桥梁，在设计之初，一系列的关键性技术难题就摆在了大桥设计者面前。当然，任何困难都难不倒桥梁人，因为他们最擅长的就是"逢山开路，遇水搭桥"，铲平了困难堆砌而成的高山就是通往创新与成功的光明大道。

郑州黄河公铁两用桥位于黄河下游游荡型河段，黄河主槽冲淤、改道及变迁频繁，桥位选择、孔跨布置及桥式方案设计难度大。设计者根据建设条件，首次在高速铁路上采用了多塔长联钢桁梁斜拉桥桥式，主桥第一联为（120+5×168+120）米六塔连续钢桁结合梁斜拉桥，第二联为 5×120 米连续钢桁结合梁桥，桥式布置既满足了防洪要求，又突出了重点，做到主次分明。为克服长联结构温度效应对基础的影响，大桥在国内首次采用了塔、梁固结，塔、墩分离的支承体系。

由于大桥为公铁合建桥梁，荷载大、速度

目标值高，因此桥式选择、结构整体及细节设计难度很大。为减小桥面宽度，斜拉索采用了单索面，主桁相应采用三桁构造，斜索锚固于中桁。为解决公铁桥面宽度匹配的技术难题、改善公路桥面受力状况，设计者在世界桥梁建设中首次采用了三主桁、斜边桁的新型空间桁架结构。为减小主塔尺寸以及便于与主桁连接，大桥首次在高速铁路连续斜拉钢桁梁上采用了钢主塔结构，造型新颖美观，同时避免了增加桥面宽度。

大桥首次在公铁两用桥上采用了新型的整体混凝土公路桥面板和多横梁、无纵梁正交异性整体钢桥面板结构。为充分发挥混凝土桥面板的作用，提高结构刚度，公路桥面板直接与钢桁梁的上弦杆通过剪力钉结合在一起，桥面板下不设纵、横梁桥面系，也不设平面联结系，只在上弦节点处设置横撑作为主桁间的连接，此种新结构的显著优点是刚度大，整体性好，构造简单，传力直接，施工便捷，易于检查、维修，结构简洁，节约钢材。

相比于传统正交异性钢桥面板，铁路桥面板取消了纵梁，采用密布横梁，工厂加工制造更加方便，传力更加直接，外观更加简洁，同时也解决了传统纵横梁体系正交异性桥面板构造及受力复杂，加工安装困难的技术难题。

斜拉桥联长1082米，长联结构温度效应突出，梁端伸缩量达到了800毫米，为此，设计者经过多次科研攻关，首次设计、制造出了适用于时速350公里高速铁路的大位移量梁端伸缩装置。

大桥工程规模大、结构复杂、构件繁多、施工条件苛刻、桥梁施工方法及施工控制难度

大，设计者不但在设计上勇挑最重的担子，在施工方法研究上也敢啃最难啃的骨头，根据本桥结构、受力特点及施工的特殊性，大桥首次采用了钢桁结合梁斜拉桥多点同步顶推的施工技术和先梁后塔的施工方案，既确保了工程工期、节约了施工成本，又避免影响行洪，减少了对河道的污染。

业界认为：郑州黄河公铁两用桥可谓我国公铁两用桥梁建设的一个里程碑，该桥设计荷载大、行车速度高，在桥式、结构及施工方法等方面均采用了诸多的新技术和新工艺，对同类桥梁设计具有较强的指导和引领作用。

| 成梦想之美 |

2005年9月19日，原铁道部与河南省相关领导举行会谈并签署了《会谈纪要》，对郑州黄河公铁两用大桥设计方案提出了指导性意见和严苛要求——设计方案要"集综合性、实用性和景观性为一体，设计单位一定要拿出最好的设计，决不能留下遗憾，将其建成郑州市的标志性建筑"。

桥型源于匠心，极致来自挑战。大桥桥型设计方案最终在一遍遍修改后、一次次优化中逐渐浮出水面。悬索桥方案外形简洁、节奏明快、起伏感强烈，桥塔设计融入"鲤鱼跳龙门"的寓意，主缆优美的弧线与主塔挺拔的身躯形成一曲一直、一刚一柔的鲜明对比，完美展现出了力与美的巧妙融合；平弦连续钢桁梁方案则平和朴实、线条简洁、无零乱感，墩形外观取自青铜器"鼎"的造型并饰以青铜器纹饰，吸收了中原及黄河文明的文化内涵，使建筑造

型于传统中有变化，于平实中有新意，体现出了传统文化与现代建筑的完美结合；加劲钢桁梁桥方案则在平弦连续钢桁梁方案之上增加了加劲刚性悬索，降低了梁的高度，轻盈简洁、连绵起伏的梁体造型与波涛汹涌的黄河水营造出了一种"高山流水"的绝美意境；六塔单索面连续钢桁结合梁斜拉桥方案结构简洁、明快，富有动感和韵律感，为弥补平弦连续钢桁梁方案立面上略显平淡、单调的缺憾，在桥面中央设单索面斜拉体系来增强视觉冲击力，展示出了宏伟壮观的景观效果。经过全方位、多角度的技术经济比选之后，各方专家一致认为六塔单索面连续钢桁结合梁斜拉桥方案符合大桥设计定位，并将其确定为推荐方案。

郑州黄河公铁两用桥设计方案最终采用了（120+5×168+120+5×120）米的六塔部分斜拉和连续梁桥组合结构，全长1680米，立面上布置成多塔长联的构造形式，结构造型连续，采用三角形桁式。为克服长联结构的温度效应对基础的影响，采用了塔、梁固结，塔、墩分离的结构体系，斜拉桥设置一个固定墩。为解决长联结构的制动力和地震力，在活动墩上设置了阻尼器，混凝土收缩、徐变及温度引起的变形可以得到有效释放，并可以与固定墩一起承受制动力、地震力和断轨力等瞬时荷载。

为减小桥面宽度，主塔设置于中央分隔带，为单面索独柱构造；为减小主塔结构尺寸，便于与主梁连接，采用高强度钢结构主塔。主塔突出于梁体，其建筑造型为全桥建筑景观设计的关键点。在塔形的构思中，设计者充分融入中原地域特色及黄河文明的文化内涵，经过塔形比选，最终推荐"人"字形钢主塔方案，蕴

含着服务人民和"以人为本"的理念。

由于大桥为公铁两用桥，设计采用上、下层桥面布置以节约用地，上层为六车道一级公路，桥面很宽，下层为双线客运专线，桥面较窄，主梁结构呈上宽下窄的构造特点，这对结构设计提出了极大的挑战。针对这个特点，方案设计时对主梁横断面形式进行了深度探索，最终创新性提出了中桁垂直、边桁倾斜的三主桁结构，斜桁结构适应了上层公路桥面宽，下层铁路桥面窄的特点，可以减小桥面板的悬臂长度，使公路桥面横向布置更趋合理。公路桥面也由原先纵横梁桥面系与混凝土桥面板组合结构改为无纵横梁体系的混凝土桥面板结构，优化后的公路桥面构造简单，线条流畅，经济性更好。

在大桥的设计过程中，以上的方案设计优化还只是冰山一角，其他如桁式方案、铁路桥面板形式、主桁节点构造、桥墩墩形等一系列的比选无一不显示出设计者们打造精品工程的执着态度和精雕细琢的大国工匠精神。

茅以升先生曾说过，一座桥梁"如果强度最高而用料用钱都是最省的，它就必然是最美的，那里没有多余的赘瘤，而处处平衡，这样的桥就与自然和谐了"。

郑州黄河公铁两用桥于2007年6月开工建设，公路桥于2010年10月开通，铁路桥于2012年12月开通。自通车运营以来，桥梁运营情况良好。

彩虹腾飞看中原，黄河两岸写新篇。一座座黄河大桥就像一把把钥匙，打开便捷交通的大门，书写时代巨变的壮丽诗篇。

文／牟兆祥

长龙入东海，蜿蜒镇碧波

杭州湾跨海大桥

项目名称：杭州湾跨海大桥
获奖单位：中交公路规划设计院有限公司
获得奖项：优秀奖
获奖年份：2014 年
获奖地点：巴西里约热内卢

　　杭州湾跨海大桥是一座横跨杭州湾海域的跨海大桥，她北起浙江嘉兴海盐，南至宁波慈溪，全长 36 公里。杭州湾跨海大桥建成后缩短了宁波至上海间的陆路距离 100 多公里，是国道主干线——沈（阳）海（口）高速公路跨越杭州湾的便捷通道。

　　杭州湾跨海大桥于 2003 年 6 月 8 日动工，2007 年 6 月 26 日完成合龙工程，2008 年 5 月 1 日正式通车，线路全长 36 公里，是当时世界上最长的跨海大桥。

　　杭州湾跨海大桥的建成直接将上海到宁波的距离缩短了 100 多公里，在沪杭甬之间形成了两小时的"金三角"交通圈。

杭州湾跨海大桥

车辆在杭州湾跨海大桥上行驶

|"绝无先例，痴人说梦"|

"八月涛声吼地来，头高数丈触山回。须臾却入海门去，卷起沙堆似雪堆。"杭州湾与南美洲的亚马孙河口、印度的恒河口并称为世界三大强潮海湾，潮差大、潮流急、风浪大、冲刷深。杭州湾跨海大桥在提议建设时就备受争议，要知道在世界三大强潮海湾之一的海域上建一座跨海大桥，人类历史上没有先例，遭遇到的艰难险阻不可预知、难以想象。更有人直言："在一望无际的大海里架桥，且规模之大在世界都没有先例，简直就是痴人说梦！"

自然环境恶劣

杭州湾受水文、气象、地质等环境的影响大，主要表现为：风力大、潮差大、潮流急、冲刷深、腐蚀强、滩涂宽、软弱地层厚及部分区段浅层气富集，且建设条件较为复杂，一年的有效工作日只有 180 天左右。

工程规模大、海上工程量大

由于海上施工船舶多、作业点多、工程战线长、工程规模大、海上工程量大，施工难度较高。在施工技术方面，面临着海上激流区高墩区大吨位箱梁的整体预制、运输及架设，宽滩涂区大吨位箱梁的长距离梁上运梁及架设，超长螺旋钢管桩的设计、防腐与沉桩施工等诸多施工关键技术的挑战；在测量控制方面，因桥梁长度超长，地球曲面效应引起的结构测量变形问题十分突出，受海洋环境制约，传统测量手段已无法满足施工精度和施工进度的要求。

此外，由于杭州湾跨海大桥跨宁波、嘉兴两地，海域管理各占一半，距离远，两地地方政策、施救力量调配等方面存在一定的难度；需要自行筹措 100 多亿元的建设资金；面临缺少跨海桥梁建设技术规范、施工设备、管理经验等难题。

整体设计方案难度大，防腐难题最突出

设计要求水中区引桥（18.27 公里）和南岸滩涂区引桥 (10.1 公里)，是整个工程的关键；结构防腐问题十分突出；大桥运行期间，桥面行车环境受大风、浓雾、暴雨及驾驶员视觉疲劳等不利因素的影响，采取合理有效的设计对策是保障桥面行车安全的关键。

每每提起杭州湾跨海大桥，时任杭州湾跨海大桥工程指挥部副总指挥兼总工程师的吕忠达，总会想起十几年前他带着桥梁专家们第一次来到那片风大流急的海湾时的情形，专家们不断向吕忠达确认："你们确定要在这里造桥吗？""没有条件，我们自己创造条件。"他坚定地回答。

而当时杭州湾跨海大桥的建设者们面临的困难是"四无"：无工程先例，无技术标准和规范，无可供借鉴的设计蓝图，无施工设备。这给杭州湾大桥建设带来了种种困难和技术难题，但是他们没有退缩，而是迎难而上，将这些不可能变成现实！

| 创新坚忍打造"惊世一横" |

"定海神针"——5513根钢管桩直插杭州湾

俗话说，万事开头难，杭州湾跨海大桥首先面临的就是"打桩"的难题。在过去的造桥过程中，工程人员主要采用的是钻孔灌注桩作为桥体的基础，这种桩型使用的经验丰富，装备要求也不高。但是到了海上，临时装备的投入会变得非常大，需要付出极大的代价，所以

海天一洲入口

不能再采用这个技术。

杭州湾大桥指挥部颠覆传统设计流程与施工流程，变海上施工为陆地施工，钢管桩在海上打桩完成，而主梁和墩身在陆上预制再进行海上安装，"大型构件在岸上的工厂生产，然后运到海上如积木般搭起来"。吕忠达说，这一新招提高了施工的安全系数，同时，要求施工方必须配备大型装备，能将长 70 米、重2180 吨的预应力混凝土箱梁，最长 89 米、直径 1.6 米的超长钢管桩等搬到海上去！

最终，打入钢管桩直径 1.5—1.6 米，桩长约 80 米，总数为 5513 根，也是首次在国内大规模采用了螺旋焊缝钢管打入桩，并且给钢管穿上了高性能防腐外衣。其钢管桩工程规模为建桥史上第一，这些钢管桩犹如定海神针一般为大桥的平稳保驾护航。

"百年工程"——防腐是关键

杭州湾跨海大桥地处强腐蚀海洋环境，氯离子等侵蚀性物质含量高，大桥的钢管桩及各种钢结构体面临严重的腐蚀威胁。为确保大桥寿命，在国内第一次明确提出了设计使用寿命大于等于 100 年的耐久性要求。

为此，设计人员研制了一整套防治海水腐蚀的有效方案，即水位变化区和水中区采用环氧粉末涂层 + 桩内填充混凝土方式。钢管桩承台以下约 8 米范围采用加强型三层环氧粉末涂层，承台以下约 42 米范围采用双层环氧粉末涂层，泥下区钢管桩采用单层环氧粉末涂层。杭州湾大桥以提高混凝土本身的抗 Cl− 扩散性能及设置合理的保护层厚度为根本途径，对腐蚀环境恶劣、结构构造存在隐患的部位，还采用了阴极保护、环氧钢筋、阻锈剂等附加保护措施。这些防腐技术手段的有机结合，不仅可以保障主体结构的使用寿命，还能节约大桥防腐蚀措施的投资，并为后续的跨海大桥提供先进建设经验。

"四人抬轿"——刷新梁上运梁重量纪录

杭州湾南岸滩涂长达 10 公里，车不能开，

重装上阵

船不能行。在杭州湾跨海大桥建设之前，国内大桥梁上运梁的极限为 560 吨，国外为 900 吨。而杭州湾跨海大桥预制的 50 米长的箱梁重达 1430 吨。

"传统的梁上运梁工程方法，被称为'两人抬轿'，既然重量增加了，为何不分散开来呢？"就这样，吕忠达和他的团队又通过力学原理想到了"四人抬轿"的新方法，采用整孔预制，大型平板车梁上运梁的工艺，一举将梁上运梁的重量提高到 1430 吨，开创了国内外重型梁运架的新纪录，刷新了目前世界上同类技术、同类地形地貌桥梁建设"梁上运架设"的新纪录。

总之，杭州湾跨海大桥是当今建桥史上工程规模最大，建设条件最恶劣，建设标准最高，技术最复杂的斜拉桥、连续梁桥组合型特大桥梁集群工程。主要工程实物量如混凝土耗用 245 万立方米，相当于再造 8 个国家大剧院。用钢量达到钢材 82 万吨，相当于再造 7 个北京鸟巢（国家体育场）。工程的总投资约为 138 亿元人民币，是国内有史以来投资额最大的桥梁。

杭州湾跨海大桥取得了许多项自主知识产权的技术创新成果，其建设者们不畏困难、勇于挑战，用创新的精神、坚忍不拔的毅力书写了那"惊世一横"，是我国跨海桥梁建设最新技术成果的标志性工程，是我国跨海桥梁建设的里程碑。

| "神经末梢"变交通枢纽 |

浙江是我国省内经济发展程度差异较小的省份之一，各市发展较为均衡，人均可支配收入在全国各省、区、市中排名第一！在 2019 年度浙江省各市 GDP 的排名中，宁波市以

11985.12 亿元稳居第二，宁波市的人均 GDP 也以微弱差距低于省会杭州市。宁波还是国务院批复确定的中国东南沿海重要的港口城市、长江三角洲南翼经济中心。

而经济发展如此迅速的宁波市，其实一直被交通问题所"掣肘"。改革开放之初，无论在地理空间上，还是在对外沟通上，宁波都只能算是一个末梢城市，甚至有点"孤岛"的感觉。宁波与省城杭州之间除了铁路，只有一条 104 国道。浙江省内第一条高速公路——杭甬高速在 1996 年才正式通车，从宁波出发可快速直达杭州。

遥望波澜壮阔的大海，几代宁波人站在杭州湾南畔，发出一声声长叹：如果有一座桥从这里能直达北部上海，那该多好！想要从交通末梢变交通枢纽，在杭州湾架设一座跨海大桥，直接对接大上海成为所有宁波人的心声！但在改革开放之初，要想完成这样惊天动地的大工程，确实无异于"痴人说梦"。

但是随着我国改革开放的持续深入，综合国力的不断增强，在 1992 年到 1993 年，杭州湾跨海大桥正式启动可行性研究，并在上世纪 90 年代末的全国"两会"上正式提出。10 年之后的 2002 年，全长 36 公里的杭州湾跨海大桥由当时的国家计委批准立项。2003 年，大桥奠基开工。

虽然这座跨海大桥最终选择在嘉兴登陆，也暂时搁置了公铁一体的设计，但它实实在在将宁波到上海莘庄的陆路距离，从以前的约 300 公里缩短到 179 公里，形成了以上海为中心的江浙沪两小时交通圈。

大桥的建设有利于主动接轨上海，扩大开放，推动长江三角洲地区合作与交流，提高浙江省特别是宁波市和嘉兴市对内对外开放水平，增强综合实力和国际竞争力；有利于完善长江三角洲区域公路网布局及国道主干线，缓解沪、杭、甬高速公路流量的压力；有利于改变宁波市交通末端的状况，从而使其变成交通枢纽，实施环杭州湾区域发展战略；有利于促进江、浙、沪旅游业的发展。

杭州湾跨海大桥扎根在江浙沪的土壤中，汲取了丰富的吴越文化，对自然规律和美学设计作出了完美的诠释。日出日落，朝霞如虹。人们一直在追寻美景，来眺望这惊世杰作带给我们的视觉震撼，殊不知世间最美的是无数劳动者的双手缔造的平凡而又伟大的工程，是"念念不忘，必有回响"的坚持，是"咬定青山不放松"的精神，更是我们中华民族智慧的力量。

文／王仁贵、孟凡超、王梓夫、丁晓珊

扬子江上黄金桥

泰州长江公路大桥

项目名称：泰州长江公路大桥
获奖单位：华设设计集团股份有限公司（原江苏省交通规划设计院股份有限公司）
获得奖项：优秀奖
获奖年份：2014 年
获奖地点：巴西里约热内卢

　　长江三角洲地区是中国经济最发达的地区之一，是中国经济高速增长的最主要引擎。近年来，长三角正以其特有的区位优势和竞争优势崛起为世界第六大都市圈。在长三角区域，以苏锡常（苏州、无锡、常州）为代表的江苏省城市发挥着不可替代的作用，备受全世界关注。美中不足的是，江苏省各地区之间发展不平衡，最大障碍在于交通基础设施方面。在城市发展进程中交通的命脉作用日益明显，通则发达，不通则落后。从历史发展来看，泰州等苏中城市受惠于长江，也受制于长江，交通上的诸多不便，造成了现实存在的苏南苏中板块的经济落差，只有以打通交通作为基础才有可能加快缩小差距，从而使泰州、镇江、常州三者在优势互补中实现共赢。

泰州长江公路大桥航江面全景

由于长三角地区经济一体化进程的加快，对交通基础设施的要求也越来越高，构筑长三角都市圈高速公路网络，积极推进苏中地区融入长三角，已成为长三角地区大力提升区域国际竞争力的客观需要和迫切要求。其中的突破口主要集中在交通基础设施方面，而于2012年完工的泰州长江公路大桥（简称"泰州大桥"）被社会各界寄予厚望，认为是苏中地区融入长三角经济区重要的助推器。

科学论证定方案

随着江苏省沿江开发战略的实施以及城市化进程的发展，经济圈和都市圈已成为区域社会经济发展新的增长点，作为交通基础设施的重要组成，公路过江通道的规划、建设不仅在有效控制通道资源方面具有重要意义，对于沿江两岸的社会经济发展也具有重要的支撑和推动作用。根据当时江苏省高速公路网及公路过江通道规划，润扬大桥和江阴大桥之间将增加两处过江通道，即泰州通道和五峰山通道。从路网布局看，五峰山通道北接沂淮江高速公路，南联常州、宜兴及浙江，形成江苏省南北向最顺捷的公路主骨架，因此五峰山通道以承担过境交通为主。而泰州通道则侧重于加强苏南、苏中联系，促进沿江开发和城市化进程的角度，因此泰州通道以承担城际交通为主。从江苏省全长江断面的交通量构成情况可以看出，大量的沿江两岸城市之间的交通联系，是造成目前过江交通压力较大的主要因素。结合全省过江通道的建设计划，五峰山通道的建设期相对较迟。因此泰州通道将在一段时期内承担城际交通、过境交通和沿江开发的多重功能，这就要求通道的位置能够兼顾两岸城市的利用和路网的顺捷，同时其接线应符合全省高速公路网规划，并充分考虑与未来五峰山通道相协调。因此，泰州通道的建设对于江苏省加快沿江开发，加强苏中地区与苏南的融合，促进两岸联动开发以及苏中地区的快速崛起，推动区域经济的共同发展等，具有十分重要的意义。通过对比桥梁和隧道这两种不同过江方案，经详细技术经济论证，泰州通道最终采用了桥梁工程的方案。

扬子江上跨彩虹

泰州大桥于2007年12月26日开工建设，2012年11月25日正式通车。由华设设计集团股份有限公司（原江苏省交通规划设计院股份有限公司）作为联合体牵头单位承担泰州大桥的设计工作。

泰州大桥全长62.088公里，位于泰州和镇江、常州之间，东距江阴长江公路大桥57公里，西距润扬长江公路大桥66公里，路线起自宁通高速公路宣堡镇西，于永安洲北部跨越长江（左汊）至扬中，于扬中南跨越夹江（右汊），经姚桥、孟河，止于常州汤庄，接沪宁高速和拟建的常州绕城公路西段，由北接线、跨江主桥、夹江桥和南接线四部分组成。其中跨江主桥及夹江桥长9.726公里、两岸接线长52.362公里，桥面宽33米，全线按照双向六车道高速公路标准建造，在宣堡、永安洲、扬中、丹阳北、姚桥、界牌、孟河、安家、汤庄9处设置互通式立交。

泰州长江公路大桥航拍

|"三塔双跨"技术领衔世界|

泰州大桥创造性地提出千米级多塔连跨悬索桥设计新理念,是世界首座千米级多塔连跨悬索桥。其既实现宽阔水域超大跨径悬索结构的连续超长跨越,又合理规划利用岸线和航道资源,大幅减少资源占用和生态破坏,为悬索桥的技术革新注入了新的生命力。对此国际桥协杰出结构委员会曾评价称:"泰州大桥创造了跨越长大距离的工程建设新突破,引领了多塔连跨长大悬索桥建设新时代。"

传统悬索桥是以主缆、主塔和与之相匹配的两端锚碇为主体的承重结构,主梁退居为只对体系具有加劲的作用。承重主缆受拉明确,所用材料得以充分发挥其极限强度。但是在传统的两塔悬索桥中增加了一个或多个中塔后,在设计中始终无法处理好主缆在中间各塔顶的抗滑移问题和各主跨在极端荷载下的挠度问题。而泰州大桥在设计中合理选择并确定了中塔的刚度,中塔采用纵向人字形、横向门式框架形全钢塔,并在中塔处采用了加劲梁与中塔弹性索对拉的结构体系,从而巧妙地解决了困扰桥梁界多年的、关于多塔悬索桥加劲梁挠度与主缆抗滑安全性之间的矛盾问题。

|勇创五项世界第一|

泰州大桥设计面临着多项技术难题,设计中攻克了三塔悬索桥结构体系、人字形钢塔结构、世界最大深水沉井基础、主缆除湿等一系列关键技术问题。泰州大桥具有四大技术创新点和八大技术难点,共创造了当时五项世界第一,即 2×1080 米特大跨径三塔两跨悬索桥、200 米高纵向人字形钢塔、中塔水中沉井基础入土深度、W 形主缆架设长度，以及两跨悬索桥钢梁箱同步对称吊装五项世界第一。三塔双跨关键技术问题的突破，既为有效解决此类桥型在理论和工程建设层面所面临的难题提供了有益借鉴，又对提升中国桥梁设计自主创新能力、增强中国桥梁工程技术创新动力、加快中国从"桥梁大国"向"桥梁强国"转型的步伐具有非凡意义。

| 惠及民生的优质工程 |

好设计造就好工程。翻开泰州大桥的"履历"，看到的则是一个个耀眼的奖项：英国结构工程师学会卓越结构工程大奖（2013）、国际桥协杰出结构委员会杰出结构工程奖（2014）、国际咨询工程师联合会菲迪克工程项目优秀奖（2014）、第十七届中国土木工程詹天佑奖（2019）……

泰州大桥凭借处于长江江苏段中部，直接连通北京至上海、上海至西安和上海至成都三条国家高速公路这一特殊地理位置，在江苏省高速公路路网和长三角地区中扮演着重要的联络沟通者角色，其通车后承担着过境交通功能、江苏中部沿江城际交通功能，并兼有沟通南京、南通之间东西向交通的重要职责。大桥采用主通航孔单孔双向通航，不仅能适应过江交通需求快速增长的迫切需要，满足 5 万吨级货轮的安全通航需要，还大大缩短了市民的出行时间，充分落实了江苏沿江开发战略的需要，为苏中与苏南地区城市提供了新的出行通道和拓展经济发展空间的可能性，进而形成资源整合、优势互补、联动开发的良好局面。

泰州大桥通车以后，苏中地区与苏南、上海、杭州等经济发达地域板块的时空距离大大缩短，极大地方便其接受上海、杭州和苏南地区发达城市的产业辐射，多角度多层面推进产业、基础设施、社会管理等各方面交流互动，并与之形成优势互补的良性互动；吸引更多的投资者将目光投向苏中地区，关注苏中，抢滩苏中；为长江三角洲商圈经济社会发展提供着源源不断的强劲动力，是一座名副其实的惠及民生、带动周边城市发展的"黄金之桥"。

文 / 韩大章

创新引领铸精品，不惧风浪立潮头

舟山大陆连岛工程西堠门大桥

项目名称：舟山大陆连岛工程西堠门大桥
获奖单位：中交公路规划设计院有限公司
获得奖项：杰出奖
获奖年份：2015 年
获奖地点：阿联酋迪拜

　　舟山群岛历史悠久，古称"海中洲"。据考证，早在 6000 年前的新石器时代，就有人居住在舟山本岛西北部的马岙镇原始村落的 99 座土墩中，他们创造了光辉灿烂的"海岛河姆渡"文化。

　　据史书记载和出土文物考证，舟山群岛属河姆渡第二文化层年代，距今 5000 多年前的新石器时代，人类已经在岛上开荒辟野、捕捉海物、生息繁衍，开始从事渔盐生产。

航拍西堠门大桥

舟山大陆连岛工程西堠门大桥

虽拥有得天独厚的海洋资源优势，而且区位优势十分明显，但因海岛与大陆交通的局限性，这些优势未得到充分发挥，这成为舟山经济社会发展的一大瓶颈。

"一定要通过建跨海大桥，实现与大陆的全天候相连！"这一设想成了百万舟山人民最殷切的盼望。

2007 年 12 月 16 日，舟山连岛工程西堠门大桥第 126 段钢箱梁完成吊装、连接，至此，世界最长的钢箱梁悬索桥——西堠门大桥主桥宣告全线贯通。

由中交公路规划设计院有限公司（简称"公规院"）设计的西堠门大桥是舟山大陆连岛工程五座跨海大桥的第四座，跨越水深流急的西堠门水道，连接册子岛至金塘岛。

西堠门大桥为主跨 1650 米的钢箱梁悬索桥，建成时是我国跨径第一、世界第二的特大型悬索桥。

昔日大海屏障，今朝天堑变通途。如今，这座气势雄伟的跨海大桥已展现在人们面前，多年遥不可及的梦想成为现实。

西堠门大桥位于受台风影响频繁的海域，桥位处水文、地质、气候条件复杂，而我国尚无在台风区宽阔海面建造特大跨径钢箱梁悬索桥的实践先例。全体大桥建设者坚持以创新为引领，实施精细化管理，攻坚克难，奋力拼搏，攻下了一个又一个难关。

大桥建设期间，公规院承担国家科技支撑项目 1 项，交通运输部科技计划项目 1 项，浙江省交通运输厅科技计划项目 11 项，投入科研经费超过 1.12 亿元，攻克了若干世界级技术难题，取得了一批国际领先、具有突破性的科研成果。技术成果中达到国际领先水平的有 4 项，达到国际先进水平的有 21 项，达到国内领先水平的有 5 项，获得各级政府和中国土木工程学会、中国公路学会、浙江省公路学会的包括中国土木工程詹天佑奖在内 17 项科技奖。

舟山大陆连岛工程西堠门大桥

| 直面台风难题创新研发分体式钢箱梁

"船老大好当，西堠门难过。"这是流传在舟山一带的一句歌谣。多变的气候、复杂的水流，就连有着多年海上运输经验的船老大都敬畏三分。尤其是到每年的台风季节，舟山海域巨浪滔天。

舟山是台风多发区，西堠门大桥处在中国沿海高风速带，每年7月至9月台风影响频繁，最大风力达到13级。11月至次年3月季风盛行，风力可达11级。而在当时，我国尚无在台风区宽阔海面建造特大跨径钢箱梁悬索桥的实践先例。

要想在这里架起一座跨径达1650米的大桥，风是建设者们面临的巨大挑战。战胜挑战，不仅需要勇气，更需要工程师们的汗水与智慧。

然而由于人类对大桥结构抗风问题研究不透彻，抗风稳定性难题摆在了建设者的眼前。

设计是工程建设的龙头，有着多年丰富经验的公规院工程师面对挑战，勇往直前。

在一次又一次的枯燥研究中，项目工程师努力寻找颤振临界风速随开槽宽度变化的新规律，找出了颤振临界风速的解析计算公式，研发了分体式钢箱梁，克服了一系列的技术难题。

同时，为了加强构件的强健性，项目建设者揭示了分体式钢箱梁纵横向受力规律和传力机理，系统研究了钢桥面板疲劳机理和抗疲劳设计及维护方法，实现了钢箱加劲梁技术的创新。

最终，历经艰难曲折，西堠门大桥的桥面设计基准风速达到每秒55米、颤振检验风速高达每秒79米，能抵抗17级超强台风，成为目前世界上颤振检验风速最大、抗风要求最高的桥梁之一。

除此之外，索塔看似粗壮，但作用在上面

的风力实则大得惊人，索塔的风阻系数直接决定了塔基传递给基岩的荷载大小，进而决定了索塔的稳定。为了降低风动响应，设计师们对悬索桥的塔柱断面形式进行了气动选型研究，采用断面四角设内凹直角的断面，改善了索塔的抗风性能。

| 直升机牵引过海先导索成功布设 |

西堠门大桥跨越金塘岛和册子岛之间的海域，海水深度大、海底地质情况复杂，西堠门水道潮水往返复流，水流流速大，且有强烈的漩涡，给大桥的施工造成了很大的难度。

据悉，西堠门水道主槽最大水深为80—90米；实测最大涨落潮漂流流速达每秒 2.66—3.65 米；水道内存在裸露的孤丘和水下暗礁，有强烈的漩涡；岸坡陡，20 米或 30 米等深线离岸很近；桥位区地形、地势起伏变化较大，弱、微风化基岩埋藏浅或直接裸露，且该航道是国际航道兼军用航道，不宜封航。

在这样的水域条件下，这种施工难度从最开始的先导索架设阶段就存在。

从大桥的尺度上看，这根悬索十分纤细；但实际上，这条悬索粗达 1 米，重达万吨，想要直接张拉在两岸是不可能的。那么，怎么才能将悬索从一侧拉到另一侧呢？

这就需要先导索的帮助。

先将一根纤细的先导索吊到对岸，再将一根根更粗的钢索沿着先导索输送过去，最后将钢悬索架设过去。

通常，这根先导索是利用拖轮，或通过海底架设到对岸的。但采用这些方法，要么受天气、风浪等条件影响很大，要么受到海底障碍物，如暗礁的影响很大，并且还要长时间封航，这在舟山海域都是很难做到的。

因此，西堠门大桥的先导索采用了直升机牵引过海的方案。在大量实验、操演和资料研究的基础上，直升机仅用了 23 分钟，就将先导索布设成功。

这在中国开创了先例，是自主开发完成的成套创新技术，其技术水平和社会经济效益都超过了同样采用直升机布设先导索的日本明石海峡大桥，综合技术水平居世界第一。

| 船舶动力定位技术助力精准吊梁 |

不仅先导索的架设遇到难题，而且钢箱梁架设也成为考验建设者的大难题。由于西堠门大桥跨度大，海水深，水域复杂，运梁船很难通过常规抛锚方式定位，箱梁运输难度很大。架梁期间的 5—11 月正是台风影响期，在风大、水深、流急、海床基岩裸露的西堠门水道运梁驳船定位极为困难。

历经苦心钻研后，大桥施工引入了船舶动力定位技术，创造性地将固定于主缆的辅助缆用于提高船舶定位精度，保证了运梁驳船定位误差小于 0.3 米，持续时间大于 40 分钟，安全、优质、高效地解决了超深无覆盖层海域无法采用常规抛锚技术定位的难题，极大降低了施工难度，节省了施工成本。

此外，西堠门大桥首次采用大直径、高强度等级、高破断拉力的钢丝绳制作吊索，并成功地解决了疲劳问题，首次在国内特大跨径悬索桥上采取强度为 1770MPa 的平行钢丝制作主缆，节约了工程投资 835 万元，同时降低了施工难度。

一系列的创新举措，有效保障了西堠门大桥在施工期的质量与安全。

值得一提的是，大桥加劲梁拼装期间经历韦帕、罗莎等台风袭击，未发生任何安全事故，并于 2007 年底成功合龙，实现了加劲梁的安全、优质架设。

| 可变活动风障减少因风闭桥时间 |

西堠门大桥上有一项"前无古人，后无来者"的创新设计，那就是可变姿态活动风障系统。

西堠门大桥桥址处 8 级以上大风（桥面风速达 28.4 米／秒）平均每年 43 天，最多年份可达 69 天。根据现有规范规定，桥面风速超过 25 米／秒时必须关闭交通，这将产生严重的负面经济和社会影响。为了保障桥面行车安全、提高通行能力，必须设置风障以改善行车风环境。

为此，项目采用数值模拟和风洞试验方法，通过对 15 种风障方案的比选，优选出 5 根 200 毫米×80 毫米矩形断面横杆的风障，实测结果表明有效改善了桥面行车风环境，确保了桥面车辆通行因 10 级以上大风关闭的时间不超过 8 天／年，实际通车 2 年中因风关闭仅 1 天，不但社会效益显著，而且可增收 4410 万元／年。

风障设置后，颤振临界风速仍满足抗风要求，同时有效地控制了施工阶段发生过的涡振，制振效果即使按照最严格的 ISO2631 标准来评价，也达到了"没有不舒适"的标准。但加劲梁阻力系数高达 1.79，桥梁结构静风荷载很大，百年一遇的强台风来袭时，大桥结构将无法承受。

因此，项目又创造性地提出了通过风障姿态的变化来减小风荷载，即当强台风来袭时，将风障从直立状态变换为水平状态，阻力系数大幅下降至 1.28，保证了结构抗风安全、显著提高了经济效益。

2011 年 8 月 6 日 19 时至 7 日 5 时，强台风"梅花"袭击舟山地区，活动风障投入运营两年后，首次按预定方案变换到水平状态，使得大桥安全承受了"梅花"的袭击。

大桥的设计、施工、运营等一系列的创新举措，也为西堠门大桥带来了众多荣誉，包括：西堠门大桥新型分体式钢箱梁关键技术研究荣获了中国公路学会科学技术奖一等奖；特大跨径悬索桥新型分体式钢箱梁关键技术研究荣获浙江省科学技术奖一等奖；荣获 2012 年度公路交通优秀设计一等奖；荣获国际桥梁会议（IBC）2010 年"古斯塔夫·林德萨尔奖"。

| 打破交通桎梏梦想不再遥远 |

舟山是浙江省下辖的地级市，位于浙江省东北部，人口 116.8 万人。与众不同的是，它是一个完全以群岛建制的地级市，没有一寸土地在大陆上。

20 世纪 90 年代起，舟山开始规划大陆连岛工程。舟山共建成跨海大桥 20 余座，这些大桥横跨于各岛之间，成为海岛经济的生命线。其中最重要的，就是连接舟山本岛与宁波的西堠门大桥。

2009 年 12 月 25 日，西堠门大桥建成通车。整个工程完工后，舟山交通完全融入长江三角洲高速公路网络，有力推动了宁波—舟山港口

舟山大陆连岛工程西堠门大桥全貌

一体化进程，终结了舟山作为一个离岛的历史。

随着西堠门大桥的建成，一条钢筋水泥筑龙高悬海上，吊索高耸，云端护栏白里吐黄，车辆在桥上奔驰而过，彻底改变了舟山自然地理状态，把海岛变成了直接连通大陆的半岛，并深远、持久地影响到社会、经济、文化发展的方方面面；仅从车流量来看，十多年间，以平均每年12%的速度在增加，成为浙江省高速公路中车流量增幅最快的一条通道。

西堠门大桥是舟山连岛工程的五座跨海大桥中技术要求最高的特大型跨海桥梁，是浙江省重点工程和"五大百亿"工程之一，项目通车后，舟山交通纳入长江三角洲的高速公路网络，有利于舟山港口资源的开发，有力推动了宁波—舟山港口一体化进程，在环杭州湾地区、长三角地区经济发展中发挥着重要作用。

如今，大桥打破了交通对经济产业的束缚，舟山成为各种资源快速集聚的"洼地"，为全面跨越提供了充足保障，突破了制约舟山发展的最大瓶颈。

值得一提的是，西堠门大桥更是舟山拥抱海洋经济时代不可或缺的引擎。舟山千年未有的发展机遇随之而来。2011年以来，浙江舟山群岛新区、中国（浙江）自由贸易试验区先后挂牌。从海岛时代到大桥时代再到新区时代，短短几年里，舟山实现了"三级跳"。

大桥破解了海岛地理环境制约，舟山各项社会事业得到快速发展，百姓直接受惠，民生得到极大改善。在此基础上，西堠门大桥促进了浙江经济社会协调发展、长三角地区联动发展，为浙东经济圈打造亚太地区重要国际门户作出新的贡献。此外，大桥为国防提供了陆路交通保障，对维护国家海洋权益、巩固我国东南海防具有重大意义。

由此，舟山成为"东方大港"的梦想也不再遥远。

文/王晓冬、潘思航

151

力与美的交响

奏响皖江发展新篇章的马鞍山长江公路大桥

项目名称：马鞍山长江公路大桥
获奖单位：中铁大桥勘测设计院集团有限公司
获得奖项：优秀奖
获奖年份：2016 年
获奖地点：摩洛哥马拉喀什

　　2013 年 12 月 31 日上午，历时 5 年、备受瞩目的皖江第四座大桥——马鞍山长江公路大桥正式建成通车，终结了千年以来两岸百姓摆渡过江的历史，打通了马鞍山市"一江两岸、跨江发展"战略格局的"任督二脉"，正式开启城市"拥江发展"新纪元。

　　作为国家级重点工程，马鞍山长江公路大桥不仅是连接巢湖市和马鞍山市的过江通道，也是

马鞍山长江大桥左汊

安徽省"861"项目和"四纵八横"高速路网的关键工程。该桥的建成，对完善安徽省综合交通路网，提升区位优势，加强经济联系，促进长三角经济一体化、均衡化发展有着极其深远的作用。

该工程起于安徽和县姥桥镇终点，止于马鞍山市当涂县。跨江主体工程分为左汊主桥、右汊主桥、江心洲引桥、北引桥以及南引桥，全长36.274公里，跨江工程长约11.209公里，工程项目总预算70.9亿元，实际投资63.1亿元。

一桥飞架南北，天堑变通途。5年的精心雕琢，超高的技术水平、浩大的工程规模，让该桥一经面世便备受国内外知名专家学者的青睐，先后摘得FIDIC奖等多项大奖，取得23项国家专利、8项施工工法。如此辉煌的成绩背后，凝聚的是建设者1800多个日夜的辛苦耕耘以及300多名工程师的智慧和心血。

由于大桥的规模宏大、科技含量高、景观要求高，设计重点多、难点多、创新多，从酝酿到诞生，设计建设通力合作、密切配合，联手攻克了无数工程技术难题，缔造了多个领先世界的工程奇迹：世界上最早提出并实现的千米级三塔两跨悬索桥，首次采用塔梁固结非飘移结构体系，左汊主跨跨度与右汊主缆长度均位居世界同类桥梁第一……其设计理念与技术成果都达到了同期国际领先水平，取得了极大的经济和社会效益，是我国桥梁建设史上又一里程碑式的作品。

这样一座荣获世界桥梁界众多大奖，耗资63亿建成的跨江大桥究竟有哪些与众不同的创新亮点和鲜明特点呢？接下来，就让我们来一探究竟吧。

| 因地制宜
——三塔两跨悬索桥桥式创新 |

马鞍山长江公路大桥地处丘陵与长江下游沿岸平原地带，总体地势由南部向东北倾斜降低，桥位处河势、水文、航道条件复杂，自然条件罕见。加上左汊与江心洲桥址处航道频繁变迁、通航净空尺度难以满足，普通多跨桥梁根本无法实现通航需求，一跨过江的悬索桥方案将会造价巨大，因此需要从通航水域的覆盖能力、对造成航道变迁的适应能力入手寻求经济合理的工程方案。

为了克服自然条件的种种限制，在综合比较左汊主桥多种方案后，设计团队创新提出了2×1080米三塔两跨悬索桥这一高适应性新体系，不仅能够覆盖河道主流与河槽、主航道的摆动，具有较强的适应河势变化和航道变迁的能力，而且比主跨1760米一跨过江的两塔悬索桥方案节省投资5.98亿元，兼具结构新颖、技术先进、造型优美、经济合理等众多优势，顺利开创了我国千米级三塔两跨悬索桥的先例，为同类型桥梁的设计积累了核心技术经验。

| 刚柔相济
——非漂移结构体系（塔梁固结体系）创新 |

物过刚则易折，过柔则难立。设计千米级悬索桥的一大难点就是要克服跨度大、自重轻而带来的结构刚度与抗风抗震性能较弱的问题。

马鞍山长江公路大桥左汊主桥加劲梁为两跨连续结构，为了提高中塔处主缆抗滑安全系数与主跨结构刚度，改善中塔受力与结构抗风、抗震性能，设计团队集思广益，最终决定在中塔处采用塔梁固结非漂移结构体系，保证应力传递匀顺，确保结构受力安全可靠。

通过设计人员对漂移、半漂移和非漂移三种结构体系下的静力性能、抗风及抗震性能的分析与比较，发现与半漂移结构体系相比，非漂移结构体系主缆抗滑移安全系数更高，不仅受力更加合理，而且省去了塔梁间竖向、横向支座和纵向弹性索，简化了结构的支承体系，减少了后期养护工作量，堪称一举多得。功夫不负有心人，大桥最终因该创新顺理成章地成为世界首座非漂移体系三塔悬索桥，并拿下了"钢混叠合、塔梁固结千米级连跨悬索桥"的

国家专利，为中国交通建设和桥梁技术走向世界再添强劲动力。

|独辟蹊径 ——悬索桥钢－混凝土叠合主塔创新|

三塔两跨悬索桥桥式在解决了河势复杂与航道变迁问题的同时也带来了新的问题，由于多了一个主跨，结构受力不同于两塔单主跨悬索桥结构，其力学特性决定了中塔的刚度既不能太大也不能太小，如果中塔刚度太大，当一主跨满载、另一主跨空载时，中塔顶纵向变形很小，非加载跨主缆拉力增加不多，主缆在中塔两侧形成较大的不平衡力，有可能引起主缆

马鞍山长江大桥右汊

在鞍槽内滑移，对中塔及基础受力不利；如果中塔刚度太小，则加劲梁挠度大，结构刚度弱，对行车舒适性不利。

面对这一难题，设计团队结合以往项目经验另辟蹊径，经过综合分析比较，提出了刚度适宜的钢混叠合塔结构形式，与全钢塔或全混凝土塔相比，具有极佳的刚度适应性和变形协调能力，在提高整体结构刚度的同时，减小了挠跨比，改善了结构的受力性能和行车舒适性。该方案中，桥塔上段采用钢结构，在确保变形适应能力的同时，保证主缆抗滑安全系数、中塔顶偏位、加劲梁最大挠度、挠跨比、中塔钢结构段最大应力均为最佳值，主缆、吊索、加劲梁、边塔等受力均满足要求；桥塔下段采用混凝土结构，节省钢材约 3143 吨，避免了因长江水位较大落差带来的钢结构耐久问题，有利于防腐及防船撞；钢 – 混叠合面位于桥面以下，通过可更换的无黏结预应力钢绞线将上段钢结构与下段混凝土结构紧紧锚固在一起。通过钢混结构的"无缝衔接"，配合塔梁固结体系完美解决了中塔顶鞍座承受不平衡缆力这一关键技术难题，让左汉主桥成为世界首座钢 – 混凝土叠合中塔三塔悬索桥。

| 无中生有
——混凝土曲线塔斜拉桥创新 |

大桥右汉主桥采用了国内前所未有的拱形塔三塔两跨斜拉桥方案，三个不等高的椭圆形主塔通过主梁串联，与左汉三塔遥相呼应又各具特色。然而，外形简洁别致的曲线型桥塔在设计计算方面却异常复杂，尤其是空间索力与塔柱受力的计算，成为大桥设计实施过程中的又一"拦路虎"。

设计团队在行业专家的指导下进行反复计算论证，通过对桥塔按框架结构分别进行顺桥向和横桥向结构计算，对拉索锚固区按照三维空间结构进行模拟计算分析，利用拱式结构受压能力强的特点，合理确定拱圈的高度和塔肢两侧面外的拱度，有效解决了桥塔顶面和下塔柱外侧面拉应力过大的问题。

在此基础上，设计团队又对 106 米高实塔 1：10 大缩尺比的混凝土拱塔结构模型进行试验，对多个工况以及 1.2 倍承载能力极限状态下混凝土和钢筋的应力、应变，以及裂缝发展等问题开展深入研究，验证和解决了拱形塔在结构纵横向刚度、桥塔横向关键断面受力问题，并为曲线塔施工线形控制研发出可调曲率式模板的工法，解决了曲线施工线形控制的关键性技术问题，为右汉主塔的顺利实施提供了保障。

| 移花接木
——桥梁根式基础创新 |

众所周知，基础是包括桥梁在内的建筑结构直接与地基接触的部分，是将上部结构荷载传至地基的重要承重结构，因而加大桩端的摩擦力与承载能力就成为桥梁基础设计的关键要点。

在设计人员的奇思妙想之下，桥梁基础与树的根基产生了联系。大树之所以能够参天繁茂，在风雨中屹立不倒，得益于其根系的发达，那为什么不参考这一点对将桥梁的基础进行改进呢？带着这种想法，设计人员经过反复尝试，创造出了将沉井与桩基础相结合的一种新型基础形式——根式基础。该基础可有效利用根式基础的抗拔、抗倾覆、不会引起周边地基的沉降的特点，使得小跨径悬索桥及大城市悬索桥的建设成为可能，同时能有效解决黄土负摩阻力、软土抗沉降、海洋基础施工等特殊地质条件的桩基施工难题，成为沿海及高原地区工程建设中极具竞争力的选择。

设计团队在对马鞍山长江公路大桥基础进行设计的过程中，对根式基础进行了大量的可用于桥墩的单根基础及可用于锚碇的群基础工程试桩试验及理论研究，并成功应用于江心洲引桥部分桥墩的基础之上，形成了包括设计方法、施工工艺、施工设备及检测评定等完整的根式基础研究成果。据实际测算，根式基础较传统基础承载力可提高 20% 左右，厚覆盖层区域可提高 30% 以上，造价节约 15% 以上，实现了工程投资与技术质量的"双赢"局面。

| 锦上添花
——地域文化与桥梁景观设计 |

当下，桥梁建设的意义已经不再仅限于功能，而是开始重视人们对于桥梁所传递的积极精神意义与建筑美的感受。正如《公路桥梁设计通用规范》规定，一座桥梁的价值应包括美观在内所有要素价值的总和。设计师作为桥梁设计的主导者，有责任在满足结构和功能要求的同时兼顾美学，实现力与美的平衡，赋予桥梁不朽的生命力，满足人们对于桥梁内在和外在的一切需求。

马鞍山长江大桥在设计过程中，充分考虑了桥梁美学的需要。为了弘扬徽派文化，彰显地域特色，右汊与左汊主桥分别选用了象征"安徽"汉语拼音首字母"A"形椭圆拱塔和"H"形门式主塔，并以错落有致的三塔布局交相呼应。其中，"H"形门式塔还在横梁与塔顶处结合徽派建筑风格和灯塔等造型元素作了别出心裁的细节设计，整个塔柱显得古朴素雅，韵味无穷，凸显了安徽深厚的历史底蕴和浓郁的文化内涵。右汊主桥的"A"形桥塔如泉涌、似山峙，三座桥塔高低错落，与拉索、横梁共同形成了抽象化的山水意向，将安徽的山水美韵、钟灵毓秀典藏于极致简约的造型之中。近观桥塔，左汊门式主塔挺拔遒劲、恢宏磅礴，白塔红缆庄重典雅；右汊椭圆拱塔线条圆润、简约大气，红塔白索婉约清丽。极目远眺，大桥宛若江上飞虹，壮阔景象令人叹为观止。

| 凤凰涅槃
——理论与实践的完美结合 |

高技术与高颜值的结合，让马鞍山长江公路大桥自建设之初便引起了社会各界的广泛关注。从动工开建到正式通车，一路走来，大桥的设计者与建设者遭遇了前所未见的困难和挑战，他们顶住压力在一次次磨砺中越挫越强，最终成功地解决了工程设计与建设中遇到的所有难题，并取得了一系列专利和科研成果，包括"钢混叠合、塔梁固结千米级连跨悬索桥"发明专利、"根式基础及施工方法"专利、"根式钻孔灌注桩施工装置"专利、"根式基础及锚碇顶推施工成套装置"专利、"三塔悬索桥施工与运营关键状态极限承载能力研究"成果、"大跨桥梁长期下挠控制研究"成果等，终是有志者，事竟成！

一座大桥的设计与施工，就是赋予其灵魂与骨肉的过程，只有当设计理论与施工实践精准匹配时，才能铸就富有生命力的伟大工程。因此，大桥的设计人员在设计的过程中详细考虑了制造及施工的方式、设备，务必使设计图纸便于施工安装及控制施工质量。而建设团队为了能够完美实现设计内容，在提高混凝土构件品质的基础上，自主创新了多样化的施工工法，有效地提高了安装精度与施工质量，全方位把控桥梁的建设品质。大桥的顺利建成，不仅为安徽融入长三角打开了快车道，取得了巨大的经济和社会效益，也进一步推动了我国桥梁建设事业的发展。

建成后的马鞍山长江公路大桥风光无限，如万米巨龙横卧江面，桥上车辆奔驰来往，桥下货轮川流不息，一派繁忙景象，不禁使人联想起那一句"曾记否，到中流击水，浪遏飞舟"。

文 / 张强、杨光武、唐贺强

长桥卧波，江上竖琴

宁波铁路枢纽甬江特大桥

项目名称：宁波铁路枢纽北环线甬江特大桥工程
获奖单位：中铁第四勘察设计院集团有限公司
获得奖项：优秀奖
获奖年份：2016 年
获奖地点：摩洛哥马拉喀什

2015 年 12 月 31 日，48682 次货物列车从世界第一大港口——宁波舟山港的北仑港附近驶出，全速通过目前世界上跨度最大的铁路混合梁斜拉桥，正点抵达宁波北站——这标志着宁波铁路枢纽北环线全线正式通车。日暮河桥上，扬鞭惜晚晖，那天的宁波铁路枢纽甬江特大桥（简称"甬江桥"），在夕阳斜照下，斜拉索在空中画出道道线谱，直映在波光粼粼的江面上，与婀娜的甬江交相辉映，显得分外流光溢彩。

"长桥卧波，未云何龙？复道行空，不霁何虹？"唐代诗人杜牧的诗句仿佛描绘着千年后的甬江桥——宁波北、甬江岸屹立的一道独特风景线。

航拍实景鸟瞰图

甬江桥是宁波铁路枢纽北环线的关键性控制工程，项目的建成增强了宁波港集、疏、运能力，对宁波舟山港成为"一带一路"海陆最佳结合点、宁波成为"21世纪海上丝绸之路"新枢纽具有重要意义。

大桥全长14.92公里，主桥一跨跨越甬江，引桥20余处跨越国道、省道、城市道路及高速公路互通匝道，包括主跨468米斜拉桥1联、高架车站1座、跨度56—120米各种类型连续梁17联、5×32米三线变宽连续梁1座、简支梁427孔，复杂特殊结构占比高达25%。跨越甬江的主桥采用主跨468米双塔混合梁斜拉桥，以流线箱形加劲梁承载双线铁路，为世界首座铁路混合梁斜拉桥。桥梁线路数目涵括单线、双线、三线及四线铁路。施工方法涵盖整孔预制架设、悬臂浇筑、节段吊装、转体施工等各种工法，堪称桥梁建设的百科全书。

从2008年启动设计到2014年12月建成，大桥建设历时7年。项目先后获得FIDIC奖、鲁班奖等多项大奖。甬江桥总设计师、中铁第四勘察设计院集团有限公司（简称"铁四院"）教授级高工刘振标切身体会到："寻求中国铁路桥梁的重大技术突破，永远不可能轻易实现，背后需要太多的辛劳、付出和坚持，需要沉下心来、耐得住寂寞，需要一种钉钉子的精神，久久为功、持之以恒。"从2008年启动大桥前期研究到现今10余座跨江越海桥梁的应用规模，设计团队一直专注于铁路混合梁斜拉桥成套关键技术的科研攻关、试验验证和工程实践，构建了完备的铁路大跨度混合梁斜拉桥技术体系，创新了铁路混合梁斜拉桥施工

成套技术及关键装备系统，建立了大跨度铁路斜拉桥综合维养体系，推动了混合梁斜拉桥和箱形主梁斜拉桥在铁路桥梁中的发展和应用。

画桥飞渡水，仙阁涌临虚。在铁四院桥梁人的眼中，飞架南北的桥梁是纽带，是风景，更是一份责任，一份担当。下面，让我们一起来探究设计者们是如何铸就一座中国铁路桥梁里程碑式工程的。

| "铁路壮汉"的成功瘦身 |

我们听过、走过、看过形形色色的桥，印象中，公路桥总是比铁路桥纤细、灵动、婀娜，而铁路桥给人一种敦厚、朴实，甚至略显笨拙的厚重感。这种厚重感源自铁路列车的重载属性。刘振标介绍，甬江桥承载双线货运重载铁路，列车荷载是紧邻公路桥双向8车道汽车活载的3.4倍。如何在保证桥梁安全适用前提下，体现铁路桥的美观协调？一起来看看甬江桥的"瘦身"之路。

随着交通建设的迅猛发展，为节约通道资源，跨越大江大河，要求公路、铁路同通道建设的呼声越来越高。"万里长江第一桥"武汉长江大桥采用的钢桁梁结构，具有刚度大、可散件拼装等特点，且设计施工技术成熟，一般是大跨度铁路斜拉桥的首选主梁形式，代表性桥梁有武汉天兴洲长江大桥主跨504米钢桁梁斜拉桥。但钢桁梁的高度较大，与公路、市政桥梁采用的低矮钢箱加劲梁或混凝土加劲梁形成了巨大反差。在建设时序不同步的情况下，如何设计与公路桥平行布置的大跨度铁路斜拉桥，并使之具有良好的景观协调性，不产生违

和感，这一难题牵动着每一个项目成员的心。

通过大量调研和对比研究国内外铁路斜拉桥的钢桁梁、混合梁、混凝土梁等各类主梁形式，设计团队确定甬江桥采用主跨 468 米双塔混合梁斜拉桥，这种创新结构的主梁沿梁长方向由混凝土梁和钢箱梁组成，边跨采用混凝土箱梁替代了钢箱梁。稳重、刚劲的混凝土梁对中跨起到了有效锚固作用，大幅减少了用钢量，显著节约了投资，既有混凝土梁"自重大、锚固作用强、经济性优良"的特点，又兼具钢梁"跨越能力大"的优势。正因为混合梁主梁的创新应用，铁路壮汉的"厚重体型"得以塑身为"流线体态"，实现健硕和俊美的兼得。

铁路斜拉桥可比喻为做俯卧撑的"健硕男子"，若以"塔直梁平"的姿态卧波江面，在强大的铁路活载作用下，直接承载火车的"躯干"（主梁）和支撑"躯干"的"四肢"（桥塔）承受突出的不平衡"负荷"。为此，铁四院设计团队构思了一种"塔偏梁拱"成桥状态，通过调整斜拉索索力，使桥塔向岸侧偏移、中跨主梁上拱，类似于俯卧撑时四肢曲张、躯干弓起，此时桥梁传力更为合理顺畅，结构尺寸可以进一步轻量化。

基于大量的计算分析工作，设计人员揭示了铁路混合梁斜拉桥的塔、索、梁关键设计参数对结构体系力学性能的影响规律，提出了主梁高度与跨度之比宜控制在 1/100 左右、主梁宽度与跨度宜控制在 1/20—1/25 的设计准则。

相比钢桁梁斜拉桥，甬江桥主跨 468 米混合梁斜拉桥的主梁高度由 15 米减小为 5 米，钢梁重量由 20 吨减轻到 16 吨，流线形箱梁的采用，"腰围"增加、体重大幅减小，"瘦身"后的大桥，轻盈婀娜、体态健美，同时又满足铁路承载能力、刚度标准及变形要求，具有良好的技术经济性。

铁路混合梁斜拉桥技术经济指标优良，景观协调性优越，尤其适用于与公路桥对孔平行布置，已成为 300—600 米跨度的铁路新贵

桥型。甬江桥作为此桥型的典范，正是我国铁路建设历程中，经典铁路桥型传承与发展的缩影。甬江桥的"瘦身"成功，极大丰富了大跨铁路桥型结构，推动了大跨铁路桥梁建造技术的发展，改变了铁路大跨度斜拉桥主梁采用钢桁梁的单一技术格局，相比同等主跨的钢桁梁斜拉桥，节省工程造价约20%，被中国铁道学会桥梁专业标准委员会、中国工程院卢春房院士评价为中国铁路桥梁的五大技术成就之一。

|"健美男子"的铁骨铸就|

工程建设不是一蹴而就，桥梁创新更需要于细微处精雕细琢。甬江桥的每一根索、每一片梁、每一处焊缝，都在铁四院设计者的无数次演算和试验下，经受着力的冲击和时间的考验。

与公路斜拉桥不同，铁路固定的轨道位置、更重的轮轴压力以及特殊的行车安全性、乘坐舒适性要求，使得大跨度铁路桥梁具有如下特点：列车荷载重、加载长度大、桥面结构宽度窄；"梁—轨"相互作用复杂、车桥耦合动力响应影响显著；刚度及变形控制严格。因此，甬江桥作为箱形加劲梁应用于国内铁路斜拉桥的开拓性工程，要求设计人员对结构体系及关键构造开展集成创新。

铁路桥梁的钢混结合段需重点关注刚度突变造成的变形差和长、短波不平顺，以避免影响列车行车安全性和旅客乘坐舒适性，减小截面形心轴变化产生的附加弯矩，以保证影响连接的可靠性。甬江桥首创并采用了钢混结合段梯形填充混凝土连接构造技术，解决了铁路荷载作用下的结合段刚度平顺过渡技术难题，确保了传力可靠性及行车安全性。

甬江桥创新采用了双挑式钢锚箱的索–梁锚固结构，集结构功能与风嘴功能于一体，依托双侧焊缝传力，有效地提高了截面的抗弯、抗扭刚度，解决了铁路列车活载的巨大索力幅

长桥卧波 江上竖琴——甬江特大桥全景图

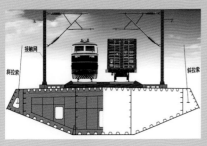
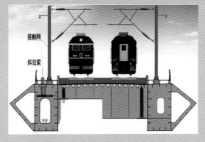
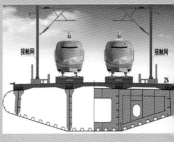

a) 单箱多室钢箱梁　　　　b) 分离双箱主梁（客货共线）　　　　c) 钢-混组合梁（高速铁路，无砟轨道

铁路混合梁斜拉桥的多类型箱形主梁

作用下的索梁锚固结构疲劳问题。

铁路荷载大、轮载作用范围固定，通过轨枕及道砟均匀传递至桥面，桥面板与加劲肋视为"带翼缘的梁"弹性支撑于横隔板上，荷载主要通过加劲肋与横隔板的焊缝传递。基于弹性支撑梁理论与闭口薄壁杆件理论，设计团队推导出铁路正交异性钢桥面板的疲劳应力解析公式，揭示了铁路正交异性钢桥面体系的疲劳影响因素及规律，首创加厚加高型V肋，显著改善了铁路钢桥面结构疲劳性能。

心有猛虎，细嗅蔷薇。甬江桥的设计，结合大跨度铁路桥梁的技术特点，在"经济、适用、安全、美观、耐久"的前提下，彻底改变了人们眼中大跨度铁路桥梁"傻大笨粗"的形象，变身为"高精尖特"的创新结构。

依托甬江桥的技术攻关和集成创新，设计团队构建了铁路大跨度混合梁斜拉桥结构新体系，形成了铁路混合梁斜拉桥设计新理论；创新了满足铁路承轨条件及结构刚度要求的单箱多室、分离双箱、钢-混组合梁等多种箱形主梁结构，实现了普速铁路至高速铁路（120—350公里/小时）不同标准等级的全覆盖。

研究成果推广应用于昌赣客专赣江特大桥300米主跨、广州南沙港铁路西江特大桥600米主跨、福厦高铁泉州湾跨海大桥400米主跨等10余座跨江越海铁路桥梁（合计工程投资约56亿元），节省投资逾10亿元，推

动了混合梁斜拉桥和箱形主梁斜拉桥在铁路桥梁中的蓬勃发展。

"铁路长龙"的孕育腾飞

从方案构思到设计蓝图，从计算模拟到工程实施，2000多个日夜鏖战，7年漫漫征途，大桥建设者用智慧和心血孕育出甬江桥的巨龙腾飞。

设计团队广泛开展了理论研究、数值计算、试验论证（风洞试验、系列结构模型试验）等工作，确保结构设计的安全合理和长效可靠。采用BIM技术，实现了桥梁结构的三维参数化、可视化设计，最大限度规避了设计差错。

传统钢箱梁节段常采用栈桥或水路运输，临时设施多、架设过程影响通航。为解决江海滩涂及浅水区域钢箱梁运输架设的难题，大桥建设者首创"边跨提梁→梁上运梁→旋转悬拼钢箱梁"综合施工技术，研制了由附着式梁端提梁门架、可调型轮轨式梁上运梁车、大悬臂可旋转悬拼提梁机组成的"提、运、架"新型成套施工装备系统，施工过程不受通航条件限制，不占用航道，无须配置栈桥、码头，节省工程投资逾5000万元。上述技术可有效解决桥下通航条件受限、上跨交通繁忙道路、跨越滩涂浅水区及高山峡谷等复杂特殊施工环境的主梁架设难题。

钢混结合段体积大、结构重，受限于场地条件及起吊能力，无法一次吊装到位。建设团队采用工厂内模块化方式制造结合段钢结构，采用自主研制的桩柱梁式支架、自平衡移梁滑道、浇筑滑移一体式胎架等多套设备，基于BIM技术过程模拟，顺利实现了模块滑移、复位组拼，达到了工厂制造、整体吊装的高精度标准，解决了大型钢结构桥位散拼的施工周期长、精度控制难、频繁高空吊装安全风险大等技术难题。

针对传统铁路钢桥面混凝土保护层或道砟槽板自重大、易开裂、防水防腐差、检修维护困难的特点，设计团队创新采用了集桥面防腐、防水、防滑于一体的厚度仅3毫米的铁路MMA桥面防水层，减轻了桥梁重量、降低了工程造价，提供了一种不中断列车正常运营的桥面缺陷快速维护方案。

高效、快速完成复杂大跨度斜拉桥的检查维修，是铁路工务维养多年来亟待解决的技术难题。以桥梁全寿命周期性能最优为目标，建设单位编制了《大跨度铁路钢箱混合梁斜拉桥长期养护维修指南》，明确了技术状况评定、保养制度、保养内容、维修程序、检查验收标准，填补了铁路斜拉桥维养的空白。

|"海上明珠"的硬核力量 谱写"一带一路"华丽乐章|

宁波——东海明珠、人文之邦，融江南水乡和海港渔城为一体，自古水系发达，桥梁众多。如今宁波铁路枢纽北环线上的这座甬江特大桥已然成为这座城市新的建筑地标和重要通道。

习近平总书记在宁波考察时，强调"宁波舟山港在共建'一带一路'、长江经济带发展、长三角一体化发展等国家战略中具有重要地位，是'硬核'力量"。总书记所讲的"硬核"，正是宁波城市气质的生动体现。宁波有硬核的实力、硬核的文化、硬核的口碑，更有硬核的桥梁。甬江桥作为中国铁路桥梁里程碑式工程，推动了大跨铁路桥梁建造技术的发展，也是助推宁波舟山港共建"一带一路"的"硬核"力量。

宁波铁路枢纽北环线连接萧甬线洪塘乡编组站与甬温铁路云龙站，是世界第一大港——宁波舟山港的重要铁路连接通道，穿越江北、镇海、北仑、鄞州四个区，甬江桥作为全线关键性控制工程，它的建成通车使宁波市形成"南客北货、客货分线"的铁路运输格局，让宁波舟山港的辐射范围扩展至中部经济圈，支撑完善了宁波铁路枢纽的路网布局，为宁波舟山港开辟了一条海陆联运的新通道，节能环保的铁路运输每年为宁波舟山港提供了2亿吨的陆上货运量，增强了宁波舟山港集、疏、运能力，缓解了宁波港的陆上货物运输瓶颈，释放了沿海铁路大通道的客运能力，助力宁波舟山港成为"一带一路"海陆最佳结合点、宁波成为"21世纪海上丝绸之路"新枢纽。

华灯初上，桥上星链璀璨；江水粼粼，桥下如闻仙音。桥就一直在这儿，静静地托起这个城市，见证着新时代的蒸蒸日上。宁波北、甬江岸，长桥卧波，江上竖琴，谱写着"一带一路"的盛世华章。

文/曾甲华、郭安娜

把金龙轻轻地放在杭州湾上

嘉绍大桥

项目名称：嘉绍大桥
获奖单位：中交公路规划设计院有限公司
获得奖项：特别优秀奖
获奖年份：2017 年
获奖地点：印尼雅加达

嘉绍大桥特殊的地理位置和人文自然环境让建设者直面前所未有的挑战。

为什么要造世界上主桥连续长度最长、桥面最宽的多塔斜拉桥？

为什么要采用世界上最大规模、最大直径的单桩基础结构？

为什么要在世界上首创刚性铰装置？

……

嘉绍大桥的实践告诉世人：我们不盲目地冲击世界纪录，在环保需求中直面未知，在发展要求下勇于挑战，以务实创新攀向高峰。

嘉绍大桥

嘉绍大桥

| 蛟龙入水　钱潮如旧 |

"早潮才落晚潮来，一月周流六十回。"钱江潮对于游客而言，是波澜壮阔的潮涌美景。可对管理和建设者来说，嘉绍大桥其难有二：一是钱江潮考我；二是我为钱江潮。用四个词概括这里建桥的难度：流急，水浅，潮差大，冲淤严重。桥位处实测最大流速达 6.5 米 / 秒，最高的潮差有三层楼那么高。

带给施工者的下马威还有：这里一年中海上作业有效天数不足 180 天，桥位上下 40 公里范围内无法准确测绘出水文基础资料。

大桥主桥全长 2680 米，钢箱梁总量近8 万吨，共 374 个箱梁节段。箱梁节段体积、重量较大，无法通过栈桥进行运输，只能通过船舶运输到吊装位置进行安装。

河床宽浅，运送钢箱梁的船只只能选择高平潮时进出，每天最多不超过 1 小时。这意味着，包括船舶定位、起吊在内的数十道工序，必须在 1 小时内完成。否则遇上退潮，船就有搁浅的危险。

在吊装钢箱梁时，为保持两端平衡，还需要 4 条船在江中同时定位、同时起吊，而且

误差不能超过 10 厘米！

自然环境够难了，可这还是基本。

嘉绍大桥所在地不远处就是钱塘潮的发源地。大桥设计时就曾提出，工程建设要保护自然景观，不能因为大桥使钱塘潮这样的自然景观消失或者不如原来壮观。

桥梁结构设计因此定格：大桥基础施工要尽量简单紧凑，犹如把大桥轻轻地安放在强潮区，对大潮却几乎没有多少影响。

这样的要求也赋予了嘉绍大桥世界级的难度和设计建造挑战。

希腊 Rion-Antirion 大桥为雅典奥运会建造，和嘉绍大桥有类似的规模和结构，该桥的粗壮塔形也代表了国内外同等规模斜拉桥塔型的共性。但嘉绍大桥为了减少桥梁下部结构的阻水面，最大限度减少对钱江潮的影响，并保障通航要求，选择了细塔、多塔、主跨连续长度长等特殊的桥型结构。6 塔 9 跨多塔斜拉桥的结构规模也远远超过目前世界上同类型大桥。

大桥桥墩的阻水率必须小于 5%，远低于一般桥梁要求的 10% 左右。大桥 150 根桩水中区引桥因此舍弃常用的群桩结构，并取消承台，采用直径达 3.8 米的单桩独柱结构，为目

钱江涌潮通过建设中的嘉绍大桥

黄昏时嘉绍大桥远景

嘉绍大桥钢箱梁悬臂施工

前世界上最大规模、最大直径的单桩基础。

另外，主航道桥特殊的桥型布置和索塔形式又给上部结构设计带来了新问题。钱塘江冲淤变化剧烈，河床深槽超过 2 公里范围内摆动，主航道桥主梁长达 2680 米。为解决主梁伸缩问题，大桥设计中又在世界上首次研发使用了刚性铰，打破了伸缩缝下必有桥墩的传统设计。

远远望去，6 塔如毛笔亦如宝剑，刚柔并济，简洁流畅，也很好地契合了嘉绍地区的人文自然。

务实创新的经济效益也比较明显。据核算，如果按照传统结构设计建造嘉绍大桥，将直接增加投入 8.57 亿元。

因此，嘉绍大桥的设计建设很好地将环保学、工程学、美学和经济学进行了有机融合。在科学发展的指引下，开创了世界建桥史上的一个传奇。

| 天堑"突围"科技为矛 |

科技攻坚是个体经验与集体智慧碰撞出的火花。

在浙江省人民政府和交通运输部的大力支持下，嘉绍跨江大桥建设指挥部组建起一支省、部联合技术专家组，21 位成员全是我国桥梁领域领军人物、资深专家。专家组组长为交通运输部总工周海涛，省交通运输厅厅长郭剑彪、交通运输部专家委员会主任委员凤懋润任副组长。

2010 年，仅钢围堰下放一个程序，交通运输部三任总工程师杨盛福、凤懋润、周海涛均到现场指导。

周海涛专门两次到钢围堰施工现场直接指导。郭剑彪等省厅专家多次参与方案审查、技术讨论。嘉绍大桥技术专家组为钢围堰顺利沉放就组织召开了三次专题会。

2011年10月，借中国公路学会桥梁和结构工程分会2011年理事会及全国桥梁学术会议在绍兴举行的机会，嘉绍大桥指挥部又把这些中国工程院院士和国内300多名桥梁专家请到了大桥建设工地考察指导，帮助解决技术难题。

有顶尖的技术理念和经验打头、把控，嘉绍大桥的科技攻坚走上高起点之路。

事非躬亲不知难。设计团队对刚性铰的科技创新最为感慨。在嘉绍大桥的特殊环境要求下，每增加一个桥墩就增加一次风险，因此设计团队全力攻关，力争以可控的小风险规避不可控的大风险。

从2007年产生这一想法到2013年实施完成，他们整整研究了5年时间，而这一成果也成为嘉绍大桥科技创新的最大亮点之一。

刚性铰是一种设置在主桥跨中位置的，用于释放主梁纵向变形的装置。大桥处每天的温差有20℃左右，每天发生20—30厘米的变形。大桥主跨如此长，怎样才能有效规避热胀冷缩产生的长主梁温度变形呢？刚性铰的设计思路是设计一个可以滑动进行轴向变形的机械装置。"就好像大桥可以打太极，以柔化解结构受力。"思路和理念上完全没问题，但刚性铰长40米，宽55.6米，总重达到1600吨。这样一个巨无霸从设计到施工，在我国乃至世界土木工程历史上都从未有过。

负责制作的项目部设立了多达12个QC质量小组，使每个细节都受控。通常的手工焊接法的质量达不到提出的"精细"的要求，项目部便用小车焊接的方式代替……

大桥的刚性铰完全可以用精密来形容，曾经有检测人员拿着0.25毫米厚的卡纸往接缝里塞都塞不进去，原来刚性铰的设计达到了毫米级。

刚性铰成套技术的第一项关键技术在进行技术专家组审核后确定，该技术已达到国际先进水平。嘉绍大桥设计团队走访意大利，当地的技术专家听闻刚性铰技术的研发成功甚为惊讶，异口同声地说，这简直不可思议。

项目部多个QC小组也获得了省市成果表彰，其中U肋钻孔精度提高QC小组，更是获得了全国QC成果发布一等奖。

钢围堰是承台施工的一个挡水模板，承台建设直接关系到嘉绍大桥6塔的建设成败。因此，钢围堰沉放必须一次性精确沉放到设计范围。

为了满足这一苛刻要求，嘉绍大桥采用了钢围堰施工技术打造坚实的水下承台。就相当于把每个高度达26.5米，直径43.6米，单体用钢量超过800吨的框沉入湾底。

在国内，如此巨大的钢围堰在如此复杂的涌潮环境下施工，还尚无沉放经验。围堰下沉时，涌潮打在钢围堰上的作用力有900吨，围堰周围的泥面高度每天的变化大的有5米，如果措施不当或者控制不好，很可能造成围堰严重偏位，满足不了质量要求，甚至是下放系统崩溃，围堰冲垮，造成严重安全事故。

为确保钢围堰沉放的精准度，项目部在指挥部的帮助下，开发了强涌潮区双壁钢围堰信息化同步下沉技术。在沉放过程中，施工单位

黄昏时嘉绍大桥远景

采用计算机精密控制 8 台 350 吨千斤顶，整体同步一次性沉放到位。

另外，在钢箱梁吊装上，指挥部和项目部研发的一种"快速软连接装置"，在 5 分钟就可以完成吊具和钢箱梁之间的连接，解决了因为潮水影响导致的运输船舶停留时间短而吊装作业时间长的矛盾。

150 根 3.8 米大直径水中区引桥桩经过浙江省交通运输厅质监部门检测，全部为 I 类桩。施工单位在国内外首次采用的连续刚构以及利用架桥机进行预制节段拼装的科技创新也大获成功。

国家交通运输部总工程师周海涛等专家对 3.8 米桩施工工艺作出了高度评价。更为可喜的是，该技术已被中国中铁批准为施工工法，获得中铁大桥局科技进步一等奖的荣誉。

梁板轴线及平面控制点偏位控制在 2 毫米以内！标高控制在 1 毫米以内。这样的精度在中国桥梁工程建设上堪称罕见……

据统计，嘉绍大桥已取得 12 项技术成果，获得 49 项发明专利，16 项专利已经授权，并取得 14 项工法。

| 呈现"作品"高效指挥 |

"不交作业交作品""独具匠心""视合格为不合格，只有优良才是合格"……在嘉绍大桥及南接线，指挥部的这些理念让所有的项目部都有一个感觉，这个团队不仅有着绍兴地区骨子里的"心细"，也有一股不做好不罢休的霸气。

嘉绍大桥作为绍兴的"一号工程"，受到了非同寻常的重视，绍兴市副市长杨文孝亲自担任嘉绍跨江大桥工程建设指挥部总指挥，指挥部更集合了技术、管理等各方面的部省级专家。

据了解，嘉绍大桥的难度赋予了管理中的几大"特别"难点：管理战线特别长、质量管理特别难、安全要求特别高、保障需求特别大。

别以为嘉绍跨江通道指挥部只管10公里大桥和16公里南接线。嘉绍大桥的钢箱梁用钢梁达到8万吨，相当于一个"鸟巢"，374片钢箱梁分两个基地制造，一部分先在秦皇岛山海关制造板单元，陆运到江苏如皋基地进行60米的拼装，再运到嘉绍大桥；一部分则由武汉通过长江运至嘉绍大桥。

因此指挥部管理的战线最远达1400公里，长江和海运需协调的部门非常多，环环相扣。时间和空间的战线长、项目和工序的节点多……指挥部的布局把控能力成了关键。

在指挥部面对堆积如山的资料，相关负责人用"停止点"深入浅出地解释他们的布局。"我们把工艺设计、试验、磨具、人员培训等所有工序，每个工序都划成很多点，在每一项程序检测通过后再进行下一个程序……这样不仅保证了质量，也控制了进度。"

科技创新多，质量管理成了重中之重。嘉绍大桥的施工单位均为国内一流企业，指挥部除要求施工单位实施前严格按照工序要求，还要求企业总部技术审查通过后再由指挥部审查。

刚性铰正式施工前，指挥部组织制作了模型进行跑合试验，除了不悬空，其他跟现场一模一样，还模拟现场的热胀冷缩。

验证性跑合试验做了3个月，就是在这样反复不厌其烦的试验下，刚性铰组装时非常顺，预算3天才能完成的对接，10来个小时就顺利完成。

又如合龙的方案，指挥部组织了20多次专题会和协调会，在合龙顺序上也曾经提出3-3和2-2合龙两种方案，并最终快速准确地进行了决策，取得良好效果。

8万吨钢箱梁在每天1小时内的吊装对安全管理提出了特别高的要求。指挥部提出"进得来、定得准、稳得住、吊得起、撤得出"15字方针，通俗易懂的要求十分奏效。

经过摸索实践，一整套针对嘉绍大桥建设特点，以规范化、科学化、精细化管理为内涵的质量管理体系不断完善。工程合格率达100%。

| 结束语 |

嘉绍大桥，主桥长度达2680米，总宽幅55.6米。这座世界上最长最宽的多塔斜拉桥，创造了中国建桥史的奇迹，也必将载入世界桥梁史的史册。

咸涩的潮水在这里惊涛拍岸了千百年。今天，一群大桥建设者在这里开启了一个新的时代。

文 / 王仁贵、林道锦

走出大别山，助力新发展

黄冈长江大桥

项目名称：黄冈长江大桥
获奖单位：中铁大桥勘测设计院集团有限公司
获得奖项：优秀奖
获奖年份：2018 年
获奖地点：德国柏林

　　黄冈，地处湖北省东部，位于贫瘠的大别山脚下。黄冈有 2000 多年的建置历史，风景秀丽、历史悠久、文化流长、人才辈出。大别山巍峨磅礴，气势恢宏，连绵境内数百里。黄冈龙王山，宛如一只飞龙，横卧在古城的背面。宋朝大文学家苏轼曾泛舟游于赤壁之下，写下"大江东去，浪淘尽，千古风流人物"的豪迈诗篇，东坡赤壁也因此遐迩闻名，吸引着无数的中外游客。

　　宋代活字印刷术的发明者毕昇，明代医圣李时珍，理学奠基人程颢、程颐，学者胡风，经济学家王亚南，爱国诗人、民主斗士闻一多，国学大师黄侃，地质学泰斗李四光都诞生于这片神奇的土地。黄冈还是著名的革命老区，在黄冈这片红色的土地上，孕育了陈潭秋、董必武、包惠僧

夕阳映衬下的黄冈长江大桥

3 位中共"一大"代表以及无数的革命先烈，为早期中国革命提供了源源不断的有生力量，"万众一心、紧跟党走、朴诚勇毅、不胜不休"的黄冈革命老区精神至今为人所铭记。

| 对接武汉　沟通长江 |

黄冈人杰地灵，是湖北省人口最多的城市，其经济发展水平却处于下游。所谓"知者善谋，不如当时"，得益于国家开始实施中部崛起发展战略以及 2002 年湖北省委省政府作出的建设"武汉城市圈"的战略决策，黄冈迎来了前所未有的新形势和新机遇。黄冈长江大桥隆重开工建设，它的开工建设，是黄冈城市建设发展迈上新台阶的标志性事件。

在黄冈市政府官网刊登的《黄冈长江大桥规划战略构想诞生记》中这样写道：2004 年，市规划局适时启动了"黄冈城市发展战略规划研究"，该项研究由我国著名的规划专家陈秉钊教授领衔、上海同济规划设计研究院担纲，并创了"两个第一"：第一个在"1+8"城市圈地市级城市中开展战略规划研究，第一个把城市未来发展放在"武汉城市圈"战略背景来谋划。战略规划在对武汉城市圈 9 城市到武汉的距离、城市集聚度、人口分布、GDP 比重、交通基础设施条件等因素分析判断后认定，在武汉城市圈东部城市群中，黄冈所辖人口最多、版图面积最大，能带动的县市最多，是城市圈东部城市密集区中重要的地区性增长极，黄冈与武汉、鄂州、黄石最有可能首先发展成为武汉城市圈东部的"核心集聚区"。这种空间结构新定位也使黄冈从传统市域城镇体系的中心城市跃升为武汉城市圈区重要的核心组成城市之一。

为使黄冈可以在更大范围、更高层次、以更优越的地理优势对接大武汉，沟通大长江，辐射大别山，连接县市区，融入"1+8"城市经济圈，修建黄冈长江大桥就显得尤为必要、势在必行，大桥的建设也为黄冈市沿江经济带和大别山旅游经济带发展奠定基础，同时还将成为黄冈承接区域产业梯度转移、扩充连接关联城市动脉、融入城市圈产业一体化发展的战略平台。

| 创四项之最　领行业之先 |

黄冈长江大桥全长 4008.192 米，其中公铁合建段长 2568 米，设计为双层桥面，上层桥面设计为时速 100 公里通行四车道高速公路，下层桥面设计为时速 200 公里通行双线高速铁路。

黄冈长江大桥主跨跨度、主桁杆件倾斜度、斜拉索破断力和抗压抗拉支座均居世界已建成桥梁之首。

主跨最长

大桥主跨 567 米，居当时世界已建成同类型桥梁之首，超过了武汉天兴洲长江大桥 504 米的主跨，比武汉长江大桥 128 米跨度增长了 3 倍多。

主桁杆件倾斜度大

上层公路桥面宽于下层铁路桥面，采用上宽下窄的倒梯形主梁结构形式，腹杆倾斜设置，主桁采用平行四边形箱型截面，主桁杆件倾斜度大，空间斜主桁倾斜角度达 20.3532°（斜

钢桁梁双悬臂架设

大桥钢梁跨中合龙

率达 1:2.7），居世界同类桥梁之最。

最大规格的平行钢丝斜拉索

大桥斜拉索为空间双索面，采用低松弛高强度（抗拉强度 1770MPa）镀锌钢丝组成的平行钢丝斜拉索，最大一根斜拉索由 475 股平行钢丝组成，最长索达到 298 米，自重达 50 吨，是世界上最大规格的平行钢丝斜拉索。

最大的拉压钢支座

在火车、汽车等活载作用下，斜拉桥边跨辅助墩会出现拉力，为此专门设计了适用于黄冈长江大桥的 HGQZ-50000/10000 型拉压钢支座，其最大抗拉吨位达 10000KN，是目前世界上抗拉吨位最大的拉压钢支座。

大桥建设者们针对斜主桁钢桁梁制造，研发了斜主桁杆件专用胎架，四边形截面整体节点杆件划线钻孔工艺，以及平行四边形杆件孔群检测装置，形成了宽翼缘平行四边形截面杆件制造技术，高精度完成了所有钢桁梁杆件、桥面系板件的制造。

在钢梁架设过程中发明了空间角度可调节吊具，解决了空间倾斜钢梁杆件姿态的精确调整及快速吊装对位难题；提出了一种大跨度斜拉桥施工过程钢桁梁断面形状全新监测方法，采用非接触方式成像技术，可实时获取钢桁梁测点线形数据，使施工监控更为实时便捷，有力保障了钢梁的高精度快速架设。

研制了整体可移动施工脚手平台，该平台与架梁吊机同步移动，大大降低了安全风险，提高了质量控制水平及工作效率；首次实现了斜主桁钢梁倒梯形断面的合龙施工，实现了钢梁零误差高精度快速合龙。

| 自平衡抗风装置　兼顾技术经济效益 |

大跨度斜拉桥主梁施工时一般采用悬臂架设方法，当达到最大双悬臂状态时，在横桥向风载作用下，由于斜拉索对钢梁横桥向提供的约束较小，整个结构在水平面成为一个不稳定体系，通常这时采取在边跨设置临时抗风墩或增大墩旁托架刚度等方法进行约束，来抵抗横向风荷载、斜拉索不平衡索力将对钢梁产生强大的扭矩和横向水平力，确保钢梁结构稳定。

黄冈长江大桥主塔墩至辅助墩跨度为 243 米，桥址处 100 年一遇设计基本风速为 30.1 米／秒，经计算最大双悬臂状态下横向风力将产生扭矩达 16000 吨米。用墩旁托架来抵抗该扭矩，需对以承受竖向荷载为主的墩旁托架进行加固处理成以承受横向荷载为主的结构，简单加固已无法实现；若采用在主塔与辅助墩之间设置临时抗风墩来抵抗该扭矩，由于桥址处河床覆盖层浅、岩面倾斜、钢梁底面距河床岩面高度达 63 米，临时抗风墩施工难度大，且结构要求庞大，需临时抗风墩用钢量 2400 吨，设置费用高。

设计、施工单位通过对风荷载计算方法、抗风措施比选分析，最终选定在钢桁梁上弦设置自平衡抗风装置，该方案有效利用了本桥钢主梁上宽下窄的特点，巧妙地将横桥向风力转换为抗风牛腿与塔壁间纵向内力，同时该装置还可以兼做施工过程中钢梁的纵向锁定及合龙过程中的纵向顶推装置，整个方案构思新颖，制造安装方便，取得了良好的技术与经济效益。

这种自平衡抗风装置从黄冈长江大桥开始应用，陆续在平潭海峡大桥（我国第一座公铁两用跨海大桥）、蒙华铁路公安长江大桥（我国第一座重载铁路公铁两用桥）、沪苏通长江大桥（世界最大跨度公铁两用斜拉桥）、商合杭铁路芜湖长江大桥（世界首座高低矮塔公铁两用斜拉桥）等多座大跨度公铁两用桥建设中得到了应用，自平衡抗风装置创新了斜拉桥抗风的全新途径，是桥梁创新产生技术经济效益的经典案例。

| 塔墩基础快速建造　加快施工进程 |

由于斜拉桥梁体尺寸较小、跨越能力大、受桥下净空和桥面标高限制少、抗风稳定性好，

主塔高耸，视角美观，该桥型被广泛采用。高耸的桥塔是斜拉桥的主要受力构件，塔墩基础的施工是斜拉桥施工的关键工序，结构复杂，施工周期长（一般占总工期的 2/3 左右），水上高空作业，安全风险极高。

建设者们发明了一种双壁钢围堰的精确定位施工专利技术，确保倾斜裸岩面情况下围堰的定位精度；同时将重型冲击钻开孔与大扭矩旋转钻机清水钻孔有机结合，加快成孔速度；仅用 128 天完成两个主塔墩共 62 根直径 3 米嵌岩桩，并经第三方 100% 超声波检测，均为Ⅰ类桩，创同类桥梁桩基础施工速度最快新纪录。在主塔施工中，首次采用节段高度 6 米液压爬模、与节段高度 12 米的劲性骨架和 12 米定尺长钢筋匹配施工技术，以及上横梁与塔柱异步施工技术。通过一系列加快主塔施工综合技术措施，较同规模桥塔施工缩短 2 个月；从围堰浮运到主塔封顶仅用时 23 个月，创长江中下游斜拉桥施工速度最快新纪录。

黄冈长江大桥于 2010 年 3 月 10 日开工建设，2012 年 9 月主跨合龙，比原铁道部批复的重大节点工期提前 6 个月。黄冈公铁两用长江大桥的建设，取得了巨大的社会和经济效益，极大发展了我国建桥技术，对于城际铁路桥梁向更灵活的交通承载方式、更大跨度、更大载重方向发展具有积极推动作用。

文 / 吴国强、丁晓珊

梅山门户中国龙

宁波梅山春晓大桥

项目名称：宁波梅山春晓大桥工程
获奖单位：上海市政工程设计研究总院（集团）有限公司
获得奖项：优秀奖
获奖年份：2018 年
获奖地点：德国柏林

2017 年 9 月 29 日，宁波梅山春晓大桥正式通车。工程是连接宁波梅山岛与北仑的特大型跨海桥梁工程，全长约 2 公里，主桥为主跨 336 米中承式双层桁架拱桥，采用人车上下分离、下层纵移开启的创新设计。该桥结构刚劲有力，造型灵动，如巨龙潜水，跃跃欲飞。桥身通体红装，海天之间分外抢眼；建成后好评如潮，成为宁波国际海洋科技城新地标。当地人亲切地称之为"红桥"。

宁波梅山春晓大桥——透视日景

| 科技引领，创新不止，打造最强中国龙 |

宁波梅山春晓大桥是世界首座双层纵移开启式桥梁，首次采用人车上下分离、下层纵移开启的创新设计，是宁波国际海洋生态科技城核心区梅山湾两岸沟通的重要交通设施，周边是宁波唯一的滨海旅游度假区，桥下是梅山湾生态游艇港，同时又是 500 吨级海轮避台风锚地，台风季节通行的大型船舶需要桥梁预留较大的桥下净空，而两岸便捷沟通和自行车骑行小纵坡要求又需降低桥面标高，为解决上述矛盾，大桥采用人车上下分离、下层纵移开启的创新设计，结构为主跨 336 米双层钢桁拱桥，上层为六车道一级公路，下层悬挂人非通道桥架，其跨中宽 108 米范围可向两侧纵移（伸缩）打开，以满足海轮避台风通航要求；下层桥架正常闭合时可满足游艇全天候通航和比赛要求。该开启技术巧妙解决了纵坡受限条件下桥上交通与大型船舶同时通行的问题，对桥下通航及正常桥梁运营影响小，克服了传统竖转开启、平转开启及垂直提升开启时交通中断、车辆及人群无法通行的弊端。

自主研发了基于重型台车的纵移开启成套关键技术。研发了基于重型台车的悬挂、导向、驱动、到位锁定和精确定位技术，通过油缸恒压补偿适应桥架变形，实现纵移开启过程中的多点均载，并设置楔块刚性锁定机构、插销等多重安全保护设施。下层桥架通过安装在上层桥面的悬挂轨道滑移打开（类似抽屉），开启运营过程可靠、平稳、高效（一次开启时间仅为 20 分钟），可满足台风等恶劣天气全天候开启要求。

首次采用整体节段全焊连接新技术，大幅提升海洋环境下桥梁耐久性能。大桥钢结构采用先进的整体节段全焊连接技术，克服了传统单杆件高强度螺栓连接存在的密封性差、海洋环境下易腐蚀及养护困难的问题。通过例如节点防积水等防腐细节的精细化处理进一步提高桥梁的耐久性能。同时，设置了可实现主拱和主梁全覆盖养护的设备系统，为大桥全寿命便捷养护提供了保障。

应用 BIM 及数字化预拼装等先进设计手段支撑大桥建设。通过精细化建模、三维智能化设计系统的开发、VISSIM 交通仿真、虚拟现实及施工工艺模拟等先进设计手段推行精细化设计与施工，并通过数字化预拼装技术实现了环缝拼接及节段预拼的偏差校正，优化了关键构件的制造精度，使钢桁节段对位精度控制在 2 毫米范围内，解决了整体节段环口现场对接困难等技术难题，为主体钢结构的顺利合龙和下层纵移桥架的顺利平稳开启奠定了基础。

应用少扣索预偏反顶无应力合龙控制技术，经济合理地实现了主拱精确架设。主拱施工充分利用了主桁结构自身的承载能力进行悬拼架设（仅设置了 2 对辅助扣索），应用边支点预降、合龙后顶升控制技术实现成桥状态的精确控制，最终达到一次落架设计成桥状态的内力及线形控制要求。上述控制技术临时扣索数量及索力张拉调整工序少，大幅降低施工措施费用，经济合理地实现了主拱无应力高精度合龙。主拱现场安装和焊接过程中，攻克了厚板低温焊接及变形控制技术，提高了现场焊接质量，确保结构安全可靠。

推行精细化设计与研究，支撑大桥卓越建设，多项关键技术达国际先进水平。大桥注重多方案比选，推行精细化设计，对结构体系和关键节点开展深入研究。采用多赘余度的悬吊纵梁体系和受力性能好的组合梁结构提高桥面结构使用性能；采用菱形风撑大幅提高桥梁抗台风能力，并利于景观提升；采用的耐久性大吨位组合减隔震支座，便于维护，造价经济，抗震性能好。

施工技术全面创新，为大桥建成保驾护航。一是钢桁拱肋节段采用设计安装姿态的整体"立式"运输新方法，研发立式运输的可调节支撑系统，提高运输安全保障及施工工效，保证现场安装质量。二是研发了适用于沿海环境的"大吨位缆索吊机"，最大吊重达 430 吨。三是开发缆索吊装系统精确计算软件，采用扣塔防风抗剪装置、异形钢构件整体竖转起吊等新技术，实现缆索吊整体节段精准安装。四是研发及采用了整体大节段现场焊接质量及焊接变形控制技术。通过超低氢焊材、焊前电热板预热、严控道间温度、焊后缓冷等工艺措施及 C 级超声波检测手段，确保了海洋高湿、高盐、大风环境下的焊缝质量。

｜梅山南风起，小麦覆陇黄｜

科技成果 梅山春晓大桥主桥结构为主跨336 米中承式双层纵移开启式钢桁拱桥，全焊钢结构，造型新颖独特，寓意深远，但结构构造复杂。为此，项目组开展科研攻关，攻克了下层桥架纵移开启关键技术、整体节段全焊钢桁拱桥加工制造及焊接变形控制技术、海上

整体节段钢桁架拱桥固塔少扣索缆索吊装施工技术、BIM 及数字化预拼装技术、大吨位海洋耐久性减隔震支座研究与开发、桥梁抗风抗震等一系列关键技术难题。

本项目获 2018 年度国际咨询工程师联合会 FIDIC（菲迪克）优秀工程奖、2020—2021 年度中国建设工程鲁班奖、2019 年度中国勘察设计协会行业优秀市政公用工程设计一等奖、2014 年度全国优秀工程咨询勘察成果一等奖、全国龙图杯 BIM 大赛一等奖、全国优秀 QC 质量管理小组一等奖等荣誉。本项目取得授权发明专利 9 项、授权实用新型专利24 项、省部级工法 1 项、发表论文 20 余篇。

社会效益 实现了"人、交通、环境"的和谐统一，成为地标性景观建筑与城市桥梁设计的典范。大桥采用了车与人上下分离的交通组织方式，上层车行交通跨过两侧海岸路直通主路口，充分发挥车行交通的快捷性；下层慢行系统廊道环境优美舒适，与两侧海岸路连接，沟通便捷，并将纵坡控制在 2.5% 之内，满足了自行车骑行及比赛要求。在上层采用混凝土结构桥面板而非钢桥面板以降低上层车辆噪声对下层慢行系统的影响，充分体现了以人为本，注重桥梁景观，营造和谐环境的设计理念。

坚持科学论证，注重保护环境。耗时近一年时间开展了河势稳定性及冲刷、海洋环境影响评价、水土保持方案、海域使用论证、工程场地地震安全性评价等专题研究，对工程造成的生态环境的影响进行了全面深入、客观科学的论证，并采用桥面雨水收集排放至陆地等措施，使工程建设对环境的影响降到最小程度。

大桥引入桥梁美学，以中国图腾"龙"的

下层慢行系统

脊梁为元素进行景观提炼，主拱颜色选用"中国红"，建成后的大桥气势雄伟，凸显了梅山岛门户桥梁的雄姿，与山–城–海–岛的生态自然环境完美融合。

经济效益　助力实现宁波海洋及旅游产业发展，"海上新丝绸之路"再度繁荣，可持续发展潜力巨大。梅山春晓大桥的建成通车极大方便了梅山岛对外交通出行和两岸的沟通，并成为宁波国际海洋生态科技城的地标性景观建筑，优美的造型、舒适的慢行系统环境和独特的纵移开启式结构使得大桥已成为梅山湾的一道亮丽风景，她和万人沙滩、游艇港、宁波赛车场等一起成为重要的旅游景点，吸引了大批观光游客，已成功举办宁波国际马拉松赛、世界摩托艇锦标赛等赛事。

大桥的建成大大提升了国际海洋生态科技城的影响力，吸引了包含宁波诺丁汉大学海洋生物学系、西班牙加泰罗尼亚理工大学航海学院、上海交通大学生物医学工程学院和中科院环境研究所等近 10 所大学落户梅山岛，使之成为高新技术研发的重要平台、高层次人才的集聚地、创新人才的重要培养基地、国际科技合作的重要窗口。

梅山岛作为宁波唯一的滨海旅游度假区，承载着宁波城市的"蓝色梦想"。大桥建成后，极大地带动了该区域经济发展，仅 2018 年第一季度，就吸引了 1700 余家企业落户梅山，注册资金 470 亿元，同比增长 46.9%，港区集装箱吞吐量同比增长 22.4%，大桥建设将助力宁波这个古代海上丝绸之路的起点再度繁荣。

梅山春晓大桥改变了中国传统桥梁建设片面追求跨度大的思想，把高质量、可持续、尊重环境做到极致，实现了"人、交通、环境"的和谐统一。

文 / 顾民杰、王青桥、何武超、张培君、刘辉

匠心独运，铸就中国速度

北京市三元桥（跨京顺路）桥梁大修工程

项目名称：北京市三元桥（跨京顺路）桥梁大修工程
获奖单位：北京市市政工程设计研究总院有限公司
获得奖项：优秀奖
获奖年份：2019 年
获奖地点：墨西哥墨西哥城

2015 年 11 月 13 日 23 时到 2015 年 11 月 15 日 18 时，历时 43 小时，北京市三元桥（跨京顺路桥）桥梁大修工程实现上部主梁整体置换，完成了旧桥切割运弃、新梁整体驮运架设及桥面铺装等工序并恢复通车。三元桥创造了新的中国建桥速度，受到了国内外新闻媒体和网友的广泛关注，在行业内部和社会上引起了轰动。中央电视台、北京电视台等媒体进行了全程报道，给予高度赞誉。中央电视台新闻直播间在《2015 我们的获得感》栏目中，以"创新引领发展、创新

三元桥

带来动力"为标题进行了专题报道。

三元桥整体成功置换，是解决城市桥梁维修与交通问题之间矛盾的一个新的尝试，是对桥梁传统施工工艺的一次突破，更给旧桥加固改造技术带来一种全新的思路和理念；它不仅是人们茶余饭后的话题和焦点，更是振奋了国人的科技自尊心和民族自豪感。2015 年 11 月 15 日下午的通车现场，所有的技术人员都在欢呼着最后的胜利，在人群中的一角，三元桥大修项目的设计总负责人北京市市政工程设计研究总院有限公司桥梁专业总工、教授级高工秦大航说了一句令人记忆犹新的话："三元桥整体置换的成功，绝非偶然，是我们多年深耕城市桥梁维修加固技术的凤凰涅槃，更是全体参建团队精诚配合、呕心沥血之作。"宝剑锋从磨砺出、梅花香自苦寒来，三元桥大修背后到底蕴藏着怎样的故事，又有哪些令人难忘的细节呢？

| 六年磨一剑的技术积累 |

交通繁忙的大城市，桥梁占路维修与交通拥堵的矛盾是世界性难题。对于城市桥梁中需更换上部结构的改造工程，传统的方法通常采用断路施工、原地拆除重建，或者分车道（分幅）施工的方式，上述两种方式要么需要长时间断行交通，要么在施工期间长期缩窄交通车道，均会不同程度加重道路拥堵，导致机动车能耗及污染问题出现，增加桥梁改造期间的社会成本。

2011 年白纸坊桥大修，历时 4 个月，夜间施工仅单车道通行，白天开放交通但限速通行；2012 年万柳桥大修桥面板整体更换利用了 5 个周末，每个周末 55 小时交通均受影响，桥梁病害亟须处理和桥梁维修期间对城市交通的严重影响二者之间的矛盾日趋显著。

为解决桥梁维修改造与交通问题之间的矛盾，桥梁的快速施工、整体置换技术应运而生。2010 年，桥梁整体置换理念在北京市城市桥梁大修中首次提出，桥梁整体置换技术的原理是利用大型驮运设备，将桥梁快速驮运至目标位置，通过其他辅助设备，完成桥梁上部结构整体提升、运输、卸落、安装等一系列工序，最终达到整体快速更换的目的。全过程连续进行，用时比传统工艺缩短，对交通的影响很小，基本达到了快速改造施工的目的。世界上只有少数国家尝试使用该项技术，且通过调研发现，国外多数只是利用大型驮运运输设备，将桥梁运送至目标位置，辅以其他设备或者借助外界条件实现桥梁快速施工。其缺点在于负载驮运设备和举升设备相对独立，不能实现联动控制，设备行进尚不能做到实时控制和调整；另外也没有新桥就位调整功能，即使能够较为快速地完成桥梁驮运和架设，由于不具备实时监控调整等功能，所以不能真正实现桥梁上部结构的快速施工，也不能确保新桥在运输和安装过程中的精确就位和结构安全。

2010 年，北京市市政工程设计研究总院有限公司承担实际工程设计，开展适合桥梁整体置换技术的新旧桥匹配结构研究，北京市政路桥管理养护集团负责设备研发和桥梁改造施工。在项目组相关单位联合攻关下，同年 9 月制造出我国首台套（双车）驮运架一体机。该设备在大型模块运输车的基础上，与大行程大吨位智能顶升系统有机结合，装载了一个操作同步、精度高、承载力强、升降能力大、运转模式多样的大型现代化智能系统，具备多车并行、自动循迹、精确定位及变形控制等关键技术并集负载、运输、架设于一体等多种功能。

在设备研发的基础上及后期的无数次模拟演练中，项目组在不断尝试和摸索中逐渐形成一整套基于驮运架一体机的桥梁快速整体置换技术，包括六大核心内容——桥梁整体置换的驮运架一体机，适应整体驮运置换的桥梁结构研究，旧桥结构快速拆除技术，驮运架一体机走行控制技术，驮运架一体机驮运就位技术，主梁驮运置换监控技术；形成《基于驮运架一体机的桥梁上部结构整体置换施工工法》和《驮运架一体机进行桥梁整体置换施工技术指南》，填补了我国在桥梁整体置换技术领域理论研究的空白。

从 2010 年立项到 2015 年三元桥大修实施，历时 6 年的桥梁整体置换设备和相关配套技术研究为三元桥的实施做足了前期功课和技术储备，为最终的成功实施奠定了坚实的基础。

| 山重水复后更期待柳暗花明 |

北京三元桥位于北京东三环，是机场高速路和城市快速路交汇处，上跨京密路，日均车流量 20.6 万辆，有 48 条公交线路从桥上通过，日均搭乘乘客 72.7 万人次。经结构定期检测、混凝土材质检测及荷载试验，三元桥上部结构已不满足原设计荷载要求；经专家评审，桥梁中墩下部结构可继续利用，但上部结构需进行更换。如采取传统工艺更换劣化的主梁，主路

需断行 90 天，将造成极大的社会影响和经济损失。在三元桥大修中，采用快速整体置换技术进行桥梁上部结构更换，有着交通环境要求的必要性和迫切性。

虽然已经成功研发了驮运架一体机，拥有了桥梁快速整体置换的核心技术，但在超大城市核心区的重要交通节点实现桥梁整体置换，尚属国内首次，面对只能成功不能失败的压力，有多少的困难需要克服，有多大的把握能确保成功，大家都很茫然。

理想和现实之间还有多远？三元桥是否具备整体置换条件？如果进行整体置换，该怎么进行？旧桥怎么拆除？旧桥放在什么地方？新桥是什么样的？从什么地方运来？一系列难题摆在面前，需要大家一一破解。

整体置换前的三元桥上部结构为 3 跨 V 墩刚构桥，桥梁全长 54.86 米，全宽 44.8 米，上部结构总重 2910 吨，每辆驮运架一体机的理论最大承载重量为 1500 吨，三元桥边跨辅路空间局促，辅路桥下净空仅为 3.5 米，同时在侧向受边墩盖梁护坡影响，辅路无法放置驮运设备，此种情况下，主路只能摆放两辆驮运架一体机，桥梁实际重量与两辆驮运架一体机理论承载重量几乎相当，旧桥能否整体驮运是第一个难题。

三元桥 V 墩刚构体系中，主梁和中墩的 V 形墩柱连接成一体且 V 形墩内设竖向预应力钢绞线与主梁连接，如果利用桥梁现况下部结构仅更换上部结构，需要在正式驮运前对预应力墩柱进行切割以实现上下部结构的分离，旧桥上下部结构能否实现安全分离和结构体系的安全转换是第二个难题。

前期准备——新梁现场拼装

现况主梁梁高 1.1 米，由于桥面高程、桥下净空、桥梁平面位置的限制，新更换主梁的高度、长度、宽度要与原桥保持一致，其截面形式需要与继续利用的下部结构相适应和匹配，其受力需满足现行规范的承载、抗震等全部要求，众多限制条件下的新主梁如何设计是第三个难题。

对于三跨连续梁的整体驮运，国外的案例是以 4 台或者 6 台驮运设备协同工作的模式进行主梁的驮运与架设，出于辅路净空及桥下空间的原因，长 54.86 米，宽 44.8 米的新主梁只能利用主路下方两辆驮运架一体机整体驮运，驮运过程中主梁悬臂长度达到 20 米，宽度为 44.8 米（梁高只能为 1.1 米），如何保证驮运过程中的主梁受力安全是第四个难题。

此外，整体驮运的行走路线是什么样的？整体置换的新梁在什么地方实现整体组装？更换后的主梁需要运到什么地方？新旧桥顶升—驮运—就位整个体系转换中受力如何保证安全？新更换的主梁如何实现精准定位？就位精度如何控制？驮运过程中的桥梁姿态是什么样的，如何进行调整？主梁就位后，桥面的附属设施如桥面铺装、人行步道、桥梁护栏、中央隔离带等如何快速建设？

很多细节的问题需要逐一去面对和解决，桥梁整体置换的实现远非两台驮运一体机和一些技术理论那么简单！从墩柱切割到旧桥拆除再到新桥就位最后实施桥面附属设施实现全面通车，整个过程所有工序只能在周末的 48 小时之内完成，这几乎是一项不可能完成的任务！

| 匠心独运铸就的"中国速度" |

困难从来都只能吓唬胆怯者和懦弱者，真的勇士都是敢于正视困难、勇于挑战的强者。设计单位（北京市市政工程设计研究总院有限公司）的秦大航总工和项目负责人张恺所长、张连普主任成立了设计攻关团队，并与各参建

新桥主梁平移

旧桥主梁切割

驮梁车试验

新梁开始驮运

单位建立联合攻关小组，经历了数百次的试验模拟，上千个计算模型和验算工况，60多次专家论证，一个个难题逐一解开。

旧桥重量太重，就按照"化整为零"的思路，对主桥进行纵横向切割分块后，现场吊装运离；V墩与主桥分离，采取先加固并增加墩顶横向预应力后进行切割来确保旧桥上下部分安全分离，并为新更换主梁提供有效支承；新更换主梁采用与旧桥同宽、同长、等高的钢结构箱梁，并考虑顶升支点、中墩支点、边墩配重等细节设计，减轻上部结构自重的同时满足新建上部结构的施工阶段和运营阶段受力安全；运用北斗和GPS双模卫星定位系统，实现新更换主梁的平面和空间三维监控，能实时反映顶升—驮运—就位全过程桥梁的变形和姿态，最终实现其精准定位。

另外，结合三元桥的实际地形和周边环境，设计团队巧妙地解决了新梁临时拼装，旧桥拆除临时存放以及驮运架一体机最佳行驶路线的系列问题。在桥梁下方的京顺路南北两侧新建墩柱，北侧新建墩柱作为新主梁临时拼装场地的支撑，南侧新建墩柱作为旧桥拆除的临时支撑，墩柱位置均设置在京顺路的中央隔离带和主辅隔离带内，整体托换之前的准备工作对桥下京顺路的现况交通无任何干扰；同时新主梁拼装和旧桥拆除驮运位于一条直线，且现况桥下京顺路纵向坡度小，路面平整，现场条件较为适合驮运架一体机的行走。经过精心策划、精细设计，项目组利用自主研发的驮运架一体机走行控制"激光循迹"技术，同时结合北斗和GPS双模卫星定位系统，实现车辆按照设定线路精确行走，最终一举实现在桥下主路以两辆驮运架一体机 43 小时内完成了长 54.86 米，宽 44.8 米，总重 1300 吨的三元桥新更换钢梁的整体驮运。桥梁整体置换就位时，以自主研发的精确定位方法及系统实现桥梁架设精确就位，桥梁安装轴线偏差毫米级，达到国际领先水平。

| 众多团队集体智慧的结晶 |

任何一个工程的项目成功实施，离不开参建团队的精诚合作；项目的建设管理单位北京市交通委员会、原北京市路政局、北京市城市道路养护管理中心高瞻远瞩，力排众议，坚定支持城市桥梁快速更换新技术，无论是项目前期研发还是后期的三元桥实施现场的调度指挥，都显示了一个政府管理部门敢于担当的国际视野和绿色交通、人民至上的胸怀。

设计单位北京市市政工程设计研究总院有限公司以院专业总工秦大航为带头人组成了一个 30 人的团队夜以继日现场办公，年近八十的罗玲大师担任团队的设计顾问，其严谨的态度和敬业的精神激励了在场的所有人；张恺所长和张连普主任两位现场技术负责人，从工程开工就驻扎施工现场，经常到了深夜还在讨论和推演技术问题。

施工单位北京市市政养护集团九处，从设备研发、仪器调试到工程实施均投入了巨大的人力、物力。在艰辛的设备研发中，在数次的设备调试失败中，在工程实施遇到的各种困难中，市政养护集团九处的项目团队从未气馁，一直怀着乐观的精神和必胜的信心攻坚克难。

监理单位北京正远监理咨询有限公司，上到总监、下至每一位监理工程师，兢兢业业、任劳任怨，整理资料到深夜、旁站现场到天明，做试验、搞计量、盯进度、控质量，干的事情看起来琐碎但实际意义非凡。

还有来自北京高校、科研院所、大型施工国企等土木领域的专家团队，他们不顾高龄，不惧辛劳，为项目的技术难题出谋划策、为工程的每项细节精心把关。工程完工的那一刻，一帮老专家开心得像孩子一样，他们是整个团队的定海神针，是整个团队的"团魂"。

43 个小时，旧桥 2910 吨的切割运弃、新梁 1300 吨的整体置换，11 项优秀设计与科技创新奖，14 项国家专利，1 套市级工法，1 项行业指南，12 篇科技文章，进入央视专题《超级工程》，亮相 2018 年国家形象系列宣传片《中国一分钟》，入选 2019 年度交通运输重大科技创新成果库，三元桥整体置换工程无疑是成功的，也是幸运的，它凝聚了众多建设者的智慧和心血，也得到社会的赞誉和认可！

作为项目设计团队的一员，每次经过三元桥我都会格外关注一下，新更换的桥梁安静地矗立在那里，桥上桥下的车辆一如既往地川流不息，与它的波澜不惊相比，我总有一丝情绪上莫名的涟漪，也许只有经历那段难忘岁月的人，才能体会平静背后的那份特殊情感！

文 / 杨勇

鹦鹉展翅化为桥

武汉鹦鹉洲长江大桥

项目名称：武汉鹦鹉洲长江大桥
获奖单位：中铁大桥勘测设计院集团有限公司
获得奖项：优秀奖
获奖年份：2019 年
获奖地点：墨西哥墨西哥城

　　武汉是一个典型的滨江城市，长江、汉水将城市分割为汉口、汉阳和武昌三镇。长期以来三镇鼎立、长江两岸均衡发展的城市格局导致跨江交通一直是城市交通的首要问题，也是制约武汉市城市发展的一个重要因素。

　　鹦鹉洲长江大桥位于中心城区，大桥两端的武昌和汉阳，筑城至今约 1800 年历史。唐宋时期，汉阳鹦鹉洲已是商船云集的商业港埠。那时从汉阳到武昌，需渡船过江。这条线一直充满诗情画意，历代文人墨客吟诵不绝。

武汉城市地标

2014 年 12 月 28 日，鹦鹉洲长江大桥建成通车。鹦鹉洲长江大桥是《武汉市城市总体规划（2009—2020 年）》中明确的过长江通道，是湖北省武汉市长江上第八座长江大桥，位于武汉长江大桥上游 2.3 公里处，距在建的杨泗港长江大桥 3.2 公里，是武汉市新内环的主要跨江桥梁。鹦鹉洲长江大桥全长 9.18 公里，其中正桥全长 3.42 公里，桥面宽 38 米，双向 8 车道，限速 60 公里 / 小时。

谈及建设中的鹦鹉洲长江大桥，中国工程设计大师、中铁大桥勘测设计院总工程师高宗余充满自豪："它是目前世界上最大的三塔四跨悬索桥，是匹配武汉大江胜景和鹦鹉洲人文传承的最美大桥。"

| 最大三塔四跨悬索桥 |

随着综合国力的不断提升，中国桥梁建设取得了巨大成就，已建成了多座世界级大跨度桥梁。与常规两塔悬索桥相比，三塔悬索桥主缆和主梁的跨度减小一半，随之主缆、锚碇、主塔的负载减小一半，工程造价得以大幅度降低，经济效益显著，但存在中塔主缆抗滑移与桥梁刚度难以匹配等关键技术难题。

鹦鹉洲长江大桥在缆索结构体系、中塔结构、施工控制及新结构等方面取得突破，形成了大跨度三塔悬索桥建造成套技术。下面就让我们一起来探究鹦鹉洲长江大桥是如何展翅、跨江成桥的。

首创中塔刚度控制方法

主缆与中塔鞍座抗滑移安全、桥梁结构刚度两者之间难以匹配的矛盾是三塔悬索桥的关键技术问题，鹦鹉洲长江大桥首创中塔刚度控制方法，以实现上述两个因素的平衡协调为目标确定中塔总体刚度适用范围，优选中塔结构形式和结构尺寸、比例关系以获得需要的中塔刚度；给出了主梁非漂移、简支和连续等不同支承体系下中塔刚度合理取值范围及其调整方法，破解了中塔主缆抗滑移与桥梁刚度难以匹配的技术难题，填补了复杂通航水域下修建大跨度三塔悬索桥的技术空白。

此外，鹦鹉洲长江大桥还首次在大跨度三塔悬索桥中采用钢 – 混凝土叠合加劲梁结构，基于加劲梁结构形式实现了重力刚度配置，协调解决了中塔主缆鞍座抗滑移与桥梁结构刚度的矛盾，不仅提供了大跨度三塔悬索桥解决关键技术难题的又一技术途径，也适用于中小跨度的三塔悬索桥，拓展了三塔悬索桥的适用范围。在施工的过程中，充分开展主缆与中主鞍座间抗滑移足尺实验，探明主缆与鞍槽间摩擦机理，提出并采用精准的摩擦系数设计值。

倒 Y 形结构解决"中塔效应"难题

悬索桥从两塔向三塔发展的最大技术问题是"中塔效应"，即不平衡加载会使中塔产生较大纵向变位，导致加载跨主梁下挠变形过大，或使主缆在中塔鞍槽内发生滑移。选取合适的中塔结构型式及结构刚度，满足结构体系需要，同时中塔本身强度、稳定性满足要求，是大跨度三塔悬索桥的核心技术。

鹦鹉洲长江大桥的研究设计者们通过对材料、结构型式、结构尺寸等研究，首创钢 – 混叠合纵向倒 Y 形钢结构中塔，满足了三塔悬索桥结构体系需要和中塔受力要求。

针对纵向倒 Y 形钢塔塔柱分叉处难以实

现立式预拼，研发了水平预拼数控加力系统，全面模拟塔柱安装接触面受力状态，解决了水平预拼保证金属接触率的难题，形成了钢塔节段水平预拼装技术，获国家发明专利。

环形蜂窝截面沉井解决地貌原状保持的难题

传统的沉井常用矩形或圆形截面，内部全断面设置纵横隔墙形成隔仓，下沉施工时隔墙和刃脚处吸泥取土不便、效率低、下沉困难，易造成沉井倾斜、扭转、翻砂。而且沉井下沉过程吸泥取土易造成周边地面下陷，严重情况下会影响周围建筑物和大堤的地基安全，造成建筑物受损，成为沉井基础在临近建筑物条件下推广应用的限制因素。

针对这个难题，项目组研发了环形蜂窝截面沉井：将沉井截面设计成圆环形，环形井壁上沿周长均匀设置圆形隔仓，形成中心对称的环形蜂窝截面，具有极佳的对称性，很方便做到对称取土，解决了因取土不对称而造成沉井倾斜的难题；设置在周边的密布圆孔，消除了刃脚取土盲区，解决了下沉效率低的难题；沉井中部带十字隔墙的大圆孔保障了高效取土和对称分区封底。

鹦鹉洲长江大桥位于武汉中心城区，紧临北锚碇沉井外边缘57米有54层住宅楼、37米有长江大堤、27米有希尔顿酒店。为保障周边地貌稳定，首次采用薄壁地连墙防护、环向对称均匀取土、中部缓吸反压下沉、新型空气幕助沉等技术，将沉井下沉对地基变形的影响范围限制在地连墙以内，从根本上防止了下沉过程翻砂和突沉。实测沉井施工全过程中及建成后，周边建筑物地基零沉降，解决了密集高大建筑环境条件下沉井精准下沉和周边地貌

原状保持的技术难题，也获得了国家级工法和发明专利。

首次联动安装控制技术，解决了三塔悬索桥几何形态控制难题

大跨度三塔悬索桥是主缆连续的柔性结构，架设安装过程中四跨主缆、四跨主梁、三个主塔线形相互耦合影响，因此必须进行同步联动控制，以保障主缆、主梁、主塔的几何形态。同步联动控制技术的实施，有效预防了索股在架设过程中鼓丝、扭转现象的发生，实现了索股拉力的均匀分布，确保了主缆索股制作和架设精度。

此外还研发了500吨大吨位连续液压提升式缆载吊机及吊具，首次采用"两阶段同跨不对称"主梁安装技术，节省了缆载吊机设备投入，提高了加劲梁吊装效率。

| 最美长江大桥 |

鹦鹉洲长江大桥又被誉为"最美长江大桥"、汉版"金门大桥"，这是因为鹦鹉洲长江大桥在涂装色彩上，设计者为了追求更好的景观效果，对桥塔等各部位涂装了时尚的国际"橘"红色与钢板梁相协调，与美国旧金山的"金门大桥"采用的颜色类似，在起到保护作用的同时，也可以体现亮化后的景观效果。

这也使之成为武汉八座跨江大桥中最显眼的一座，从它的年龄上看也符合它的气质：充满年轻与活力。但是在这么多颜色中，鹦鹉洲长江大桥为什么选择了这个颜色？

众所周知，在大洋彼岸的美国旧金山，有一座著名的金门大桥。金门大桥1937年建成

大桥竣工全景

使用，由于金门大桥用钢缆，钢容易被盐水腐蚀，所以用锌颜料涂过，就成了朱红色。这种无心举动，却使这座亮丽的大桥迅速成为旧金山市的地理标志，并且被评选为世界上最上镜的大桥之一。

据悉，经鹦鹉洲长江大桥项目工程师及市国土规划专家多轮研究后，最后决定借鉴并选择了"国际橘"作为鹦鹉洲长江大桥外观的主体颜色。"国际橘"象征着欢快、热烈、浪漫，同时也具有相当的实用价值，如在雨雾天气时具有醒目的辨识度。同时也希望借助美国金门大桥"国际橘"的成功案例，进一步加强武汉城市印象，打造时尚的"建桥之都"形象。

高宗余表示："鹦鹉洲大桥就是一座能留下印象，有回味的桥，目标是打造汉版的'金门大桥'。"

值得一提的是，2018 年 8 月，《长江经济带》特种邮票发行，作为长江经济带上的重要城市，邮票第二图《综合立体交通走廊》就以鹦鹉洲长江大桥为主题作为主图，向世人展示了武汉的建设成就。

总的来说，武汉鹦鹉洲长江大桥的建成通车，填补了修建大跨度三塔悬索桥的技术空白，打造了我国长大桥梁建设技术的自主创新品牌，为复杂水域多通航孔桥位提供了一个更具竞争力的新桥型，使工程结构更加经济、环保，引领了多塔悬索桥建设新时代，在世界上率先将悬索桥前沿技术推到了一个新的高度，为未来建设跨越琼州海峡、渤海湾通道提供了桥梁建设方案，为推动交通强国建设作出了贡献。鹦鹉洲长江大桥也因其独特的颜色特征获得无数人的肯定与盛赞，世人也将鹦鹉洲长江大桥作为武汉打卡的新地标。

文 / 李明华、丁晓珊

峡谷起高桥，龙腾云雾间

记北盘江第一桥设计建设创新

项目名称：北盘江大桥
获奖单位：中交公路规划设计院有限公司
获得奖项：特别优秀奖
获奖年份：2019 年
获奖地点：墨西哥墨西哥城

2016 年 12 月 29 日，由中交公路规划设计院有限公司（简称"公规院"）设计的杭州—瑞丽高速公路毕都段北盘江第一桥正式竣工通车。这座历经四年建设、连接云贵两省的大桥，横跨云雾缭绕的峡谷，白色的桥塔直插云霄、红色的桥身气势如虹，昭示着云贵大地生机勃勃的景象。站在桥上，往来车辆奔驰而过。穿过层层雾霭往下，谷底北盘江奔腾的河水，此时就像一条细细的丝带。北盘江第一桥的桥面到谷底的垂直高度达 565 米，相当于 200 层楼高，是名副其实的"世界第一高桥"。

北盘江第一桥雄姿

航拍北盘江大桥

|峡谷起高桥|

云贵高原山峦叠嶂,素有"地无三尺平"之说。发源于云南省沾益县乌蒙山脉马雄山西北麓的北盘江在贵州省望谟县蔗香乡双江口一带注入红水河。北盘江的部分河段是云南省和贵州省的界河。流经贵州省六盘水市水城县都格镇至云南省曲靖市宣威市普立乡时,当地人称之为泥猪河,又叫尼珠河。这一带属于峡谷地带,被称为尼珠河大峡谷。北盘江像一匹脱缰的野马,在悬崖峭壁的尼珠河大峡谷里奔腾而过,横亘在云贵两省之间,给云南和贵州两省的民众出行带来巨大的不便。当地民众迫切需要一座大桥,来改善自己的生产、生活条件。

杭瑞高速公路的建设,让这座大桥建设提上了议事日程。杭瑞高速公路起于浙江杭州,经安徽、江西、湖北、湖南、贵州五省,终点云南瑞丽,是中国高速公路网中的一条东西横线,全程 3404 公里,中国国家高速公路网编号是 G56。为了将位于贵州境内的毕都高速公路和云南境内的普宣高速公路连接起来,就必须修建一座横跨北盘江的大桥。

2013 年,由贵州省和云南省两省共同投资建设的北盘江第一桥在两岸民众的关切下,正式开工建设。北盘江第一桥跨越 600 多米深的尼珠河大峡谷,两岸均为高达 500 多米的高陡边坡,地势十分险峻,地质条件非常复杂,面临着风大、雾、雨、凝冻等恶劣的自然气候环境,给大桥建设带来极大的难度和挑战。

北盘江大桥

| 方案细比选 |

贵州桥梁的数量达到 1.7 万多座，几乎囊括了世界上的全部桥型，堪称世界"桥梁博物馆"。2009 年，公规院的设计团队初接北盘江大桥的设计任务时，由该团队设计完成的贵州坝陵河大桥于当年年底建成通车。设计团队接到北盘江大桥设计任务后，曾耗时一年，对沿江 10 公里的山体地貌进行了细致的考察。这里石灰岩密布，山体硬度极差，在地上打钻，稍不留神就会打进巨大的溶洞里，有的溶洞有将近 100 米深。一个个溶洞就像一颗颗地雷，让桥梁的选址困难重重。后来，为了躲避遍布山体的溶洞和裂隙，设计人员不断将桥的位置往高处移，最终将桥面定在了 565 米这个令人眼晕的高度。

确定桥址后，从塔基安全性和方便施工的角度，设计团队确定了北盘江大桥的跨径应该在 670 米以上。这一数字已超出了梁式桥、拱桥、混凝土斜拉桥的适用跨径范围。同时，综合考虑桥位所处的地形条件、施工可实施性等因素，适合本桥建设条件的方案只能在钢桁架梁斜拉桥、钢桁架梁悬索桥（坝陵河大桥的桥型）两个方案中进行比选。

就在所有人都以为，这一次设计团队肯定会照搬坝陵河悬索桥的成熟设计方案和完整建设经验时，公规院人创新提出了山区特大跨径钢桁梁斜拉桥方案。

这个方案一经提出，就引来纷纷议论：西部地区高速公路上跨越深山峡谷的大跨径桥梁基本都选择了悬索桥方案，如贵州坝陵河大桥、湖北四渡河大桥和湖南矮寨大桥，设计队伍已经积累了丰富的设计、施工经验。如今弃之不用，让很多人都想不通。

面对质疑，设计团队的想法很简单：照搬很容易，创新才更难得。

公规院派出了一组出色的桥梁设计阵容，每个人均具有多座大桥的设计经验。这一次，他们为自己的方案拿出了丝丝入扣的分析论证。

其一，北盘江大桥两岸均为高达 500 多米的高陡边坡，两岸岸边均为悬崖峭壁，且分布了一些溶蚀裂隙带，悬索桥型锚碇的大开挖对边坡稳定和安全影响较大，大开挖的弃渣将严重影响生态环境。

其二，桥址区基岩地层为可溶性的碳酸盐岩地层，地下水活动频繁，形成竖直发育的岩溶洞穴，对桥梁地基基础的安全形成严峻考验，很难找到适合悬索桥的锚碇布置位置。

其三，对于主跨跨径为 500—800 米的山区大跨径桥梁，钢桁梁斜拉桥在经济性上比悬索桥具有更强的竞争优势，对环境影响小，无疑是一个既经济又环保的最佳方案。

经过多轮技术、经济比选论证，北盘江大桥采用主跨 720 米钢桁梁斜拉桥方案是最合理的设计方案。

| 结构精设计 |

北盘江大峡谷地形地貌非常复杂，自然风特性也相当复杂，但针对深切峡谷风环境和大跨度桥梁风致响应问题实测研究甚少，给大跨度桥梁的设计带来了许多困难和不确定因素；同时，钢桁梁斜拉桥主梁结构体系和构造技术尚无系统性的研究成果，以往桥型结构在北盘江特定环境下存在诸多不确定因素。

设计团队设计中通过对山区峡谷风场特性、大跨径钢桁梁斜拉桥抗风性能研究和行车舒适性分析，建立了山区非平稳风作用下钢桁梁等效风荷载设计准则，为大桥的抗风措施设计以及今后类似桥梁设计提供了技术支撑；同时通过对山区非平稳风作用及正交异性钢桥面板结构体系的研究，在国内外首次提出了"中纵梁＋次横梁"梁板新型结构体系，并基于有限元疲劳分析确定了缓解疲劳的构造措施，科学合理地解决了嵌入钢桁梁的正交异性钢桥面板的结构体系技术难题。该结构体系增加了钢桁梁有效面积、降低了主桁用钢量，增加了钢桁梁总体刚度、减小了杆件受力，提高了弦杆压屈稳定性。与传统的"多纵梁"体系相比，避免了多纵梁顶的面板遭受车轮的反复辗压易成为钢桥面板疲劳设计的薄弱环节；同时工地连接时少了纵梁的连接，工作量减少，工程量也减少。

我国混凝土结构工程在 2009 年以前，普遍应用的钢筋强度为 300—400 兆帕，比发达国家低 1—2 个等级。北盘江大桥设计团队结合以前承担的国际桥梁成熟经验，率先将 HRB500E 高性能钢筋应用到桥梁混凝土构件中。针对高性能钢筋混凝土桥梁构件进行了详细的试验研究，并与普通钢筋混凝土构件进行了对比研究，明确了高性能钢筋用于桥梁构件高性能（抗震）设计的有效性和全寿命经济性，大大节约了桥梁钢材用量及费用，并减少了桥梁后续的维修养护费用。北盘江大桥总用量约 1.26 万吨，钢筋直接成本节约 10% 左右，简化了钢筋现场绑扎，方便了施工。

施工新方案

在山区修建钢桁梁斜拉桥，最大的建设难点是如何选择合理的施工方案。

北盘江大桥桥位地势险要，两岸索塔座落于悬崖边，中跨桥面距离峡谷底最大 565 米，边跨桥面距离地面约 100 米，并且由于地形的限制，边中跨比仅为 0.36，主梁的架设成为本项目的最大难点。

斜拉桥方案迟迟无法落地，一时间，项目陷入僵局。

关键时刻，公规院设计团队迎难而上。他们查阅大量资料，悉心比选、潜心钻研，对国内外桥梁的施工方法有了全新的认识。该项目位于 V 形峡谷，贵州岸主桥直接接桥台，云南岸引桥高度也很低。设计组敏锐地抓住了这个细节，创新性提出在边跨增设一个辅助墩、边跨采用顶堆的施工方案：边跨钢桁梁顶推与索塔同步施工，边跨钢梁就位后，主跨采用桥面吊机进行拼装。

这一施工方案既可以大大降低山区高支架施工风险，又能将施工工期比悬索桥方案缩短半年，更重要的是对桥下水域无污染，不会破坏岸坡稳定，真正做到绿色环保。这种施工方法在斜拉桥施工中属首次应用，但参建各方及专家也被设计组细致巧妙的方案征服，最终一致同意选用钢桁梁斜拉桥方案。

北盘江大桥项目设计负责人彭运动告诉作者，虽然每一次的设计过程都异常艰辛，每个新的技术方案得到认可都要经过反反复复的计算和说服，但最终落地时那种巨大的幸福感和满足感是对每一位桥梁工程师的最高褒奖。

随着工程建设的深入，北盘江大桥的施工面临着山区大体积承台混凝土温控、超高索塔机制砂高性能混凝土泵送、山区超重钢锚梁整体吊装、边跨高墩无水平力的钢桁梁顶推、大跨钢桁梁斜拉桥合龙 5 大技术难题。

首先，北盘江大桥桥深墩高，承重能力强，但受弯受拉能力有限，大桥辅助墩高 84 米，相当于 28 层楼高，对这样的大高个，上部稍有风吹草动都会引起下方的剧烈晃动。对此，大桥建设团队创新性地采用了模块化钢桁梁自动顶推为钢桁梁顶推开启双保险。

据介绍，施工采用的钢桁梁步履式顶推技术，大大减轻墩身所受的水平力，从而控制辅助墩根部的弯矩，通过中交二航局武港院的技术攻关，钢桁梁步履式顶推可以自动调节不同

工位钢桁梁自重分配的不均匀性，实现了顶推过程中荷载转换、支撑系统往复移动、桥梁结构稳步前移的功能。通过循环"顶—推—降—缩"几个步骤逐步完成钢梁的顶推，实现钢桁梁的竖向、顺桥向的移动或调整，最终完成重达 6600 吨的边跨钢桁梁顶推施工。

其次，北盘江大桥项目地处山区，混凝土只能采用机制山砂，但由于机制山砂级配不均匀，形成的润滑层厚度难以保持一致，机制山砂泵送的难度随着高度增加不断加大，在泵送中途容易出现堵管、爆管等情况。但泵送混凝土又是最经济安全的输送方法，能将混凝土的性能保持在最佳状态，进而为确保工程质量打下坚实基础。

为了解决这一矛盾，大桥建设团队提前一

一步一景

年就开始研究相关解决方案。据介绍，同泵送高度对混凝土配合比的要求不同，100 米以下的工艺相对成熟，基本采用一种配合比方案，100 米以上每增加 50 米就需调整一次配合比，越到高处对混凝土流动性要求越高，到 230 米以后调整次数增多，几乎每 20 米就要调整一次。

针对不同原材料、不同外加剂给出不同主塔高度的配合比，工作量很大。试验主管李爱军在主塔混凝土配比试验时，常常加班到深夜，"这些试验数据必须走在施工的前面，才能保证工程进度"。

尽管进场道路十分艰险，但北盘江大桥项目部最终建设了 1.26 万平方米的标准化混凝土搅拌站，有效保证了工程所需混凝土的生产供应。值得注意的是，关键部位的特种构件是保障大桥百年使用寿命的重要一环。由于大桥所处地区常年潮湿多雨，且受峡谷横风影响，为最大限度保证行车连续性和舒适性，降低行车对桥体结构的冲击作用，仅能在大桥两端设置 4 条伸缩缝。

"这对伸缩装置提出了更高要求，除了要良好地适应桥梁伸缩变化外，还必须具备良好的防腐性能。"山西省交通科学研究院院长赵队家说。

为了尽可能减少行车对伸缩缝和梁体的冲击作用，山西省交通科学研究院提出了整体伸缩缝顶面内彼此中梁与边梁的高差都在正负 0.5 毫米之内的要求，"相当于一枚硬币厚度的四分之一"。最终，相关技术人员通过共同努力，圆满完成了各项任务。

| 科技助维护 |

针对桥位处的凝冻气象灾害频发现象，从大桥覆冰的机理、特性、影响因素角度进行分析，设计团队研究了预警系统、应急管理系统、共建共管模式下的养护决策内容，提出预警准则、警级设置、浓雾和凌冻等应急管理措施和共建共管模式下的决策策略；在国内首次建立了斜拉索凝冻监测方法，研发了斜拉索凝冻监测及图像识别预警健康监测系统。建立了包括凝冻监测在内的新型健康监测系统，能够对包括斜拉索凝冻等异常事件进行实时监控及预警，可普遍应用于受凝冻影响的山区缆索体系桥梁。

| 天堑变通途 |

2016 年 9 月 10 日，北盘江大桥实现合龙，并于当年 12 月 29 日顺利通车。北盘江大桥的建成通车，标志着贯穿我国东中西部 7 省、全长 3404 公里的杭瑞高速公路建设取得了重大进展，贵州又新增 1 条出省通道，云南宣威城区至贵州六盘水的车程从此前的 5 小时缩短为 1 小时多，实现了"一桥横贯东西，天堑变通途"，

黔川滇三省交界区域快速融入了全国高速公路网。

此外，北盘江大桥的建成通车，在桥梁建设领域也具有重要意义，大桥建设在桥型选择、施工方法、混凝土运用等 10 多个领域探索创新，攻克了许多技术难题，取得了一批具有国际领先水平、拥有自主知识产权的科技创新成果，形成山区特大跨径钢桁梁斜拉桥"设、建、管、养"全寿命周期的技术集群，为其后的六广河大桥、红水河大桥、平塘特大桥、鸭池河大桥的建设提供了技术支撑和保障。

身在贵州这个"桥梁博物馆"，当地老百姓对桥梁也有着特殊的感情，尤其在苗族地区，每年农历二月初二"龙抬头"这天，也是当地的"祭桥节"，以此来祈愿风调雨顺、五谷丰登。北盘江大桥的顺利通车，必将造福当地老百姓，助力云贵两省经济发展。如今，矗立于云贵峡谷之巅的北盘江大桥，成为当地的标志性建筑，甚至成了当地的观光热点，引得老百姓交口称赞。老百姓的笑颜背后，无不凝聚着桥梁设计师坚守的职业精神、拼搏的创新精神和不分昼夜的奉献精神。

文／门永斌、彭运动、吴秉泽、王徐生

用科技打造中国第一长隧

记秦岭特长铁路隧道

项目名称： 秦岭隧道群
获奖单位： 中铁第一勘察设计院集团有限公司
获得奖项： 百年重大土木工程项目优秀奖
获奖年份： 2013 年
获奖地点： 西班牙巴塞罗那

　　"云横秦岭家何在？雪拥蓝关马不前。"唐代大诗人韩愈的名句，使秦岭自古便成了中华大地上尽人皆知的名山。更早的《史记》中曾形容秦岭为"天下之大阻也"，更是形象地描述了秦岭的雄奇与险峻。秦岭不仅是神农尝百草、炎帝创天下的中华文明的发祥地之一，更是黄河和长江水系的分水岭，是中国地理的南北分界线。就在这样一座横贯中国东西部的宏大山脉之中，在距离主峰 1600 米的大山深处，一座当代中国最雄伟的地下建筑正发挥着越来越重要的作用。这就是刚刚荣获国家科学技术进步一等奖的秦岭特长铁路隧道。而这座隧道的本身，就堪称一个奇迹。

西康铁路秦岭隧道及中国最长的公路隧道

|"秦岭是生产奇迹的地方"|

且不说连绵的秦岭在中国历史上孕育了多少奇人异事，蕴藏了多少千古传奇，也不说秦岭哺育了多少王朝，见证了多少沧桑，只说秦岭的路。

"栈阁北来连陇蜀"，为了翻越秦岭，古人想尽了办法。"明修栈道，暗度陈仓"的典故，更是将秦岭道路的艰险推到了极致。时间进入了 20 世纪后半叶，为了尽快打通中国南北交通的第五条大动脉——西安安康铁路，必须尽早确定铁路穿越秦岭的线路方案和具体位置。在 460 平方公里的范围内寻找一条隧道的位置，何异于大海捞针！而这茫茫的"大海"，又恰恰被地质学界公认"古老的东亚褶皱断层山地中最坚强的一个（李四光语）"。这一地区的地质构造极其复杂，地下断层密布，隧道施工中最怕出现的高地应力、剧烈岩爆、突发性大涌水、地热高温溶洞以及放射性物质等现象随时都有可能发生。在这样苛刻的条件下，寻找一条地质构造最稳定、施工运营条件最好又最经济的隧道位置，本身就是个奇迹。

1985 年，早在 50 年代就开始负责西康铁路勘测设计的铁道第一勘察设计院（简称"铁一院"）的技术人员再次走进了茫茫的秦岭。这一干又是十几年。在铁道部的大力支持下，铁一院集中了最优秀的地质人才和隧道设计人才，成立了专门的隧道攻关组和地质大队，也集中了许多当时世界上最先进的勘测、勘探和钻探仪器。GPS 全球卫星定位仪、V5 大地电磁测深仪都是我国在铁路建设中第一次使用，全站型速测仪也是第一次大面积用于铁路的勘测设计。

秦岭山高林密，要在已经生长了千百年的密林中砍出一个测量走廊，用常规方法进行测量，要花费大量的人力、物力和时间。采用经过二次开发的 GPS 全球卫星定位系统，则可以通过卫星得到所需要的大地坐标，既避免了对原始生态造成破坏，又能使工作效率和精度提高 10—20 倍。同样，V5 大地电磁测深仪通过接收天然和人工发射的电磁信号，可以精确地反映出地下几十米至几十千米地层的特性。有了这两样"利器"，再结合大面积的航测遥感和准确的地面调绘，以及包括电法、磁法、放射性在内的多种勘探方法和深达 600 余米的地下钻探，工程技术人员准确探明了隧道可能经过的 460 平方公里范围内的宏观地质情况，相当于给秦岭进行了一次详细的"CT 体检"，并彻底冲破了铁路以往带状选线的局限性，加强了方案研究的深度，提高了决策的科学性。

1995 年元月 18 日，秦岭特长铁路隧道先期开工的平行导洞开始采用钻爆法施工，仅仅 3 年之后，全线胜利贯通。对此施工单位充满感慨：太顺利了！一切顺利得简直不可思议。在秦岭这样复杂的地质条件下，在长达 18 公里的掘进过程中，在短短的 3 年时间里，一切竟然进展得如此顺利：大山深处的秘密仿佛早早地就毫无保留地展示给了隧道的建设者们，哪里有涌水，哪里有塌方，哪里有岩爆，竟然和铁一院预测的一模一样！在国家科学技术奖励推荐书上有这样一段话："经工程验证，秦岭隧道位置与设计方案合理，设计围岩类别与施工验证的吻合率达 88%，变更设计的造

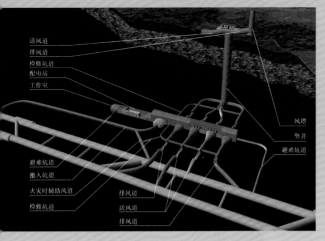
终南山公路隧道通风系统

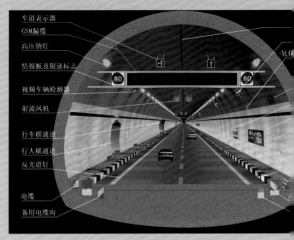
终南山公路隧道控制室

价仅占总造价的 1.5%，这在我国长隧道修建史上是前所未有的。"

更大的惊喜来自隧道贯通后的测量。精确的测量显示，长达 18.456 公里、长度居世界第六的秦岭特长铁路隧道贯通后，其高程及水平方向的误差仅为 2 毫米和 12 毫米，堪称世界所有特长隧道中的"第一精度"。

这又是一个奇迹。

隧道还未正式建成，奇迹就接踵而至，这一切仿佛早早地就预示着：秦岭隧道，必将成为中国铁路建设史上的又一座丰碑。

|"我国隧道建设发展史上的一个新的里程碑"|

这只是写在国家科学技术奖励推荐书中的众多结论性意见中的一句，类似的专家鉴定结果还有"秦岭特长铁路隧道修建技术总体上达到国际先进水平，在某些技术领域居国际领先水平"等。

的确，作为中国目前已建成的洞身最长、埋置最深，围岩特硬并首次设计采用全断面、大直径 TBM 施工、工程规模最大的隧道，秦岭隧道在勘察、设计、施工的每一个环节，都展现了当代科学技术的进步和发展，集中体现了国家重点工程对科学技术的依托，它无愧于中国铁路技术进步的标志性工程。

从 1994 年开始，为了秦岭隧道，铁道部组织了全国 23 家设计、施工、科研单位和高等院校，针对秦岭隧道修建中亟待解决的关键技术问题开展了历时 7 年的联合攻关。在科研课题所涉及的 6 大类，共 24 个科研项目中，均获得了丰硕的成果。这些成果的科技水平高、实用性强、应用前景广。在已经通过铁道部评审、鉴定的 16 项重点项目成果中，有 11 项达到国际先进水平，有 3 项居国际领先水平。

从铁路建设最初的线路选择阶段开始，铁一院在国内首创了"初测子阶段"，全面采用新技术，开展了大规模的综合地质勘探和地质选线工作，在举世公认的地形、地质非常复杂的北秦岭中段，探明了大面积比选区域内（460 平方公里）的控制性地质条件，对越岭地区的复杂地质情况进行了准确测量和预报，选定了最优的越岭隧道位置和主导设计方案，开创了我国复杂艰险山区越岭隧道选择的成功范例。同时，创造性地开发和建立了 GPS 的独立施工坐标系统用于隧道的精确控制测量，隧道贯通后高程及水平误差仅为允许误差的 2% 和 2.4%，贯通精度达到国际领先水平。

秦岭隧道要穿越秦岭腹地，地形、地质条件极其复杂，最大埋深达 1600 米，其中超过 1000 米埋深的地段就有 4 公里；隧道穿过的硬岩和极硬岩地段非常长，约占全隧道的 80%。在如此困难的条件下修建隧道，工程特别艰巨，技术难度极大，而秦岭隧道又是控制全线工期的关键工程，要求必须快速贯通。因此，秦岭隧道首次使用 TBM 大断面掘进机进行施工，这是我国铁路隧道历史性的突破。施工采用的 TBM 直径达到 8.8 米，世界上同类型的 TBM 只有少数几台，设计制造和施工有很大风险，必须有严格的管理体制和科学的施工组织作保证。为此，根据工程特点，开展了多种技术方案、设计标准、设计模式的前期论证工作；制定了我国第一个 TBM 施工围岩等级划分技术标准和方法；自主开发了 TBM 施工及组织管理系统，其主要技术指标和成果均达到国际先进水平，实现了我国特长隧道设计、施工技术的重大跨越（其中 TBM 故障诊断技术和专家系统为世界首创；TBM 的工时利用率达到 0.4，居国际领先水平）。虽然我国在 TBM 施工技术方面起步较晚，但秦岭隧道的成功修建使我国在隧道工程建设规模和水平上，特别是在 TBM 施工技术方面实现了重大的跨越，已跻身于世界先进行列。

秦岭隧道内采用了国内首创的弹性整体轨道结构和超长无缝线路一次铺设新技术。其特点为弹性匹配受力合适、少维修甚至不维修、寿命长、可修复性好，并且使铁路开通时车速即可达 120 公里 / 小时，在国内尚属首次。施工工艺采用排架法一次灌注成型，洞内铺设日进度可达 200 米。经专家鉴定，这种新型轨道结构形式使我国铁路无砟轨道技术迈上了新的台阶，也为我国高速铁路及城市轨道交通无砟轨道的铺设提供了技术支持，推动了全行业的技术进步，已经达到了国际先进水平。

在施工中，通风技术一直是困扰特长隧道施工的技术关键。经过科研攻关、科学计算、试验论证，研制出我国第一台适合长大隧道施工使用的风量最大、性能特性可调的隧道通风机，其主要技术性能居国内领先水平，解决了独头掘进 9 公里通风问题，实现了隧道施工技术的重大突破。

为适应长大隧道的开挖，在特硬岩快速掘进方面，研究采用了钻眼、爆破、出碴及运输等关键施工工序的机械化配套技术和新型炸药、硬岩爆破新技术以及网络信息化施工管理模式。实现了特硬岩下钻爆法的快速掘进，取得了月平均掘进 246 米，最高 456 米的全国最高纪录。秦岭隧道建成之后，这一成果在西安南京铁路的东秦岭隧道、西安安康高速公路的终南山隧道、渝怀铁路的沙坝隧道等长大隧道的施工中得到了进一步的推广应用。

秦岭隧道采用的圆形隧道衬砌、仰拱预制块和新型接触网下锚技术等新工艺，以及专为秦岭研制的圆形模板台车、整体道床铺设及龙门式吊排架等大型机具设备，既保证了施工运输安全，又大幅度加快了掘进速度，填补了我国隧道支护结构设计和施工技术的空白。另外，还创造了隧道开挖 18 公里多无一人死亡的国内安全生产最好纪录；设计了在国内首次应用的防灾、报警、消防灭火装置体系等，创造了我国隧道修建的一系列崭新纪录。

秦岭隧道的建成，使修建特长隧道不再是我国铁路、公路以及水利建设中不可逾越的障碍，长达 18 公里的终南山公路隧道和 20.05 公里的乌鞘岭铁路隧道已经开工建设。在南水北调西线工程中，推广采用特长隧洞的方案也将成为可能；弹性整体轨道技术也将在乌鞘岭和京沪高速铁路穿越长江的沉管隧道中加以推广应用，并将进一步广泛应用于地铁隧道工程。

秦岭隧道创造的一系列新技术、新突破，在推动我国相关行业全面技术进步、标志着我国在隧道建设的工程规模和总体水平上跻身世界先进行列的同时，也必将为我国高速铁路和地下铁道的发展提供更加广阔的应用前景。同时，它的建成通车，也为当地山区百姓，为西部的陕西、四川、重庆，乃至更大范围、更多的人带来了更为丰厚的回报。

|"绿色的秦岭是西部的希望"|

高山、草甸、飞瀑、清泉，奇峰、云海、巨石、积雪……秦岭以其令人惊叹的壮美和丰厚的水土，孕育了中华五千年的文明，也珍藏了包括国宝大熊猫在内的很多中国特有的珍稀濒危物种。作为我国长江、黄河两大水系共同的重要水源基地，秦岭得到了我国政府的高度重视，秦岭山区群众的脱贫致富以及生态建设也越来越受到世人的关注。

据铁一院专家介绍，秦岭隧道的建设，充分体现了人与自然和谐发展的设计理念。为了避免对秦岭自然保护区以及翠华山、水湫池、南五台山、汤峪温泉等旅游景点造成不利影响，在铁路选线时都采取了尽量绕避的措施；秦岭隧道的洞口位置位于陕西省规划建立的羚牛保护区内，羚牛属珍稀动物，目前只剩 70 多头，主要分布在海拔 2000 米左右的地区。在设计过程中，设计人员充分考虑到这一地区的生态平衡，选择的隧道洞口位置距羚牛分布区的垂直距离为 1000—1200 米，水平距离为 6—8 公里，使施工及运营期的噪声、振动等经过茂密林木的过滤后不会对其产生影响。

由于隧道修建采用大型机械，施工中用水量很大，再加上隧道自身的涌水，施工中排放的污水高峰时达到每小时 400 吨，很容易对周围环境尤其是水源，特别是作为西安市主要备用水源之一的石砭峪水库造成污染。为此，建设者增加了数百万元的投资，在洞口建起了两座污水处理厂，对施工废水进行严格的净化处理，待水质达标后再排放，保护了隧道两端水源和周围环境不受污染。这在我国铁路建设史上还是第一次。

隧道修建过程中产生的 200 多万立方米弃碴，如果按常规做法分散堆弃，既会污染周围环境，又会破坏秦岭景观，更会在雨季带来滑坡、泥石流等隐患，对此，建设者们进行了巧妙的处理。在隧道北端，设计时利用地形条件，合理选择了弃碴场地并进行填土造地，新增耕地 130 余亩；在隧道南端，则利用弃碴填筑了需要大量填土的营盘车站，最大限度地减少了不必要的开挖。这一系列巧妙的构思和一增一减，为缺田少地的山区百姓带来了极大

终南山公路隧道控制室

的实惠。

秦岭隧道开通以来，为当地尤其是川渝地区的发展发挥了重要作用，产生了巨大的经济效益和社会效益。

西康铁路是西南地区与北方交通的主要通道，是中国铁路"八纵八横"路网骨架的重要组成部分。修建秦岭隧道，大大缩短了西康铁路的运输距离，有力地支持了全线运量的迅速增长和运输的安全畅通。开通运营仅仅2年，货运量同比增长就达到了50%，客运量同比增长33%，现在已承担起西南地区近40%的铁路外运客货运输任务，促进了这一地区特别是川渝地区经济的持续增长。同时，它对沿线的地方经济发展也起到了明显的拉动作用，使得陕西省将沿线分布的四条产业带连接为一个

完整的结构体系，将陕北和陕南连成一个整体，并有力带动了沿线经济落后地区经济和旅游的发展。据统计，仅从1996年到全线投入运营当年，陕西省商洛地区国民生产总值就增长了1.7倍，年均增长11.0%；安康地区的国民生产总值也增长了1.3倍。

今天，秦岭特长铁路隧道已经成为一个标志、一种象征、一座丰碑和一段历史的见证。它从秦岭穿越而过，纵贯南北。"秦岭天下之大阻也"已经永远地成为历史的记忆。今天的秦岭更像是一条充满了勃勃生机的康庄大道，沟通着南北，联结着希望。

文 / 高俊

开创世界超大特长盾构法隧道的新纪元

上海长江隧道工程

项目名称：上海长江隧道
获奖单位：上海市隧道工程轨道交通设计研究院
获得奖项：百年重大土木工程项目优秀奖
获奖年份：2013 年
获奖地点：西班牙巴塞罗那

    2009 年 10 月 31 日，上海长江隧道工程顺利建成通车，这条超大直径的高速公路隧道穿越烟波浩渺的长江南港水域，与长江大桥相接，直接改写了崇明三岛出行难的历史，按照 80 公里的设计时速，穿越长江只需要 18 分钟，在未来如果搭乘轨道交通，或许会更快。

    崇明岛被誉为"长江门户""东海瀛洲"，它是上海的一部分，却与上海市区隔江相望。在很长的时间里，上海市区与崇明岛往来唯一的交通工具是长江轮渡，但是轮渡容易受到天气影响，每当遇到恶劣的天气就要停航。上海长江隧道工程的竣工通车，将上海市区与崇明岛的距离拉近

上海长江隧道

了，上海市中心到崇明岛的路程时间由原来的4 小时缩短为 45 分钟。同时，上海长江隧道 15 米大直径断面、盾构一次性推进 7.5 公里的距离双双刷新了当时的盾构施工世界纪录，标志着我国盾构法隧道的设计、施工技术成功跻身国际领先水平。

那么这条交通命脉是如何建成的呢？让我们走进上海长江隧道工程的设计单位——上海市隧道工程轨道交通设计研究院，听上海长江隧道工程的设计团队讲述这项伟大工程背后的故事。

| 需求引领世界之最 |

为了改善上海市交通系统结构和布局，加速长三角地区经济一体化发展，更好地带动长江流域乃至全国经济发展，提升上海在全国经济中的综合竞争力，国家有关部门经过规划，把长江隧桥工程定位为特大型交通项目，上海长江隧道工程就是其中的重要组成部分。

中国盾构隧道自 1963 年在上海开始建造以来，为适应交通需求，经历了从小到大的发展。在上海长江隧道前期研究阶段，世界上已建最大的隧道是荷兰"绿色心脏"铁路隧道，直径为 14.5 米。而在中国，大多数已建成的盾构法城市道路隧道的直径均在 11 米左右，可以满足双管双向四车道的规模。但是，根据长江隧道项目的交通流量预测报告，2028 年隧道预测交通量为 81600 标准车 / 天，经换算后得出隧道单向高峰小时的交通量为 3055 标准车 / 天。在这样的交通流量下，只有采用 80 公里 / 小时的设计速度、双向六车道的设计规模，隧道的单向设计通行能力方能适应交通需求。这意味着只有突破已有标准，采用更大直径的隧道才能满足远景年的交通需求，而按照双管双向六车道高速公路标准进行设计，隧道外径将达到 15 米。

上海长江隧道作为当时直径最大的盾构隧道，在超大、特长、深埋等多项世界之最光环的背后，其工程风险之多也是前所未有的。

一次性推进距离长。特长隧道的设计面临通风、排烟、隧道内温升影响等一系列难题，以及运营期间火灾工况和交通事故时的消防和人员疏散、救援等问题。同时，由于施工方案在反复推敲后，采用两台盾构一次性掘进 7.5 公里，不设中间工作井，除了要考虑隧道施工时长距离测量、通风、运输及安全等问题外，还要确保盾构本身的可靠性等。

盾构直径大。工程采用的两台超大盾构的直径达 15.43 米，隧道外径达 15 米，在当时堪称世界之最。因此，结构设计和耐久性设计是关系到隧道质量的决定性因素。加之隧道规模大，两条隧道间的净距也大，其联络通道的施工难度也远超以往工程。

隧道埋深大。隧道工程大部分施工要在江底完成，最深的埋设深度达到 55 米。由于埋深大，盾构在掘进过程和联络通道施工中可能遭遇复杂的地质条件，对结构防水的要求高，施工中存在着诸多不可预计的工程风险。

工欲善其事，必先利其器！针对工程中可能存在的风险，工程人员经过反复论证、科学决策，一系列世界隧道工程建设史上从未遇到的难题都一一化解。

| 反复论证，实现超长距离推进的大格局 |

上海长江隧道穿越长江南港水域，线位处江面宽达 6.8 公里，隧道越江总体方案确定的复杂性，在于它不仅要满足安全适用、技术先进、经济合理的要求，更重要的是要有实施可行性、风险可控、进度有保障。从通风、盾构掘进、安全疏散、河势变化、施工难度等方面考虑，江中工作井的设置与否一直是工程争议的焦点、决策的难点，关于江中工作井设置的论证前后经历了六轮。

按照隧道工程的施工惯例，一般每掘进 2—3 公里就需要设置一座工作井，施工阶段用于检修设备，也有利于日后运营阶段排风通气。但是，一方面随着上海长江隧道工程各项工作的逐步推进，专项课题、咨询研究等抽丝剥茧般地层层深入，矛盾的焦点也在逐步变化、转移，设井方案的弊端不断显现。比如，长江南港河势变化大，长期稳定井位何处觅；运营期间直立深井与水平长隧道之间的沉降如何协调；所建工作井对河势的干扰与影响无法预计等等。

而另一方面必须设井解决的制约因素逐步得到了化解。通过向世界盾构机制造商的咨询，得到有把握地承诺进行针对性的盾构机设计、备件配置、风险应对后，可从施工上保证长距离掘进的安全、可靠；采用创新且经试验验证过的纵向通风加重点排烟，夏季采用水喷雾降温的通风、降温设计方案，能有效满足超长隧道通风设计标准的要求；在两条平行隧道间设置一定数量的横向连接通道，在隧道上、下层间设逃生、救援梯道，打造事故工况（主要是火灾）下立体式人员疏散与救援的模式。至此，工程人员终于走出困惑，科学决策，创新地提出了 15 米大直径隧道一次长距离穿越长江的方案。

| 科学试验，确保结构设计合理安全 |

虽然上海从 1964 年建成打浦路越江隧道以来，已先后建成了 14 条较大直径（直径≥10 米）隧道，但要建造长达 7.5 公里、直径为 15 米的世界最大直径盾构法隧道，仍然是一个巨大的挑战。上海长江隧道超大、特长、深埋、高水压、多功能、内部车辆和列车荷载同时作用、快速施工配合需求等特点，都要求圆隧道衬砌结构设计能在原有的基础上跃上一个新台阶。

由于上海长江隧道工程的特殊性和复杂性，在工程衬砌结构设计之前，先行开展了一系列实体试验研究和计算机数值模拟计算研究，包括 1:1 整环衬砌结构试验、1:1 管片直接头和错缝夹片试验、衬砌结构横断面设计及构造研究、双线隧道间连接通道设置研究、隧道抗震性能的数值仿真研究、隧道－车辆－土体耦合振动全三维数值仿真研究、连接通道防水试验研究、金属构件耐久性研究等，从而掌握了超大直径、超长距离、深埋于江底复杂软土地层中隧道建设的关键技术。

在锲而不舍的研究中，上海市隧道工程轨道交通设计研究院的工程技术人员首先建立了基于足尺整环、接头试验的超大直径盾构隧道衬砌结构设计计算方法，第一次完整提供了盾构法隧道结构计算模型的所有力学参数取值；首次提出了错缝拼装管片在接头部位，既有弯矩传递，又有轴力传递的理论依据，并根据试验资料，得到了弯矩传递系数、轴力传递系数的取值范围；首次提出了考虑结构与土体共同作用的隧道纵向稳定分析模型—双参数弹性地基梁模型（Vlasov 模型）；首次对超大特长隧道进行了全面的三维抗震分析，建立了工作井、隧道（含内部结构）、连接通道和土体的三维仿真模型；首次进行了隧道结构、轨道交通车辆、汽车和土体的三维仿真耦合振动分析，建立了公轨共管的计算模型、计算参数，得出在超大特长盾构隧道中公轨共管运营的隧道沉降、结构应力增量、变形缝的张开量等，确保设计满足规范和标准要求。

在黑暗深邃的江底进行举世瞩目的工程建设，上海市隧道工程轨道交通设计研究院的工程技术人员通过不断的技术创新，用智慧和胆识攻破了一个个难题。

| 高瞻远瞩，拓展隧道功能 |

上海长江隧道外径 15 米，扣除衬砌厚度之后，隧道内径 13.7 米，如何合理布置隧道建筑空间是摆在建筑设计师面前的又一道难题。上海长江隧道之前，已建的直径 11 米左右的单层盾构法道路隧道，圆隧道内横断面空间一般分为二层，上层为两车道的车道层，下层则用于布置各类管线及设备，以满足隧道本身的交通功能。但是这一次，上海长江隧道设计绝不能再沿用原来典型的"上、下两层布置的隧道横断面"模式。

隧道横断面布置的实质是合理满足隧道的功能要求。上海长江隧道具有超大、超长、超深的特点，除了满足正常工况时的交通运行安全，还必须满足事故、火灾等工况下人员疏散安全。因此，在第一版初步设计中，经多专业综合研究，隧道横断面创新地分为三层，上层设置排烟道满足火灾工况时排烟要求、中间为三车道的车行道、下层除布置隧道的设备和管线外，还设置了纵向救援车道。

2004 年工程初步设计完成后，上海市提出了"重视大型基础设施的复合利用，使大型基础设施由功能设计粗放化，用途单一化向精细化、多用途化转变"的要求。为充分利用地下空间宝贵资源，集约化设计的思路又应运而生。设计师充分发挥"螺蛳壳里做道场"的精神，根据实际外部需求，考虑将 220 千伏高压电缆纳入隧道空间，并在隧道内预留轨道交通空间。

为此，在补充初步设计中，又专门进行了一系列的相关专题研究，如 220 千伏电缆发热及敷设通道热场研究、电力电缆对弱电系统的影响评估、隧道内电缆接地方式研究、隧桥电缆运行维护管理研究、配电电缆及桥载电缆发热及温度计算；以及预留轨道交通后连接通道、江中废水泵房设计方案专题论证、一体化防灾设计考虑等等，确保隧道内纳入 220 千伏高压电缆、同时预留轨道交通空间的合理性和可行性。

在增加 220 千伏高压电缆、预留轨道交通空间后，隧道横断面内公路交通层建筑限界不变，下部空间经设计优化、设备和管线重新整合后，中跨空间预留净尺寸宽 3700 毫米、高 4200 毫米的轨道交通空间，车行右侧设包括 220 千伏电缆在内的共用电缆管廊；左侧

整环试验

全比例火灾试验

隧道疏散口

隧道内部结构施工

设纵向疏散通道、地埋式变压器等，同时满足了公路交通、220千伏高压电缆过江以及轨道交通的需求，充分利用了地下空间的宝贵资源，取得了很好的经济和社会效益。

| 综合平衡，合理设置连接通道 |

经过断面的合理布置和集约利用，把下层空间的中间部分作为轨道交通的预留孔。隧道分为上、中、下三层，按原先的设计，中间为三车道的行车道、下层中间为救援车道，现在下层原来救援车道的空间被改为轨道交通的预留空间。经过这样一番调整，使得防灾体系的建设更为重要。

在上海长江隧道设计中，在道路层、轨道层同一时刻按一处发生火灾考虑的前提下，为了上、下兼顾，共提出了5种设计方案：上层设8条连接通道，其间约280米再增设连接上、下层的疏散楼梯；上、下层各设8条连接通道，各自进行横向疏散；下层设8条连接通道，横向疏散，上层设下滑楼梯至下层后进行疏散；以骑跨上、下层的大开口形式合建8条共用的连接通道；每条隧道内间隔200米左右分别建连接上、下层的体外烟斗式楼梯（有封闭楼梯间）进行疏散。

经比选论证和专家评议后，确定采用对主隧道结构安全影响小、施工风险可控、疏散救援便捷可靠、防灾资源共享、建造周期短的平面、竖向疏散结合方案，即上层设8条连接通道，其间隧道内再设3座连接上、下层的楼梯。这个逃生系统是立体的，它左右每间隔800米有一个连接通道，用于遇到突发情况时紧急疏散，它们把相距 15 米的两条隧道紧紧地联系在一起，是逃向另一条隧道的生命通道；每隔 270 米就有一个垂直的逃生楼梯，可以满足上下层空间的通行。人性化的周到设计使长江隧道工程成为一项充满人情味的工程，这些原本由钢筋混凝土构成的冰冷建筑充满了人性的温度。

| 系统设计，保证隧道运营安全舒适 |

由于上海长江隧道属于超大、特长隧道，在隧道通风、防排烟、隧道温升设计方面也是困难重重。首先，按照既有规范规定的计算方法，汽车尾气排放的污染物排放量很大，盾构段长达 7.47 公里的长大隧道全程采用一个通风区段（不设中间通风井）非常困难，会造成隧道断面风速过高、运营安全风险过大的问题。其次，隧道内发生火灾时，有效控制烟气在隧道内的扩散范围是保证人员逃生和救援的关键，也是减少火灾对隧道损害、快速恢复交通的重要因素。最后，长大隧道采用一个通风区段时，有效的换气量不足以控制隧道内汽车排放引起的隧道空气温升，当隧道长度达 8 公里时，空气温升甚至会超过 20℃，严重影响夏季隧道内的行车安全。

面对一个个难题，设计人员迎难而上，潜心钻研，精心设计。针对隧道运营期间的通风问题，他们对我国汽车尾气排放控制规定和限排时间表、国外相关汽车尾气排放计算方法进行详细研究，并与上海越江隧道内汽车污染物排放的实测数据进行比对，合理确定了本工程中尾气排放计算方法和指标，实现了 7.47 公里的长大隧道不设中间通风井的全纵向通风方式。针对火灾时的排烟难题，他们通过数值模拟和室内实验相结合的方法，在国内首次提出了纵向通风与重点排烟相结合的控烟方式，同时利用纵向控烟与重点排烟的优点，将高温烟气控制在火灾周围约 200 米范围内，有效提高了长大隧道烟气控制能力，减小了火灾烟气影响范围，提高了隧道抗灾能力。

面对长大隧道的温升难题，他们率先提出并系统地研究了适用于公路隧道的细水雾降温技术，采用数值分析与全尺寸实体实验相结合的方式，围绕工程应用的核心技术难点——能见度、行车安全、喷雾方法、控制模式等一系列问题进行了研究，突破了困扰当前超大特长隧道的温升技术难题，形成了隧道喷雾降温从计算至方案设计、设备选型以及控制的一整套技术。

上海长江隧道工程顺利竣工通车后，从根本上改变了上海市区与崇明岛交通不便的状况，为崇明岛开发创造了便利条件，还为完善长三角地区路网结构、推动长三角地区经济一体化均衡化发展奠定了基础。同时随着国家西部大开发战略的提出，上海长江隧道成为国家 G40 沪陕高速公路的控制性节点工程，为国家西部大开发打开一条从沿海到内陆的大通道。

天堑变通途，这一伟大的工程连接了都市与岛屿。上海长江隧道工程是中国隧道建筑的里程碑，也开创了世界超大特长盾构法隧道的新纪元！

文 / 申伟强、曹文宏、杨志豪

巧为三晋绘银龙

石太客专太行山隧道群设计纪实

项目名称：石太高速铁路太行山超长隧道群工程
获奖单位：中国铁路设计集团有限公司（原铁道第三勘察设计院集团有限公司）
获得奖项：优秀奖
获奖年份：2014 年
获奖地点：巴西里约热内卢

2009 年 4 月 1 日，石太客专太行山隧道群（以下简称"石太客专"）作为全国首条山区客运专线正式开通运营，从石家庄出发，途经河北省鹿泉市、井陉县，山西省盂县、寿阳县、阳曲县，最终抵达太原，将石家庄到太原运行时间由原来的 5 小时缩短到 1 小时，设计时速 250 公里。

石太客专不仅大大缩短了石家庄与太原间的旅程，更拉近了山西等西部省市与京津冀地区和山东等东部省市的时空距离，对拉动西部地区经济发展，协调促进我国东西部区域间经济、文化、信息等方面交流起到了积极且重要的作用。

作为实施《中长期铁路网规划》以来首批开工建设的客运专线之一，石太客专浸透着无数铁

太行山超长隧道群工程

路建设者的辛勤与汗水，特别是全线重点控制工程——太行山隧道（群），更是凝聚着中国铁路设计集团有限公司（原铁道第三勘察设计院集团有限公司，以下简称"中国铁设"）广大设计人员的心血和智慧。

太行山是我国地理地势第二级阶梯和第三级阶梯分界线的主要组成部分，也是华北平原与黄土高原的分界标志。2004 年 9 月，《新建石家庄至太原客运专线可行性研究报告》通过审批，确定石太高速铁路以 27.8 公里长、由太行山隧道及毗连的其他隧道组成的隧道群穿越太行山。

太行山隧道（群）的建设正值中国高速铁路的起跑阶段，相关高速铁路隧道建设标准还处于研究过程。在太行山隧道设计过程中，中国铁设组织各有关单位攻坚克难、开拓创新，经过 4 年多的摸索和研究，攻克了一系列隧道工程设计难题，为推动行业技术发展作出了重大贡献。

| 披荆斩棘开先例 |

太行山超长隧道群是石太客专的控制性工程，主要由毗连的 3 座隧道组成。其中最关键的隧道称为太行山隧道，穿过太行山山脉中部，隧道最大埋深 445 米，长度为 27.839 公里，由两条平行的单线隧道构成，是当时我国最长的高速铁路隧道。其次是与之毗连的南梁隧道，长度为 11.526 公里，设计为两座单线隧道过渡为一条双线隧道，简称喇叭口隧道；与南梁隧道毗连的石板山隧道长 7.505 公里，为双线隧道。整个隧道群长度为 47.2 公里（含隧道之间桥梁、路基长度），占隧道群两端车站之间长度的 92%。

为加快施工进度，根据辅助坑道的设置原则，中国铁设组织专家对施工方案进行比选和充分的论证，最终为太行山隧道施工选取了 9 座施工辅助坑道，从而增加了 18 个开挖工作面，极大地提高了开挖效率，缩短了施工工期。在隧道主体工程施工后，将施工辅助坑道改造为紧急出口或通风井，永久设施与临时设施建设时统筹考虑，施工难度小。

太行山隧道所经地区的地质条件极为复杂，隧道进口段通过了可溶岩地层，其中的部分段落内地下水非常丰富，容易产生突水冒泥等灾害；隧道中部通过了强度高、地应力大的花岗片麻岩地层，容易产生岩爆等危害；最困难的是太行山隧道要通过长达 6.8 公里的膏溶角砾岩，这是一种工程性质很差的"软岩硬土"，存在膨胀性、遇水崩解软化等诸多问题，国内既无此类岩体的工程力学性质资料，也无在此地层中修建隧道的先例。

为降低不良地质的影响，中国铁设的工程师们从隧道横断面和线路形式两方面进行优化设计。隧道横断面设计方面，经过专项研究和试验，首次提出了膏溶角砾岩的分类、围岩分级和试验方法，确定了适应该地层的断面型式、支护参数、结构耐久性措施等；同时在国内首次结合工程开展了《250 公里／小时标准客运专线隧道净面积参数研究》科研攻关，根据空气动力学计算结果，考虑隧道长度、隧道建筑限界、防灾救援通道和维修等要求，并结合项目通车后采用非气密型普通车在隧道内高速运行时的舒适度标准，将太行山隧道群单线隧道内轨顶面以上有效净空面积设置为 60.42 平方米，双线隧道内轨顶面以上有效净空面积设置为 92 平方米，并在单线隧道洞口设置了满足缓解空气动力学效应的缓冲结构，将列车通过隧道时对周围环境的影响降到最低，此种设计也满足未来采用气密型车辆的情况下，时速 300 公里甚至更快的高速列车运行需求，相关成果纳入了《高速铁路设计规范》。

由于太行山隧道所处地层条件差，只能设计为单线隧道，而石板山隧道设计为单洞双线隧道，这势必会在中间地段南梁隧道内由洞内双线渐变过渡到两条单线，因此南梁隧道也被称为喇叭口隧道。中国铁设工程师们在无任何经验可循的情况下，攻坚克难，通过数值模拟、模型试验等手段，确定了隧道渐变过渡段的开挖及支护方法，解决了 300 平方米特大断面隧道直接过渡到小净距隧道的设计和施工难题，成功实现了线路从一条线间距 4.6 米的双线隧道过渡到两条线间距 35 米的单线隧道。

| 开拓创新补空白 |

除施工问题外，特长隧道群的修建给隧道运营带来了巨大的安全风险和技术挑战。《国际铁路联盟规范》认为：三种主要类型的事故可能在隧道内发生，分别是出轨、碰撞和火灾。与出轨和碰撞相比，隧道发生火灾事故具有重大的危险性，在半封闭的隧道环境中，隧道内的火灾灾害可能导致灾难性的后果。

太行山隧道（群）是当期在建的最长铁路隧道（群），当时我国铁路隧道防灾救援的研究还处在探索阶段，已经建成并运营的米花岭、

秦岭、乌鞘岭等隧道防灾救援技术思路不尽一致，国内也没有与铁路隧道防灾救援有关的设计规范与标准。因此，中国铁设的工程师们立足太行山超长隧道群工程，采用理论分析、数值计算、模型试验及灾害现场情景模拟等研究方法，建立了高速铁路特长隧道"紧急救援站"多口通风模型，确定了人员疏散过程中送风和防烟标准，提出了"紧急救援站"送风和排烟的技术方案；此外还成功实施了高速铁路特长隧道防灾救援的系统工程。

为满足事故列车在隧道内停车后人员安全疏散的需要，设计人员结合毗连工程设计了 2 座"紧急救援站"及防灾通风等配套设备系统。"紧急救援站"长度为 550 米，站台宽度为 2.3 米，两条单线隧道间横通道密度按间隔 60 米设置。其中 1 号救援站位于太行山隧道中部，横通道内设置等待空间，横通道两端设置防护门，紧急救援站设置通风井及排烟竖井，横通道内设置应急电话，站台范围有方便疏散的扶手及消防设施等。

太行山隧道（群）建立了高速铁路特长隧道设置"紧急救援站""避难所""紧急出口"等救援疏散设施的系列标准，其中提出的"紧急救援站"设置标准在国内铁路隧道中尚属首次，填补了铁路隧道防灾救援疏散工程领域的技术空白，被列为 2008 年中国企业新纪录，同时推动了《铁路隧道防灾救援疏散工程设计规范》的制定。

太行山区山高坡陡，岩石裸露，植被稀少，水土流失严重。为减少庞大的弃碴量对环境的影响，中国铁设的工程师对隧道开挖下来的石碴进行检测，对达标石碴进行处理，使其作为

建筑材料再次利用，并在隧道弃碴场实施与周围环境相协调的恢复性绿化，保持弃碴与周围环境的协调统一，充分体现了人与自然和谐发展的设计理念。在对水文环境有特殊要求的地段，设计了洞内帷幕注浆堵水措施，减小对环境的影响。

| 同框晋冀绘新图 |

石太客专的开通运营形成了一条大容量快捷客运通道，使石家庄至太原的客车运行时间由 5 小时缩短到 1 小时，为现有石太线分担了很大一部分客运任务，充分释放其货运能力，大大推动了山西货物运输的发展。

华北地区拥有丰富的旅游资源，但受交通等因素的制约，各省市的旅游资源缺乏有效的整合，在一定程度上存在散、乱、小、各自为政等现象，削弱了对游客的吸引力。随着石太客专的开通运营，制约华北地区旅游业发展的时空瓶颈得到破解，加强了山西与北京、河北、天津等渤海地区的旅游协作发展，石太客专正变为一条文化旅游合作之路。加上此前已开通的京津城际铁路，华北各省份景区之间的时空距离将明显缩短。高速化客运设施的建设极大地改善了旅行条件，缩短了旅途时间，提高了出行的安全性和舒适性。

开通以来，石太客专旅客发送量逐年递增。2019 年 1 月 5 日起，石太客专部分列车更换为复兴号中国标准动车组，带给旅客更美好的出行体验。乘坐高铁出行现已成为往来石太两地旅客的首选，石太客专发展红利惠及沿线人民群众。据测算，石太客专直接吸引区域总人口达 700 多万。近 12 年来，山西与北京、河北以及天津等渤海地区的旅游协作发展得到进一步加强，石太客专也成为一条文化旅游合作之路。

石太客专的开通加速推进了晋冀之间的一体化经济进程，加大了整个华北地区联系的深度和广度，促使河北、山西的资源、区位、群体产业等比较优势尽快转化为竞争优势，成为实现两省转型发展、和谐发展的有力助推器。动车组把太原、石家庄、北京纳入一个城市圈共同发展，提高了区域综合竞争能力，为北京创新成果转化，人才、信息、技术和文化资源向沿线区域输出，建立了一条更加快捷的通道，推动太行山以西地区与东部沿海地区的协同发展，由此开启了一条助推西部区域经济发展的快速通道。

如今，距离石太客专项目开始酝酿方案已近 20 年，太行山超长隧道群也安全运营了 10 余年。光阴倒转，回眸这段历程，特别是方案出炉过程中的比较度量和工程实施阶段的攻坚克难，一切又是那么难忘。也许随着时间的推移，这些终究会渐渐地淡出记忆，但每当乘坐高速列车穿行在太行山腹地时，人们总会想起这里曾是当年喧嚣的超级工作场。

文 / 夏勇、王朋乐

世界最快的水下铁路隧道

狮子洋隧道

项目名称：广深港高速铁路狮子洋隧道
获奖单位：中铁第四勘察设计院集团有限公司
获得奖项：优秀奖
获奖年份：2015 年
获奖地点：阿联酋迪拜

　　狮子洋位于珠江入海口，是珠江的主航道。南海在此深入陆地形成溺谷海湾，水面辽阔，波涛汹涌，犹如海洋；洋之东侧，有一山岛，宋代已被称为狮山，故名狮子洋。2011 年 12 月 26 日，和谐号动车组自广州始发，以每小时 350 公里的速度通过波涛之下的"世纪之隧"穿过狮子洋，驶向深圳。

　　中国内地第二条进港铁路——广深港铁路高速铁路连接广州、深圳、香港，是我国高速铁路干线网和珠三角地区城际铁路网的重要组成部分。高速铁路设计线路长度约 140 公里，其中内地段长约 114 公里，香港段长 26 公里。内地段设东涌、虎门、光明、深圳北、福田 5 个车站。广深港铁路高速铁路的运营成就了多个世界之最，其中之一，就是诞生了世界行车速度目标值最高的水下隧道——狮子洋隧道。

狮子洋隧道

狮子洋隧道是广深港铁路高速铁路中的控制工程，位于广深港高速铁路东涌站至虎门站之间，穿越珠江入海口的狮子洋。隧道全长 10.8 公里，越江段采用盾构法施工，除出口段 120 米为设中柱的单孔双线结构外，其余地段均由两条单线隧道组成，盾构段单孔长 9340 米，顺利拿下了国内"最长水下隧道""已建成最高水压隧道"等多个称号。

狮子洋隧道穿越地质条件复杂多变的河床，环境保护要求严格，防灾救援条件困难。在开工之时，世界上已开工建设或建成的高速铁路盾构隧道很少，类似工程经验十分有限。以全国勘察设计大师肖明清为代表的中铁第四勘察设计院集团有限公司的工程师们依靠自主创新开展设计研究，最终攻克多个重大技术难题，经受住了世界级的考验，使这座"世界高速铁路隧道修建技术的里程碑"熠熠生辉。

| 覆盖厚度薄，穿越河床有"潜"招 |

狮子洋主河床段地层软弱，覆盖厚度较薄，无法满足隧道埋置要求，因此，想要穿越狮子洋，隧道只能向基岩内"潜伏"。然而，在隧道设计之时，对于水下盾构隧道在基岩中的合理埋置深度问题，世界上不仅没有技术标准，连现有案例都屈指可数。英法海峡隧道是为数不多的可参考工程，隧道在透水性极弱的泥灰岩中穿越，避免了地下水对施工安全的不利影响。然而，狮子洋隧道主河床段主要穿越风化泥质粉砂岩、粉砂岩、细砂岩、砂砾岩，基岩面起伏大，透水性中等至强，合理选择埋深与施工安全、结构受力、防水设计、运营能耗等

密切相关。

与矿山法隧道不同的是，盾构法隧道管片一旦脱出盾尾，即可对地层形成"刚性"支护。如果隧道埋深增大，虽然围岩松弛荷载趋于稳定，但水压力和形变压力随之增大，此时需要更大的超挖，不利于运营节能；而埋深减小的话，则对刀具更换的进舱作业安全极为不利。为了解决这一"左右为难"的局面，设计团队自主创新、深入研究，提出了基于隧道荷载与施工安全控制要求的盾构法水下隧道基岩覆盖厚度的选择原则与计算方法，保证了施工安全，减少了隧道埋深和水压力，利于运营节能。在满足"施工进舱作业安全"，且松弛压力与形变压力之和相对较小的原则下，分析得出合理的基岩覆盖厚度为 15 米。

| 综合设计隧道结构，软弱地层有"硬"招 |

狮子洋隧道设计之时，国内高速铁路水下盾构隧道和岩石地层中的大直径泥水平衡盾构隧道的设计理论、经验均是空白，国外经验也很少，且没有类似水文、地质和环境条件下的工程可供借鉴。与此同时，隧道两端的盾构段处于粉细砂地层，局部分布有淤泥质土，对于如何避免高速列车长期振动可能产生的砂土液化或沉降过大，设计团队也毫无经验。此外，高速铁路水下盾构隧道需考虑火灾、撞击、爆炸等意外荷载对结构的影响，如何确保大直径复合式泥水平衡盾构在穿越高水压、复合地层时的施工安全和长期运营的结构安全性与经济性，也是工程设计的关键技术问题。为此，狮子洋隧道设计团队开展专项研究，采用针对性

广深港高速铁路狮子洋隧道平面

方案，确保隧道结构安全、行车平顺舒适。

率先采用双层衬砌结构

高速铁路水下盾构隧道需考虑火灾、撞击、爆炸等意外荷载对结构的影响。在基岩段，围岩具有一定自稳性，局部结构破坏不会引发整体垮塌事故；而在软弱地层段，局部结构破坏则可能引发砂土大量涌入隧道甚至发生结构整体垮塌事故。针对该问题，设计团队首次提出了基于围岩稳定性与结构抗灾可靠性相匹配的结构选型方法，并采用风险分析的方法，提出隧道结构选型方案为：在软弱地层段采用"管片＋混凝土内衬"的双层衬砌结构，基岩段采用单层管片衬砌。

在此之前，国内交通盾构隧道尚未使用过双层衬砌结构。为了探明其受力特征，研究团队通过理论分析、模型试验、原型试验和现场测试等种种手段，提出了双层衬砌结构的计算模式，并对结构进行了优化设计。双层衬砌采用半叠合结构方式，管片厚 50 厘米，内衬厚25 厘米（仅内侧配置钢筋网），通过螺栓手孔设置内衬与管片的连接钢筋。这种结构连接方式可以保证后期变化荷载作用下，管片与内衬共同受力，且用钢量少。

独创的空间结构体系

盾构隧道采用管片拼装式衬砌，一般按平面应变问题处理。在软弱及软硬不均地层段，列车振动作用容易导致不均匀沉降，影响行车安全。为了减小列车振动对隧道管片的影响，设计团队在双层衬砌内利用隧底填充混凝土设置了钢筋混凝土纵梁，形成"管片＋内衬＋隧底纵梁"的空间结构体系，从而提高结构刚度，减少地层动应力与软土沉陷。与常规单层衬砌结构相比，这种结构体系保证了地层稳定性与轨道平顺性。

| 灵活运用复合盾构，
攻克难题有"易"招 |

狮子洋隧道通过地层主要为素填土、淤泥质土、粉质黏土、粉细砂、中粗砂、全风化－弱风化泥质粉砂岩、粉砂岩、细砂岩、砂砾岩，其中，盾构隧道大部分处于强至弱风化砂岩和砂砾岩中，部分地段位于淤泥质土、粉质黏土及粉细砂中，是国内地层强度差别最大的大直径盾构隧道。这对隧道掘进技术提出了更高要求，为此，工程师们开展了科研攻关，研究了一套与该地层配套的复合式掘进体系。

因地制宜，排兵布阵

狮子洋隧道是我国首次采用大直径盾构在高水压下穿越土岩复合地层，结合其特点，设计团队将不同的刀具"排列组合"，开创性地研制出地层适应性强、风险可控的大直径复合式泥水平衡盾构机及复合式刀盘与刀具配置方案：采用复合式泥水平衡盾构，软弱地层以刮刀和重型撕裂刀开挖为主、基岩地层以滚刀开挖为主，可根据地质条件变化进行重型撕裂刀与滚刀互换。实践表明，该技术方案合理可行，4台盾构平均进度指标达到了138.9米/月。

稳步掘进，安全先行

我国采用盾构机穿越全断面软弱地层的经验多，但缺少大直径盾构穿越软硬不均地层的经验。在软硬不均（上软下硬、左软右硬等）地层段，刀盘受力不均，刀具偏磨，容易偏离设计轴线；在岩层破碎带，盾构机还容易受困；在全断面岩层段，泥水舱内泥水容易与盾尾地下水贯通，严重影响注浆质量与管片拼装成型质量。为此，通过合理进行地层加固、动态控制千斤顶推力与盾尾间隙、组合使用惰性砂浆与双液浆等措施，建立了复合式盾构掘进技术体系，保证了掘进安全与质量。

| 首创防灾定点设计，防灾救援有"高"招 |

水下隧道为凹形纵坡，列车在隧道内发生灾害时可能难以自行驶离隧道，对防灾救援极为不利；且以往国内没有软土地层铁路隧道设计经验，火灾对隧道结构损伤所带来的次生灾害无法估量。因此，如何确保隧道运营安全性和实现快速疏散与救援，成为摆在设计团队面前的又一重大难题。

在当时，我国缺少高速铁路隧道火灾规模和水下铁路隧道防灾疏散的相关规定。设计过程中，研究团队摸着动车组车体结构、内装材料、旅客行李调查三块"石头"过河，通过模型试验，首次提出了"动车组火灾热释放功率为15兆瓦"的结论。首次针对动车组开展了人员疏散数值模拟、问卷调查及现场试验，获得了不同的火源位置、人员荷载、疏散口间距

狮子洋隧道立体透视图

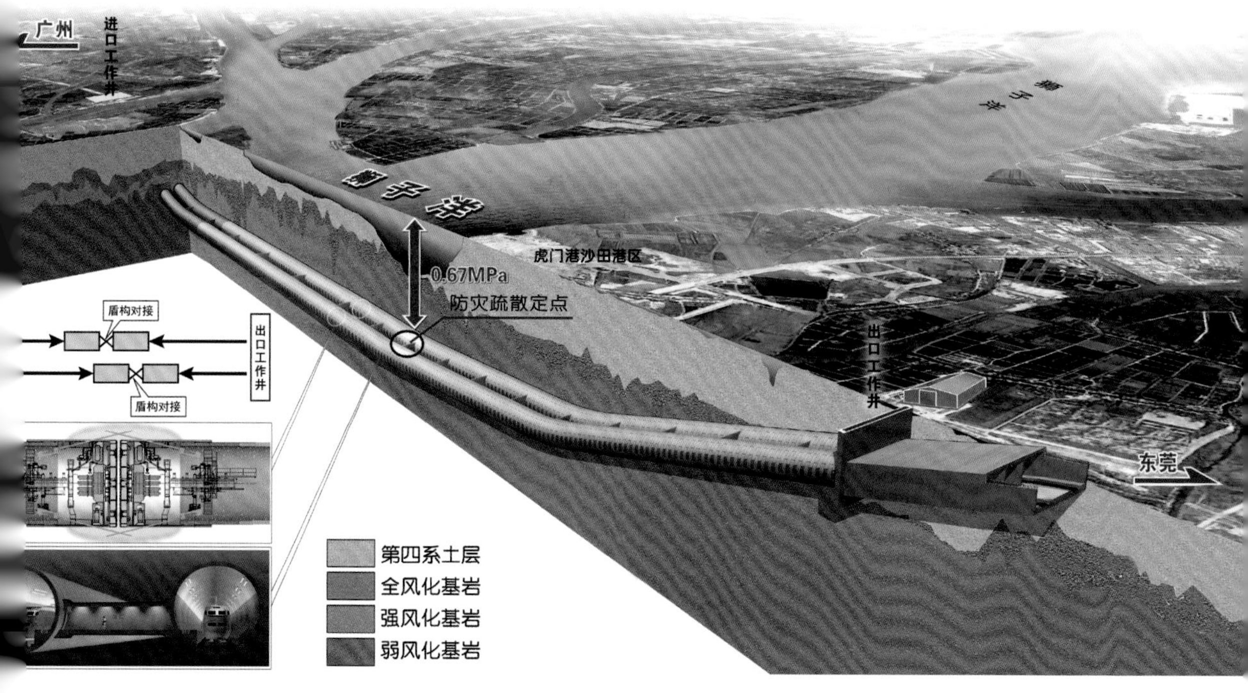

广州　进口工作井　狮子洋　0.67MPa　防灾疏散定点　虎门港沙田港区　出口工作井　东莞

盾构对接　出口工作井　盾构对接

第四系土层
全风化基岩
强风化基岩
弱风化基岩

等情况下人员疏散速率及疏散时间等参数，构建了基于火场环境人员行为特征和动车组人员疏散模型，获得了横通道设计参数及安全疏散时间，为火灾疏散设计提供了重要依据。由于水下隧道为凹形纵坡，如着火列车失去动力，在重力作用下滑行至最低点段停靠的概率最大。据此，设置了国内第一个水下隧道紧急救援站，并设置水消防系统，实现了重点地段重点设防和防灾措施效率的最大化。

狮子洋隧道的建成通车，标志着我国隧道的设计和施工从穿江时代迈入了越洋时代。2011年11月12日，铁道部的验收报告指出："狮子洋隧道在铁路隧道盾构法设计施工取得了突破，相继解决了盾构选型与设计、地质软硬不均、盾构掘进施工、江中对接拆机、无砟轨道设计与施工诸多技术、施组管理方面的难题，为全路盾构隧道施工提供了技术与组织管理经验。"

现如今，广深港客专香港段于2018年9月正式开通运营，26公里的香港高速铁路融入到内地2.6万公里的高铁网络，促进了香港与内地的交流和粤港澳大湾区的稳定与繁荣。

内地入港更加快速舒适，在惠及百万群众出行的同时，广深港客专也在为粤港澳大湾区的建设贡献自己的力量，相信"砥砺奋进，交通先行"的政策指引将使"一国两制"的旗帜更加熠熠生辉。

文／陈建桦

狮子洋隧道

跨越，在世界屋脊

记"中国第一长隧"青藏铁路新关角隧道

项目名称：青藏铁路西宁至格尔木增建二线关角隧道
获奖单位：中铁第一勘察设计院集团有限公司
获得奖项：优秀奖
获奖年份：2016 年
获奖地点：摩洛哥马拉喀什

关角，一个对于绝大多数人来说完全陌生的名字，却在中国乃至全世界的隧道工程界大名鼎鼎。这个名称来源于青藏高原上一座普普通通的山岭——关角山。而让这座垭口海拔不过 3847 米的小山扬名世界的，是先后建成于不同时代的两座隧道——新旧青藏铁路关角隧道。

| 接力：老关角与新隧道的进化 |

1958 年，伴随着"大跃进"的号角，青藏铁路关角隧道开工建设，但三年困难时期很快来临。1961 年 3 月，隧道全面停工，这一停就是 13 年。

隧道洞门

1974 年 10 月，接到复工命令的铁道兵打开封闭了 13 年的洞口，只见隧道拱顶坍落，边墙倒塌，洞内积满了水，地上堆满了废碴。整整历时一年半，在清理出近 5 万立方米的弃碴和杂物后，隧道才得以继续掘进。1978 年，全长 4010 米的关角隧道建成通车，并在之后的整整 28 年里，以 3692 米的海拔高度，牢牢占据着"中国第一高隧"的称号。

但通车的喜悦还未过去，关角隧道就开始出现各种病害。不到两年，隧道内的道床抬高最大达到 300 毫米，边墙脱落变形，拱顶裂纹掉块，水沟破裂，已经严重威胁到行车的安全。

归根结底，还是当时的施工能力和经济实力不足以支撑较长隧道的越岭方案，虽然它创造了至今仍为业内人士所高度推崇的线路选择方案，以最具代表性的"展线博物馆"的方式实现了穿越关角山，但从长远需求来看，这一隧道从诞生之日起就存在着"先天"的不足。

这一段既有铁路修建于 20 世纪 60—80 年代，受技术水平及综合国力的限制，不但技术标准低、线路条件差，而且病害频繁、养护维修工作量巨大，尤其以老关角隧道为甚。在这一段，最小曲线半径只有 300 米，旅客列车的平均速度仅能达到 54.2 公里 / 小时，货物列车的平均速度更是低至 28 公里 / 小时，线路通过能力非常低。而随着新世纪我国全面建设小康社会，加快推进社会主义现代化和实施西部大开发战略，以及青藏铁路格尔木至拉萨段在 2006 年投入运营后，西格段的运输能力已远远不能适应区域社会发展、经济建设、资源开发和旅游业发展的需要，西格段增建二线已是势在必行！

而如何解决关角山的越岭问题，正是西格段增建二线的重中之重！

| 魄力：从底部穿越的创新 |

建设青藏铁路西格段的增建二线，可以强化西部路网、提高运输能力和列车运行速度、提高铁路竞争力和安全舒适度、促进旅游业的发展、加快旅客送达及货物周转，同时对强化西部基础设施，实现东西部协调发展，提高路网整体能力等均具有十分重要的战略意义。而实现这一战略的前提，当务之急是要从根本上解决"关角"这个拦路虎。

从 20 世纪 80 年代开始，铁一院在茫茫秦岭开始寻找一条最佳的越岭隧道。整整 10 年，他们踏遍秦岭腹地 460 平方公里的范围，亲手将西康铁路秦岭隧道打造成"中国隧道建设发展史上的一座里程碑"；21 世纪初，铁一院又在海拔接近 3000 米的乌鞘岭隧道再创奇迹，将中国特长隧道的纪录一举提升到了 20 公里！而这一次，铁一院在新关角隧道的决策和设计中，实现了两者的完美结合和再一次突破。

新关角隧道地处高寒缺氧、人烟稀少、自然环境极其恶劣的青藏高原，平均海拔为 3500 米，建设难度大，且面临着围岩变形失稳、突泥涌水、施工通风等诸多工程技术难题，特别是涌水和大变形的控制技术是最大的难点。为切实保证隧道方案的科学、可靠，铁一院这次在 600 平方公里的范围内开展了大规模的地质和地表调查，最终毅然选择了对环境影响最小、运营管理和效果最好的从底部穿越的特长隧道方案！

这一方案设计为两座各 32.69 公里的平行单线隧道，且均位于直线段上，有效规避了既有铁路在关角沟迂回展线的现状，将天棚至察汗诺之间 6 个车站 7 个区间缩短为 1 个区间，使运营线路长度一举由 75.9 公里缩短为 39.1 公里，从而大幅度提高了青藏铁路西格段的运能和运量，彻底解决了关角山区段列车运行速度低、时间长、运营成本高昂的痼疾。同时，线路的大幅度取直和改善，也使旅客列车的运行速度由以往的 50 公里 / 小时一举提高到 160 公里 / 小时，列车穿越关角山的时间由曾经的 2 小时一步缩短为 20 分钟，彻底打通了控制青藏铁路运输的最大关口，在节约出行时间、提高运输效率的同时，对保卫边疆和巩固国防具有深远的影响和意义。

可以说，新关角隧道的建设，使中国的特长隧道一举突破 30 公里大关，并无可争议地成为世界高海拔地区第一长隧。但在被公认为"生命禁区"的青藏高原完成这一创举，又谈何容易！

| 角力：工程与自然的对话 |

首先面对的是自然环境的严酷。

新关角隧道所属区域属于青藏高原亚寒带半干旱气候地区，自然环境极其恶劣，年平均气温只有 –0.5℃，极端最低气温为 –35.8℃；而且气压低、空气稀薄，氧气含量 13.5%，仅相当于平原地区的 60%，隧道内尤其是爆破及出碴时的含氧量仅为 11% 左右，远远低于规范中 20% 的标准。与此同时，隧道采用斜井辅助施工，岭脊地段斜井的井口高程接近

3800 米，尤其是斜井作为辅助通道，在进入正洞后需要组织正反向多个工作面同时施工，在高海拔低气压地区，内燃设备在隧道内燃烧不充分，污染严重。如何采取合理的施工通风方案，成为摆在建设者面前的首要难题。

经过科学的论证和实验，施工中采用可重复利用的材料拼装成隔板，对斜井进行分隔，利用斜井顶部空间作为供风道并安装射流风机，并在斜井井底设置风仓，通过轴流风机接力向 4 个工作面供风，不但突破了多管道供风时斜井空间的限制，更使供风量增大了 6.4 倍。这种方法不但解决了长距离送风的问题，保障了新鲜空气的供应，而且供风量大，解决了多工作面同时施工的通风需求，使高海拔条件下的独头通风长度一举突破 5000 米，为钻爆法施工特长隧道提供了新的通风和施工模式。

为进一步改善隧道内的劳动卫生条件，在新关角隧道的建设过程中，还广泛采用了高寒隧道节能通风升温系统和洞内移动式供氧系统。一方面，在斜井底部设置升温风箱，利用空压机升温后的循环水，对通过风箱的冷空气进行加热，将升温后的空气输送至施工作业面，可以使洞内的环境温度升高 3—4℃；另一方面，在施工掌子面附近的洞室内，设置移动式供氧站，供作业人员间歇吸氧，大大提高了作业人员的工作效率，并从根本上保障了作业人员的职业健康安全。

其次，要克服异常复杂的地质条件。

新关角隧道在大地构造位置上位于新构造活动强烈的青藏高原东北缘，隧道通过高地应力条件下的宽大断层束，地质构造极其发育。正洞通过区域性断裂 3 条、次级断裂 14 条，

其中二郎洞断层束长达 3000 米。雪上加霜的是，隧道要穿越 10 公里长的二叠、三叠系灰岩，该地层岩溶裂隙发育，同时受青海湖小气候的影响，降雨量充沛，施工中长段落范围内持续出现高压涌水，水量大，水压高，其中 4 号斜井曾发生过日 13 万立方米的集中涌水，给隧道和斜井建设带来了极大困难。

为此，铁一院与施工单位密切合作，先后采用了调整开挖轮廓边墙曲率和不等厚二次衬砌结构等技术方案。考虑到水平构造应力较发育的特点，把原设计的高马蹄形断面形式调整为大曲率边墙的宽马蹄形断面形式，使结构趋于圆形，改善了受力状况，有效降低了围岩的收敛变形。一鼓作气，设计与施工单位又携手建立了关角隧道长斜井施工堵、排水技术的临界水量标准，密切监控掌子面的总涌水量，在超过设定标准时超前预注浆堵水；同时，研发了低水温环境有压水的追踪顶水注浆新技术，采用新型材料，利用其同化运移和膨胀固化特性，实现了低水温环境下有压水的无止浆墙追踪顶水注浆，保证了隧道的正常掘进。

| 给力：中国隧道的又一座丰碑 |

2014 年 12 月 28 日，青藏铁路新关角隧道在历经 7 年建设后正式开通运营。两年之后，新关角隧道荣获国际隧道与地下空间协会（ITA）2016 年度重大工程奖。

这一奖项由国际隧道与地下空间协会于 2015 年首次设立，旨在表彰全球在隧道工程和地下空间领域发展方面所取得的杰出成就，获奖难度极大，含金量极高，被称为世界隧道工程界的"奥斯卡"。

无独有偶，就在同一年，新关角隧道斩获 FIDIC 优秀奖，再次问鼎世界工程领域最高奖，进一步提升了"中国隧道"在国际上的影响力。

还是在 2016 年，新关角隧道的总体设计师李国良当选全国工程勘察设计大师，成为在新关角隧道研究、技术开发和工程应用过程中不断涌现出的杰出人才的又一例生动代表。

更重要的是，新关角隧道取得的一系列研究成果，极大地促进了我国高海拔特长隧道的修建技术水平。在新关角隧道建设基础上形成的《铁路隧道防灾疏散救援工程设计规范》《高原铁路勘察设计规范》等四部行业标准，对目前正在规划和开展的川藏、中尼、新藏、拉墨等高原铁路具有示范和指导作用。

而新关角隧道采用的从底部穿越山岭的设计思路，对节省建设用地、退还土地资源的效果极为显著；建设中采用的高原草甸移植存放进行地表恢复，投放 PAC 进行污水处理达标排放，以及施工通风技术中风道隔板的可重复利用、钻爆法施工采用皮带运输机出碴、利用活塞风进行运营换气等措施，都对今后的隧道建设具有重要的借鉴和推广价值。

在藏语中，"关角"意为"登天的梯子"。青藏铁路新关角隧道，就是这样一座连接起中国和世界隧道最高建设水平的梯子，正引导着后来者不断地追赶、超越，实现一个又一个突破和跨越。

文 / 高俊

弄潮钱塘江，成就隧道新奇迹

钱江隧道及接线工程

项目名称：钱江隧道及接线工程
获奖单位：浙江数智交院科技股份有限公司（浙江省交通规划设计研究院）
获得奖项：杰出奖
获奖年份：2016 年
获奖地点：摩洛哥马拉喀什

　　驱车从杭州萧山向北沿苏绍高速疾行，不多久，"钱江隧道"几个大字映入眼帘。驶入隧道，短短几分钟已穿越钱塘江底，直达北岸的嘉兴海宁。

　　这条 4.45 公里长的隧道于 2014 年 4 月 16 日正式通车，实现钱江两岸民众多年来的期盼。隧道采用 15.43 米超大直径盾构穿越著名的钱塘江，建成时是世界上最大直径的盾构隧道，也是钱塘江流域第一条大型的高速公路越江隧道，浙江数智交院科技股份有限公司（浙江省交通规划

钱江隧道全景

设计研究院）（简称"数智交院"）和中铁第四勘察设计院集团有限公司组成联合体共同设计，并于 2016 年摘取了国际工程咨询领域的"诺贝尔奖"——菲迪克（FIDIC）工程项目杰出奖，也是当年获奖的唯一一个公路交通项目。

|抉择：如何保护好"天下第一潮"|

钱塘江是浙江省最大的河流，但它更出名的则是"天下第一潮"——钱塘潮。

它是由于天体引力和地球自转的离心作用使海洋水面发生周期性涨落的潮汐，加上杭州湾喇叭口的特殊地形，所造成的特大涌潮，与恒河涌潮、亚马孙涌潮并列为世界三大涌潮奇观。

要在钱塘江上架设过江通道，如何处理好与大潮的关系，成了工程首要考虑的问题。钱江隧道原来的规划是钱江十桥。早在 2004 年，浙江省发展和改革委员会与浙江省交通厅已基本赞同了过江工程采用建桥方案。

然而，项目北岸紧邻观潮胜地——海宁县盐官镇，在这里修建桥梁，一旦因桥墩的阻挡破坏涌潮，损失不可估量。经过再三比选，本着对子孙后代负责的原则，2006 年 5 月 23 日，浙江省发展和改革委员会与浙江省交通厅确定了隧道方案。钱江隧道是杭州钱江流域第一条超大直径盾构法隧道，隧道全长 4.45 公里，进行一次折返式长距离掘进，采用一台直径 15.43 米的超大型泥水气压平衡式盾构掘进机施工。

但是钱江隧道建设的复杂性超出了设计者的想象。首先是穿越高涌潮钱塘江流域，水压变化大，盾构掘进施工适应难度大。钱塘江水

位直接受潮汐影响，变化幅度大，有历史记载的最高潮差达 7.26 米，多年平均潮位达 3.87 米。涌潮推进时，下游向上游推进的速度最大达到 10 米／秒，受丁坝、凹岸阻挡，浪高可达 10 米。

其次是要穿越高水压、高渗透性软弱土层，施工风险大。钱江隧道穿越地层主要由砂质粉土、粉细砂等渗透性强、黏聚力低的土质组成，易产生流砂、管涌等地质现象。

隧道穿越的钱塘江大堤是明清两代修建的"鱼鳞海塘"的一部分，其修建技术之精湛媲美长城，不仅是历时百年的重要水利设施，更是浙江历史文物的瑰宝，因此隧道开挖过程中，保护堤坝不被破坏十分重要。

此外，超大直径盾构长距离掘进的施工组织复杂。隧道总工期为 42 个月，但隧道直径大、里程长、建设条件复杂、技术难度大等因素在一定程度上会制约建设进度。

数智交院董事长、全国工程勘察设计大师吴德兴介绍，从工程可行性研究到完成施工图，设计团队用了近两年时间反复打磨。他们面对的是强潮涌、高水压、高渗透性地层等工程难题，他们开创的是世界首例超大直径盾构机一次性折返的长距离掘进施工技术，他们实现的是工程、环境与人类活动和谐统一的美好愿望。

|创新：解决八大技术难题|

针对这些难点和挑战，设计和施工中汇集了众多专家和科研院校，先后展开了七项重大的设计关键技术研究和五项施工关键技术研究，解决八大技术难题。

——为了解决钱江隧道采用盾构法施工条件下，紧急停车带设置条件与设计规范冲突的问题，钱江隧道开展了隧道设计速度标准及通行安全综合分析研究，通过对营运阶段的风险计算，提出了分流容错标志、洞外容错标志、特殊监控设计，以充分的数据计算、扎实的设计方案满足了通行要求。

——为了解决强涌潮下隧道覆土深度和管片设计的难题，钱江隧道研究通过现场测试、室内模型试验、理论分析和数值计算以及彼此对比验证，得出了钱塘江涌潮下隧道的动力响应参数，提出了隧道纵向振动分析方法及影响隧道动力响应的强弱的关键因素，根据研究成果，合理确定了隧道覆土深度和管片的设计参数。

——为了解决特长越江隧道火灾烟雾控制的技术难题，钱江隧道展开全比例火灾试验，验证了设计方案，合理确定了排烟风阀的距离、尺寸及打开模式等关键性参数。

——为了解决使用超大型盾构在掘进过程中开挖面稳定的安全问题，钱江隧道基于粉砂高渗透性、低黏聚力的特点，研究了盾构隧道开挖面失稳的微观机理和土体的强度特征，通过理论分析建立了反映工作面稳定状态的水土压力－泥浆压力动态平衡方程，结合数值模拟得到了适合钱江隧道开挖的掘进速度和泥浆压力等重要参数，保证了复杂情况下隧道的施工安全和总体工期要求。

——为了解决明清古海塘大堤安全问题，设计阶段在详细调查大堤的构造基础上，通过三维有限元模拟，提出了大堤沉降的控制值（3厘米）、盾构推进速率（20毫米／分钟）等目标，同时要求建设方实时数字化监控大堤的变

形，以此为依据制定向盾构周边准确注浆以控制地面沉降的施工方案。

——通过采用预制构件及对盾构管片上植筋技术的研究和试验，钱江隧道突破了传统的盾构施工工艺，提出了盾构推进与行车道板、烟道板等内部结构同步施工的立体化交叉施工工艺，真正实现了快速施工。

——采用先进的PLC（Programmable Logic Controller）整体同步顶升技术，钱江隧道通过调整可移位式盾构基座搁架，首创了直径15.43米、长15.8米、重1800吨的超大型盾构机在坑内平移、转身和一次性调头的施工技术，进一步为快速施工创造了条件。

——通过在盾构设计阶段增加车架的配重、江底变形监测、实时调整切口水压、盾尾油脂压注、江底更换盾尾刷等技术手段，克服了施工过程中抗浮、通风、长距离引发的测量偏差等困难，创造了超大型盾构隧道长距离安全施工的纪录。

| 突破：成就隧道工程新奇迹 |

创新和高质量的技术有力地支撑起了钱江隧道作为世界级超大型盾构的成功建设，并在隧道建设中实现了三大突破：

一是合理的总体设计技术，解决了控制风险和造价的矛盾，在安全可靠的营运和便利化的管理中，有效节约了投资，得到了业主的好评。目前隧道已安全营运六年多，各项指标均达到了设计要求，具有极高的质量水平。

二是开创了超大型盾构隧道两次穿越钱塘江明清古海塘大堤的先例，最终大坝仅产生了

2 厘米的沉降，完美地阐释了何为高质量的技术，为未来钱塘江越江隧道工程提供了可参考的经验和实现的控制标准。

三是创造了单台盾构机 6490 米长距离一次性折返式施工的纪录。在施工期间，该施工方案实现了紧张的施工工期与造价之间的最优平衡，是创新的技术创造的又一奇迹。

钱江隧道实施期间，数智交院以工程为依托，承担了"钱塘江流域大断面盾构关键性技术研究""钱江隧道涌潮对越江隧道结构的影响"等共 11 项交通部、浙江省的科研项目，技术成果达到国际领先的科研成果 3 项，国际先进水平 8 项，获得中国公路学会一等奖 1 项；完成出版了《钱江隧道关键技术创新和实践》等 3 部著作，发表了论文 40 篇，取得 10 项实用新型发明专利。

钱江隧道建成后，杭州市规划了 5 条穿越钱塘江的盾构隧道，其中望江路隧道于 2019 年通车，青年路隧道在 2016 年开建。

| 工程、环境与人的和谐统一 |

钱江隧道在建设全过程中，始终坚持可持续发展原则，寻求工程、环境与人的和谐统一。

以隧道的方式穿越钱塘江，最大限度地保护了钱塘江涌潮奇观。 尽管桥梁方案在投资造价上明显优于隧道方案，但从保护钱塘江涌潮这一世界奇观和自然文化遗产的高度考虑，隧道方案无疑要优于桥梁方案，项目最终采用了隧道作为过江方案。钱江隧道的建成最大限度地保护了钱塘江涌潮，也充分说明了本项目对

尊重环境和可持续发展理念的坚决贯彻。

采用先进的泥水处理技术和生态修复技术，充分保护自然环境。 泥浆排放和弃土是泥水平衡盾构施工期间最大的环境问题。钱江隧道工程在环境保护方面坚持高标准：在泥浆处理方面，采用三级压滤技术，实现了施工期间泥浆"零排放"；在弃土处理方面，采用生态处理技术，既满足萧山地区生态湿地的规划要求，又实现了弃土资源化利用，对类似工程提供了借鉴。

科学的节能环保设计，最大限度地降低公共出行的能耗。 隧道入口段照明采用天然过渡和人工过渡结合的混凝光过渡形式，有效降低了入隧道的起点照明亮度，节约照明用电能耗；设置智能照明控制系统，对入口及出口的加强照明灯具的点、面进行自动控制，降低非必需时段开启照明所带来的不必要的照明能耗；采用 LED 节能光源，设置电子镇流器、电容补偿器，提高功率因数，减少无功耗能，有效节约能耗；采用纵向通风模式，充分利用汽车自身交通风力，降低风机开启时间和频率。这些科学节能设计措施与常规方法相比，每年可节电 247 万千瓦时，节约电费 180 万元。

钱江隧道的建成，直接改变了钱塘江两岸 500 万居民过江需绕行的现状，缩短距离 70 公里，拉近了长三角重点城市，特别是杭州与上海、南京的距离，对进一步形成以上海、杭州、南京为重点城市的长三角经济带具有十分重要的意义。

文 / 李伟平、陈勇

精耕细作打造"越江神器"

上海军工路越江隧道记

项目名称：上海市军工路越江隧道工程
获奖单位：上海市隧道工程轨道交通设计研究院
获得奖项：优秀奖
获奖年份：2016 年
获奖地点：摩洛哥马拉喀什

　　"宁要浦西一张床，不要浦东一间房"曾经是上海人对浦东最为形象的态度。这态度的背后，交通不便是最重要的因素之一。从阡陌农田到现代化新城，浦东 30 年的跨越式发展可以说是从跨越黄浦江开始的。2011 年 1 月 28 日 22 时，第十二条穿越上海黄浦江的城市道路隧道——军工路越江隧道向社会车辆开放，驾驶员在隧道内行驶，最快 3 分钟就可以抵达对岸。

浦东岖口实景

军工路越江隧道北接浦西军工路、南连浦东金桥路，越江线位处于杨浦大桥和翔殷路隧道之间，是中环线快速路穿越黄浦江的重要越江节点，为双管双向双层八车道全封闭城市快速路。线路沿军工路、黎平路一线向南下穿规划长阳路、平凉路，于定海港路交叉口北侧设盾构工作井，然后五层楼高的"庞然大物"——盾构穿越定海港、复兴岛和黄浦江，至浦东后线路于金桥路道堂路交叉口南侧设盾构工作井，而后沿金桥路向南下穿浦东大道后接地，工程终点位于栖山路交叉口南侧 150 米，其间盾构还成功穿越了陆上众多重要构筑物和地下错综复杂的管线。工程总长 3050 米，盾构段长度 1490 米。

军工路越江隧道建成时为黄浦江底直径最大的隧道之一，为世界上最大直径的双层隧道工程，在我国盾构法隧道建设中具有重要意义，它的建成也进一步提高了我国盾构法隧道的技术水平和在国际上的地位与影响力。

| 建成通车使中环线成功"成环" |

军工路隧道是上海总体规划的 17 项越江工程之一，它沟通黄浦江两岸，是连接中环北段和浦东段的关键节点工程。越江线位处于杨浦大桥和翔殷路隧道之间，与内环杨浦大桥走向基本平行，两者相距约 2.5 公里，与翔殷路隧道相距约 4.2 公里。

军工路隧道建成通车后，中环线越江节点全部打通，加快实现中环线的全线贯通，完善中环线整体交通功能；分流和疏解内环线杨浦大桥与翔殷路隧道超负荷的越江交通，有效缓解了杨浦大桥和翔殷路隧道的拥堵状况，极大改善了杨浦区东北地区居民的出行问题；加强了浦东与浦西的交通联系，方便了两岸交通，促进了两岸发展，特别是对加速杨浦老工业区的发展，促进浦东新区的进一步开发开放具有重要意义。

| "越江神器"的六个关键词 |

物尽其用——巧妙利用大直径盾构空间。 为了与中环线 8 车道的规模相匹配，军工路越江隧道工程采用 14.87 米的超大直径泥水平衡盾构推进，为双管、双层、双向八车道，设计时速为 80 公里，车辆通行净高为 4.5 米，车道宽度为单层 3.25 米 ×2 和 3.5 米 ×2，上下层无须进行大小车道的固定划分，可选用的交通模式灵活多样，没有通行大小车辆限制，隧道的通行能力得到充分保证，避免越江点产生交通瓶颈，影响整个中环线的通行效率，充分发挥了工程最大的社会、环境、交通和经济效益。

每个车道层中间为行车空间，顶部和两侧为设备、管线安装敷设空间。上层行车空间增大，车道的通风条件改善，大大提高了行车舒适性和安全性。通行限界之外的附属空间增大，为设置上下层之间的联络通道带来可能，设备和管线的布置更加从容。

上下两层车道之间间隔 90—120 米设置消防逃生楼梯，以确保一旦出现火灾等紧急事故，乘行人员能及时、安全、无误地到达另一层车道层，救援人员能迅速进入现场。用上下层疏散楼梯代替横向连接通道，满足消防疏散的同时，规避了施工风险并且降低了工程成本。

因地制宜——上下通道"燕尾型"布置。军工路隧道全线按全封闭、全立交的快速路标准设计,其设计车速高,交通功能强。但是在设计过程中,隧道浦西出入口如何设置遇到了难题。按常规,双层隧道的出入口有先后,但由于要保证穿越长阳路后接上中环线1.1标,而且这段距离过短,隧道出入口没有办法像复兴东路隧道那样按一前一后进行布置。

为此,设计人员因地制宜,通过对上下层通道线形的优化,将浦西上下层出入口"排齐",这样不仅保证了规划道路不受影响,也为隧道与现有中环线的连接提供了方便。而隧道内上下层通道进行"燕尾型"布置,使双管上层4条车道为浦西至浦东方向,下层则为浦东至浦西。这样利用双层车道上、下层路面标高不同的设计纵坡,在地下进行调整,当进入合流区域后,同向行驶车辆在同一位置接地。对于同向行驶车辆,不再区分上、下层峒口和上、下层接地点,方便司机的辨别使用,均衡上、下层车道的交通流量,避免车辆一见到隧道入口就抢先进入,而使隧道下层车道车辆集中,以致上、下层车道的交通流量分布不均,且与主线出入口易于交通组织,有利于行车安全,交通功能优势十分明显。

相得益彰——充分考虑周边规划和接口工程衔接。长阳路与运河连接的部位为复兴岛规划"一心、三片"基本格局的重要交通节点及标志性功能景观区。通过线路平纵线型的相互配合,形成地下空间立交结构,浦西上下层车道峒口过规划长阳路在同一位置设置,在规划长阳路前接地,为长阳路接复兴岛预留桥梁工程,保证规划长阳路/军工路平面交叉口各向互通,确保复兴岛"一心、三片"规划的完整实施,环境效益明显,景观效果更佳。

对于两侧与中环线高架的接口工程,工程设计人员反复沟通论证,确保无缝衔接,合理布置出入口位置,保证中环线车辆的出入,确保了行车安全。隧道围护结构设计考虑轨道交通12号线沿长阳路走向的下穿,有效控制了工程相互之间的影响,确保了两者的安全。

细致入微——优化盾构段隧道结构。工程过江段选取超大直径泥水平衡盾构,在施工中需穿越复兴岛、黄浦江及驳岸等敏感区域和江中全断面砂层的风险地层。工程人员结合国内外长大隧道的实践经验,对隧道衬砌结构设计、近距离施工相互影响、浅覆土施工等关键技术问题进行研究分析,通过控制盾构机参数、调整同步注浆上下比例分配和加大泥浆比重等方法,控制了隧道的上浮,降低了工程总体施工风险和工程造价。

设计人员还在隧道的有限空间内动足脑筋,在江中圆隧道最低点设计了内置式废水泵房,方便雨水的收集和排放,提高了断面空间利用率,并且避免了采用冰冻法施工外置式泵房的风险。

内外兼修——实用与美观并重。隧道作为地下交通建筑,根据其使用功能及城市景观的需要做适当的装修,使隧道在色彩、线条及造型方面具有交通建筑简洁明快、线条流畅的特色,并体现时代感。

军工路隧道整体色调以白色为主,中间布置橘黄和浅黄色相间色带,对行车安全起到一定的导向作用,并与顶部照明光带一起贯通整条隧道，给人以流畅的感觉。局部采用变化段，整条隧道内灯光明亮，红白相间的外墙装饰，使司机行车时不会感觉晕眩和疲劳。隧道顶部采用了黑色防火板，起到保护结构的作用。

为了消除进出隧道峒口时的黑峒效应及白峒效应，确保行车安全，在隧道两端暗埋段峒口外设置了光过渡段。光过渡建筑采用钢结构形式，外包铝单板。光过渡建筑契合出入口向上升起的态势，形成空间、视觉、光线的自然过渡。

这种人性化的设计在色彩上符合人们的审美需求，同时也符合"安全第一"的交通要求，让我们经常忽略美感的隧道工程"内外兼修"，更好地支撑了城市的运行。

节能减排——实现可持续发展。在经济发展的道路上，工程的绿色和节能注定成为绕不开的话题。节能减排已经成为国际重大工程建设的主流趋势。我国处于快速发展的时期，作为大量消耗资源、影响环境的隧道施工，更应该重视节能减排，承担起可持续发展的社会责任。

军工路越江隧道断面布置得十分紧凑，通风设备和管道布置困难，在充分比选了各种通风方式的基础上，采用了经济、节能的射流风机诱导型纵向通风方式。这种设计在正常及阻塞工况时，采用纵向通风方式，在上下层隧道顶部悬挂射流风机，辅助正常及阻塞交通时的诱导通风。发生火灾时，采用纵向排烟方式，烟气从前方洞口或者集中排烟口排出。在正常运行时，车辆单向行驶形成的活塞气流将有助于纵向通风，射流风机不开的情况下就能达到通风需求。在交通量大或阻塞时，可以根据设置的 COVI 分析仪检测到的污染物浓度及能见度数据，控制风机的开启台数，从而在满足风量需求和环保的同时最大限度地减少了运营费用，非常经济合理。

对照明而言，隧道采用了长寿命绿色光源——无极灯作为基本及加强照明的光源。基本照明灯具采用无级调光控制，出入口加强照明采用无级调光、接触器分路控制，遮光棚、引道照明主要采用时控方式，通过合理的断面布置设计，整条隧道的照明效果在满足安全行车及舒适性的同时，最大限度地节省了照明的用电量，提高了能源效率。

作为上海总体规划 17 项越江工程之一的军工路越江隧道工程，沟通了黄浦江两岸，有着与其他工程的共性特征，也有自身独特之处。与其他隧道工程相比，军工路越江隧道在技术上沿用了前人的经验，同时工程人员也根据自身的约束条件进行了艰难的探索和大胆的创新。正是因为工程人员的精耕细作，军工路越江隧道工程获得了"2012 年上海市政工程金奖""2013 年度全国工程建设项目优秀设计成果一等奖""2015 年度全国优秀工程勘察设计行业市政公用工程二等奖""2016 年度菲迪克工程优秀奖"等多个重要奖项。

工程实践绝大多数是经验与创新的产物。这种既立足当前又开拓创新的"基因"在军工路越江隧道工程的建设过程中得到发扬光大，塑造出了促进城市发展的"越江神器"，这是我国工程建设领域一个生动的缩影。

文／陈鸿、叶蓉、奚峰

千年古城第一隧，一线横湖映古今

扬州瘦西湖隧道

项目名称：扬州瘦西湖隧道工程
获奖单位：中铁第四勘察设计院集团有限公司
获得奖项：优秀奖
获奖年份：2017 年
获奖地点：印尼雅加达

　　"淮左名都，竹西佳处。"千年以来，位于长江与京杭大运河交汇处的扬州，在中国古代几乎经历了通史式的繁荣。伴随着经济的繁荣和文化的兴盛，今日的扬州是首批国家历史文化名城，是世界遗产城市、东亚文化之都、世界美食之都和世界运河之都。

　　"两岸花柳全依水，一路楼台直到山。"瘦西湖上次第展开的国画长卷，是扬州城千年永恒的潋滟时光。"烟花三月下扬州""绿杨城郭是扬州""二十四桥明月夜"……泛舟湖上，赏不尽湖光

世界最大直径单洞双层盾构隧道

山色，听不完琴箫莺歌；十里湖光，清澄缥碧；花木扶疏，连绵滴翠。而今，瘦西湖的诗情画意与现代高科技首次结合，扬州城建史上建设难度最大、技术含量最高的单体工程——瘦西湖隧道正如一条穿湖而起的蛟龙，拉开了千年扬州城新的发展格局。

| 千年古城新格局，一体两翼促发展 |

2014年9月19日上午，千年古城扬州有史以来单体投资最大、工程规模最大的城市基础设施工程——4.4公里长的瘦西湖隧道建成通车。通车仪式上，时任扬州市市委常委、常务副市长丁纯介绍，瘦西湖隧道工程建成通车，是扬州市城市建设史上的新里程碑。隧道连接城市西部的杨柳青路与东部的万福西路，下穿瘦西湖风景区，使从扬州宋夹城古城遗址到瘦西湖西的行车时间由过去的半小时缩短为3分钟，极大缓解了旅游风景区的交通压力，使市区内形成30分钟交通圈，市民即可享受真正意义的"同城化"生活，这对于完善城市交通网络、缓解城市交通瓶颈制约，将起到极大的促进作用。瘦西湖隧道的建成，不仅有效推动扬州"一体两翼"发展，更能进一步拉开现代化大扬州城市框架，推进名城建设和跨江融合发展。

扬州瘦西湖隧道工程采用单洞上、下双层盾构隧道下穿国家5A级的瘦西湖风景区，是现代科技技术与5A级景区——扬州瘦西湖的首次融合，她诠释了人文环境与城市发展的和谐统一、文物保护与工程建设的完美兼顾。沿途众多的风景名胜、历史文物和珍贵遗存、全

断面膨胀性硬质黏土，超大直径盾构装备的使用，独特的环境条件、土质特性、工艺要求，造就了瘦西湖隧道具有大、新、难、险、严的特点。

| 大：单管双层盾构隧道中直径世界最大 |

在盾构隧道的横断面布置形式中，一条盾构隧道内上下双层布置车道的结构形式由于其断面利用率高、占地小、不需要设置横通道等特点，具有独特的优势。

2002年，巴塞罗那的一条新建地铁线路在设计和建造时，由于无法在地面上设置施工场地，工程采用了在直径12米的盾构隧道内设置上下两层线路的方式，将轨道正线、侧线、站台等全部设置在单管盾构隧道内，有效避免了隧道施工对地面交通的影响。

2008年，上海市上中路隧道全线贯通，隧道穿越黄浦江段为双管双层盾构隧道，隧道外径14.5米，采用直径为14.87米的泥水平衡盾构机施工。

2011年，上海市迎宾三路隧道贯通，隧道穿越上海虹桥机场道路段为单管双层盾构隧道，隧道外径13.95米，采用直径为14.27米的土压平衡盾构机施工。

近年来，随着城市交通需求的增长，隧道设计时速相应增加，通风、防灾等要求也越来越高，隧道断面不断增大。至瘦西湖隧道设计之时，盾构横断面采用了单管双层结构，管片内径13.3米，外径14.5米，盾构机刀盘外径14.93米，相当于5层楼高，隧道开挖面积达175.1平方米，是当时国内外直径最大的单管

横向排烟及疏散楼梯效果图（明挖段）

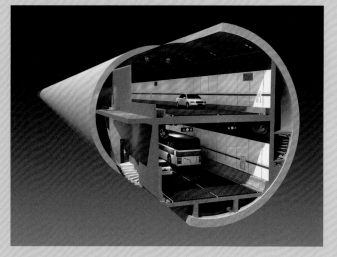

横向排烟及疏散楼梯效果图（盾构段）

双层盾构隧道之一。

如果新购一台德国海瑞克公司生产的刀盘外径14.93米的盾构机，造价近4亿元人民币，总投资无法承担。别无选择的方案只有一个：采用南京长江隧道施工使用过的德国海瑞克公司生产的直径同为14.93米的泥水平衡盾构机。

存放在南京长江边的那台盾构机全长134米，重约4000吨，刀盘直径14.93米，相当于5层楼高，由20000多个零部件组成，拆解后占地20多亩，无法全部用库房存放，大部分配件只能存放在搭建的雨棚里。长期存放在空气异常潮湿的南京市江心洲，造成不少设备部位发生锈蚀，加之存放场地面积受限，有些重量级配件叠放，发生了扭曲变形，要使盾构机达到良好的运行状态，必须进行全面细致的整修。

面对国内尚无自主整修超大直径盾构机盾尾成功先例的技术难题，专家组制定了"搭建整修平台、更换油脂管线、修复注浆管、修整外形及焊接坡口等"施工方案，在专家论证会上得到了认可。

经过技术人员严谨细致的整修和对1500个点、数千次的数据测试显示，整修后的盾尾误差精度控制在了0.1毫米范围内。

业内专家称，瘦西湖隧道指挥部高精度调圆大直径盾构机盾尾，开创了国内自主整修超大直径盾构机的先例，特别是能把一个直径14.93米，高5.2米，最大壁厚达120毫米的"大圆筒"的误差精度，控制在仅有两根头发丝直径的误差范围内，在国内尚属首次，技术达到了国际先进水平。

| 新：横向排烟上下疏散节约土地断面 |

瘦西湖隧道为何采用双层结构形式？据项目专家介绍，由于隧道穿越的瘦西湖景区为5A级景区，景区内文物、古建筑多，文保、环保和地层沉降要求极严，隧道横断面采用双层结构形式，不仅可减少对景区的影响范围，而且能有效节约土地资源。与常规的双管单层隧道相比，单管双层隧道节约土地面积17000平方米，减少拆迁房屋面积5200平方米，可大大提高土地利用率，实现资源节约最大化。

此外，双层隧道结构在防灾救援方面也有其独特的优势。相比于双管单层隧道需要设置专门的联络通道以供防灾疏散之用，双层隧道内发生灾害时，灾害发生层内的乘客可通过联络通道快速进入另一层安全隧道。同时，盾构隧道顶部空间能储存烟气，为乘客提供更多的逃生时间。

在借鉴国内外隧道设计的基础上，瘦西湖隧道的设计创新地提出了横向排烟和上、下层设置互为疏散楼梯的技术方案。通过在盾构隧道车道两侧每隔100米与60米分别设置上下层互为疏散的封闭楼梯间与排烟道，能最大限度利用盾构圆形隧道断面，而且也解决了双层隧道防灾疏散救援难题。

| 难：全断面硬塑膨胀黏土中盾构掘进难 |

瘦西湖隧道盾构全长1275米，其中全断面穿越硬塑黏土地层长度达1250米，该土层厚9.5—48.9米，无水状态异常坚硬，遇水后极易软化崩解与膨胀隆起，塑性指标达到24，而一般黏土塑性指标为17，是业内公认的世界级难题。在硬塑黏土地层进行泥水盾构掘进，面临着刀盘易结泥饼、泥土在土仓内大量堆积、渣土外排困难等一系列难题。国内外均没有全断面穿越硬塑黏土地层泥水平衡盾构掘进的先例。

而瘦西湖隧道使用的盾构机，是专为南京长江隧道砂砾地质结构量身定制的泥水平衡盾构机，若在扬州瘦西湖隧道全断面黏土地层实现快速掘进，必须对刀盘刀具、冲刷系统、泥水分离系统进行改造，同时还要针对单管双层的隧道设计方案，对吊机、供气系统等进行全新的设计和改造。

2013年2月下旬，盾构机在艰难掘进了20米后，不出所料，刀盘黏附增多、土仓及气泡仓内黏土堆积等一系列问题陆续暴露出来，导致每掘进2米需要循环超过36小时才能基本排出渣土。若按这个速度掘进，即便不出任何意外也要3年才能贯通！紧要关头，指挥部处变不惊，经反复研究论证，果断作出了停机改造气泡仓冲刷系统的决定。

"采用增加流量分配系统的方案，在不改造中心回转接头和冲刷流量的前提下，对刀盘进行分时、分步冲刷。"中铁十四局指挥部党工委书记张公社在盾构机改造方案论证会上向国内专家介绍了他们的改造设想。专家们在听取了施工单位提出的"拆除影响渣土外排的格栅和碎石机、增加4套高压冲洗水枪"等一系列解决顽症的方案后，在场的盾构专家们谨慎地提示道："在全断面硬塑黏土地层中进

盾构段横断面布置图

瘦西湖隧道杨柳青路洞口俯视图

行盾构施工，是一个世界级难题，国内外尚无先例，你们要严格控制好改造过程中的各种风险。"可见谁也不敢对方案打包票。

由于盾构机改造方案需要到盾构气泡舱内来完成，而整个气泡舱是由半断面的浆液和半断面的压缩空气组成，必须带高压进入气泡舱、关闭前舱门，创造安全的作业环境，才能实施预定改造方案。国内尚无超大直径盾构机气泡仓冲刷系统改造先例，也没有任何经验可以借鉴。为避免改造过程中前闸门关闭时间长，掌子面失去压缩空气的支撑，造成塌方的灾难性后果，各参建单位展开了与时间赛跑的攻坚战，并制定了一系列安全可靠的作业程序，及时解决了改造中遇到的问题，使各个环节畅通无阻，确保改造工作顺利完成。

改造后的盾构机创造了老黏土地质条件下平均每天 4 环 8 米、最高 6 环 12 米的掘进世界"新速度"。德国海瑞克电器专家卡洛斯先生称赞："瘦西湖盾构机成功改造后，在全断面硬塑黏土地层创造的掘进速度，当数世界第一！"中国工程院院士钱七虎在瘦西湖隧道现场指导时兴奋地说："瘦西湖隧道在硬塑黏土地层掘进中开创了先河，安全质量也上了台阶。"

｜险：小半径曲线接收偏位施工超限风险｜

大直径盾构机在小半径曲线段接收是瘦西湖隧道工程的一大技术难点。由于受接线条件控制，隧道设计接收的最小曲线半径为 700 米，而盾体机设计最小拐弯半径为 750 米。国内规范规定洞外平面控制测量宜采用四等导线，允许闭合差为 1/35000，导线全长为 2.9 公里。

假定闭合差满足规范要求，却不能满足现场施工要求，就给施工带来极大的安全风险，极易出现轴线偏差超限等现象，严重时会造成盾构无法进洞、盾构被埋等重大事故。

针对以上风险，经全面分析研究，中铁第四勘察设计院集团有限公司（简称"铁四院"）研创了大曲率曲线段大直径盾构精准接收技术，盾构机由直线运行至圆曲线段时应逐步过渡到圆曲线段必须经过缓和曲线；采用七参数转化计算法，提高控制点与接收洞门圈的测量精度，减小贯通误差，并对盾构导向系统进行即时校差，在盾构机进入曲线接收段时尽量控制盾构机低速度、小推力、合理的泥水压力、及时饱满的回填注浆，进而严格控制盾构姿态，解决了大直径盾构在大曲率曲线段接收及管片侵限、轴线偏差超限等技术难题。

| 严：5A 景区文物保护地层沉降要求严 |

隧道所在的蜀冈——瘦西湖风景名胜区早在 1988 年被国务院列为"具有重要历史文化遗产和扬州园林特色的国家重点名胜区"，2010 年被授予中国旅游界含金量最高荣誉——全国"5A"级景区称号，成为扬州首家国家 5A 级旅游景区。景区内不仅景色怡人、景点众多，还分布如宋夹城遗址、北门遗址、迎恩桥、迎恩亭等一系列不可移动文物。我国对风景名胜区的规划与保护颁布了严格的管理条例，景区内的景观、文物以及自然环境保护要求非常高。

由于在景区下方修建隧道在我国尚属首例，无类似经验借鉴，针对文物及地面沉降要求严的特点，设计单位铁四院成立以全国勘察设计大师肖明清为首的项目攻坚团队，通过合理的线位设计与泥水平衡盾构机方案的优选，最大限度绕避并远离了宋夹城、北门遗址和迎恩桥文物，从项目源头采取了对周边文物及地面建筑的影响最小的技术方案。

施工单位中铁十四局针对膨胀性黏土地层盾构开挖面易失稳的特性，通过其黏土的溶崩破坏及重组规律的影响，开发了全断面硬塑膨胀性黏土地层超大直径泥水盾构掘进施工技术，构建了超大直径盾构隧道施工停机维保停机安全保障技术体系：控制开挖参数，平稳匀速开挖，减少单次停机时间，多次短停，提高泥水支护压力，停机时选用高浓度、低渗透性能的泥浆，系统解决了膨胀性黏土地层开挖面稳定性控制难题，最终实现了文物毫发无损、地面零沉降的工程佳绩。

瘦西湖自古以来素有"园林之盛，甲于天下"的美誉，而这座起于平地、穿越湖底、跃出地面的"千年第一隧"，更是成为千年古城的新经典，为瘦西湖的秀美风光增添了新的时代内核。

文 / 唐雄俊、白如雪

引领中国单轨驶向新未来

重庆轨道交通 3 号线记

项目名称：重庆 3 号线跨座式单轨交通工程
获奖单位：上海市隧道工程轨道交通设计研究院
获得奖项：优秀奖
获奖年份：2017 年
获奖地点：印尼雅加达

在美丽且繁华的山城重庆，主城各区之间的距离有时是一座山，有时是一条河，但随着重庆轨道交通 3 号线的建成，连绵的大山和湍急的江水再也无法阻碍山城人民的出行。重庆轨道交通 3 号线跨座式单轨交通工程是重庆市轨道交通网络中一条南北走向的重要骨干线路，是世界上唯一成功实现在同一条单轨线路高架、地下、越江、穿山等多种条件下高差达 100 米的工程建设。

重庆轨道交通 3 号线全长约 56.4 公里，设 39 座车站，跨越嘉陵江、长江、渝中半岛，是世界

适应小半径大坡度，解决城市交通拥堵问题

列车行驶在道岔区间

跨座式单轨交通历史上单线运营里程最长（56.4公里）、客流强度最大（高峰 108 万人次／日）、列车编组最大（8 节）、行车间隔最短（2 分 41 秒）的工程。它是解决重庆 850 万市民越江出行、高效节能、绿色环保的重要载体，为重庆 3000 年历史、文化和经济的可持续发展注入新活力。

| 开拓：制定标准，奠定跨座式单轨行业新起点 |

自 1888 年第一条跨座式单轨线路诞生于爱尔兰，经历一百多年的发展，凭借着噪声低、转弯半径小、爬坡能力好、地形环境适应性强等优点，跨座式单轨在世界各地得到了较广泛的应用。我国首条跨座式单轨线路——重庆 2 号线于 2004 年底开通运营，标志着我国单轨行业的形成。

依托重庆轨道交通 3 号线的工程实践，

我国工程技术人员完成了两部国家标准的制定，形成了具有自主知识产权的跨座式单轨技术体系和标准体系，被誉为中国跨座式单轨设计建造技术基石，并在此基础上，进一步推动了我国整个单轨产业链的持续发展。

从最初的日本引进，通过消化、吸收和再研发，到如今掌握了跨座式单轨交通 PC 轨道梁系统、道岔系统、车辆转向架等关键核心技术体系，已经基本实现了单轨系统国产化，使重庆成为全球最大的单轨交通装备制造业基地，能够根据全球各国用户的需求量身打造，在项目生命周期内提供从勘测到设计再到建设与运营的一站式解决方案。

| 创新：锐意进取，开辟轨道交通设计新境界 |

重庆轨道交通 3 号线工程在设计咨询全过程引入了 FIDIC "合同管理、风险管理、可

童家院子至金渝站区间

持续发展"等先进理念，秉承 FIDIC "诚信、卓越、团队、承诺"的精神，在总结国内外轨道交通设计、建设、运营经验的基础上，采用设计优化、技术创新手段，形成了中国跨座式单轨交通技术体系和标准体系，引领了中国跨座式单轨交通领域的设计和建设技术水平。

一是自主创新跨座式单轨工程核心 PC（预制混凝土）轨道梁系统关键技术。 轨道梁系统是跨座式单轨交通三大核心系统之一，对生产、架设、调试要求的精度极高。如何控制垂直、水平安装精度，如何增加曲线地段桥梁的安全性、稳定性，如何提高桥梁连续空间曲面的整体性能，如何实现城市中心狭小空间内轨道梁的架设安装，如何提高轨道梁架设效率和质量、降低工程造价，是单轨设计者面对的一系列重大技术难题。

上海市隧道工程轨道交通设计研究院（简

称"上海隧道院"）项目团队通过数学建模、车辆运行姿态仿真等技术，创新研发轨道梁三维空间结构及桥墩定位系统，攻克了轨道梁曲线超高区段三维拼装架设重大技术难题，填补了国内空白。

项目团队还通过自主研发，突破了 PC 轨道梁技术瓶颈，打破国际上 22 米跨径限制，将 PC 轨道梁跨度增加至 25 米，提高 PC 梁连续空间曲面体的整体性能、降低了工程造价。攻克了在狭小空间安装超重 PC 梁的技术难题，突破了设计、建造、施工装备等多项技术难题。该项技术实现了我国 PC 轨道梁系统自主创新，并先后承接了韩国、印尼等单轨项目，获得世界各国的广泛认可。此外，在工程建造过程中，还自主研发了轨旁设备安装专用作业平台等施工装备，大幅度提高了安装效率和质量。

二是国际首创跨座式单轨高架区间综合平

台系统。重庆轨道交通3号线首创了集综合管廊、设备检修及疏散逃生功能于一体的高架区间综合平台系统，从根本上解决了跨座式单轨长大线路运营检修与疏散救援的问题。该系统在轨道上搭建平台，可方便单轨系统日常维修养护工作，在事故工况下，还可保证乘客安全逃生。同时，利用平台下部空间布设综合管廊，实现了有限空间的集约利用，从而实现了系统安全性、可靠性、可用性及可维护性的义务，体现出可靠性、可用性、可扩展性和可管理性的"以人为本，安全第一"设计理念，并贯彻于工程项目始终。

三是率先践行跨座式单轨三限界设计体系。限界系统是轨道交通重要的基础性指标，直接决定着工程规模和投资。重庆轨道交通3号线穿越主要商圈及城区，空间制约因素较多，因此，如何缩小车辆、沿线设备及建筑物之间的间隙尺寸，实现单轨线路的"瘦身"，是确保方案可行、节约工程投资、减少对城市环境影响、避免"大拆大建"的关键。

工程创新应用了跨座式单轨工程三限界设计标准，与国际同类项目二限界体系相比，具有概念清晰、范围明确和数据更精确的特点，使线路断面面积节省约13.2%，从而使线路得以在城市狭小的空间内"游刃有余"，不仅大大降低了工程投资，也保证了建筑物与轨道交通运营双安全。

|一流：勇攀高峰，跻身世界轨交行业领跑者|

重庆轨道交通3号线凝结了项目团队10多年科技攻关的心血，整体国产化率达到95%，技术已经实现全面重大创新，取得了多项世界第一，无论哪一项都足够有分量。

长度第一：工程全长约56.4公里，设39座车站，跨越嘉陵江、长江，将巴南区、南岸区、渝中区、江北区、北部新城区衔接起来，已超越日本大坂，成为目前世界跨座式单轨交通历史上单线运营里程最长的线路。

强度第一：目前，重庆轨道交通3号线日客流超80万人次，最高峰日客运超过108万人次，客流高峰断面达到3.74万人/小时，使之成为当今世界线路客流最大的单轨线路。为了应对超大客流强度，项目在设计之初就对线路客流强度进行了精准预判，并预留了6节车厢编组改8节车厢编组的条件，可使断面运能提升近20%，实现了合理利用工程投资和提高服务水平的平衡。

跨度第一：工程中的菜园坝大桥（长1651米）是目前已通车的世界上跨度最大（主跨420米）的公轨两用桥梁，嘉陵江大桥（长625米）采用连续混凝土结构桥上桥形式，是世界上跨度最长的混凝土结构单轨桥。值得一提的是，菜园坝大桥主桥最大的伸缩量是800毫米，而跨座式单轨PC梁水平误差不能超过3毫米，如何使不同等级的伸缩量实现伸缩同步，对设计提出了新的挑战。研究团队通过反复探索，从"手风琴"上汲取了灵感突破了单轨越江技术的瓶颈，即利用手风琴的原理，研发了"手风琴"式连接器，将其装在轨道PC梁上，以实现和菜园坝大桥主桥的同步伸缩。

断面第一：红旗河沟车站位于繁忙的交通地段，埋深浅、周边环境复杂，洞室周边设有人行出入通道、两座风道、联络通道、消防通道等一系列支洞，形成了复杂的地下洞室群，暗挖断面达 760 平方米。在工程的设计与建造中，成功实现国内轨道交通领域超大暗挖断面的施工。

| 绿色：尊重环境，倡导低碳人文可持续发展 |

节约能源：重庆轨道交通 3 号线跨座式单轨交通工程为缓解 850 万级特大型城市中最重要的南北向通行压力作出了突出的贡献，大大提升了公共交通的出行比例，有效降低了能源消耗和环境污染，是绿色交通的典型代表。经初步测算，至 2015 年底较其他交通方式累计减少标准煤使用约 10.2 万吨，减少二氧化碳排放约 21.8 万吨。另外，本工程创新实现了高架车站太阳能光伏系统、再生能逆变吸收装置应用，综合能耗比常规地铁低约 42%。

降低影响：工程首先在线路敷设形式上，在对环境较敏感城市核心区域采用地下线敷设方式，而其他非环境敏感地段采用高架线敷设方式，这样既可有效控制线路对城市环境的影响，又可合理控制建设投资。其次，跨座式单轨交通采用胶轮系统，车辆运行的振动、噪声（振动 <63.71 分贝、噪声 <70 分贝）都远低于中国标准（75 分贝）、联合国欧洲经济委员会 ECE(74 分贝)，有效降低了对现有的城市环境影响。

营造景观：工程在高架桥梁设计中，采用了上部通透的设计理念，桥梁立柱(3 米 ×3 米)中间抽条沿路中绿化带布置，不仅占地少，而且可带来良好的视觉感受，使单轨线路不仅是一条空中客运走廊，也成为一道亮丽风景线。

文脉协调：为了进一步与城市环境融合，车站主体与历史文脉相协调，车站装修方案注重对历史的传承并与重庆生态城市建设和现代风貌的和谐统一。观音桥等车站通过壁画艺术与周边文化背景交相融合，体现重庆文化韵味。

集约利用：跨座式轨道梁由于本身瘦高的结构形式以及其底部支座的构造，线路轨面至支座底部净距接近 3 米，上海隧道院设计团队巧妙地利用了这一"富余"高度设置并整合了设备管理用房，减小了车站站厅层设备区的面积，空间使用效率为此多出了接近 35%。这是国内跨座式单轨交通车站站台下空间首创应用模式，提高了空间实用性，方便了运营管理，减少了拆迁，节约了工程造价。

| 效益：成效卓著，赢得国内外同行广泛赞誉 |

自 2013 年开通以来，重庆轨道交通 3 号线有效地缓解了沿线的交通压力；对促进城市经济发展、改善公共交通环境发挥了重大作用。

依托本工程编制完成国家和行业标准 5 部，授权国家专利 9 项（其中发明专利 4 项），创建了世界唯一的单轨交通技术标准体系。2017 年度项目设计和"跨座式单轨交通工程设计建造关键技术创新与应用"科研项目，分别荣获全国优秀工程勘察设计行业优秀市政公用工程轨道交通和重庆市科技进步奖一等奖。同年，重庆轨道交通 3 号线的跨座式单轨交通工程从 60 多个国家的上百个项目中脱颖而

运营中的车站

出，荣获素有"工程咨询行业诺贝尔奖"之称的菲迪克全球优秀工程项目奖。

本工程卓著的社会效益和丰硕的技术成果得到了国内外知名专家的广泛认同和赞誉。目前，重庆的单轨技术已实现技术输出，在国内外 10 多个城市进行推广、应用。日本单轨协会副会长石川正和认为："重庆轨道交通发展迅速，且有三样东西是日本单轨没有的：一是 8 辆编组的跨座式单轨列车；二是跨座式单轨列车的检修疏散通道；三是 CBTC 模式下的车地无线通信。"中国工程院院士施仲衡说："重庆跨座式单轨的核心技术领先世界，代表着国际轨道产业发展的方向。"

作为重庆轨道交通线网中的南北向骨干线，本工程南起巴南区鱼洞，北至渝北区重庆机场，跨越巴南区、南岸区、渝中区、江北区、渝北区，连接起四公里、龙头寺、双凤桥汽车站与菜园坝火车站、重庆北站、江北机场、南坪、观音桥等多个重要商圈和大型公共交通的综合换乘枢纽，真正实现了公路、铁路、航空与轨道交通的无缝对接，促进了轨交与城市空间的协同发展，有效地支持了城市总体规划的实现。

春华秋实，胸怀壮志的中国工程师在高低起伏的山城开启了一段中国单轨行业从无到有、再到领跑世界的蜕变之旅。重庆轨道交通 3 号线所代表的中国单轨行业技术水平正乘着"一带一路"的浩浩东风，驶向全球，驶向更广阔的未来。

文 / 陈文艳、郭劲松、刘俐

秦岭深处的"超级隧道"

记兰渝铁路西秦岭特长隧道

项目名称：兰渝铁路西秦岭隧道
获奖单位：中铁第一勘察设计院集团有限公司
获得奖项：优秀奖
获奖年份：2018 年
获奖地点：德国柏林

  论隧道长度，它全长 28.236 公里，在国内雄居第二；论 TBM（全断面掘进机）直径和连续掘进距离，它一度独占鳌头；而同时拥有着超大 TBM 断面、超长连续掘进、超长通风距离的特长隧道，国内更是仅此一座——这就是兰渝铁路西秦岭隧道。

  不但如此，它所在的兰渝铁路穿越全国集中连片特困地区，串起了 13 个国家级和 4 个省级扶贫重点县，寄托着贫困山区数百万人民的希冀与未来，是一条不折不扣的扶贫之路。

  而作为兰渝铁路头号控制工程和全线最长的隧道，无论从工程本身，还是从它所承载的意义

西秦岭隧道

上来讲，西秦岭隧道无疑都是一条体量巨大、意义深远的"超级隧道"。

| 六穿秦岭，历史不是简单的重复 |

秦岭，中国南北分水岭。"蜀道难，难于上青天！"一语道尽其高大险峻和行走其间的艰辛。

20 世纪 50 年代，宝成铁路以盘山展线的方式，实现了人类第一次从大山内部穿越秦岭；40 年后，西康铁路秦岭隧道一举创下数十项纪录，在秦岭腹地树起中国隧道建设的里程碑；随即西南铁路东秦岭隧道、包茂高速公路终南山隧道和西汉高速公路秦岭隧道群等一批隧道在短短 10 余年间如雨后春笋般相继建成。其中西康铁路秦岭隧道和终南山公路隧道双双荣获国家科技进步一等奖，而以它们为主体的秦岭隧道群当选 FIDIC 百年工程。是什么让它们成为中国隧道和中国公路的一面旗帜，成为人类共同的建筑和文化遗产？追本溯源，一切其实始于最早的线路方案选择之时。

为找到最佳的越岭方案，中铁第一勘察设计院集团有限公司（简称"铁一院"）曾在秦岭腹地的 460 平方公里内寻找了 10 年，用遍了当时最先进的技术手段和设备，无论是宝成铁路、西康铁路、西南铁路隧道，还是终南山公路隧道，他们在秦岭奉献出一座又一座堪称经典的隧道，并毫无例外经受住了时间的检验。

进入 21 世纪，这一次的穿越又有不同。兰渝铁路所经区域堪称中国山区的"地质博物馆"，不但穿越青藏高原、秦岭山地、四川盆地，还要经过在汶川大地震中造成巨大破坏的龙门山断裂带，可以说国内山地铁路建设中遇到的所有难题，在兰渝铁路都有集中体现。这也是铁一院勘察设计的地质地形条件最为复杂的山地铁路。但当兰渝铁路需要他们第六次穿越秦岭时，带着更先进的设计理念和仪器设备，他们再次义无反顾地走进了大山。

| 优中选优，找出最佳越岭方案 |

兰渝铁路通过的秦岭高中山区，地势总体趋势由东向西抬升，山体陡峻，顶峰高程海拔2600 米，主山体宽达 30 公里。在这样巨大的区域里，铁一院进行了大面积的方案研究和地质调查工作，初步选定了几条可能的线路方案。在此基础上，布设了大量钻孔尤其是深入地下数百米的深孔地质钻探，并广泛采用了卫星遥感技术、可控源音频大地电磁法（CSAMT）和全隧道范围高密度电法、工程地震法等几乎所有能用到的最先进的综合物理勘探手段。多管齐下，各展其能，不同勘察手段得出的结果再相互补充，互相印证，基本探明了线路范围内的地层岩性、构造、水文地质、地应力等地质特征，为选择最优越岭方案提供了依据。

经详细勘察，隧道通过区域的主要地层分布有灰岩、千枚岩、变砂岩夹砂质千枚岩、变砂岩、砂质千枚岩、断层角砾岩和断层泥砾；工点范围内断层较为发育，包括 F6 区域断层和 f54、f55、f59、f60 等次级断层；隧道内正常涌水量为 4.26 万立方米 / 天，可能出现的最大涌水量为 12.9 万立方米 / 天。

一切尽在掌握，勘察结果没有超出之前的预计。最初选线时，铁一院曾进行过多个越岭垭口隧道方案的对比。综合勘察结果和其他因素，最终的比选落在了老盘底出洞和下坝里出洞两个方案上。

老盘底出洞方案以桥梁跨越高速公路，虽出口离弃碴场地距离较远，但线路顺直，线路长度最短，长隧道长度较短，静态投资较省；而下坝里出洞方案线路长度和长隧道长度相对较长，工程投资较大，但 TBM 施工场地条件较好，出口离弃碴场地距离最近，对高速公路的影响也少。两个方案各有利弊，经综合比选，最后推荐采用了线路顺直，隧道长度较短、投资较省的老盘底出洞方案。

最终选定的隧道方案，设计为两座平行的单线隧道，其中左线长 28236 米，右线长 28236.58 米，洞身为直线地段，线间距 40 米，高程在 1000 米至 2400 米之间，最大埋深约 1400 米。西秦岭隧道为全线最长的隧道，采用钻爆法和 TBM 相结合施工，也是国内采用钻爆法和 TBM 相结合施工最长的隧道。

考虑到兰渝铁路是"一带一路"渝新欧大通道的重要组成部分，对西部大开发和区域经济发展具有深远的影响，而作为兰渝铁路的咽喉要道和标志性工程，西秦岭隧道无疑对运营和安全的要求极高，所以设计中采用了 10.23 米的大断面隧道，以更好地布设辅助设施，满足双层集装箱列车通过的要求。

10.23 米！超大断面

国内铁路隧道采用敞开式全断面掘进机始于西康铁路秦岭隧道，当时引进的是德国的技术和设备，TBM 直径为 8.8 米；从西康铁路全盘引进的 8.8 米到西秦岭隧道自主研制的 10.23 米，看上去只是增加了 16%，其中隐含的挑战和难度却是成倍增加。

考虑到隧道横断面必须满足双层集装箱的运输，设计中首先确立的就是隧道内轮廓按圆形设计的基本原则。综合隧道内整体道床的形式、中心水沟及各种管沟、设备的布置，以及接触网采用简链悬挂等要求，经科学严谨的计算和论证，最终确定隧道直线段基本内轮廓开挖直径为 10.2 米的圆形断面。接触网则采用简单的链性悬挂方式，满足了 200 公里/小时运行条件下标准轨面以上的净空要求。

在此基础上，确定了与隧道地质条件相适应的硬岩敞开式掘进机整体方案，包括掘进机设备设计参数、可掘进性分级标准、结构设计及施工成套技术等整个体系，为特长隧道采用大直径、长距离、安全、快速掘进奠定了基础。

首先是提出了与地质条件相适应的 TBM 设备设计参数。依据岩石单轴抗压强度、岩石完整性系数等地质参数，提出了 TBM 主轴承、驱动系统、刀盘、刀具等主要设备的设计参数，为大直径 TBM 设备的设计与制造提供了科学依据。

其次是提出了与地质条件相适应的设计结构体系和施工组织方案。依据地质条件，设计采用"喷锚网钢架联合支护 + 模筑混凝土 + 钢筋混凝土仰拱预制块"的结构体系；相应的施工组织方案则确定为出口由两台 TBM 掘进，进口则采用钻爆法施工。

最后是首次提出了 TBM 可掘进性分级标准。根据岩石性能指标相关性分析，提出了将 TBM 可掘性分为三级标准，并建立了可掘

西秦岭隧道

进参数性能预测体系，有力地指导了随后的 TBM 施工。

2008 年 8 月 15 日 10 时，随着高度超过 10 米的巨型掘进机缓缓地向前推进，西秦岭隧道正式开工，揭开了兰渝铁路建设的序幕，也吹响了连续、长距离掘进的号角。

|15.6 公里！超长掘进|

一般来说，TBM 连续掘进超过 5 公里后，设备利用率会急速降低，刀具磨损、损伤加剧，设备故障增多。在掘进机设备损坏后，洞内修复要求高、难度大，从而导致成本大幅提高、工期严重滞后。西秦岭隧道长度超过 28 公里，按照整体工期要求，隧道的计划贯通工期（含二次衬砌）只有 68 个月，如果按照以往的 TBM 施工方法，即"掘进贯通—TBM 拆机退出—衬砌"的单工序作业工法，不但根本

无法满足工期要求，而且围岩暴露时间长，难以体现 TBM 快速和安全施工的特点。综上考虑，经过严格的计算和论证，西秦岭隧道确定了连续掘进 15.6 公里的施工方案，一举成为国内 TBM 独头掘进距离最长的铁路隧道。

一下子达到常规掘进距离的 3 倍，无疑又是一个巨大的挑战！

当务之急，是要解决连续出碴工况下的 TBM 掘进与衬砌同步施工技术。

为此，铁一院与施工单位密切合作，共同攻关，研发了一系列极具针对性和实用性的设备和技术。他们研发的穿行式同步衬砌台车，可满足连续皮带机、大直径通风软管、电力通信电缆与四轨双线运输列车的穿行要求；研发的分散式抗浮机构，能使台车结构受力更加均衡；研发的混凝土布料系统，可满足两台输送泵不倒管同时浇筑作业；研发的连续皮带机支架快速拆装与临时支撑装置，实现了衬砌台车

的快速移动；研发的拉门式伸缩台架支撑技术，保证了连续皮带机穿行时的平稳运行。

为保证从 TBM 掘进工作面到碴场的连续快速出碴，还同步研发了多级级联、连续转运皮带快速出碴系统等一系列新技术与新设备。其中多级级联、连续皮带系统由正洞、斜井、洞外、碴场延伸段等 7 级皮带级联，连续转运，实现了从 TBM 掘进工作面到碴场长达 14 公里的连续快速出碴；皮带级联冗余技术解决了单级皮带出现故障导致整个系统瘫痪的问题，保障了 TBM 的连续掘进；洞外连续分碴器自动切换装碴技术使皮带运输出碴系统与洞外汽车实现了无缝衔接，大大提高了出碴运输能力；连续皮带快速无损收放及延伸设备实现了长距离皮带在洞内的自动收放与运输双重功能。

得益于这种世界首创的"连续皮带机出碴工况下的 TBM 掘进与衬砌同步施工技术"，西秦岭隧道一举节省工期 20 个月！

|20 公里！超长通风|

众所周知，在特长隧道的建设、运营以及配套的应急救援中，长距离通风都是一个无法回避的重大课题。

隧道内常见的有害物质一般包括烟尘、有害气体以及来自隧道钻孔、爆破、装碴、运输、喷射混凝土及二次衬砌作业过程中产生的粉尘。这些有害物质会危害施工人员的健康，严重时会导致中毒、昏迷甚至窒息；同时会造成洞内能见度下降，导致安全风险大增。而西秦岭隧道埋深大于 800 米的段落长达 16 公里，最大埋深达 1400 米，设置辅助坑道的条件较

差，因而施工通风难度极大。在 TBM 掘进时，洞内的最高温度可达 38℃，湿度达到 90 %以上。高温高湿的环境，不仅会加速 TBM 设备的老化，还会加剧有害物质的产生，严重降低劳动生产效率。

怎样解决西秦岭特长隧道的通风问题？采取什么样的模式和标准？这成了摆在设计人员面前的一道难题。

结合铁一院在以往长大隧道尤其是一系列秦岭隧道的设计和建设中积累的宝贵经验，针对西秦岭隧道的不同地质情况和特点，他们提出了 TBM 施工的通风控制标准，将主要环境影响因素确定为温度、一氧化碳浓度、粉尘浓度、氧气含量 4 项；并对施工中的通风标准作出了明确规定：作业面需风量大于等于 41 立方米 / 秒、TBM 后配套尾部需风量大于等于 25 立方米 / 秒，洞内风速 0.5 米 / 秒。

在此标准下，进一步建立了 TBM 超长距离独头施工的两阶段通风模式。即第一阶段在隧道出口至罗家理斜井段，采用独头压入式通风，通风距离 10 公里；第二阶段在出口正洞与罗家理斜井贯通后，采用正洞巷道式和长管路压入式联合供风、斜井排风的混合式通风方案，通风长度高达 20 公里。同时，首次在 TBM 超长距离施工中采用大功率节能变频风机、大直径高压软风管、防漏型高强接头等一系列节能降耗综合措施，满足了洞内严格的通风标准。

通过这一系列的"组合拳"，西秦岭隧道建立起 TBM 施工 20 公里超长距离通风技术体系，解决了特长隧道超长距离施工中的世界性通风难题。

一鼓作气，铁一院又利用两管隧道互相救援、疏散的功能，创建了特长隧道紧急救援站模式；一旦发生火灾，则自安全隧道向救援站供风；在紧急救援站范围内设排烟竖井、横向排烟道、纵向排烟道，与罗家理斜井连通，自斜井将烟气排出洞外；同时设置了救援指挥中心，制定了火灾工况下疏散、行车的基本准则和设备的运行程序，形成了特长隧道火灾条件下的完善的疏散救援综合指挥体系，确保了特长隧道在各种突发状况下的"万无一失"。

在西秦岭隧道建设的 6 年时间里，铁一院在施工现场设立了动态设计组，根据建设的实际情况，采用动态设计指导施工。配合施工人员基本上始终"泡"在工地，为 TBM 的顺利推进和特长隧道的如期建成提供了强有力的技术支持。

2014 年 7 月 19 日，兰渝铁路西秦岭隧道全线贯通，一举填补了国内山地铁路隧道建设领域的多项空白，并成为当时国内断面尺寸最大、TBM 掘进长度最长的隧道，创造了亚洲山岭隧道大断面 TBM 硬岩掘进的新纪录。其同步衬砌技术更为世界首创，为 TBM 技术的进步与发展作出了重大贡献。

文 / 高俊

PART 2

水利水电篇

WATER CONSERVANCY AND HYDROPOWER

　　我国幅员辽阔，地理特性差别巨大，经济发展不平衡。水利资源多分布在经济欠发达的西南地区。在国家共同富裕和西部大开发战略背景下，西南地区丰富的水力资源得以加速开发利用。西南水电服务全国，助力中国经济发展。同时，"建一座大坝，富一方百姓"已成为水电建设的重要目标之一。青山绿水，高峡平湖。举世工程与环境和谐共处，践行着创新性和可持续的发展理念。

高峡出平湖，当惊世界殊

长江三峡水利枢纽

项目名称：长江三峡水利枢纽
获奖单位：长江勘测规划设计研究院
获得奖项：百年重大土木工程项目杰出奖
获奖年份：2013 年
获奖地点：西班牙巴塞罗那

一切伟大的创举和奇迹都源于梦想，梦想因希望而延续，因成功而灿烂，因坚持而辉煌。为了实现梦想，一个人可以奋斗一生，一个民族可以前赴后继！

| 长江治水之梦 |

长江从冰峰迭起、雪莲丛生的青藏高原浩浩荡荡奔腾而下，她全长 6300 多公里，是世界上最长的国内河流；她从西到东，横贯中华大地，流域面积 180 万平方公里，占全国国土面积的

长江三峡水利枢纽

20%；她年径流量 9600 亿立方米，占全国淡水资源的 40%，是世界上流域人口最多的大江。她是中华民族文明的摇篮，滋润和哺育了华夏丰厚璀璨的历史和生生不息的文明。然而，恩泽与灾难总是相伴相行，千百年来，洪水始终是长江中下游地区人民的心腹之疾。长江水量具有季节分布不均衡的明显特征，每年 6 月至 9 月的汛期流量占到年径流量的 70%—75%。据史籍记载，自汉高后三年（前 185 年）至清宣统三年（1911 年）的 2096 年间，长江共发生较大洪灾 214 次，平均不到 10 年就有一次。1931 年，洪水肆虐，水淹武汉三镇，死亡达 14 万人，腐尸塞满汉口六渡桥一带的街道；1954 年的特大洪水，武汉全城水困三月，京汉铁路中断近百天；1998 年，长江流域大面积受灾，经济损失达 2500 亿元。根治长江水患，成了中华民族几代人的梦想。

| 百年逐梦成真 |

筑坝是人类探索出抵御洪水的最有效最直接的方式。早在公元前 2600 年，古埃及人就在尼罗河上修建了 Sadd el-Kafara 坝，从那时起人类便开始学习在江河上筑起水坝以抵御洪水侵犯。在中华民族的治水文明中，天行健君子以自强不息的精神，激励着华夏民族治水防洪、改造自然的创造力；地势坤君子以厚德载物的思想，又引导人们形成了顺应天时、尊重自然的用水观。都江堰、灵渠、大运河等古老的水利工程，不仅是中华民族尊重自然、利用自然的成功象征，也是人类通过治水获得与自然协调发展的成功标志。

距今 7000 万年前的燕山运动和距今 3000 万至 4000 万年前的喜马拉雅运动，造就了今日的长江，也造就了举世瞩目的长江三峡。三峡是长江流域最雄伟奇秀的山水画廊，它西起重庆奉节的白帝城，东到湖北宜昌的南津关，全长 192 公里，由瞿塘峡、巫峡、西陵峡三段峡谷所组成。三峡是长江的咽喉，是寄托了人类治水梦想的神奇之地。兴建三峡工程，开发利用长江三峡水利资源，是多少代中国人的梦想。早在 1919 年，伟大的革命先行者孙中山先生在《建国方略》中提出"改良此上游一段，当以水闸堰其水，使舟得溯流以行，而又可资其水利"，这是人类第一次提出在长江三峡上筑坝的伟大设想。1944 年 5 月，65 岁世界著名坝工专家萨凡奇来到中国考察，曾写出了著名的《扬子江三峡计划初步报告》。1949 年 10 月，中华人民共和国成立，开创了长江治理新纪元。

水利兴而天下定，天下定而民心稳。治水是毛泽东一直记挂在心的大事，1950 年国庆节刚过，毛泽东就批准了荆江分洪工程以抵御长江水患。1952 年 2 月，负责长江治理开发工作的长江水利委员会在武汉成立，林一山任主任。1956 年，毛泽东视察长沙后来到武汉，5 月 31 日这天，毛泽东从武汉造船厂码头跃入长江，江天万里，搏击湍浪，信步江流之际，毛泽东感慨而作《水调歌头·游泳》，在这首词的结尾，毛泽东畅想，"更立西江石壁，截断巫山云雨，高峡出平湖。神女应无恙，当惊世界殊"。1958 年底，长江水利委员会完成了《三峡水利枢纽初步设计要点报告》，明确在三斗坪的建坝方案。三峡工程，一个国家经济腾

长江三峡水利枢纽

飞的契机，一个民族振兴的梦想，开始出现了前所未有的曙光。但是不久，从 1960 年开始，一场始料未及的自然灾害席卷中国大地，国民经济进入严重的困难时期，三峡工程也搁置下来。1978 年，中国发生了伟大的历史转折，迎来了改革开放的新时期，筑坝三峡的宏愿，被邓小平同志重新提起。只有发展才是硬道理，筑坝三峡，不仅仅是一个梦，而且是一个民族渴望崛起的雄心和力量。在邓小平的眼中，三峡大坝应该是一个集防洪、发电、航运、灌溉、南水北调多功能为一体的巨型水利枢纽工程，也是推动中国经济腾飞的战略性重点工程。1989 年 3 月，《长江三峡水利枢纽可行性研究报告》得出结论"三峡工程对我国四个现代化建设是必要的，技术上是可行的，经济上是合理的，建比不建好，早建比晚建有利"。1990

年国务院审查批准了《长江流域综合利用规划简要报告（1990 年修订）》，该报告中再次明确了三峡工程在治理开发和保护长江中的关键地位。在历经半个世纪的勘测设计、规划论证后，1992 年 4 月全国人大通过《关于兴建长江三峡工程的决议》。1994 年 12 月 14 日，三峡工程正式开工。为了这一天的到来，中国人等待了太久，中华民族等待了太久。

| 世纪大坝筑成 |

　　三峡工程的主体枢纽是大坝，但建造大坝需要截断滔滔江水，当上下游两道围堰截断长江主流后，大坝才能被浇筑。然而由于江水的流速太快、水深太深，抛投的石料不能一下子到达江底，围堰无法成型。作为截流方案的主

要设计者，三峡总工程师郑守仁带领他的团队迎难而上。郑守仁回忆说，"60 米的水深，就是在世界上已建的水利水电工程，它也是最深的"。大江截流的难度堪称世界之最，三峡建设者经过科学论证、反复试验，最后通过平抛垫底、深水变浅的实践，形成拦截江流的围堰。

　　春去秋来，寒至暑往。经过建设者们十几年艰苦卓绝的奋斗，在中国最长的河流和最富诗意的峡谷中，这座苍龙般的大坝傲然崛起，稳如泰山。傲立峡江的这座大坝，其主体建筑由拦江大坝、水电站厂房和通航建筑物三部分组成。

　　三峡大坝轴线全长 2309 米，坝顶高程 185 米，最大坝高 181 米，大坝混凝土浇筑总量 2794 万立方米，是此前世界上最大水电站伊泰普的两倍，比美国胡佛大坝的混凝土浇筑量高出 10 倍多。为了解决混凝土发热膨胀的问题，三峡工程师们将传统的水冷砂石料改为风冷，进入搅拌混凝土的拌合楼后再次冷风降温，通过"混凝土骨料二次风冷技术"，实现出机口混凝土平均温度为 6.8℃，打破了此前世界上行业专家给出的"出机口温度难以达到 7℃以下"的定论。

　　输变电工程承担着三峡电站全部机组满发 2250 万千瓦电力送出的重要任务，具有向华中、华东和广东电网送电的能力。三峡输变电工程共建设 500 千伏交流输电线路 7280 公里，直流输电线路 4913 公里，交流变电总容量 2275 万千瓦，其规模之大、时间之长、地域之广，在中国电力建设史上绝无仅有。引进、消化、吸收再创新贯穿了三峡工程建设的全过程，这种三峡创新模式使我国水轮机组设计制造水平和能力具有了国际竞争力。三峡之前，中国水轮发电机组制造能力仅320兆瓦，通过引进先进技术，并在水轮机水力设计、定子绕组绝缘、发电机蒸发冷却等方面取得了自主知识产权，成功将水轮发电机组单机容量提高到700兆瓦，同时还提升了我国在直流输电设备主变压器、电站及梯调计算机监控系统等方面的自主创新能力，由此引领我国高压电器装备设计制造水平跨进国际先进行列。

三峡双线连续五级船闸，作为世界上首座全衬砌船闸，其建设难度之大也是世所罕见。船闸总长6.4公里，两侧开挖的直立墙高达68.5米，最大开挖高度为170米，为了防止如此高陡的岩石边坡垮塌，三峡工程师们采取锚、排结合的先进技术，在山体和闸墙背面设置排水系统减小山体水压力，在边坡布置锚索、锚杆等锚固设施拉紧岩体，把山体和边坡紧紧固定在一起，从而使船闸固若金汤。三峡船闸自2003年6月试通航以来，过闸货运量快速增长，2011年首次突破1亿吨，2019年达到1.46亿吨。截至2020年8月底，累计过闸货运量14.83亿吨，有力推动了长江经济带发展。

三峡工程在筑坝技术、导截流工程、混凝土施工技术等方面均达到了当时世界领先水平，混凝土预冷二次风冷骨料技术获中国国家技术发明奖，船闸关键技术、大江截流技术、明渠导流及通航、三期碾压混凝土围堰设计、施工及拆除关键技术、水电站过渡过程关键技术、高混凝土坝整体稳定安全控制新理论等7项成果获中国国家科技进步奖，共获中国专利240余项，形成中国规范、标准400余项。2011年，国际大坝委员会授予三峡工程"混

凝土坝国际里程碑工程奖"。2013年11月获国际咨询工程师联合会"菲迪克百年重大土木工程杰出项目奖"。2019年荣获国家科学技术进步奖特等奖。

受国务院三峡工程建设委员会委托，中国工程院对三峡工程建设进行第三方独立评估的结论是：三峡工程规模巨大、效益显著、影响深远、利多弊少，是中国特色社会主义成功建成的杰出工程，是中华民族迈向伟大复兴的成功范例。

| 治江利在千秋 |

三峡水利枢纽工程，使中国拥有了镇守长江洪水的雄关，千年治江战略，由此发生了根本转变。三峡工程通过洪水调节，有效地控制了上游洪水，保护长江中下游1500万人口和150万公顷耕地。三峡工程兴建前，下游遇特大洪水主要依靠长江堤防及分蓄洪区等抵御洪水，防洪能力不足十年；三峡工程建成后，荆江河段防洪能力提高到百年，发挥了巨大的防洪效益。2010年、2012年和2020年汛期遭遇建库以来的3次特大洪峰（洪峰流量超70000立方米／秒），通过三峡水库调蓄为下游拦洪削峰约40%，2010年汛期三峡工程防洪调度累计拦洪约230亿立方米，下游未出现严重洪涝灾害，防洪经济效益达266.3亿元人民币。截至2020年8月，三峡工程累计拦洪63次，拦蓄洪水1800多亿立方米，极大减轻了长江中下游地区防洪压力，确保了长江安澜，为社会稳定和群众安居乐业作出突出贡献。

随着三峡五线五级船闸的通航，响彻峡江

的纤夫号子已成为遥远的绝唱，取而代之的是巨型轮船的悠悠汽笛声。长江素有"黄金水道"之称，是沟通中国东南沿海和西南腹地的交通大动脉。三峡工程建设之前，长江航道上、下游落差大、水流湍急，险滩密布，航行条件极为复杂，通航能力较弱，运输成本较高。三峡工程建成后，使三峡上游 660 公里的航道成为深水航道，显著地改善了宜昌至重庆间的通航条件，航运成本比兴建三峡工程前降低三分之一左右。川江通航能力的提高，撬动了西部地区将资源优势转化为经济优势，长江黄金水道的魅力得到了更充分的凸显。

今天，以这座全国最大的水电站为基点，一个供电半径上千公里，纵贯八省二市的三峡输变电系统腾空而起，湍流转换而成的电能，一瞬之间就从高山峡谷间穿向了神州大地。作为绿色再生清洁能源的三峡电力，每年可节约 5000 万吨燃煤，相当于减排 1 亿吨二氧化碳、200 万吨二氧化硫等有害气体，对防止酸雨危害和温室效应发挥了积极的作用。在全球呼吁节能减排、推行低碳经济的今天，三峡工程无疑是中国带给世界的又一个惊喜。在为中国经济高速度、高质量增长提供巨量清洁能源的同时，三峡水库还可发挥枯水季节对下游的补水作用，三峡水库充沛的淡水资源是我国重要的战略水源地，在调节江水盈亏、解决华北地区缺水等方面也将产生巨大的作用。

作为中华民族历史上最伟大的水利工程，三峡工程的成功经验不仅是中国治水史上的一座丰碑，也是人类可以共享的一笔巨大财富，它对推动人类追求人水和谐、实现与自然协调发展具有重要的意义。今天，当我们站在人类治水兴利的历史坐标上审视它、端详它，不能不为之振奋，为之自豪。回首三峡工程建设的十几年岁月，我们会惊奇地发现，不仅三峡库区百业俱兴，旧貌换新颜，整个长江流域都已山河巨变，重庆、宜昌、武汉的经济正随着新引擎的加入实现跨越式腾飞。今天，当我们穿越三峡时会惊奇地发现，古老的长江上新建了数十座宏伟壮观的大桥，桥的两岸是一座座美丽的城市与村庄，映衬出库区人民朴实而甜美的笑脸。这一座座承载着库区百姓希望的桥梁，跨越长江天堑，沟通了现实和梦想。这一张张亲切的面孔洋溢着幸福，憧憬着更加美好的明天和未来！

百年追梦，盛世梦圆。在中国共产党的领导下，全国人民共同奋斗铸就的三峡工程，是人类历史上，一次利用自然资源的成功实践，是世界水利工程建筑史上的一个杰作，她的规模之大，效益之好，为世界瞩目，令国人骄傲。她是矗立世间的无字丰碑，成就她的，是无数革命先辈沸腾的滚滚热血，是一代代领导人的赤诚忠心、鞠躬尽瘁；她是中华民族的复兴地标，托起她的，是我们每一个中华儿女不屈的傲骨脊梁，是这个放飞希望、成就梦想的时代。她是一个牵动亿万人民情结、关系家国气运的工程，数以百万的奉献者谱写了这伟大的乐章；她是让大江安澜的命脉工程，是提供强大能源的财富工程，是理政治国的民生工程，是让天蓝水清的生态建设工程，是推动科学发展的典范工程，是中华民族伟大复兴进程中的标志性工程！三峡工程，功在当代，利在千秋！

文 / 李麒、陈鸿丽、周华

龙滩工程：水电奇迹

红水河龙滩水电站工程

项目名称：红水河龙滩水电站工程
获奖单位：中国电建集团中南勘测设计研究院有限公司（原中国水电顾问集团中南勘测设计研究院）
获得奖项：百年重大土木工程项目优秀奖
获奖年份：2013 年
获奖地点：西班牙巴塞罗那

"红水千嶂，夹岸崇深，飞泻黔浔，直下西江"，这是《珠江源记》中记载的红水河，桀骜不逊又大气磅礴，恢宏气势从珠江源石碑文中跃然而出。"红河江水去悠悠，一层波浪三层愁"，这是当地民谣中流传的红水河，唱出了流域两岸多少代人的悲苦和艰辛。

红水河是珠江水系西江上游的一段干流，从上游南盘江的天生桥至下游黔江的大藤峡，全长1050 公里，年平均水量 1300 亿立方米，落差 760 米，水力资源十分丰富。广西境内的红水河干流，

蓄水后龙滩水库景色

因其得天独厚的天然落差和径流量，可供开发的水力资源达到1100万千瓦，被誉为广西水电资源的"富矿"。从天生桥一级水电站到长洲水电站，被列为国家重点开发项目的红水河11个梯级水电站已经开发了10级，这些梯级电站就如同红水河上的一串明珠，而龙滩工程则是独一无二、最闪亮、最夺目的那一颗。

作为一座特大型水电工程，龙滩工程有哪些特点？在建设过程中克服了哪些复杂建设条件？挑战性技术难度主要体现在哪些方面？取得了怎样的综合效果？让我们一起走进龙滩，领略这座超级水电工程的风采。

| 筚路蓝缕长征路 |

龙滩工程位于红水河上游的广西天峨县境内，距天峨县城15公里。工程以发电为主，兼有防洪、航运、水资源配置等综合利用效益，是红水河梯级开发的龙头和骨干工程，是珠江干流西江流域防洪、内陆省份贵州出海水运通道、珠江三角洲"压咸补淡"以及沿河经济发展的关键工程。

龙滩工程开发历经了中国水电开发"缺技术""缺资金""缺市场"三个典型阶段。规划设计始于20世纪50年代中期，经过长期艰苦的深入研究论证，直到1992年才最终确定坝址、坝型和枢纽布置方案。1993年，国家计划委员会将龙滩列为当年基本建设大中型预备项目，1995年鉴于国家宏观经济调整，按照国务院有关领导的批示，龙滩工程采取"小步走，不断线"的原则维持。进入21世纪，龙滩工程开始施工筹建和准备工作：2001年

7月1日，主体工程开工；2003年11月6日，大江截流；2006年9月30日，下闸蓄水；2007年7月1日，第一台机组发电；2008年12月26日，龙滩水电站7号机组成功并网发电，标志着龙滩水电一期工程4900兆瓦装机提前一年全部投产，创造了世界同类特大型水电站建设速度最快、建设质量最好纪录。继长江三峡工程之后，龙滩工程成为当时我国投产发电的第二大水电工程。

| 科学设计铸精品 |

龙滩工程坝址控制流域面积98500平方公里，多年平均流量1610立方米/秒，多年平均年径流量508亿立方米。五百年一遇设计洪水流量28400立方米/秒，万年一遇校核洪水流量36500立方米/秒。

龙滩工程枢纽由挡水建筑物、泄水建筑物、引水发电系统及通航建筑物组成。挡水建筑物为碾压混凝土重力坝，大坝全断面、全高度采用碾压混凝土，利用碾压混凝土自身防渗。泄水建筑物布置在河床坝段，由7个表孔和2个底孔组成；表孔溢洪道承担全部泄洪任务，2个底孔对称布置于表孔溢洪道两侧，用于水库放空和后期导流。引水发电系统位于河床左岸，引水系统由进水口和9条引水隧洞组成；尾水系统由9条尾水支洞、3个调压井、3条尾水隧洞及尾水出口等建筑物组成。发电系统包括左岸地下主厂房、母线廊道、主变洞、地面GIS开关站和出线平台以及中控楼等。通航建筑物位于河床右岸，按IV级航道设计，最大过船吨位500t，采用二级垂直提升式升船机。

施工期泄洪

龙滩工程全景

2007 年，国际大坝委员会主席路易斯·伯格先生在考察龙滩后这样评价："要把龙滩工程作为一个样板工程向全世界展示。"同年，国际大坝委员会把"国际碾压混凝土筑坝里程碑奖"颁给了龙滩大坝工程，这也意味着我国碾压混凝土筑坝技术已经处于国际领先水平。

| 勇于创新树典范 |

龙滩工程规模宏大，技术复杂，设计和施工难度都开创了中国水电工程建设的先河。为了解决工程建设中的世界性难题，在国家"八五""九五"期间，龙滩工程"碾压混凝土筑坝技术"等课题列入了国家重点研究项目进行攻关。

龙滩工程设计建设过程中，克服了高温多雨的复杂环境条件的影响，攻克了 200 米级高碾压混凝土重力坝、巨型地下洞室群、500 米级高边坡等一系列工程建设关键难题，采用现代装备技术和建设管理模式，实现了均衡高强度连续快速施工，一期工程提前一年完工，经济社会效益显著。

龙滩工程完工后，创造了建设期间的多项世界之最：

1. 龙滩碾压混凝土重力坝建成最大坝高 192 米（二期 216.5 米），坝体混凝土方量 736 万立方米，其规模和坝高超过 20 世纪末国际上已建或设计中的任何一座同类型大坝。创新发明了"特殊气候下的碾压混凝土快速施工技术"，是当时世界上最先进的筑坝技术，成功解决了碾压混凝土浇筑的温控难题。

2. 在左岸 0.5 平方公里的陡倾层状山体里建成巨型地下洞室群——共挖有 119 条各类洞室，复杂情况堪比地下迷宫。首次将现代化隧道工程新技术"新奥法"引进特大型地下洞室施工，攻克了被专家公认的世界跨度最大的地下厂房顶拱施工安全、高直立墙开挖稳定，以及世界最大的岩锚梁施工质量等 3 大难题，建成的地下厂房最大尺寸长 388.5 米、宽 30.3 米、高 77.4 米，单体规模居当时世界第一。

3. 龙滩工程坚持走国产化道路，水轮发电机组、大型变压器、励磁系统等水电机组设备的国产化率达 90% 以上。全部发电机组都是"中国造"，采用单机容量 700 兆瓦的全空冷水轮发电机，是当时单机容量最大的机组。

4. 在建的两级垂直升船机，连同上、下游引航道，全长约 1800 米。升船机按通过 500 吨驳船设计，年通过能力可达 460 万吨。升船机最大提升高度 179 米，建成后将成为世界上提升高度最高的升船机。

|"西电东送"舞龙头|

龙滩一期工程多年平均发电量 157 亿千瓦时（二期 187 亿千瓦时），是我国西部大开发战略中"西电东送"标志性项目。如果说红水河是"西电东送"的富矿，龙滩就是红水河流域中的黄金电源，其强大的发电能力、优良的质量和对红水河梯级电站巨大的补偿效益，舞起"西电东送"的龙头，成为名副其实的西部大开发"战车"。

龙滩工程对下游各梯级电站有显著的蓄能补偿调节作用。经过龙滩水库对径流的调节，红水河下游岩滩、大化、百龙滩、乐滩、桥巩、大藤峡等电站的总保证出力从 139 万千瓦提高到 222 万千瓦，增幅为 60%，总电量将从 214 亿千瓦时提高到 238 亿千瓦时，每年可增加下游梯级电站发电量 24 亿千瓦时。

广西是国家"西电东送"南线通道的必经之路，承东启西，具有独特的区位、资源、项目、价格优势，但由于广西水电总体调节能力差，丰、枯水期水电出力极不均衡，从而造成丰水期被迫大量弃水，而枯水期系统电量严重不足。龙滩工程建成后，有力地扭转了以上的局面。广西吸收龙滩 70% 的电力电量时，就能使广西电网可调电源容量比例提高至 80% 以上，使广西具有长期调节的水电容量大大增

加。位于红水河中游的龙滩工程还能稳定下游水电站群年发电量，极大地改善和优化广西电网的电源结构。

凭借过硬的技术经济指标和优越的电能质量，龙滩工程电力电量替代了大量的火电装机，成为经济大省广东引进"西电"的优选对象，有利于广东经济与社会的可持续发展。

|综合利用显成效|

龙滩上马，西江无忧，珠江少患。龙滩水库的多年调节能力，可以将洪水径流储存起来，到冬季枯水期明显提高中下游来水流量，十分有利于红水河中下游和珠江三角洲地区的防洪、航运、供水和水环境等水资源的综合利用，更好地满足当前及未来经济发展的需求。同时，巨大的水库库容能有效拦截泥沙，使原本多泥沙的红水河变成绿水河。

作为西江流域和珠江三角洲防洪关键工程，龙滩水库调节库容达 205 亿立方米（一期 94 亿立方米），经龙滩水库调节，可使下游梧州到广东珠江一带防洪标准从原来的 20 年一遇提高到 100 年一遇，大幅提高下游地区 2000 万人口、700 万亩耕地的防洪抗灾能力。此外，作为珠江水系"压咸补淡"骨干工程，龙滩工程为珠江三角洲地区枯季调水，保证珠江三角洲地区不产生咸潮发挥了重要作用，保障了广州、珠海和澳门地区的供水安全。

昔日的红水河在广西境内就有大小险滩 300 多处，全长 659 公里河道近八成不能通航。随着龙滩工程建成，曾经满是激流险滩的红水河变成了风平浪静的一江碧水。二期建成

后，红水河将实现全线通航，成为沟通黔、桂、粤三省的黄金水道。这条航道一头通云贵，一头连珠江，成为连接改革开放前沿和西部贫困地区的运输枢纽，其运力相当于再造一条水上"南昆铁路"。这里将成为承东启西、商贾云集的西南枢纽，500 吨级船舶可直达广州，中国又多了一条出海大动脉。

绿色发展重践行

红水河原来是典型的多泥沙河流，因洪水期河水呈红色而得名。随着龙滩工程等梯级水电站的开发，红水河已经不再是"红色"，而是碧波荡漾、绿水长流。

龙滩建设者们既要金山银山，也要绿水青山，坚持环保水保项目和工程项目"同时设计，同时施工，同时投产"的"三同时"制度，不走"先破坏，再建设"的老路。工程建设期间，从渣石、绿化、垃圾到水、空气，所有和环保水保有关项目都是监理对象，并引进先进生态水处理系统，对生产的废水进行处理，保证红水河下游群众依然能喝上"放心水"。2007 年，龙滩水电工程被确定为"国家水土保持生态文明工程"。

龙滩坝址多年平均输沙量为 5240 万吨，经龙滩水库削减沉积调节后，年出库沙量降至 1500 万吨，每年减少输沙量 3740 万吨，可显著减少水土流失。同时，龙滩水库将形成约 360 平方公里的水面，大大消减沿岸工农业生产、群众生活所造成的面源污染。龙滩工程年均发电量 157 亿千瓦时，可替代火电用煤 579 万吨，减少二氧化碳排放量 1517 万吨，在提供大量稳定、清洁电能的同时，节能减排作用显著。

自 2006 年起，龙滩开始组织开展水库淹没区珍稀濒危野生植物及古树的迁地保护工作，投资建设了 8 个珍稀野生植物保护园，共计迁移保护各种珍稀野生植物 14000 余株（丛），不但种类多样，而且数量可观，达到了抢救性保护的目的。为了维持生态平衡和物种多样性，龙滩每年都开展增殖放流活动，每年向库区放流鲢、鳙、青鱼等 6 个鱼种 30 万尾。目前龙滩水电站水土流失治理率和植被恢复率达 90%，比全国高出 65%。

"物有甘苦，尝之者识；道有夷险，履之者知。"漫游龙滩工程，是漫游一段我国水电发展借道星云、默默耕耘的光荣岁月；漫游龙滩工程，是漫游一曲巧夺天工、科技强国的时代赞歌；漫游龙滩工程，是漫游一幅高瞻远瞩、国家能源资源优化配置的战略剪影；漫游龙滩工程，是漫游一座造福为民、脱贫致富的希望丰碑；漫游龙滩工程，是漫游一张绿水青山、水电生态文明建设的靓丽名片！龙滩工程建设中得到了当地政府和人民的大力支持，凝聚了业主、设计、施工、监理等参建各方的汗水和智慧，如今，正在国家建设中发挥着巨大价值，真诚祝愿这颗"红水明珠"熠熠生辉、永放光芒！

文 / 冯树荣、许长红、周轩漾

八百里清江上的璀璨明珠

水布垭水电站

项目名称：水布垭水电站
获奖单位：长江勘测规划设计研究院
获得奖项：优秀奖
获奖年份：2014 年
获奖地点：巴西里约热内卢

　　坝高 233 米的水布垭水电站大坝，是世界已建最高的混凝土面板堆石坝，是镶嵌在八百里清江亮丽风景带上一颗最璀璨的明珠。

　　水布垭水电站是清江梯级开发的龙头枢纽，具有发电、防洪、改善航运与环境等巨大效益。电站总装机容量 1840 兆瓦，多年平均发电量 39.84 亿千瓦时，是中国华中电网骨干调峰调频电源，联合下游电站可承担华中电网 10% 左右的调峰任务；与下游水库共同调度，可提高长江流域洪涝重灾区——荆江地区的防洪标准，推迟荆江分洪时间，使百万人口免受分洪损失；建成后库区形成 200 公里的深水航道，改善库区交通运输条件，促进库周地区航运经济的发展；改善

水布垭工程鸟瞰

库区自然环境，形成的"清江画廊"已成为中国著名自然景观带，带动了库区旅游和经济发展；每年提供的清洁电能资源，相当于减少火电用标准煤49万吨，减排二氧化碳112万吨，为节能减排作出重要贡献。

水布垭水电站位于鄂西高山峡谷地区，该地区暴雨频繁，也是典型的岩溶发育区。自1993年正式确定水布垭梯级电站后，摆在工程建设者面前的是高坝选型、大流量泄洪安全、强岩溶地下厂房洞室围岩稳定性和防渗帷幕可靠性等一道道巨大难题，尤其是特高混凝土面板堆石坝筑坝技术，引起了国际坝工界的高度关注。15年间，建设者完成了从前期论证到投产运行的全过程。2008年，全部机组并网发电，工程竣工。此后10多年的安全运行，已证明水布垭水电站是成功的工程。

| 磨砺15载，创造世界新高度 |

水布垭坝址地质条件较差，不适合修建混凝土坝，而修建心墙堆石坝需要大量黏土料，既不经济也不环保。经周密的论证，最终选择了混凝土面板堆石坝，但坝高达到了233米，比当时国际最高的阿瓜米尔帕大坝高出近50米，堪称特高混凝土面板堆石坝，这对设计和建设者提出了严峻的挑战。

为论证水布垭大坝采用混凝土面板堆石坝的可靠性，业主清江公司和设计单位长江勘测规划设计研究院（简称"长江设计院"）在国家有关部委的支持下，精心组织、细心谋划，几乎集中了全国主要的水电研究机构和有关院校，开展了脚踏实地的研究试验工作。研究工作立体推进，既有国家层面的科技攻关，又有自主立项的水布垭工程特殊科研专题，还有针对性极强的国际合作，在大坝填料特性、大坝的变形控制、新型的止水结构、混凝土面板防裂和全面监控技术等方面，进行了大量创新性研究，研究范围之广和程度之深，在水利水电工程中是不多见的。经过10多年的系统研究，设计研究人员系统掌握了筑坝材料特性，进行了从机理到应用的各种分析研究，提出了"超高面板坝的技术核心是变形控制""次堆石区应与主堆石区同等对待""坝体填筑施工程序与分期面板的裂缝关联密切"等超高面板坝设计新理念，优化了结构设计，落实了各种细部结构、施工技术和监控措施，为工程顺利建设奠定了坚实的技术基础。在施工过程中，首次引入GPS用于施工质量控制的高精度实时质量监控系统，对碾压遍数、行走轨迹、行走速度等施工参数进行实时监控，在真正意义上实现了坝体填筑质量"实时、远程、自动"的过程控制。

在水布垭面板坝的研究与实践历程中，前期注重试验与分析论证，建设中注重"四新技术"的应用和监测资料的动态反馈指导，成功将面板坝最大坝高的纪录由当时阿瓜米尔帕的187米提升到233米，形成了一整套超高面板坝筑坝理论体系，从根本上改变了面板坝作为一种"纯经验坝"的现状，实现了从"纯经验坝"到"理论坝"的飞跃。

水布垭大坝于2003年初开始填筑，2006年10月通过蓄水验收。工程的顺利建设和10余年来的稳定运行得益于大量深入的研究、精心的设计与施工，至今坝体最大沉降仅 2.6 米，多年来年平均渗漏量稳定在 20—30 升／秒，大坝结构安全，运行状态良好。

水布垭面板坝的成功建设是中国坝工界共同努力的结果，前期论证和建设过程中已形成合作研究和成果共享机制，许多成果已公开发表，并出版了技术丛书，对水布垭大坝的设计、科研、施工和建设方面的主要成果进行系统总结与介绍，对推动我国面板堆石坝筑坝技术的发展具有重要而深远的意义。

| 精心设计，化解泄洪难题 |

岸边溢洪道是水布垭水电站唯一的泄洪通道，最大泄量 18320 立方米／秒，最大泄洪功率 3.1 万兆瓦，在已建同类工程中，居国内第一、世界第二；消能区两岸有大型滑坡和高陡边坡，环境地质条件复杂；消能区紧临大坝下游坡脚、导流洞出口和电站尾水出口，限制条件多。水布垭泄洪消能综合技术难度居国内外同类工程之首，历经 10 余年研究，取得大量创新成果。

水布垭水电站首次在最大泄洪功率超 3 万兆瓦、消能区岩性软弱且环境条件复杂的水电站泄洪消能设计中提出岸边溢洪道窄缝挑流消能和护岸不护底的防淘墙防护方案。采用分区陡槽接窄缝挑坎的形式，解决了消能区岩层抗冲刷能力低、冲刷深度大的难题，减小冲坑深度约 17 米。消能区采用护岸不护底的防淘墙方案，避免了水垫塘方案投资大、工期长，且存在施工度汛风险的难题。

独创性地提出了分区陡槽窄缝挑坎阶梯式出口布置形式，很好地适应了消能区河湾地形

和枢纽建筑物布置的特点，冲刷深度和冲淤形态得到有效控制，各种工况下冲淤地形左高右低，确保了电站尾水出流顺畅；同时窄缝水舌形态和消能区流态良好，有效减轻了岸坡淘刷及大坝坡脚的回流强度。

首次提出"防淘墙＋预应力锚索＋抽排"防冲结构综合措施，并将"平洞分层＋宽竖井分序"组合施工方法应用于防淘墙。防淘墙墙体深 40 米，面积近 3 万平方米，布置在高边坡和滑坡的坡脚，采用"防淘墙＋预应力锚索＋抽排"防冲结构综合措施，不仅保证了墙体自身的安全，而且为滑坡和边坡的稳定提供了有利条件；墙体布置在软岩和覆盖层中，且位于水下，采用"平洞分层＋宽竖井分序"组合施工方法，加快了施工进度，保证了施工安全。

2008 年、2016 年和 2020 年，水布垭岸边溢洪道均经历了洪水的考验，汛后检查和监测显示工程运行正常。

| 创新理念，攻克岩溶防渗 |

湖北鄂西清江流域是国内比较有代表性的岩溶地区之一，工程坝址区出露岩层主要为栖霞组和茅口组灰岩，地质条件复杂，软弱夹层发育，岩溶化程度较高。在高水头作用下，大坝坝基及两岸山体存在发生水库渗漏的地质环境，防渗是工程建设的关键性技术难题之一。

为确保工程的防渗安全，设计者们通过对清江流域水电工程岩溶发育特点、规模、强度的深入研究，以及对岩溶防渗施工经验的不断提炼，归纳总结出了一套"变岩溶化岩体为裂隙性岩体"的岩溶防渗设计理念，即在基础工

美丽清江

水布垭大坝鸟瞰

程地质特性研究的基础上，准确界定岩溶管道系统的空间位置与规模，对强岩溶层，尽可能地利用已有的灌浆平洞、施工支洞等施工通道进行岩溶追踪、清理，至达到设计要求后采用低标号混凝土进行封堵回填，使帷幕轴线上、下游一定范围内的岩体基本达到变岩溶化岩体为裂隙性岩体要求后再进行帷幕灌浆施工。这种设计理论有效地避开了单一灌浆法最难处理的强岩溶灌浆问题，大大减小了灌浆施工难度与工程量，防渗处理质量更直观、可靠，施工进度快。同时，由于岩溶清理、回填施工造价远远低于灌浆工程造价，因而工程投资也较节省。

在水布垭工程建设过程中，针对强岩溶地层的防渗帷幕，采用"先变岩溶化岩体为裂隙性岩体，后进行帷幕灌浆"的设计理念，将防

渗帷幕灌浆接触段最大压力提高到 1.5 兆帕，是当前高面板坝趾板基础浅部接触带灌浆压力中的最高值，对灌浆技术发展具有重要意义。这些灌浆技术已在乌江彭水水电站、构皮滩水电站等工程推广使用。

| 系统优化，推动软岩成洞技术发展 |

水布垭地下电站是一个以引水洞、地下厂房、尾水洞为主体的庞大而复杂的地下洞室群。地下厂房长 168.50 米，宽 23.00 米，高 65.47 米。软岩占厂房边墙总面积的比例高达 38.4%，总体上为软硬相间、上硬下软，成洞问题十分突出。为了解决软硬相间复杂地层中大型地下厂房工程的关键技术问题，结合工程

需要，针对地下厂房工程的布置、结构形式、软岩处理措施、洞室开挖支护方式、支护参数、施工程序及工艺等关键技术展开系统研究。

对控制地下厂房围岩稳定的边墙中上部软岩（P_1q^3），采用"混凝土置换圈梁式超前软岩封闭支撑体"结构进行处理，利用封闭圈梁对软岩形成围压，基本保持软岩岩层的原始受力状态，充分利用了软岩的围压效应，维持软岩的承载能力。

对控制地下厂房围岩稳定的边墙下部软岩岩层（P_1q^3、马鞍煤层及黄龙剪切带），采取保留软岩支撑隔墩并进行综合加固处理，有效降低了厂房全断面开挖高度，达到了隔墩支撑地下厂房上下游边墙以限制变形和控制底板软岩回弹的目的。"隔墩支撑"的洞室软岩处理方式为类似工程软岩处理和利用提供了全新的思路。

采用"扶壁岩锚复合式吊车梁"的新型结构形式。该结构形式兼有岩锚梁和墙（柱）式吊车梁的优点，结构受力明确，施工安排灵活，为大型地下厂房吊车梁的设计提供了一种新的结构形式。

这些研究成果不仅对水布垭水电站的安全、经济和顺利实施具有重要的工程意义，而且对国内外地下工程软岩处理的实践和理论发展也具有十分重要的意义。

| 青山绿水、璀璨明珠 |

水布垭工程蓄水后，库区已成为中国著名自然景观带——"清江画廊"的重要组成部分，将原来的穷山恶水变成了青山绿水；水布垭工程蓄水后，库区小环境有极大的改善，成为中国宜居地区之一。

水布垭库区 200 公里的深水航道，极大改善了库区交通运输条件，促进了库周地区航运经济的发展，工程建设和运行期间提供直接就业机会 6600 个，间接提供就业机会 4000 个，库区经济已呈现一派欣欣向荣的繁华景象。与下游水库联合调度，极大改善了长江防洪重灾区——荆江河段的防洪压力，保障了江汉平原分洪区百万人民安居乐业。

水布垭大坝创造了世界混凝土面板堆石坝建设的新纪录，是中国水利水电技术走在世界前列的标志之一，被国际大坝委员会授予"面板堆石坝里程碑工程"荣誉。

水布垭水电站这座极具挑战性的复杂工程的成功建设，展现了建设者们勇于创新、顽强拼搏、迎接挑战、精益求精的奋斗精神，用实际行动诠释了绿水青山就是金山银山的发展理念，对我国水电事业创造新的辉煌起到了积极的推动作用。

文／杨启贵、孔凡辉、花俊杰

续写中国水电传奇

金沙江溪洛渡水电站

项目名称：金沙江溪洛渡水电站项目
获奖单位：中国三峡建工（集团）有限公司
获得奖项：杰出奖
获奖年份：2016 年
获奖地点：摩洛哥马拉喀什

　　从青藏高原和横断山区劈山开岳奔流而下的金沙江，坡陡流急，水量丰沛且稳定，落差大且集中，是世界上水能资源蕴藏最为丰富的区域之一，其下游 782 公里河段落差高达 729 米，水能资源富集程度更是堪称世界之最。同时，金沙江流域由于谷狭岸陡，水土流失严重，又成为长江巨量洪水和泥沙的产输区，21 世纪初，流域多数地区经济较为落后，与全国的经济发展水平形成极大的反差。2002 年，为了综合开发水能资源、实施"西电东送"战略，国家批准在金沙江下游规划开发向家坝、溪洛渡、白鹤滩、乌东德四座巨型电站，授权中国三峡集团分期建设，总装机容量 4646 万千瓦，三峡集团负责开发建设的长江三峡工程与金沙江下游梯级水电工程在全球排名居前列的十二大水电站中占有五席。

溪洛渡泄洪下游全景

溪洛渡工程全景

作为金沙江下游水电开发一期工程先期实施的溪洛渡水电站，是继三峡工程之后我国自主建设的第二个千万千瓦级巨型水电站。工程位于四川省雷波县和云南省永善县交界的金沙江峡谷河段，河床地质条件及大坝结构复杂程度为世界拱坝之最，285.5 米的坝高居目前世界高拱坝第三；高地震烈度区大坝设防标准高达 Ⅷ 度；泄洪总功率 1 亿千瓦，居世界拱坝泄洪功率之冠；大尺寸地下电站洞室群为世界之最，工程综合技术难度最大，多项技术指标均已超过了世界水平和现有经验，是 300 米级世界级特高拱坝和超大型地下洞室群的典型代表。这也给设计、施工、管理带来了一系列世界级的难题。

不畏艰险、开拓探索，中国水电人自 1985 年开始溪洛渡前期研究工作，艰苦奋斗、求真务实，历经 30 多年研究、规划、设计、建设，溪洛渡建设者们精益求精、追求卓越，开展了大量的科学试验和科技攻关，经过数百项专题研究和百余次审查咨询，攻克一系列重大的技术难题，取得一批重大创新性成果，建成现今世界第三大水电站。溪洛渡水电站首创的 300 米级拱坝智能化建设关键技术荣获

2015 年国家科学技术进步奖二等奖；2016 年 9 月，溪洛渡水电站荣获"菲迪克 2016 年工程项目杰出奖"，是全球 21 个获奖项目中唯一的水电项目。这一殊荣，代表着业界对溪洛渡水电站、对中国水电的高度认可和充分肯定，续写了中国水电新的传奇。

| "智能建造" 攻破 "无坝不裂" 世界难题 |

285.5 米高的溪洛渡拱坝是世界已建的第三大高坝，其结构、受力情况较三峡工程采用的重力坝更为复杂，仅大坝承受的水推力指标就达 1400 万吨，施工过程中坝体的受力状况还会不断变化，被认为是水工界结构最复杂的建筑物。而溪洛渡所处区域地震设防标准、坝身泄量功率等指标更是居世界首位。这些特点给特高拱坝的施工质量控制、安全运行带来很大挑战。

中国工程师们协同攻关、勇于突破已有经验开展创新，首创了拱坝建基面岩体等级新的设计原则和评价体系，将溪洛渡坝基开挖和混凝土工程量各优化减少 100 多万立方米，不仅节省投资近 7 亿元，同时也减少了施工对环

境的不利影响。

对于溪洛渡这样的高坝大库，质量安全是关键，由于大坝内外温差易产生裂缝，对大坝安全造成极大威胁，业界甚至有着"无坝不裂"的说法。

为了攻克这一世界难题，三峡集团以大量的研发投入、广泛聚集水电科技优秀团队和优势资源，建立了产学研用深度融合的科技创新体系，借助信息化手段与技术，优化施工管理模式，首创溪洛渡 300 米级特高拱坝智能化建设理论和体系，研究建设"智能大坝"。

溪洛渡"智能大坝"以大坝全景信息模型 (DIM) 和智能化建设协同平台 (iDam) 为核心，研发应用混凝土施工振捣、通水冷却、灌浆等智能化设备与软件，形成"感知—分析—控制"的闭环，有效实施控制，达到拱坝施工动态调整和预报预警的目的。

DIM 以三维地质和拱坝结构模型为核心，集成基础信息、过程信息、监测信息等三类工程数据；在大坝体内埋设成数以万计的温度、应力、位移等监测仪器对海量施工数据进行实时采集与传输，研发混凝土施工、温度控制、仿真分析、预警预控等 14 个功能模块，开发 iDam 作为共享、协同、交互业务平台，实现拱坝施工各专业建设全过程的智能化监测以及各类数据信息的共享、协同与有序流动，使工程建设各单位协同工作、快速反应。

"智能大坝"研究还成功攻克数字灌浆、智能振捣、智能通水等关键技术，研发了智能控制设备和软件，大坝首次全面采用了智能通水冷却等温控系统的成套设备，通过大坝预埋的温度计自动采集、实时读取各部位混凝土即时温度数据，依据设计方案，通过智能设备和控制系统自动调节通水流量，让混凝土实际温度与设计温度曲线相吻合，从而做到冷却过程智能化，不需要人工调整，有效实现大体积混凝土浇筑温度控制的预测、控制和反馈。溪洛渡大坝共浇筑混凝土近 680 万立方米，至今没有发现温度裂缝，混凝土质量优良率达 90% 以上。现经多年的蓄水运行，大坝各项指标均正常。

国际大坝委员会名誉主席 Lius Berga 教授评价："创新理念与开发的创新技术在大体积混凝土结构智能化建设已居世界领先地位，成功解决了'无坝不裂'的世界难题。"溪洛渡拱坝智能化建设促进了传统坝工技术向智能化的转变，经测算直接经济效益约 3.87 亿元，间接经济效益达到 136 亿元。

|"地下电站迷宫"铸就中国水电奇观|

溪洛渡地下厂房洞室群数量（342 条洞室）和尺寸均为世界之最。在不到 1 平方公里内有近百条洞室纵横交错，可供大卡车双向通行的地下隧道长达 200 多公里，穿行其中恍如身处地下迷宫，极易迷失方向。这里地质条件复杂，洞室群位于层状玄武岩中，层间、层内错动带发育；洞室边墙高、跨度大，电站主厂房跨度 31.9 米，尾调室高 95 米，大直径竖井覆盖层厚达 130 米，施工技术难度大，开挖过程中一旦安全控制措施不到位，极易引起岩体开裂破坏甚至塌方，造成施工安全事故乃至影响电站的长期运行安全。

工程师们与科研团队密切协同，首创了超

大地下洞室群围岩稳定与控制成套技术，在洞室群超前布设了大量监测仪器设备，利用监测数据进行施工全过程快速监测与反馈分析，用电脑模拟岩体的应力、变形等特性，进而判断岩体当前和长期的稳定性，据以及时指导和调整优化施工程序、爆破作业和支护设计等。地下洞室每开挖一层必须跟进监测分析一层，确保岩体稳定后才能开挖下一层，科学稳妥步步为营，开挖质量全面超过设计确定的控制标准，成功解决了层状岩体近坝库岸特大洞室群集成化布置、深覆盖层大断面竖井安全施工等世界级难题，安全高效地开挖、建成了"巨无霸"地下厂房洞室群，为同类水电工程提供了开创性成果，总体达到国际领先水平。原中国大坝协会名誉主席潘家铮院士称赞："溪洛渡地下工程是世界一大奇观，溪洛渡地下电站工程堪称精品，是中国水电工程的骄傲。"

| 科技创新出精品　中国制造创纪录 |

在上个世纪引领世界坝工技术方向的欧美国家，出于坝体结构稳定性考虑，拱坝坝身一般不开孔，著名的美国胡佛大坝就是如此。溪洛渡大坝属 300 米级高拱坝，作为长江干流防洪体系的重要组成部分，泄洪能力是关键问题。它的泄洪流量和泄洪功率远超世界拱坝最高水平，泄洪消能综合技术难度居世界之首。为保证工程能够及时、安全宣泄巨量高水头的洪水，同时有效减缓泄洪雾化等环境影响，中国工程师们为溪洛渡设计建设了结构精巧复杂宏大的泄洪设施，分散泄洪、分区消能，不仅在两岸对称布设各 2 条庞大的泄洪洞援引高速

洪流对冲消能，而且在近 300 米高峻且单薄的双曲拱坝上布设了 2 层 15 个泄洪孔共同泄洪。

针对泄洪洞承受高速水流时多因体形不流畅、表面不平整、混凝土强度不够或施工裂缝缺陷等易产生空蚀破坏、冲刷磨损和裂缝等顽疾，为把溪洛渡真正打造成世界精品工程，三峡集团组织工程师、科学家们对混凝土材料和施工工艺、洞室开挖支护施工装备、施工管理等全面创新，精益求精建成了"体形精准、平整光滑、高强耐磨"的泄洪洞，出色地解决了世界最大规模泄洪洞抗冲耐磨、防止空蚀、消能防冲等难题，为提升水电工程关键技术水平提供了新方案。

在发电系统的核心装备水轮发电机组制造安装上，溪洛渡水电站独有的"中国制造"77 万千瓦水轮发电机组不仅在规模上刷新了世界纪录，更以 12 个月装机投产 18 台巨型机组的速度和强度在世界水电史上遥遥领先，全部 18 台机组均一次启动成功、一次通过 72 小时试运行、一次通过"首稳百日"考核目标。中国超级工程溪洛渡从它建成投产那一刻起，便一跃成为世界水电的新焦点，再一次让中国水电的名片闪亮全球。

| 利国利民国之重器　效益显著意义重大 |

如今，溪洛渡巨大的水轮发电机组正源源不断地将丰富的金沙江水能资源转化为清洁优质电能，多年平均发电量可达 571.2 亿—640 亿度（近期—远景），可替代火电装机 1300 万千瓦，替代火电电量 556 亿度，相应每年可节约原煤 2200 万吨，相当于少建 6 座年

移民安置点

产 400 万吨的大型煤矿。取代火电每年可减少 4000 万吨二氧化碳、40 万吨二氧化硫和大量的废水废渣排放,有效减轻长江流域的环境污染和酸雨危害,节能减排效益显著。电站自 2013 年首批机组投产截至 2020 年 8 月底,已累计发电超过 4000 亿度,惠及中国华东、华南 7 省市近 4 亿人,为国家经济发展注入了清洁能源动力,模范践行着中国政府向国际社会作出的"2020 年我国非化石能源占一次能源消费总量比重达 15%"的庄严承诺。

溪洛渡水库防洪库容 46.5 亿立方米,是兴利除弊、解决川江防洪问题的主要工程之一。与向家坝、三峡等联合调度,可使川江沿岸宜宾、泸州、重庆等城市防洪标准从以往不到 20 年一遇提高至"百年一遇",增强下游地区的自然减灾能力。电站自 2013 年蓄水至 2019 年末共拦蓄洪水 19 次,总蓄洪量 250.5 亿立方米,配合三峡工程联合防洪,有力保证

覆盖中国 11 个省市、约占中国总面积的 1/5、人口和生产总值均超过全国的 40% 的区域长江汛期安全。

此外,溪洛渡还是三峡水库可靠的拦沙屏障。金沙江含沙量高,天然条件下溪洛渡坝址年平均输沙量 2.47 亿吨,占三峡水库入库泥沙量的 47%。溪洛渡建成后泥沙入库沉淀下来,可显著减少向三峡输沙,据测算溪洛渡单独运行 30 年共可减少向下游输沙 58.84 亿吨,占同期来沙量的 80%,水库运用 60 年则可减少向下游输沙 108.3 亿吨,占同期来沙量的 73.6%,有利于三峡水库的长期使用和综合效益的发挥。

| 与民共享发展成果　助力地方经济发展 |

溪洛渡水电站获"菲迪克奖",除了质量可靠、技术过硬外,原因还在于它始终贯彻了

可持续发展理念，体现了菲迪克的核心原则——质量、廉洁和可持续性。在溪洛渡水电站的建设中，"环境"和"人"的因素体现得尤为突出。

三峡集团积极倡导和践行"建好一座电站、带动一方经济、改善一片环境、造福一批移民"的水电开发理念，科学有序地开发水电。在水电开发中，始终坚持工程建设好、环境保护好、移民安置好、综合治理好的"四好"工作方针，在优质、高效、安全建成大国重器的同时，始终关注民生，与库区人民共享发展成果。

溪洛渡水库淹没影响区涉及四川、云南两省9个县（区），移民搬迁近6万人，淹没土地约24万亩、房屋约275万平方米，为安置好移民，协同地方政府新建居民点44个，迁建集镇12座，复建等级公路约400公里、码头渡口31座，迁（扩）建学校幼儿园44所、医疗卫生单位14所，大大改善了库区基础设施状况，不仅原功能得到恢复，也使移民群众生产生活条件显著改善。

三峡集团以股权形式与川滇两省共享发展成果，截至2020年6月底累计向两省拨付移民资金264.18亿元，持续稳定向两省缴纳库区基金和各种税费。成立公益基金会，从电站发电收益中拿出专项资金，打造"爱心帮扶、产业扶持、能力提升、民生保障、和谐库区"等五大工程，积极助力脱贫攻坚，推动库区可持续发展。通过产业帮扶、定点帮扶、妇女基金、春节慰问、小额捐赠等方式对各县（区）进行帮扶，截至2020年8月底累计实施项目215项，投入资金约3.4亿元。

| 生态优先绿色发展　人与自然和谐共生 |

金沙江下游流域属于横断山生物多样性保护重要区和川滇干热河谷土壤保持重要区，生态环境十分脆弱。三峡集团在水电开发中坚持生态优先建设绿色水电，在保护中开发，在发展中保护。

为节约和保护西南高山峡谷区宝贵的土地资源，工程师们千方百计减少工程占地，大量优化对外交通工程设计，工区内外专用交通公路桥隧比达到49%；庞大的电站厂房全部采用地下布置，施工所需大量的混凝土粗骨料则全部利用地下洞室开挖料，减少明坡开挖和占地堆渣1000多万立方米。采用先进工艺对施工区里大量的生产废水和生活污水进行达标处理后再次用于工区绿植灌溉，有效防止了对水环境的污染；在工程区实施人工绿化、面积达到120万平方米，施工区林草覆盖率42%，工区从原生态干热河谷变成了当地群众广为赞誉和周末游赏玩乐的"后花园"。为保护和繁育流域珍稀特有鱼类，电站还配套建设了增殖放流站，多年来持续科研，珍稀特有鱼类的人工繁殖技术不断取得突破性进展，目前已能够繁殖9个品种、每年繁殖数量近22万尾，向金沙江放流和补充鱼苗总量超过120万余尾，此外积极与大自然保护协会（TNC）等国际环保组织开展合作研究鱼类保护，在绿色水电开发中促进人与自然和谐共生。

溪洛渡水电站目前在环境保护方面的投资已超过12亿元，生态效益显著，被授予"生产建设项目国家水土保持生态文明工程"称号。

文 / 苏立、时洪涛

江水北上润神州，天河筑梦谱新篇

记南水北调中线工程

项目名称：南水北调中线工程
获奖单位：长江勘测规划设计研究院、河南省水利勘测设计研究有限公司、河南省水利勘测公司、
河北省水利水电勘测设计研究院、河北省水利水电第二勘测设计研究院、北京市水利规划设计研究院、
天津市水务规划勘测设计有限公司（原天津市水利勘测设计院）、湖北省水利水电规划勘测设计院
获得奖项：优秀奖
获奖年份：2016 年
获奖地点：摩洛哥马拉喀什

　　2014 年 12 月 12 日 14 时 32 分，南水北调中线陶岔渠首缓缓开启闸门，汤汤汉江水奔流北上，历时 15 天长途跋涉后到达首都北京，大江南北共饮一江水！历史不会忘记这一天，不会忘记 62 年前一位老人黄河边上的豪言壮语，不会忘记技术人员 50 余载的不懈奋斗。

　　南水北调中线一期工程跨越长江、淮河、黄河、海河四大流域，输水线路全长 1432 公里，是世界线路最长的跨流域调水工程。工程年调水量 95 亿立方米，保障及改善京津华北地区近

陶岔渠首全貌

焦作市区段渠道

8000万人口生活用水需求和用水品质；涵养华北地下水，修复自然生态，1000多公里总干渠将成为生机勃勃的生态文化旅游廊道。

天河筑成，江水北上。她用令世人瞩目的辉煌成就，感人至深的奋斗历程，兴水惠民的沧桑巨变，充分证明党中央、国务院的决策是完全正确的，彰显了中国特色社会主义制度优势，展现了中国共产党领导下的中国智慧、中国速度和中国力量！

| 南水北调：一位伟人的伟大设想 |

上马打天下、下马搞建设的伟人毛泽东，基于北方干旱的现实和我国水资源的空间格局，以一个战略家的眼光，第一次提出了"南水北调"这一伟大构想。

1952年10月30日，在黄河水利委员会主任王化云的陪同下，毛泽东登上河南郑州黄河边的邙山，俯瞰黄河。王化云向毛泽东汇报了治黄规划设想，说准备从通天河引长江水入

黄河，向我国西北和华北补充水资源。

"好！这个主意好！"毛泽东风趣地说，"你们的雄心不小啊！通天河那个地方猪八戒去过，他掉进去了。"

在场的人都笑了起来。

毛泽东略作沉吟，忽然说："南方水多，北方水少，借一点来是可以的。"

王化云立刻接口："那就得看长江委是否同意了。"

毛泽东听后笑着说："没想到你王化云还是个踢皮球的高手，一下把这个球踢给'长江王'了。"毛泽东口中的"长江王"就是长江水利委员会主任林一山。

几个月后，1953年2月19日至22日，毛泽东乘"长江"舰从武汉到南京视察长江，在军舰上与林一山就长江治理、南水北调问题专门做了一次探讨。

毛泽东打开地图，用铅笔从长江上游的几个位置一一指下来，都得到了否定的回答。当毛泽东将铅笔指到汉江上问："引汉水行不行？"

丹江口大坝加高后全景图

林一山回答："有可能。"

毛泽东眼睛一亮："为什么？"

"汉江上游和渭河、黄河平行，中间只有秦岭、伏牛一山之隔。它自西而东，越到下游，地势越低，水量越大。这就有可能找到一个合适的地点来兴建引水工程，叫汉江通过黄河引向华北。"

毛泽东用笔从汉江上游至下游画了许多杠，每画一道杠他都问："这里行不行？"

林一山："这些地方都有可能性，但要研究哪个方案最好。"

毛泽东的铅笔指向均县（现在丹江口水利枢纽所在地）："这个地方行不行？"

林一山："这里可能性最大，可能是最好的引水线路。"

毛泽东："为什么？"

林一山："汉江再往下，流向就转向南北，河谷变宽，没有高山，缺少建高坝的条件，所以不具备向北引水的有利条件。"

毛泽东做了个果断的手势："你立即组织察勘，一有资料就给我写信。"

"是，我回去后马上组织察勘。"林一山回单位后，立即组织人马进行南水北调的勘察和研究，一有成果，他就给毛泽东写信。毛泽东亲自阅读林一山的信，得知引汉北调的引水线路找到了，他非常高兴。

1958 年 8 月 29 日中央下发《关于水利工作的指示》："全国范围的较长远的水利规划，首先是以南水（主要是长江水系）北调为主要目的的，即将江、淮、河、汉、海河各流域联系为统一的水利系统的规划……应即加速制订。"这是"南水北调"第一次见诸中央文件。

| 精雕细琢：五十春秋绘就恢宏蓝图 |

在日新月异的当下，如果说曾经有一个工程论证了 50 年，你肯定会一脸疑惑。但是南水北调中线从 1952 年 10 月 30 日提出到

丹江口大坝加高后全景图

2003年12月30日开工，整整经历了51年。这长达半个世纪之久的岁月里，国家领导人持续关怀，一代代水利人前赴后继。

1953年，受毛泽东委托，林一山曾经四上五千多米的巴颜喀拉山，查勘调水线路方案。1956年，长江流域规划办公室制定了以兴建丹江水利枢纽为控制工程的治理汉江、开发汉江、引汉济黄乃至引水至华北的汉江流域规划。1958年2月，毛泽东把治理长江、南水北调的重任交给周恩来，从此，敬爱的周恩来就在日理万机中开始了为实现"高峡出平湖"、南水北调的宏图而呕心沥血，直到弥留之际，仍然不忘治水大业。

1958年9月1日，在周恩来的关心下，南水北调中线源头丹江口水库正式开工。被周恩来亲切称为"伏波将军"的文伏波院士（时任长江水利委员会施工设计室副主任）进驻丹江口工地现场，此后一驻就是12年（截至1969年底），负责丹江口水利枢纽工程的现场设计、技术指导工作，并监督施工单位严格按照设计图纸进行施工，以确保工程质量。在那个特殊的年代，文伏波院士始终坚持水利工程以质量为生命，率领现场设计人员，根据当时需要，共同研究出多个技术创新，舍小家顾大局，不计个人得失，为长江水利委员会培养了一支理论联系实际的强大设计队伍，为日后葛洲坝水利枢纽工程的设计和施工奠定了扎实的基础。

1974年丹江口水利枢纽初期工程全部完成后，时隔30年，2005年9月丹江口大坝加高工程开工建设。也许是历史的必然选择，丹江口大坝加高这一世界级水电难题又落在了隶属长江水利委员会的长江勘测规划设计研究院（简称"长江设计院"）头上。"丹江口大坝加高，简单地说，就是在30多年前兴建的大坝背后和顶上各贴一块混凝土，将原有的坝体由162米抬高至176.6米，首先必须解决新老坝体联合受力的问题。"长江设计院原副总工

穿黄工程南岸进口

程师、全国劳动模范吴德绪的思绪一下回到了上世纪，深情回忆道。后来，在钮新强院士的带领下长江设计院提出了在竖直接合面采用人工补凿键槽、溢流坝段堰面采用宽槽回填为辅的总体方案。经过验算和反复试验，终于可以满足大坝安全规程规范。"世纪之吻"的丹坝加高如愿实现，创造了中国之最。

穿黄工程是中线总干渠与黄河的交叉建筑物，是总干渠的"咽喉"。来自丹江口水库的长江水自渠首出，一路自流向北，而黄河成为阻碍南水北去的天然屏障。为解决这一问题，在郑州花园口西黄河河床底部40米深处，开凿两条4250米长的隧道，北上的长江水通过两条穿黄隧洞与黄河立体交叉，形成"江水不犯河水"之势俯冲而下，穿越万古黄河。穿黄工程难就难在是国内首例采用盾构法施工的软土地层大型高压输水隧洞，技术难度大幅度超出我国现有工程经验和规范适用范围。为此，钮新强院士带领长江设计院设计人员研发了"盾构隧洞预应力复合衬砌"新型输水隧洞，

解决了穿越黄河多相复杂软土地层高压输水隧洞结构受力和高压内水外渗导致围土失稳破坏难题，较好地适应河床游荡作用引起的纵向动态大变形，实现了长江水与黄河水的立体交汇。

50年勘测、50年规划、50年论证，中华民族有史以来规模最大、引水线路最长、解决吃水人口最多的南水北调工程燃尽了多少人的青春，但也铸就了一位位水利巨擘，林一山、张光斗、文伏波、钮新强、吴德绪……有新中国水利事业的开拓者，有水利水电工程领域的集大成者，也有千千万万的技术人员。就是他们和新中国一路走来，不畏艰险，不辞劳苦，不讲个人利益，一步一步丈量线路，一遍一遍修改报告，一次次研究创新突破，精雕细琢，绘就了中线工程的恢宏蓝图。

效益显著：天河筑成润神州

中线工程自2014年12月底正式通水以来，已安全平稳运行近6年多，向北京、天

津等 20 多座大中城市及 100 多座县城调水量超 380 亿立方米，直接受益人口近 8000 万，有效缓解了受水区水资源短缺的局面，满足了城市生活、工业用水要求，并改善了受水区饮用水水质。检测人员取渠道中的水进行酸碱度检测，显示 pH 值为 8.25，适合人体引用的水 pH 值在 7.0—8.5 之间，渠道中的水是弱碱性水，堪比超市中的弱碱性矿泉水。河北省等地人民喝上中线水后，近 500 万人可以彻底告别本地高氟水、苦咸水，孩子们终于不用"继承"父辈们的氟斑牙，将露出更加灿烂的笑容。

通过限制地下水开采、直接补水、置换挤占的环境用水等措施，有效遏制了华北平原地下水位快速下降的趋势，累计压采地下水开采量约 49 亿立方米。北京地下水位从 2014 年底的 –25.7 米回升至 2019 年底的 –22.7 米，平均每年恢复 0.6 米。河北省地下水超采区地下水位监测情况通报显示：全省浅层超采区地下水位下降幅度明显减慢，有 39 个县（市、区）

水位回升，雄安新区、衡水、沧州等地上升明显，全省深层超采区地下水位平均埋深与上年同比上升 1.85 米，地处邢台市七里河下游的狗头泉、百泉已经干涸了 18 年，2020 年实现了稳定复涌。

中线工程向受水区沿线白河、澧河、滹沱河、瀑河等 47 条河流实施生态补水，为沿线区域生态环境修复发挥了积极作用。沿线城市河湖、湿地以及白洋淀水面面积明显扩大，大幅度改善了区域水生态环境，受水河流重现生机与活力。其中，对白洋淀实施生态补水约 3 亿立方米后，白洋淀检测断面入淀水质由补水前的劣 V 类提升为 II 类，白洋淀上游干涸 36 年的瀑河水库重现水波荡漾的美景，徐水区新增河渠水面面积约 43 万平方米，老百姓有了游玩的好去处。

文 / 王磊、黄会勇、李波、张娜、吴永妍

斗水宽百忧：天津市生命线工程
写在南水北调中线一期工程天津干线安全输水六周年之际

项目名称：南水北调中线工程
获奖单位：长江勘测规划设计研究院、河南省水利勘测设计研究有限公司、河南省水利勘测公司、
　　　　　河北省水利水电勘测设计研究院、河北省水利水电第二勘测设计研究院、北京市水利规划设计研究院、
　　　　　天津市水务规划勘测设计有限公司（原天津市水利勘测设计院）、湖北省水利水电规划勘测设计院
获得奖项：优秀奖
获奖年份：2016 年
获奖地点：摩洛哥马拉喀什

　　"地处九河要津，路通七省舟车"，天津位于渤海之滨。海河是天津的母亲河，横贯天津市区，是中国七大河流之一。可少有人能想到，这个素有"九河下梢""中国北方威尼斯"之称的临海城市，却流传着"天津一大怪，自来水腌咸菜"这样的民谣。守着海河没水喝，天津人民身陷缺水之苦，盼水望水之情炽热浓烈，乃至滦水入津时，市政府给全市每家每户发二两茶叶，以示庆贺。

　　进入新世纪，天津再次面临水危机，杜甫诗云："人生留滞生理难，斗水何直百忧宽。"何以解

天津干线进水闸

难宽忧？南水北调中线一期工程天津干线是天津市的生命线工程，它实现了天津人民多年的夙愿，铸就了天津人民对美好生活的梦想。

| 缺水之殇：
吹响打破天津发展瓶颈的冲锋号 |

水荒不断，发展难

海河流域面积 22 万平方公里，是华北地区最大的水系。而处于海河末端的天津市面积仅为 1.1 万平方公里，由于自然、人为因素，天津是资源型严重缺水城市，人均自产水资源量仅 100 立方米，少于沙漠之国以色列，为全国平均水平的二十分之一，世界平均水平的五十分之一，远远低于世界公认的人均 1000 立方米的缺水警戒线。

缺水给天津带来的影响可谓是瓶颈锁喉，伤痕累累。因为缺水，连续多年超采地下水，开采深度达千米，引起地面下沉，形成 7300 平方公里的大漏斗，高达全市总面积的 61%，市区累积沉降值最大达 3 米，同时，导致海水入侵、倒灌，出现地下水污染现象；因为缺水，不得不调整种植结构，天津小站稻虽驰名中外，但是由于耗水量大，种植面积被迫减少 90%，濒临绝迹；因为缺水，大力调整经济结构，传统支柱产业化工、纺织基本消失，并错失诸多大工业项目落地的良机，曾连续 11 年保持的 15% 的经济增长率跌至 5%；因为缺水，在全国率先制定了地方节水条例，实行了最严格的节水制度，2000—2010 年 11 次调高水价，居民生活用水、工业用水水价均居全国最高。

因为水荒不断，所以四处求水成了天津解决缺水问题的主要出路。历史上北京的密云水库，河北省中南部的岳城水库、岗南水库、黄壁庄水库等都有向天津供水的任务，但由于华北地区连续干旱，截至 1981 年，这些水库全部停止向天津供水。1982 年，党中央、国务院决定实施引滦入津工程，1983 年建成通水，解决了天津缺水的严峻局面，天津人民结束了喝苦咸水的历史。1997 年以后，滦河流域连续遭遇枯水年份，天津再次面临供水危机，至 2012 年不得不先后七次实施引黄济津应急调水，而千辛万苦引来的黄河水虽经多道工序处理，自来水仍呈土黄色，散发着土腥味、氯气味，随时间延长逐渐变咸，色臭味俱全，令人难以入口，生活用水成了揪心、闹心、烦心的事。

天津人扼腕长叹："生活难！"何以解忧？唯有源头清水来！

危急关头，勇担当

天津人对水的情结可谓是刻骨铭心的，南水北调中线一期工程天津干线是天津市的生命线工程，它凝聚和寄托着两千万天津人民多年的夙愿，充满了天津人民对美好生活的向往。

作为工程建设的先行军，天津市水务规划勘测设计有限公司（原天津市水利勘测设计院，简称"天津水务设计"）责无旁贷，更难能可贵的是，有一批追逐梦想的水利人，誓为梦想而奋斗！

| 引水之艰：
唱响勇于拼搏、攻坚克难的进行曲 |

众志成城，斗志扬

接受任务伊始，天津水务设计上世纪 80

年代从事引滦入津工程的技术人员均已退休，出现了人员断档、技术断层，整体力量受到较大影响，人员不足百人，平均年龄不足 30 岁，当时可谓是至暗时刻。特殊时刻，特殊情况，需要特殊精神，从院领导到一线技术人员，都有一种劲头，那就是要传承引滦精神，要小院干大事，再创南水北调精神，再创辉煌！

弃明从暗，拔翘楚

在前期的工程规划和项目建议书中，在天津干线穿越分洪区和天津市城区段采用管道输水，其余地段采用明渠输水，即明渠与管道相结合的方案（简称"管渠结合方案"），其中，明渠占总长度的 70%。这个输水方案，在水量水质保障方面让天津一直存在顾虑，但是，若要改变，必须有充足的论证，以满足在技术审查和审批方面的严格要求，这是相当困难的。

为此，必须对管渠结合方案和全管涵方案这两性质完全不同的输水方案，按同等深度、同等标准开展全面、客观的综合论证工作，以供政府决策。

天津干线起点高、终点低，落差达 65 米，如何利用这个落差输水是关键。经系统分析，提出三个研究方向：三种输水形式、两种输水方式和三种控制方式。因为每个方向都具有相当大的技术难度和挑战，于是天津水务设计称之为"三大战役"。在这"三大战役"中，共对 18 个典型方案进行了专题研究，采用层次分析法进行比较，分别从管渠结合类和全管涵类中筛选出最优方案，进行最终抉择。对于其中的关键技术问题，为了达到客观、公正、可信的要求，天津水务设计与天津大学、河海大学、中国水利水电科学研究院同步开展了历时

两年多的研究，并采用物模、数模相互验证，将问题一个一个解决，难关一个一个攻破。

虽然全管涵方案较管渠结合方案一次性投资有所增加，但换来的是安全可靠、技术可行、经济合理、施工简单、运行控制方便、节约土地资源、有利于保护水质和减少水量损失、节约能源、运行费用低、管理方便、对当地影响小等优点，特别是减少永久占地 1.13 万亩，节约了宝贵的耕地资源。借鉴引滦入津工程多年的实践，从长远考虑多花一些钱是值得的，基于长期效益和协调发展的考虑，全管涵方案最终得到采用。

全管涵方案以科学的论证、翔实的资料成功征服了各部门专家，经历了勘查设计史上最为严格的技术审查程序，特别是国家审计署的投资审计，最终通过了水利部、国家发展和改革委员会的审批。

| 调水之妙：
演奏创新突破、绿色发展的交响乐 |

独具匠心，巧机关

南水北调向天津供水过程中，流量范围为 0—60 立方米 / 秒。这就要求充分利用自然落差按输送最大流量 60 立方米 / 秒进行管道设计；但同时会有输送其他流量时存在落差富余的现象，且输水流量越小，富余落差越大，停水时，管道将承受最大压力，这对管道的安全会构成极大威胁，因此，必须采取措施消耗掉富余的部分。这与以往工程中的水力控制思路完全相反，但这是天津干线的关键、难点和焦点，更是工程的灵魂和核心。

航拍"南水北调中线工程"渠首大坝

当时，首先想到的是采用调节阀技术。然而，国际上只有美国、日本两个国家能生产大口径调节阀，且存在核心技术封锁的情况，为了不受制于人，只得放弃。

经不断探索、研究，天津水务设计首次提出了自动调节堰井这一新型控制性水工建筑物，通过分段设置，完全实现了自动调节水头、分段控制管涵内压、自动保水、自动适应流量变化的要求。这在长距离输水工程设计史上是一创举。这一"神器"以不变应万变，实现了自动化、智能化，达到了安全输水、方便运行管理的目的。天津大学、河海大学、中国水利水电科学研究院的专家给予了高度评价："巧妙地解决了长距离管涵输水工程中的水力调节这一难题，具有突出的创新性和先进性。"

因地制宜，衔接妙

天津干线上接总干渠，进水闸应具备配合总干渠西黑山节制闸维持总干渠定水位运行的功能；河北省境内设有9个分水口；天津境内设有4个分水口。这14个接口，每个都是受水区的水源，之后又是一系列的引水、输水、布水工程。水力边界条件之复杂，国内罕见。做好14个接口的衔接设计的重要性和难度是不言而喻的。

天津干线首部1公里地势陡峭，采用陡坡输水，流速很大，呈急流状态；之后的9公里地势较陡，采用尺寸较小的无压箱涵输水，流速较大，呈缓流状态；其余145公里地势平缓，采用尺寸较大的有压箱涵输水，流速小，水流缓慢。这种布置实现了不同地势、不同流

天津干线西黑山进水闸，由此，南水流向天津

态的有机融合、完美衔接。对于进水闸而言，陡坡就是"整流器""滤波器"，对于下游的无压箱涵而言，陡坡又是"阻流器"，避免了水力波动的相互影响，便于进水闸与总干渠联合调节，保障了总干渠安全运用；所有分水口均处于有压流段，这样能确保各分水口在任何条件下均能分到水，且便于配套工程的布置；在分水口处采用溢流设施，就地处理隐患，以防向上、下游传递和蔓延，避免引发连锁反应，保证系统安全；陡坡段为二次开发建设水电站留有余地，可为当地提供洁净、绿色的水电能源，符合国家的能源发展政策，有利于地区经济社会发展。

拒腐防变，"废"作保

霸州至天津约 60 公里范围内，地下水中含有侵蚀性二氧化碳、氯离子、硫酸根离子，对普通硅酸盐水泥具有强腐蚀性，地下水位年内、年际又是不断变化的，干湿交替对于工程的长治久安更为不利。对于天津干线而言，难点有三：一是全部埋于地下，安全状况不易被发现，不但风险大，而且破坏后维修更困难；二是距离长，任何一点出现破坏，都会影响到全局；三是国内没有工程实例可借鉴，更没有经长期考验的地下防腐措施。工程安全是百年大计，拒腐防变是必克难题。

基于防腐机理，可将防腐措施归结为两类，一为采用穿"防护服"方式，二为自身的"强健体魄"抵抗侵蚀。所谓穿"防护服"方式，就是在箱涵外侧设置完整、封闭的防腐层，将箱涵彻底隔离加以保护。所谓靠自身"强健体魄"抵抗侵蚀，就是采用特殊材料筑造箱涵，使之成为金刚之躯，完全靠自身抵御侵蚀。由于箱涵有棱有角、表面粗糙，防护服与箱涵的黏结性、"防护服"本身的密闭性并不能绝对得到保证，有潜在风险，若采用厚的、多层"防护服"则投资较大；大量掺加火电厂、钢铁冶炼厂产生的"废物"——粉煤灰、矿渣代替水泥浇筑箱涵，既可使箱涵"百毒不侵"，又节约投资，基于绿色发展的理念，天津水务设计变废为宝，循环利用，毅然决定采用这种方式。经系统研究，提出了一套完整、系统、翔实的箱涵防腐技术体系，开创了对薄壁、封闭、超静定现场浇筑结构的防腐先河。

| 迎水之悦：
唱响梦想成真、水润津城的凯歌 |

梦想成真，咏叹调

2014 年 12 月 12 日，南水北调中线一期工程正式通水，12 月 27 日，引江水经过 1400 余公里抵达天津进入千家万户，天津举行了隆重的迎水仪式。在这个特殊的日子里，当亲眼看到长江水千里迢迢流到天津时，天津水务设计所有项目组成员心中无比兴奋、激动，当亲口品尝长江水后，许多人眼泪夺眶而出。南水北调，经历 50 多年的论证，数十万建设者10 多年的奋战，这个跨越半个世纪的梦想终于变成现实。有幸作为论证者、建设者，作为这曲乐章中强有力的音符，天津水务设计所有项目组成员心中无比幸福和自豪！蓄势为新，天津水务设计会在新时代奏出更强音，再筑新梦想！

碧水润津，百忧宽

南水北调，使天津构成引滦、引江双水源的供水格局，连续 6 年不间断输水，共向天津供水 50 亿立方米，有效保障了天津城市供水安全，全市 2061 个村、202 万农村居民实现了供水城市化，极大地改善了民生。提前实现了深层地下水零开采，遏制住地面沉降。显著改善了生态环境，天津水生态环境质量实现历史最佳。"喜得碧水润津城，大庇燕赵百姓俱欢颜，百忧俱散心情宽！"天津必定会因水而复兴，这首华彩乐章会更加绚丽夺目！

南水北调，是民生工程、是保障水安全的战略举措、是生态文明理念的生动实践，更是中国特色社会主义制度优越性的具体体现。它为中国特色社会主义制度优势提供了最鲜活的现实明证！它令中华腾飞这首恢宏史诗更加气势磅礴，雄音遏云！

文／吴换营

南水北调：大水利规划思想的生动实践

南水北调中线工程设计回眸

项目名称：南水北调中线工程
获奖单位：长江勘测规划设计研究院、河南省水利勘测设计研究有限公司、河南省水利勘测公司、
河北省水利水电勘测设计研究院、河北省水利水电第二勘测设计研究院、北京市水利规划设计研究院、
天津市水务规划勘测设计有限公司（原天津市水利勘测设计院）、湖北省水利水电规划勘测设计院
获得奖项：优秀奖
获奖年份：2016 年
获奖地点：摩洛哥马拉喀什

"只有穿越云层，你才能看见它的长度；只有在这样的高度，才能看到绵延千里的渠道，看见数十万人，十年修建一条人工河流的执着，也才能看见一种精神；只有穿越云层，你才能看见中线，看见它的艰辛，穿山越岭，架桥过河，沿着现代中原文明的腹地流淌，过千山万水、城市乡村，与无数铁路、公路、管道交叉，一滴水流淌千里始终保持着洁净、透彻；在每个人的眼睛里，都成为一种看见。"宣传片《看见中线》对南水北调中线工程进行了生动的描述：南水北调中线工程的壮阔，南水北调人的情怀，在这儿被放大，看见想象之外的中线，也看见南水北调的魅

南水北调中线工程漕河渡槽

力与底蕴。

南水北调中线工程，取水自长江的一级支流汉江上的丹江口水库，由陶岔渠首引水，新开挖渠道，沿唐白河平原北部边缘、华北平原西部边缘开挖渠道，在西孤柏嘴处穿过黄河，伴京广铁路西侧北上，输水明渠在冀京界以后，进入地下暗渠，然后最终汇入北京颐和园团城湖。输水渠流经湖北、河南、河北、天津、北京。利用 100 米的落差，通过一条人工新开挖的渠道自流到北京、天津，途中不与任何水系交融，渠道全封闭、全立交，是一条真正的"通体水龙"。

河北省水利水电勘测设计研究院（简称"河北院"）数百名员工，数十年来不间断地参与了南水北调工程的前期研究工作。2003 年开始一同汇入南水北调中线工程的十万建设大军，奋战 10 余年，一举建成当今世界上最大规模的调水工程，建立起了具有中国特色的调水工程技术体系，创下多个"世界之最""亚洲之最"，极大地彰显了中国速度、中国质量。

|继承发扬
——大水利规划思想|

古人曰："欲治其国者，治水。"我国自古以来重视农业发展，举凡"水利灌溉、河防疏泛"历代无不列为首位。智慧的先民们修建了无数经典的水利工程，如都江堰、坎儿井、京杭大运河等，历经千年不衰，至今仍发挥着重要作用。古代水利工程中蕴藏了劳动人民宝贵的智慧和经验，不乏大水利的恢宏规划思想，最具代表性的是京杭大运河。京杭大运河绵延

2000 多公里，流经苏、浙、鲁、冀、津、京六省市，联通钱塘江、长江、淮河、黄河、海河五水系；贯穿华夏大地与南北、弥补中国南北方向无天然河流之短、扬内陆水上运输之长，集航运、灌溉、防洪工程于一体，沟通了华北、中原与江浙地区，一度帆樯如林、渔灯蟹火，创我国南北漕运之盛世，有力地促进了区域经济的发展，带动了沿河千百座城镇商埠的兴起和商品贸易的发展，对中国古代中央集权统治的巩固、军事防务、文化交流等方面都曾起到了十分重要的作用。上溯两千年，其大水利规划思想之恢宏，充分体现出古代劳动人民卓越的智慧和伟大的创造力，值得我们现代人借鉴和学习。

我国南方水量充沛，河网密布，尤其是长江的水资源丰富而稳定。北方地区则十年九旱，缺雨少水。要说由南向北借点水来，大概古往今来不乏有识之士，但均是心有余而力不足。最早提出"南水北调"设想的是毛泽东。

1952 年，毛泽东在视察黄河时指出"南方水多，北方水少，如有可能，借点水来也是可以的"，第一次明确提出了"南水北调"的伟大设想。1958 年，毛泽东进一步提出了"打开通天河、白龙江与洮河，借长江济黄"和"丹江口引汉济黄，引黄济卫，同北京连起来"的南水北调方案。接下来有关部门组织进行细致而周密的论证工作，到 1978 年，南水北调工程被写入了国务院《政府工作报告》。

围绕这一伟大的战略构想，半个多世纪以来，历经了几代人的艰辛努力，河北院一直积极参与、协同相关部门和单位做了大量前期研究工作。经过深入比选，本着高水高用的原则，

在 2002 年 1 月上报的《南水北调工程总体规划》报告中，推荐了东、中、西三条调水线路，通过三条调水线路与长江、黄河、淮河和海河四江河的沟通，形成"四横三纵"的总体格局。利用黄河贯穿我国从西到东的天然优势，引江水再通过黄河对引江的来水量进行再分配，协调东、中、西部社会经济发展对水资源的需求，达到我国水资源"南北调配、东西互济"的优化配置目标。

我们可以设想一下，在神州大地上，由南向北通过人工兴建起三条大型输水渠道，穿越崇山峻岭，逢山开洞，遇河架槽，就像三条巨龙在神州大地上下翻腾，济华夏的黄河、淮河、海河流域腹地，那该是何等壮观！

| 应运而生
——南水北调中线应急供水工程 |

20 世纪 80 年代初期，河北院参加南水北调中线工程的前期研究，当时的口号是"南水北调中线工程调水跨流域，建设不跨世纪"。目标是 2000 年前实现通水到北京。可是，这样一项跨省市、跨部门、跨学科的巨型工程，兴建起来谈何容易？南水北调工程的设想自提出以来，直到 2002 年 12 月《南水北调工程总体规划》获得国务院的批复，才由规划转入设计实施阶段。恰逢其时，我国成功申办了 2008 年北京奥运会，2007 年通水到北京随即被确定为新的奋斗目标。但是出于方方面面的原因，工程实施进度一再拖延。在 2008 年北京奥运会前南水北调中线工程全线通水无望的紧要关头，河北省提出了南水北调中线应急供水工程的动议，得到有关部门的充分肯定和大力支持。由于河北院在南水北调中线工程设计工作中一直处在排头兵的地位，意识超前、工作扎实，成为中线总干渠工程明渠输水设计、实施的第一位"吃螃蟹"者。

应急的水源引自河北省岗南、黄壁庄、王快、西大洋 4 座水库。将各水库灌溉输水总干渠与南水北调总干渠连接起来，通过水资源统一调度，即可实现由河北向北京应急供水。

应急供水工程途经石家庄、保定两市的 12 个县（市、区）。渠段全长 227 公里，共布设各类建筑物 350 座。应急供水段处在了中线总干渠明渠段的最下游端，反而要率先开工建设，且要提前 6 年通水。其工作难度、强度超乎寻常，对河北院所有参与人员是一次"战斗"的洗礼。在大家的共同努力下，各部门发挥主观能动性，顶住了巨大压力，努力拼搏，按时圆满完成了任务。

应急供水段较全线提前 6 年开工建设，按计划于 2007 年达到通水条件，为南水北调中线全线的开工建设积累了宝贵的经验。

| 玉汝于成
——南水北调中线工程河北段 |

南水北调中线总干渠自河南省丰乐镇穿漳河进入河北省，基本沿太行山东麓京广铁路北行，途经邯郸、邢台、石家庄、保定境内 27 个县（市、区），穿北拒马河中支后进入北京，线路全长 464 公里。

1. 复杂的工程、浩繁的设计

南水北调中线河北段总干渠行经太行山山

前平原，穿越大小河道、坡水区共计 249 条（处）。共设置各类水工建筑物 678 座，其中河渠交叉建筑物 52 座，左岸排水建筑物 197 座，隧洞 7 座，渠渠交叉建筑物 52 座，铁路交叉建筑物 10 座，公路桥（涵）283 座，节制闸、分水闸、退水闸等控制性建筑物 77 座。

2. 漫长的历程、海量的工作

1994 年 1 月长江委召开了南水北调中线工程技术讨论会，全面部署初步设计工作。按照"四个一流"的要求，河北院牵头负责河北省境内总干渠的初步设计，认真积极全方位地开展工作。

2000 年底完成了《南水北调中线工程总干渠漳河北—北拒马河中支南渠段初步设计报告》。编制设计成果报告、附图表、附件等共计 1131 册。

2003 年 7 月 16 日完成的《南水北调中线京石段应急供水工程(石家庄至北拒马河段)可行性研究报告》并通过水规总院审查；9 月 17 日通过中国国际工程咨询公司评估。

2003 年底完成计划先期开工的滹沱河、唐河倒虹吸，古运河暗渠、釜山、吴庄、岗头隧洞，漕河渡槽等 7 个单项工程初步设计，并实现了滹沱河倒虹吸工程年内开工，标志着南水北调中线工程由前期研究进入了工程建设阶段。

3. 认真的态度、丰硕的成果

中线总干渠所经地形复杂、地质条件多变，深挖方、全填方，高边坡防护等工程难度大，设计复杂。河北院多次组织专家进行现场查勘，深入分析论证，先后开展了拒马河二维水流数学模型、吴庄隧洞水工模型试验，滹沱河倒虹吸动床河工模型试验，漕河渡槽结构静力、动力模型试验等 59 项试验研究，并将成果及时运用到工程设计中去。提出的设计方案合理，有多项新技术、新材料首次应用，设计成果处于国内和行业领先水平。

为了冬季输水，河北院对总干渠上的截制、分水工程，采取了建筑保温防冻与设备融冰并举的设计方案，后被中线局采纳，并在黄河以北总干渠的设计中推广应用，极大地提高了冬季输水的保证率，提升了总干渠工程的建筑景观效果，其社会、经济、环境、景观效益显著。

2014 年 12 月 12 日，南水北调中线工程正式通水，惠及沿线 24 个大中城市及 130 多个县，直接受益人口超过 6700 万人，经济、生态、社会等综合效益显著，极大地缓解了北方水资源短缺状况。工程沿线城市经济发展焕发新活力，充沛的水源让城市人口承载量显著提升，当地水水质明显改善，节约了大量的企业用水成本，受水城市每年增加工农业产值上百亿元。通过利用汛期弃水，向受水区实施生态补水，沿线生态环境明显改善，地下水超采情况得到遏制，河流生态环境得到修复。

南水北调是解决中国北方地区水资源短缺，优化水资源配置，改善生态环境的重大战略举措，是保障中国经济社会和生态协调可持续发展的特大型基础设施。期盼南水北调工程"四横三纵"的大水网蓝图，能在中华民族伟大复兴的时代焕发出更加耀眼的光芒。

文 / 孙景亮、徐世宾

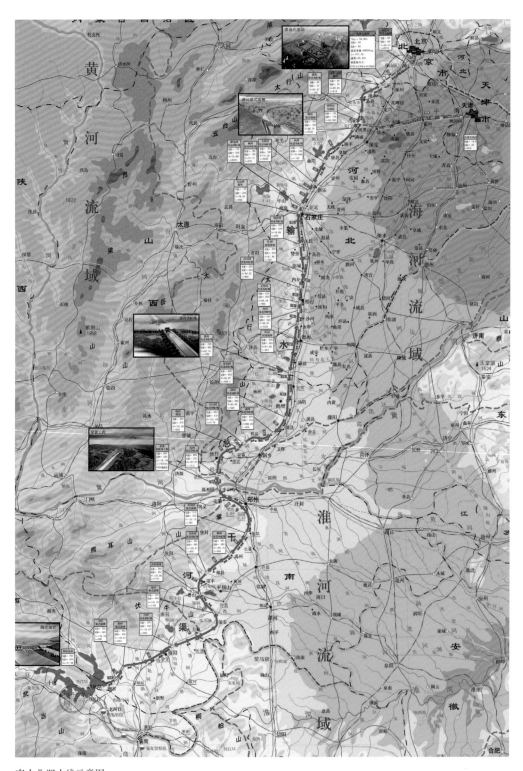

南水北调中线示意图

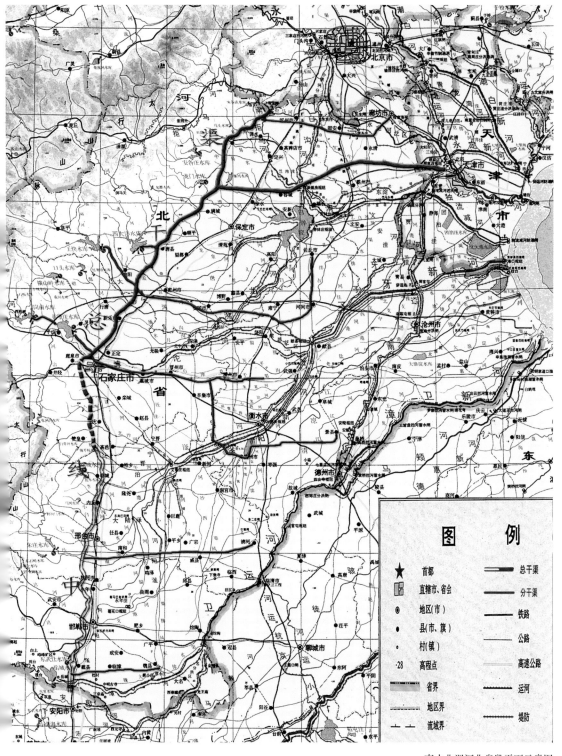

南水北调河北省段平面示意图

福泽荆楚，水润京华

记南水北调中线汉江中下游水资源调控工程

项目名称： 汉江中下游水资源调控工程
获奖单位： 长江勘测规划设计研究院、湖北省水利水电规划勘测设计院
获得奖项： 特别优秀奖
获奖年份： 2017 年
获奖地点： 印尼雅加达

南水北调中线工程是我国水资源优化配置的重大战略性基础设施，可有效缓解京、津、华北地区水资源危机，在工程的总体格局中，湖北具有特殊重要的地位。丹江口水库作为中线水源地，被形象地称为中国最大的一口"水井"，其水域面积的 52% 在湖北省境内。中线一期工程从丹江口水库调水 95 亿立方米，古老的汉江被赋予了新的使命。汉江是湖北省襄樊、荆门、荆州、天门、仙桃、孝感和武汉等地供水、灌溉、生态、航运的重要水资源，为消弭调水给汉江中下游水资源带来的影响，解江汉平原之忧，国家高度重视，作出了"南北两利、南北双赢"的重大战略决策，

汉江中下游水资源调控工程

安排建设汉江中下游水资源调控工程。

如何破解库水北上，丹江口下泄水量减少，汉江中下游水资源面临的新问题？水资源调控工程有哪些要求和特点？工程建设面临的关键技术问题是什么？是如何解决的？围绕这些社会各界关注的问题，让我们走进工程的设计单位——长江勘测规划设计研究院（简称"长江设计院"）一探究竟。

| 满足多目标需求的水资源调控策略 |

汉江中下游各河段对用水的要求各不相同，水资源调控目标也需因地而异。根据不同河段的生态、航运需水基流要求、沿江取水闸站水位要求、唐白河支流来水、东荆河自然分流条件等河段的特点，长江设计院提出了汉江中下游水资源调控策略，即"蓄补相济，江湖联调，共水通航，借道撇洪"，实现了生态、灌溉、航运、防洪及活化河湖等多目标调控需求。

"蓄补相济，江湖联调"，指对汉江中下游兴隆枢纽以上河段进行梯级开发，通过蓄水抬高水位，满足供水、灌溉的取水要求，改善航运条件为主；兴隆枢纽以下河段，以补水工程为主，通过修建引江济汉工程，联通长江、汉江以及长湖，实现区域水系联通，补充兴隆河段以下及东荆河的水量，改善该河段的生态、灌溉、供水和航运用水条件。

"共水通航，借道撇洪"，指引江济汉工程从长江荆州河段取水，经过长湖上游河流拾桥河分水入长湖，于潜江高石碑入汉江。工程利用汉江和长江毗邻的自然特点，在保障引水补济汉江水量的同时，干渠还具备通航功能。引

江济汉工程首次实现长江与汉江人工互通，形成长江—引江济汉—汉江高等级生态航道圈，缩短长江中上游至汉江航道里程 600 多公里。拾桥河枢纽按"立交引水、平交分流、借道撇洪"运行方式进行总体布局和运行调度，有效减轻了四湖地区的防洪压力。

| "一点一线"工程建设总布局 |

兴隆水利枢纽和引江济汉工程构成"一点一线"的布局，是汉江中下游水资源可持续利用的关键性工程。

一点：兴隆水利枢纽是汉江干流规划中的最下一级，主要目的是壅高水位、增加航深，以改善回水区的航道条件，提高库区两岸闸站引水能力。枢纽正常蓄水位 36.2 米，相应库容 2.73 亿立方米，规划灌溉面积 327.6 万亩，规划航道等级为 III 级，电站装机容量 40 兆瓦。

一线：引江济汉工程位于湖北省江汉平原腹地，工程设计引水流量为 350 立方米 / 秒，最大引水流量为 500 立方米 / 秒，进口提水泵站设计流量近期为 200 立方米 / 秒、远期为 250 立方米 / 秒。采用明渠自流结合泵站抽水的输水形式，引水干渠与沿线河流、渠道的交叉工程采用立交或平交结合。

| 顺应自然的枢纽布置方案 |

"汉江回百里，派作九龙盘"，兴隆河道河床粉细砂抗冲能力极低，河势稳定性差，河床易冲刷，素有"一弯变，弯弯变"的特点。保持枢纽运用后的河势稳定，减轻电站引水渠和

船闸引航道泥沙淤积，保障枢纽综合效益长期、稳定发挥，是工程首先需要研究解决的主要技术问题。长江设计院采用了"主槽建闸蓄水、保留两侧滩地、闸滩联合行洪"的枢纽布置新型式，有效遵循天然河道"枯水归槽、洪水漫滩"的过流特性，其突出优点，一是结合天然状况下左、右高漫滩在中大洪水时参加行洪的特点，采用主槽建闸、滩地分流的总体布置方案，减少对原天然河道的改变，有利于稳定河势，同时节省投资；二是利用河槽布置泄水闸与电站厂房，在左岸滩地上开挖明渠导流，船闸布置在右侧，口门外的清淤量要远小于左侧船闸布置方案。

根据兴隆河段水流归槽特点，突破常规，将通航建筑物、发电设施集中布置在河道深泓侧，既顺应河势，满足电站引水防淤要求，又可利用电站常流水形成稳定的枯期航槽，有效减轻引航道口门区和连接段的泥沙淤积，相对常规的航电异岸布置，减淤幅度达80%以上，保障了枢纽综合效益长期、稳定发挥。工程运行实践表明，枯、中、洪各级流量下，枢纽下泄水流基本不改变原河道的水流走向和断面流速分布，保持了坝区河段的河势稳定，航道泥沙淤积很少，航线衔接顺畅。

| 流沙上建坝的新技术 |

兴隆水利枢纽坝址区为深厚粉细砂，结构松散，存在的主要问题：一是承载能力低，沉降量大；二是抗冲流速小，抗冲刷能力低；三是极易发生渗透变形；四是透水性强，施工期间截渗和降水问题突出；五是饱和砂土存在震动液

化问题。设计采用了"格栅点阵搅拌桩"多功能新型复合地基，以提高地基整体刚度和承载力，同时对粉细砂构成围封作用，控制地基剪切变形，提高抗液化和抗渗性能；由点阵式搅拌桩分担荷载，改善地基均匀性，控制不均匀沉降，实现复合地基多功能处理目标，在深厚粉细砂基础上首次成功建设了大型水利枢纽。

针对深厚粉细砂河床抗冲流速小、冲刷深度大、冲坑发展快的特点，提出了"H形预制嵌套"混凝土柔性海漫辅以垂直防掏墙多重冗余防冲结构。预制H形嵌套式混凝土海漫具有良好的整体性和柔性，可满足正常运行时闸下河床防冲保护要求；即使在柔性海漫失效的极端情况下，垂直防掏墙可保障河床冲刷不致危及闸室主体结构安全。兴隆枢纽设计过闸单宽流量突破了规范建议值1倍以上，工程运用实践表明，设计采用的多重冗余防冲结构适应变形和抗冲能力强，保护效果良好。

| 给洪水设置"红绿灯"的拾桥河枢纽 |

引江济汉渠道与拾桥河交叉时，采用了平立交结合的布置形式。在拾桥河主河床上布置拾桥河上、下游泄洪闸，在泄洪闸左侧布置穿渠倒虹吸，在拾桥河左岸引江济汉干渠上布置干渠节制闸，拾桥河倒虹吸设计流量按拾桥河2年一遇排洪流量确定，为240立方米/秒，倒虹吸为箱涵式，共6孔；拾桥河上游泄洪闸和下游泄洪闸规模完全相同，设计泄洪流量740立方米/秒，校核泄洪流量1030立方米/秒，为8孔开敞式平底闸。

拾桥河枢纽的运行功能包括输水、分水、

通航、泄洪等，在拾桥河枢纽兴建之前，拾桥河洪水只能排入长湖，拾桥河枢纽建成后，给洪水设了一道"红绿灯"，通过"小水立交引水，中水平交行洪，大水借道撇洪"的行洪方式，实现了江湖联调、活化河湖和长湖大洪水时通过干渠向汉江撇洪的功能。

| 超宽浮船式弧形闸门世界第一 |

左岸节制闸位于拾桥河左侧引江济汉干渠上，是水位调节控制工程。由于干渠具有通航功能，节制闸单孔宽度达 60 米，闸门采用平面弧形双开浮船形式，单扇重达 600 吨，如果直接启门，启闭力将达 2000 千牛，在双向挡水的平面弧形闸门中，其孔口尺寸为世界第一。

为有效控制浮船式闸门启闭力和避免在水体中运行出现共振，利用门体内的一部分空箱作为水舱，另一部分空箱作为设备舱，通过内置充排水系统调控门叶内水舱的液位，调节闸门重量和自振频率，有效地控制了门槛压力、避开共振区间；采用"单铰支承"技术可使闸门支铰具备垂直方向的自由度，可适应支臂的变形、闸门事故浮起，以及检修需要的多向微动摆角，同时还可以在支臂下方设置门库隔水墙，检修条件方便、可靠。

| 多目标调控效益凸显 |

引江济汉工程累计从长江调水 220 多亿立方米。其中，向汉江生态补水 173.58 亿立方米，向长湖及东荆河补水 41.57 亿立方米，向荆州护城河生态补水 3.13 亿立方米；汛期累计撇洪 2.2 亿立方米；四湖地区灌溉面积由 80 万亩扩大至 320 万亩，改善约 1000 万人的饮用水条件。兴隆枢纽以上农田灌溉面积由 169 万亩增加到 328 万亩，改善汉江兴隆河段以下 645 万亩耕地。汉江中下游水资源调控工程抗旱、供水、防洪效益显著，保障汉江中下游水安全。

兴隆枢纽渠化航道里程 80 公里，目前累计过闸船舶 56863 艘，货运量 2531.3 万吨，过闸船舶数量年平均增长率达 21.2%，载货量年平均增长率达 39.4%。引江济汉工程通航船舶 36156 艘次，货运量 1475 万吨，对促进湖北经济的全面腾飞产生深远的影响。

兴隆机组年均设计发电量为 2.25 亿千瓦时，为枢纽良性运行和永续发展提供了经济支撑。

通过引江济汉工程补水，加大了汉江下游枯水期的水环境容量，基本避免了"水华"的发生；为保护汉江鱼类资源，兴隆水利枢纽修建了鱼道，为汉江鱼类上溯产卵提供了洄游通道。工程与自然环境协调、区域生态环境的改善、优质的水资源、清新的空气和丰富的水生物吸引了绝迹多年的中华秋沙鸭、黑鹳等国家一级保护动物先后出现，在兴隆水利枢纽水域安家落户。

文 / 童迪、陈小虎

新时代下的"中国第一河口闸"

曹娥江大闸枢纽工程

项目名称：曹娥江大闸枢纽工程
获奖单位：浙江省水利水电勘测设计院
获得奖项：优秀奖
获奖年份：2017 年
获奖地点：印尼雅加达

　　2017 年 10 月 1 日—3 日，全球工程咨询行业权威性组织菲迪克（FIDIC）年会在印尼雅加达召开，为本年度全世界工程建设领域的杰出项目颁奖，浙江省水利水电勘测设计院的曹娥江大闸枢纽工程位列其中，荣获 FIDIC 优秀工程奖。这是曹娥江大闸获得詹天佑奖、全国优秀工程勘察设计银奖、鲁班奖、大禹奖等奖项后，获得的又一大奖，体现了浙江省水利水电勘测设计院的国际竞争力。

　　自 1976 年初立项至 2012 年工程竣工，由 900 米长大坝和 700 米宽水闸所组成的大闸枢纽工程，在水利人的不懈努力下，历经 36 载春秋，终于屹立在这素有建闸禁地之称的钱塘江强涌潮区。

曹娥江大闸上游左岸

曹娥江大闸下游鸟瞰

| 铁血柔情
——软土地基大跨度闸室结构处理

曹娥江大闸总净宽 560 米、单孔净宽 20 米的河口挡潮闸为国内之最，没有可借鉴的经验，闸室结构设计难度很大。同时大闸地基为多元的软土结构，分布着极易振动液化的砂质粉土以及高压缩性的淤泥质黏土，需要面对基础承载力、地基变形、基础防渗和地震液化等一系列问题，基础处理难度同样很大。为了完成这一百年工程，设计人员秉承工匠精神，披荆斩棘、勇于创新，大胆开创"六个首次"：首次在大型水闸工程中使用大跨度的双空箱式结构胸墙；首次在大型水闸主体结构设计中采用预应力张拉抗裂措施；首次将交通桥与主体结构相结合采用大跨度空箱式结构；首次在大型水闸基础处理工程中采用大直径高强度预应力管桩；首次在大型水闸桩基中采用长短桩结合的设计；首次在大型水闸设计中采用高性能混凝土。

| 巧夺天工
——双拱鱼腹式钢闸门技术 |

运用仿生学和大跨度空间结构的理念，"双拱结构闸门"获得国家发明专利，革新了传统平面闸门的受力形式，具有简洁流畅、刚度大、重量轻的优势。研制了薄壁圆管相贯连接的闸门结构，改进了闸门的流体力学性能，属于首创。采用相贯圆管构件，水阻力减小 80%，并且有利于防止闸门淤埋，降低了运行风险及成本。对于大跨度双向挡潮闸门而言，采用平面双拱管桁架结构闸门受力明确，抗冲击效果好，具有良好的推广应用前景。正是因为以上技术的应用，曹娥江大闸闸门可以在承受极强的潮涌冲击的同时，仍能保持长时间的运行寿命。

| 鱼跃龙门
——鱼类畅游大闸鱼道 |

充分考虑了在海水、淡水交汇处建闸对鳗鲡、中华绒螯蟹等洄游性生物的影响，在系统

闸上浮雕与镌刻

曹娥江大闸涌潮冲击

研究洄游生物种类及生活习性的基础上，结合模型试验，通过设置鱼道成功解决了鱼类洄游通道的问题，取得了良好的过鱼效果。鱼道结构形式设计上以"鱼"为本，充分考虑鱼类的生活习性，幼鱼一般有选择向阳、避风和沿岸前进的习性，所以鱼道结构设计采用开敞结构，有利于过鱼时间的延长；有利于适应不同鱼类的洄游条件；有利于鱼类寻找洄游路径；更可以起到诱鱼作用。根据实际观测情况，鱼道内鱼种类和数量较多，咸淡水和溯河降海鱼类有鲻鱼、刀鲚、鲛、鳗鲡、鲈鱼、间下鱵、中华海鲇、弓斑东方鲀、暗纹东方鲀和中华绒螯蟹等，种类繁多，较好解决了鱼类过闸的生态问题，促进工程与生态更加和谐统一，构成一幅幅"鱼翔浅底，万类霜天竞自由"的生动画面。

| 借力打力
——强涌潮河口大闸泥沙冲淤调控 |

强涌潮多泥沙河口建闸主要考虑闸下淤积及冲淤、涌潮冲击等问题。经采用多种研究手段相互印证，提出了通过钱塘江尖山河段整治和利用闸上水量冲淤等减淤措施，解决了在海相来沙丰富的强潮游荡性河口支流口门处建闸泥沙淤积的关键技术问题。通过河床演变分析

及试验等手段，确定了总体布置方案。针对曹娥江河口涌潮传播速度达 6.5 米／秒，最大涌潮压力 90 千帕的特点，采用多孔水闸为一厢，每厢之间设分隔墩，既分散了强涌潮的冲击力，又解决了闸室段运行维护问题。布置上，闸轴线尽量靠近钱塘江布置，下游侧布置紧凑，降低闸下淤积风险，减少冲淤水量，有效节省运行维护费用。

| 坚如磐石
——混凝土结构的技术创新 |

发明了大掺量磨细矿渣活化剂、具有抑制碱骨料反应效能的减水剂和无碱非亚硝酸盐阻锈剂，制定了精细的温控防裂技术措施和混凝土施工方案，提高混凝土的致密性，解决了混凝土碳化和氯离子渗透问题，保障了工程百年寿命。浇筑大掺量磨细矿渣高性能混凝土共计22 万立方米，另外，通过采用预应力抗裂设计、强纶纤维等综合措施，实现了大跨度闸室整体结构无裂，保障了工程质量。

研发了"闸墩一次成型大钢模施工工法"和"贝雷架龙门吊吊运混凝土入仓施工工法"，显著提高了施工质量、安全、效率。混凝土拌和站实现了自动化控制，并在项目管理中采用

了自动化软件进行全过程集中管理、流程化控制。严格控制浇筑质量，特别是在夏季，地面温度高达 50℃ 的条件下，采取控制入仓温度、内部降温和表面保温等一系列措施，确保稳定在 28℃ 以下，经过监测，未发现裂缝。

曹娥江大闸枢纽工程从 2008 年运行以来，经历了 2009 年"莫拉克"、2013 年"菲特"、2014 年"鲇鱼"等台风的考验，运行情况良好。

| 上善若水
——大闸的水文化建设 |

绍兴是历史文化名城，是河网密布的江南水乡，依水而生，因水而兴。上古大禹治水，汉代马臻开筑鉴湖，明朝汤绍恩修筑三江闸，反映出绍兴悠久的治水史和灿烂的水文化。大闸把文化元素融入工程设计建设中，以传承当地特色水文化为主线，将先贤的治水精神、古代水利工程的建筑风格、古三江闸的"应宿"文化（中国古代天文学家把太阳和月亮所经过的天区的恒星分成 28 个星座）等有机融合。通过 28 星宿浮雕（曹娥江大闸以宿星名为 28 闸孔名称）、"治水风采"雕塑、"八仙过海"大型木雕、"娥江揽胜图"漆雕、"神兮炎黄"铜艺叠镶组合壁画、"安澜镇流"碑亭及 108 块名人说水景石等充分展示了"工程、环境、生态、景观、人文"的融合之美，彰显了博大精深的中华文化和当地特色的水文化，实现了现代与传统、功能与景观、水利与文化相结合，大大提升了工程品位，取得了较好的社会效益。

| 天人合一
——"工程、环境、生态、景观、人文"有机融合 |

大闸建成后，两岸堤防的防洪标准可提高到 100 年一遇以上；萧绍平原的排涝标准由 10 年一遇提高到 20 年一遇。可形成库容为 1.46 亿立方米，长度为 90 公里的河道型水库。平均每年可增加利用水量 6.9 亿立方米，萧绍平原和姚江平原连成一体，将使浙东地区的水资源得到更优的配置，缺水的宁波、舟山地区将更具经济发展潜力。

绿色、生态、可持续发展的理念在工程建设中随处可见，工程措施实现了资源集约、绿色环保。施工期生活污水处理零排放；"绿色高性能混凝土"节能减排显著，可节约水泥 4.4 万吨，减少了大量的自然资源消耗和污染物排放；使用工厂生产的 PHC 管桩，减少泥浆排放；大坝为土石混合坝，大部分就地取用原围堰的抛石方，闭气部分就地取用砂质粉土吹填，工程开挖土方尽量利用，提高了资源的利用率，减少了环境影响。

"钱塘雪浪与天平，小入曹娥亦有声。"作为钱塘江最大的支流，曹娥江的惊涛骇浪，波澜壮阔之景自古引得许多诗人在此留有屐痕墨韵。而就在这海洋与陆地相交之处，中国第一河口大闸——曹娥江大闸，宛如一条凌空的巨龙，横卧在江口，记录着千百年的奔流不息，描绘着"上善若水"的水利盛世。

文 / 张瑞、王军

土石坝的杰出典范

记糯扎渡水电站

项目名称：澜沧江糯扎渡水电站项目
获奖单位：中国电建集团昆明勘测设计研究院有限公司
获得奖项：优秀奖
获奖年份：2017 年
获奖地点：印尼雅加达

糯扎渡水电站是澜沧江中下游河段梯级规划"二库八级"中的第五级。工程以发电为主，兼有下游景洪市（坝址下游约 110 公里）的城市、农田防洪及改善下游航运等综合利用任务。工程于 2004 年 4 月开始筹建，主体工程 2006 年 1 月开工，2014 年 6 月建完，建成时为我国已建第四大水电站、云南省境内最大电站。

俯瞰糯扎渡水电站

| 科技宝库　土坝不土 |

土石坝是历史最为悠久的一种坝型，也是世界坝工建设中应用最为广泛和发展最快的一种坝型。据统计，世界已建的100米以上的高坝中，土石坝占比76%以上；而新中国成立70年来，我国大坝建设取得了举世瞩目的成就，已建大坝98万座，其中土石坝占95%。

糯扎渡水电站心墙堆石坝261.5米，比我国当时已建最高的小浪底跨越了100米的台阶，超出了规范的适用范围，且我国尚缺乏设计、建设和运行管理经验，已有的筑坝技术和经验不能满足特高心墙堆石坝建设的需求，如何实现心墙堆石坝从200米级向300米级跨越，还有许多技术难题亟待解决。

针对"高水头、大体积、大变形"条件下300米级高心墙堆石坝在渗流稳定、变形稳定、坝坡稳定、泄洪安全、抗震安全等方面的重大技术难题，以全国工程勘察设计大师、中国电建集团昆明勘测设计研究院有限公司（简称"中国电建昆明院"）张宗亮总工程师为首的糯扎渡工程设计者与其他建设者一起开展系统深入研究工作，在原国家电力公司科技计划、国家自然科学基金及企业重大工程科研等近70项科技项目的支持下，以企业为主体，"产、学、研、用"相结合，开展了10余年的研究及应用，大胆设想、小心求证、准确判断、勇于采用新技术，进行了大量分析计算和实验研究，进行了大幅度的设计优化，取得诸多具有我国自主知识产权的创新成果：

首次系统地提出特高心墙堆石坝采用人工碎石掺砾土料和软岩堆石料筑坝成套技术，攻克了特高心墙坝变形控制和变形协调难题。针对糯扎渡颗粒偏细、变形模量偏小、抗剪强度偏低的天然防渗土料，难以满足特高心墙堆石坝强度和变形要求，首次提出掺级配碎石对天然土料进行人工改性方法，研发了料场开采与混合－人工掺砾料场掺和－压实标准和检测方法防渗土料人工改性成套技术。系统开展大规模现场试验，提出了人工掺砾施工工艺，保证了坝料的均匀性及碾压施工质量。首次在高心墙堆石坝利用软岩开挖料，扩大了工程开挖料的利用率，节约投资约3.3亿元，经济效益显著。

发展了坝料静、动力本构模型和水力劈裂及裂缝计算分析方法，突破了特高心墙坝抗震与工程安全技术瓶颈。糯扎渡水电站位于强震区，大坝设防烈度9度，100年超越概率2%的基岩水平峰值加速度0.38g。提出堆石料修正Rowe剪胀方程，改进了沈珠江双屈服面模型；揭示了心墙水力劈裂机理，并构建计算模型及扩展算法；开发了基于无单元－有限元耦合方法的坝体张拉裂缝三维仿真软件，模拟坝体可能裂缝。提出土石料的动力量化记忆本构模型并构筑多维量化记忆模型，发展了抗震分析方法；提出坝体内部不锈钢筋与坝体表面不锈扁钢网格组合的新型抗震设施，保障了大坝抗震安全。

构建了特高心墙坝勘察设计技术和安全评价体系，建成我国首座300米级高心墙坝。系统提出特高心墙坝土石料场综合勘察技术，筑坝材料与结构设计准则，坝基处理技术，坝体渗流、变形与稳定计算分析方法，创建了特高心墙坝勘察设计技术体系。首次提出了特高

糯扎渡水电站航拍

心墙坝综合安全评价指标体系，研发了工程安全评价与预警管理信息系统。

研发了特高土石坝施工质量实时控制关键技术，开创了数字大坝的先例，保障了筑坝质量和大坝安全。 总结我国已建高土石坝的经验教训，提出基于信息技术控制施工质量的理念。高心墙堆石坝工程量大、施工分期分区复杂、坝体填筑碾压质量要求高，常规质量控制手段难以实现对施工质量精准控制。深入研究了高心墙堆石坝施工质量实时监控关键技术，提出了坝料上坝运输过程实时监控技术、大坝填筑碾压质量实时监控技术、施工质量动态信息 PDA 实时采集技术、网络环境下数字大坝可视化集成技术，开发了糯扎渡水电工程"数字大坝"系统，实现了大坝施工全过程的全天候、精细化、在线实时监控，是世界大坝建设质量控制方法的重大创新，居国际领先水平，属工程新技术、新工艺、新设备应用。

创建了高水头大流量泄洪关键技术，解决了特高心墙坝泄洪安全难题。 糯扎渡水电站开敞式溢洪道规模居亚洲第一，最大泄流量 31318 立方米／秒，泄洪功率 6694 万千瓦，隧洞水头 182 米，均居国内同类工程之首。提出经济安全的护坡不护底消能防冲设施，解决了大泄量高流速溢洪道下游消能防冲等难题。提出突跌突扩的水力边界设计准则，解决高水头大泄量泄洪洞有压流向无压流水力过渡技术难题。大坝完建 7 年来，运行良好，渗流量和坝体沉降均远小于国内外已建同类工程，被谭靖夷院士评价为"无瑕疵工程"。

创新成果的应用，取得直接经济效益超 30 亿元，不仅从根本上保证了特高心墙堆石

坝渗流稳定、变形稳定、坝坡稳定和抗震安全，成功建设了我国首座 300 米级心墙坝，更是奠定了我国 300 米级心墙坝筑坝技术基础，达到国际领先水平。核心技术在大渡河长河坝（坝高 240 米）、双江口（坝高 314 米），雅砻江两河口（坝高 295 米）、澜沧江如美（坝高 315 米）等工程中推广应用，经济社会效益显著，引领我国特高心墙坝筑坝技术发展。

依托糯扎渡大坝，主编 6 项行业标准，获得国家专利 100 余项，发表论文 200 余篇，出版专著 7 部，其中《大国重器·中国超级水电工程（锦屏卷、糯扎渡卷）》入选国家重点出版基金项目。

研发成果获国家科技进步二等奖 6 项，获省部级科技进步奖 10 余项，工程获国际堆石坝里程碑工程奖、中国土木工程詹天佑奖、FIDIC 工程项目优秀奖和全国优秀水利水电工程勘测设计金质奖等诸多国内外工程界大奖。

| 绿色引领　持续发展 |

糯扎渡水电站工程涉及的 9 县（区）在澜沧江流域内的国土面积约为 31665 平方公里，工程规模巨大。

工程建设影响涉及较多的环境敏感目标，其中需要保护的环境敏感区有：枢纽工程区周边的糯扎渡省级自然保护区、水库末端的澜沧江省级自然保护区、威远江支库库尾的威远江省级自然保护区。除此之外，还有水库区域分布的澜沧江防护林带，宽叶苏铁等 11 种国家级重点保护植物，大灵猫等 11 种国家级重点保护陆生野生动物，眼镜蛇等 3 种省级重点

糯扎渡水电站侧影

保护陆生野生动物，工程区域河流水域分布的山瑞鳖、小爪水獭、水獭等3种国家级重点保护水生野生动物，大鳍鱼、双孔鱼、长丝鱼芒3种云南省Ⅱ级保护鱼类，以及红鳍方口鲃等18种澜沧江中下游特有鱼类等。

工程涉及众多环境敏感保护目标，创新性提出生态保护"两站一园"思路并成功实施，实施叠梁门分层取水，最大限度减缓了因工程建设产生的不利环境影响。此外，采用"分级处理、分级循环，至上而下分层取水，闭合循环再利用"的工作原理进行砂石废水的处理。

糯扎渡水电站珍稀植物园于2008年开工建设；珍稀野生动物救护站于2009年10月开工建设；珍稀鱼类人工增殖放流站于2010年建设完成并投入使用。

| 和谐理念　造福百姓 |

糯扎渡水电站建设征地和移民安置工作经历了新老政策和规程规范交替的历史时期，创新性提出水库征地移民长效补偿多渠道多形式的移民安置方式，移民安置总体进度计划提前2年。移民从交通不便，供水、供电、就医等基础设施薄弱的居住地区，搬迁至地形平缓，交通便利，供水、供电等健全的安置区域，移民居住环境和生活水平都得到极大改善，移民收入不断提高，已达到了"搬得出、稳得住、逐步能致富"的安置目标。

糯扎渡水电站的开发极大地促进了云南省特别是思茅市工业、农业、旅游业、渔业、乡镇企业等产业的迅猛发展，在澜沧江流域形成了新的经济发展带，帮助5万移民脱贫致富。

库区成为新的旅游景点，旅游为当地带来了人流量也带动了当地经济发展。抗旱、防洪、通航效益巨大。以往澜沧江雨季旱季分明，旱季不通航，工程建成后，澜沧江最旱的季节也能确保足够的流量，对缓解下游地区旱灾、保障航运通道发挥了重大作用。同时，通过水库调蓄，可有效减少洪水对下游地区的危害，如景洪市的防洪标准已由20年提高到了100年。

| 世纪工程 国之重器 |

糯扎渡水电站在枢纽工程、机电工程、水库工程、生态工程等方面都进行了大量的技术创新和四新技术应用。

261.5米高的大坝极大地推动了我国高坝工程技术发展；糯扎渡水库总库容237亿立方米，通过调蓄，对缓解下游地区旱灾、洪灾、保障航运通道发挥着重大作用；通过一系列环保措施，最大限度减缓因工程建设产生的不利环境影响，实现了水电开发与生态环境保护相得益彰；糯扎渡年均提供239亿千瓦时绿色清洁能源，是中国实施"西电东送"的重大战略工程之一。

在澜沧江流域形成了新的经济发展带，把西部资源优势转化为经济优势，彰显"建设一座电站、带动一方经济、保护一片环境、造福一方百姓、共建一方和谐"的水电开发理念。

因此，无论从哪方面来看，糯扎渡水电站都是我国名副其实的大国重器！

文 / 张宗亮、梁礼绘、马淑君、刘昱、何丽文

北方有三峡，绝世而独立

张河湾抽水蓄能电站建设历程回顾

项目名称：河北张河湾抽水蓄能电站
获奖单位：中国电建集团北京勘测设计研究院有限公司
获得奖项：优秀奖
获奖年份：2017 年
获奖地点：印尼雅加达

| 三产齐发展　　旧貌换新颜 |

　　2007 年冀南的冬天，天降大雪、寒气袭面。冬储的白菜、萝卜、土豆新鲜抢眼，测鱼镇的市集上，辛苦劳作了一年的人们把自家上好的出产运来贩卖，吃用一应俱全。本地特产冻梨、冻柿子很受欢迎，或三元一斤，或五元一堆。赶集的人喜悦地讨价还价，最终，收获颇丰。下午时分，市集通往各村的小路上，满载各种物品的红、绿"三蹦子"蹦蹦跳跳离去的场面也很是壮观！

蓝天白云映照下的张河湾下水库

这是个原本寂寞而清冷的小镇，这些年因为有了张河湾电站建设者的加入，才变得异常热闹。人们脸上的笑容也明朗了许多，少了从前的阴郁，见到陌生人也不再像从前那样拘谨，常常主动攀话。夜色降临，小镇商街华灯初上，充满了北方独有的人间烟火。

站在老爷庙山顶俯瞰张河湾下水库，那条尚未封冻的呈"S"形的甘陶河流，顺着白雪覆盖的太行山脉走势蜿蜒而下，经过拦河坝的缓冲阻隔，在此回旋，再经拦沙坝的过滤将干净的河水滤入下水库，汇聚成一个天然的大库盆，矗立在水中央的湖心岛。在航拍图中，像一只玲珑的乌龟，被拦河坝牵引着身体，守望着下水库进出水口，使得这水库也更加钟灵毓秀。湖心岛上新建的张河湾宾馆，业已投入使用。

随着张河湾抽水蓄能电站的投入运行，张河湾水库已成为河北省井陉县旅游景点之一。人们在游完了苍岩山风景区、仙台山国家森林公园、井陉天长古镇等景点之后，更多的文青喜欢在夏日里驱车去张河湾水库边垂钓，泛舟于河上，近距离欣赏水库的风景，享受清凉之余，顺道在向日葵丛中拍上几张自带滤镜的照片。累了，就去张河湾宾馆住一宿；饿了，就去水库饭店点上一道鲇鱼炖豆腐、韭菜炒河虾、火爆活蝎子，然后再来一碗抿须面，尽情地享受着纯天然无污染的张河湾美食。

|道阻且长　行则将至|

随着国民经济的持续发展，用电负荷急剧增长，长期处于严重紧缺状况下的电力供需矛盾更加突出。河北省分属于华北电网中京津唐电网和冀南电网，冀南电网长期以来电源不足，除发电量不足外，调峰容量不足是关键问题。而火力发电机组担负调峰任务困难较大，且开停机灵活可以调峰的中小型机组大部分老化，处于退役阶段，而水力发电容量所占比重甚小，抽水蓄能机组启停灵活，出力调节迅速，同时水力发电作为一种清洁能源，能够减少火力发电对环境的污染，亦能节省对煤炭的过度开采，按一个蓄能电站装机1000兆瓦计算，可替代火电机组容量1120兆瓦，每年可节约标煤约38.8万吨。

张河湾，位于河北省石家庄市井陉县测鱼镇附近的甘陶河干流上，距井陉县城公路里程45公里，距石家庄市公路里程77公里，居河北省电力负荷中心附近，具备抽水蓄能电站快速反应的优势。通过综合分析及规划选点，兴建张河湾抽水蓄能电站成为解决冀南电网调峰填谷的主要途径。

作为一个国家级重点工程项目，并且对冀南乃至中国经济社会发展起到重要作用，张河湾电站历经20多年，才完成抽水蓄能电站从规划选点到投入运行的建设周期。当1987年11月中国电建集团北京勘测设计研究院有限公司（简称"北京院"）提出《华北地区抽水蓄能电站规划选点报告》后，1988年1月河北省电力工业局报送《河北省张河湾抽水蓄能电站工程项目建议书》，1988年5月开展（原）可行性研究工作，1992年7月，开展该项目（原）初步设计阶段勘察设计工作，1994年6月完成了初步设计报告，1998年开始招标设计。建设之路，道阻且长，在各种设计方案最终确定之前，既要考虑建设水电站不能破坏原有的生态环境，又要考虑库区淹没公路周边移民安置工作的难度，既要"让群众望得见山、看得见水，记得住乡愁"，又要"让自然生态美景永驻人间"。经过各方努力奋斗，张河湾电站于 2003 年 1 月开始进入施工详图设计，主体工程于 2003 年 12 月顺利开工。2009 年底，所有设计工作圆满完成。整体枢纽工程于 2014 年 11 月通过了水电水利规划设计总院会同河北省发展和改革委员会、国家电网公司的验收。

| 中外名企携手　铸就优质工程 |

张河湾抽水蓄能电站枢纽主要由上水库、水道系统、地下厂房系统和地面出线场、下水库拦河坝及拦排沙工程等组成。本工程为一等工程，主要建筑物按一级建筑物设计，上、下库建筑物的洪水标准按 100 年一遇洪水设计，1000 年一遇洪水校核。

张河湾工程的建设单位为国网新源公司河北张河湾蓄能发电有限责任公司，设计单位为北京院，监理单位为中国水电工程咨询公司北京公司，葛洲坝集团公司负责上水库开挖填筑工程的施工，日本大成和葛洲坝联营体负责上水库沥青混凝土面板的施工，中国水电四局负责地下厂房系统、尾水系统以及机电设备安装工程的施工，中国水电一局承担引水系统的施工，中国水电十一局负责下水库拦河坝的施工，主机设备由法国 ALSTOM 和日本 FUJI 公司联营体制造。设计成果审查单位为水电水利规划设计总院（原中国水电水利及新能源发电工程顾问有限公司），工程安全鉴定单位为中国水电工程顾问集团公司。

"建一座电站，交一众朋友，富一方人民，树一座丰碑。"这是张河湾各建设者共同的心愿，而他们也确实做到了"不忘初心、牢记使命"，"建良心工程、用质量证明"。这些年来，依托张河湾工程开展的科研课题《碾压式沥青混凝土面板防渗技术研究及应用》，获得了国家能源局科技进步三等奖，工程设计获全国优秀水利水电工程勘测设计金质奖，工程勘察获全国优秀水利水电工程勘察银奖，"上水库沥青混凝土面板设计"获优秀工程设计一等奖。

| 引领科技创新　应用新型技术 |

要建成一座电站，往往不会一帆风顺，在设计施工过程中，随时会遇到各种技术难题。此时不仅要借鉴其他工程建设经验，还要引进新技术、新方法，对原有的设计方案进行优化，同时经过方案比选，尽可能在保证工程质量的同时，不延长工期且方便施工，最大限度地减少投资。

那么，张河湾抽水蓄能电站在设计中都应用了哪些技术创新呢？当年张河湾抽水蓄能电站设计单位项目经理兼设计总工程师、正高级工程师李冰认为张河湾电站主要有 6 项技术创新：

一是"上水库沥青混凝土面板优化"。由于上水库基础存在多层缓倾角软弱夹层，夹层的饱和抗剪强度较低，是上水库坝基础稳定的控制条件，为避免渗水进入夹层，造成夹层饱和，参建者们通过大量的原材料和沥青混凝土配合比试验研究、收集国内外已建工程的成功

下水库全貌

经验，以安全可靠、经济合理为原则对沥青混凝土面板进行了优化，将防渗面板的防渗底层和整平层合并为一层，面板垫层由无砂混凝土改为新鲜灰岩碎石垫层，降低了投资、缩短了工期。

二是"下水库拦河坝泄水建筑物布置优化"。该优化方案将初步设计时"河床中部左侧两个坝段布设6个中孔，右侧两个坝段布设4个表孔"的布置方案，调整为"河床中部两个坝段布设4个中孔，中孔坝段的左右两侧坝段各布设2个表孔"的布置形式。同时将表孔工作门由"升卧式平面闸门"调整为"直升式平面闸门"，根据使用要求，将原设计的"表孔工作门、中孔和泄水底孔以及冲沙底孔事故

门的启闭机布置方案"由"一门一机"调整为"全部采用坝顶双向门机启闭方案"。通过水工模型试验验证，调整后的泄水建筑物，在宣泄洪水时其最大冲坑深度由原方案的16—18米减小到10—12米，且下游流态得到了改善，减小了两岸的冲刷和回流淘刷范围。

三是"下水库拦河坝非溢流坝段由浆砌石方案改毛石混凝土方案"。2004年5月27日，业主组织设计、监理和承包商召开了下水库拦河坝非溢流坝段由浆砌石方案改为毛石混凝土方案专题讨论会。与会各方对承包商提出的建议性方案，结合目前出于外部原因造成的工期滞后问题，进行了讨论。认为从加快进度、保证工程质量的角度考虑是有利的。2004年11

2003年6月张河湾水库航拍全景图

月20日中国水利水电建设工程咨询公司对《下水库拦河坝非溢流坝段浆砌石置换为毛石混凝土方案设计说明》进行咨询，认为在原审定的坝体结构设计不变的基础上，该置换技术上是可行的，对施工质量管理、工期保证有利。

四是"500千伏出线由高压电缆改为SF6气体绝缘金属封闭管道母线"。在《初步设计报告》（1994年6月）中，电站500千伏出线采用高压电缆。2002年9月，根据河北省电力勘测设计研究院《张河湾抽水蓄能电站接入系统补充设计》报告的结论意见，北京院提出了《张河湾500千伏机电设备选型及布置方案》，对GIS开关站的布置及机电设备选择做了方案比较，推荐将500千伏GIS布置在地下，出线采用GIL。

五是"下水库泥沙问题研究"。张河湾水库所在的甘陶河为多沙河流，水量少，沙量较大，水沙年内分配很不均匀。为减少蓄能机组过机泥沙对机组的磨失，以及下水库进出水口的泥沙淤积，项目团队利用下水库地形特点，在下水库进出水口上游布置拦沙坝，并在拦沙坝上游的垭口处开挖排沙明渠，将洪水期的水沙导入拦河坝前，利用拦河坝上布置的冲沙底孔、泄水底孔、中孔和表孔排至坝下游。

六是"上水库表面变形监测采用GPS技术"。受上水库地形条件的限制，上水库外部观测的通视条件很差，为此，上水库的外部观测采用GPS技术，运行以来监测结果基本满足工程要求。

通过这些创新，张河湾工程共取得专利3项，如"用于面板封闭层的改性沥青玛蹄脂及其制备、应用方法"发明专利及"一种水工沥青混凝土面板的防渗结构""一种调整抽水蓄能电站进出水口水流流态的整流坎"实用新型专利等。

| 维护环境　和谐共存 |

过去工程评价一般以技术先进和经济效益好为主要标准，当今社会还更看重工程是否与当地的自然环境协调、是否考虑通过工程建设带来社会效益以及是否带动了当地的旅游资源等。张河湾抽水蓄能电站工程设计过程中把工程是否与环境相协调作为工程设计的另一个重要目标。

张河湾抽水蓄能电站属于清洁能源，其建成投产可以改善火电机组运行条件，可以使电网接纳更多的风电、核电、太阳能发电等清洁能源，提高清洁能源比重，减少化石能源比重和碳排放量，环境效益显著。截至 2020 年底，电站累计发电 63.7 亿千瓦时，吸纳电网填谷电量 80.13 亿千瓦时，平均每年可为河北南部电网节约标煤 67.3 万吨，相应每年减少各种大气污染排放量为：二氧化碳 159.75 万吨，二氧化硫 2.95 万吨，一氧化碳 0.0225 万吨，飞灰 17 万吨。

工程设计中体现电站建设与环境协调的突出项目主要有两个方面：一是设计通过室内和现场试验与对工程挖填平衡的深入研究，上水库坝体堆石料，全部采用工程开挖料，这不仅有效减少了征地移民，而且极大限度地减少了对环境的影响破坏，减小了工程难度，节约了大量的工程投资；二是场内公路沿线绿化带采用开挖边坡种植植物矮小花草工程，公路两侧根据不同水土及地形条件种植不同草木，自然和谐。

行文至此，以一首《破阵子·张河湾》做结：

饱历金戈铁马，而今良工天成。
五湖四海众客至，三产齐进百业兴。
双库抵万金。

能源时时清洁，前景日日光明。
环境保护为人先，技术创新益求精。
高峰勇攀登。

文 / 李冰、王华、王沈浩

十项全能的世界最高坝

雅砻江锦屏一级水电站

项目名称： 雅砻江锦屏一级水电站
获奖单位： 雅砻江流域水电开发有限公司
获得奖项： 杰出奖
获奖年份： 2018 年
获奖地点： 德国柏林

  拥有 305 米世界第一高坝的锦屏一级水电站工程其地质条件极其复杂，具有特高拱坝（高 305 米）、高水头泄洪消能（水头差 240 米）、高山峡谷（谷深 1500 米）、高陡边坡（高 530 米）、高地应力（强度应力比 1.5—3）、深部裂隙（深 300 米）等"五高一深"显著特点，工程建设极具挑战性，是被国内外专家公认为"地质条件最复杂、施工环境最恶劣、技术难度最大、建设管理难度最大"的巨型水电工程。

锦屏一级水电站大坝上游面

| 挑战工程极限,创造多项"世界第一"|

锦屏一级水电站位于四川省凉山彝族自治州盐源县与木里县交界处的雅砻江干流锦屏大河湾上,是雅砻江下游河段的"龙头水库"电站,锦屏一级水电站的建设史可以说是一部工程技术的攻关史,很多难题属世界首例。在国家自然科学基金雅砻江水电开发联合基金科研课题中,有 3/5 的课题和锦屏一级水电站有直接或间接关系,这里面有很大一部分涉及锦屏一级水电站的建设,此项工程的艰巨程度可见一斑。

锦屏一级坝址工程地质条件极为复杂,具有"四不对称"特点,即坝址左右岸地形条件不对称、左右岸地质条件不对称、拱坝体型不对称、拱坝应力变形不对称。复杂地质条件下超 300 米特高拱坝安全高效建设,岩体倾倒卸荷强烈、断层裂隙发育且在山体 300 米深处发育有深部裂隙的复杂地质条件下 500 米级高陡边坡稳定及加固处理,落差 240 米特高水头大泄量窄河谷泄洪消能,极高地应力环境超大规模地下厂房洞室群围岩稳定控制等技术,均是摆在建设者面前的世界级水电难题,工程规模和难度均超出已有经验与规范适用范围。

作为世界上首座超过 300 米的特高拱坝,锦屏一级水电站大坝结构安全、温控防裂、混凝土施工、大坝的抗滑及变形稳定分析等都面临巨大的挑战。在拱坝设计过程中,雅砻江流域水电开发有限公司(简称"雅砻江公司")会同成都院与多家科研院校开展了卓有成效的合作,从拱坝建基面的比选、体型优化到组合骨料的选择及其碱活性抑制和温控防裂措施的

确定,并通过开展复杂地质条件下拱坝坝体开裂分析及抗裂措施研究和三维地质力学模型试验研究工作,采取针对性的措施设计,进一步提高拱坝的安全度,确保世界第一高拱坝万无一失。拱坝施工阶段,雅砻江公司自主开展了 4.5 米厚层关键技术研究和温度自动控制系统研究工作,并将研究成果成功应用到工程建设中,为优质安全高效建成 305 米特高拱坝发挥了重要作用。

锦屏一级水电站左岸边坡总体开挖高度约 530 米,总开挖量约 554 万立方米,是目前水电工程开挖高度超 500 米级边坡中稳定条件最差的边坡工程,工程边坡加固设计和施工难度巨大。雅砻江公司会同设计单位组织了国内外多家在工程高边坡研究领域具有丰富经验的高校和科研机构就锦屏一级水电站边坡的稳定问题及加固措施进行了系统研究,并在此基础上,选择采用深部以系统预应力锚索和抗剪洞为主、辅以混凝土框格梁、浅部锚喷支护以及系统的排水等综合加固方案,成功解决了高边坡的设计、施工难题。

锦屏一级水电站工程泄洪流量大、水头高、泄洪功率大,高速水流冲蚀影响以及对两岸雾化区影响严重。雅砻江公司与设计院对高速水流掺气减蚀措施,消能方式及泄洪雾化等进行了大量研究。通过研究,首创性地提出采用表、深孔无碰撞消能技术,实现表、深孔水流相互穿插、空中无碰撞,成功实现减少泄洪雨雾对岸坡的冲刷及对边坡稳定的不利影响,减小雾化区防护范围,达到节约工程投资的目的。

锦屏一级地下厂房洞室群规模大,地质条件特别复杂,其围岩强度应力比为 1.5—3,

属于极低强度应力比。针对锦屏一级水电站大型厂房洞室群围岩强度应力比极低、断层交汇的复杂条件，设计人员提出了浅表固壁、变形协调、整体承载的变形控制技术，保证了地下厂房开挖支护施工安全和工程质量。

经过近25年不懈努力，雅砻江公司攻克了一个又一个世界级技术难题，创造了10项世界第一、10项国内第一和水电行业"10个首创"。锦屏一级水电站的建成不仅实现了水电开发的历史性超越，而且推动了中国乃至世界诸多学科与技术领域的进步与发展，尤其是显著提升了我国大型水电工程的坝工技术、地下工程施工技术、机电设计制造技术。

| 狠抓质量管控，打破"无坝不裂"定律 |

锦屏一级水电站大坝为混凝土双曲拱坝，最大坝高305米。作为高拱坝，大坝的质量是工程的关键，而锦屏一级工程的混凝土防裂更是重中之重。为了更好地实施工程建设，雅砻江公司在质量管理方面采取了一系列措施，比如严格执行国家质量监督、安全鉴定和工程验收的要求，建立了严格的设计审查及专家咨询、检查制度，聘请外籍质量专家，开展每周质量巡视检查，定期召开试验检测例会，成立温度控制工作领导小组，开展全坝全过程温控仿真与反馈分析等，确保大坝不出现一条温度裂缝，保证大坝的整体性和均衡性，使大坝呈现出健康的状态。

众所周知，任何一座大坝，都是一仓一仓的混凝土慢慢浇筑上去的。锦屏一级水电站就多达1496个仓位，每一仓何时浇、怎样浇、谁先浇、谁后浇、谁来浇，都有一个总体的安排。这些安排说起来简单，但在高峰期多达2

锦屏·官地鱼类增殖放流站

万人的施工现场，管理起来非常困难。而把任何一仓的浇筑过程全部记录下来，变成数据存入计算机，通过程序的自控控制来实现大坝的安全有序浇筑是确保工程质量的关键所在。

锦屏一级水电站混凝土浇筑强度高，接缝灌浆工程量大。为了解决高强度浇筑带来的温度应力、坝段悬臂高度、相邻坝段高差等相关问题，大坝浇筑期间利用锦屏一级水电站高拱坝施工质量与进度实时控制系统，实时跟踪工程建设状态，通过系统的预警系统，及时发现问题，并采取纠偏措施，使工程建设始终处于可控状态。

为确保工程质量，锦屏一级水电站首次在全坝每一个仓位系统布置温度计，用于温控的温度计数量多达3565支，温控观测的频次也非常高，相应带来的工作量十分浩大。为了更加高效、准确和及时地掌握混凝土内部温度，雅砻江公司自主攻关，成功研发了大坝混凝土施工期内部温度自动化监测系统。同时与科研机构和施工单位合作，研发和建立了大坝混凝土冷却通水自动控制系统，从而完整构建了大坝混凝土施工期温度自动化控制系统，在行业内首次实现了大坝混凝土内部温度数据的自动采集、传输与冷却通水自动控制的全过程智能化管理，实现了大坝温度控制工作的科学化、精细化、智能化。

事实证明，锦屏一级水电站大坝没有温度裂缝，也没有出现危害性裂缝，万方混凝土裂缝数量是同级别工程中最少的，大坝施工质量处于世界领先水平并得到国内专家的认可。

在大坝蓄水至1880米高程后，监测成果显示，大坝坝基帷幕整体效果较好，大坝各层帷幕灌浆廊道、排水廊道、抗力体平洞渗流量基本小于2升/秒，且蓄水期间无明显变化。

锦屏一级水电站大坝的工程质量经受住了实践检验。正如中国工程院院士谭靖夷论及锦屏一级水电站的贡献时所说，"优等的混凝土大坝是一个很大的贡献，并且是第一个贡献"。

建立多层次咨询体系，借鉴国内外先进建设经验

雅砻江公司传承二滩水电站国际工程建设管理经验，严格贯彻 FIDIC 理念，依法依规执行工程招标投标制，招标过程接受专业监督机构全过程监督，并全程向社会公示。聘请顶级咨询机构，对工程重大技术方案进行评审；引进中国顾问集团公司为项目现场常驻咨询机构，对现场技术质量问题进行咨询；成立了以中国工程院谭靖夷院士、马洪琪院士、张超然院士等权威专家组成的"锦屏水电工程特别咨询团"，每年对工程质量和重大关键技术问题进行两次检查和咨询；实现技术透明公开。聘请美国美华（MWH）公司专家担任外籍质量总监，全过程参与项目业主质量监督管理，每周给业主提交质量控制报告。

开发与保护并重，实现工程与自然和谐共处

在雅砻江流域水电开发的过程中，雅砻江公司秉承"绿水青山就是金山银山"的理念，充分发挥"一个主体开发一条江"的优势，始终坚持开发与保护并重，企业效益与社会责任并重，努力创建开发效益更显著、生态保护更完整、人文环境更和谐的水电开发模式。锦屏水电工程自始至终坚持环境保护与主体工程建设多措并举，大力开展环境保护与管理系列重大科研课题的研究，引进国外流域环保管理经验，采用"节能、节地、节水、节材"的环保技术。

节能，大坝采用当地砂岩粗骨料与大理岩细骨料的组合骨料，避免了外运材料带来的能源消耗；节地，采用地下布置、施工平台时空

雅砻江公司捐建的锦屏希望小学

利用等综合措施，道路桥隧比达 55.5%，避让了高植被覆盖度区域，减少土地使用；节水，砂石骨料、混凝土等生产系统采用污水净化循环使用处理方式，中水全部回用，达到零排放；节材，充分利用峡谷地形修建双曲薄拱坝，相比重力拱坝可节约混凝土 142 万立方米。

开展雅砻江干热河谷生态恢复研究，选育本地适生乡土物种，林草恢复植被面积达到 231 万公顷，林草覆盖率 35%；对库区濒危植物枦菊木进行迁地保护；通过大坝分层取水、生态流量泄放、建设联合鱼类增殖站和鱼类种质资源库、设置人工鱼巢等辅助方式帮助雅砻江锦屏河段原有鱼类生存和繁殖，使锦屏水电工程建设和环境保护和谐统一，建成国内放流规模最大、工艺最先进、投资最大的锦屏·官地鱼类增殖放流站，已培育、放流特有珍稀鱼苗 612 万尾。创新施工管理方式，采取提前截流、基坑集渣出渣的施工布置，成功解决坝区 "V" 形河谷，坝肩开挖料不可避免下江带来的水土流失问题等难题。土壤流失控制比为 1.13，实现全部水土保持防治目标。

| 世纪工程，造福一方 |

锦屏一级水电站装机容量 360 万千瓦，至 2020 年 6 月底，锦屏一级水电站已累计发电超过 1100 亿千瓦时，累计交税约 60 亿元，极大地促进了民族地区经济社会发展。锦屏一级水电站所输出的清洁能源，每年可替代标煤 768.2 万吨，减少二氧化硫排放 10.5 万吨，减少二氧化碳排放 1371.2 万吨。同时，使四川电网枯水期平均出力增加 22.5%，极大地优化川渝电网电源结构。锦屏一级水电站水库有 49.1 亿立方米的调节库容，除电站自身巨大的发电效益外，对下游梯级水电站有巨大的发电补偿效益：每年使雅砻江下游梯级电站增加发电量 60 亿千瓦时，相当于新建一座装机 120 万千瓦的水电站；每年还使长江三峡和葛洲坝水电站增加发电量 37.7 亿千瓦时。此外，锦屏一级水库调节库容 49 亿立方米，其中防洪库容 16 亿立方米，是长江流域综合防洪体系的重要组成部分，通过流域水库联合调度，减少长江中下游遇大洪水时的超额洪量，提高了长江中下游 1000 多万人、80 多万公顷土地的防洪安全，大大减轻下游城市的防洪压力。

锦屏一级水电站项目建设改变了当地少数民族很少外出的习惯，吸引了大量当地百姓纷纷到电站工地务工，增加了农民收入。电站建设过程中充分征求移民意愿，采取开发式移民。新建 4 座小学、4 所卫生机构、4 座集镇、231 公里道路，实现了移民脱贫目标，保障了移民可持续性发展。积极承担社会责任，持续支持地方发展。已捐建 2122 万立方米库容水库和配套的 27.5 公里公路干渠，解决地方百姓农业灌溉用水，改善生活用水；捐建锦屏希望小学，并且持续每年开展帮扶助学活动。

文 / 杜成波

高坝深处有洞天

雅砻江锦屏二级水电站

项目名称：雅砻江锦屏二级水电站
获奖单位：雅砻江流域水电开发有限公司
获得奖项：优秀奖
获奖年份：2019 年
获奖地点：墨西哥墨西哥城

　　雅砻江锦屏二级水电站是我国西部大开发战略中涌现出来的又一座世界级水电站，也是我国"西电东送"骨干工程，电站将 150 公里锦屏大河湾截弯取直，引水发电，4 条引水隧洞平均长约 16.67 公里，开挖洞径 12.4—13 米，普遍埋深 1500—2000 米，最大埋深 2525 米，为世界最大规模水工隧洞群，工程建设面临 2500 米级超深埋隧洞强烈岩爆与严重破坏、千米水头级超高压大流量岩溶地下水重大危害，以及二者共同作用下隧洞能否成洞等世界级技术挑战。工程师们经过 30 余

锦屏二级水电站尾水及出线塔

年不懈努力，攻克了各项重大技术难题，取得丰富的创新成果。国际岩石力学学会前任主席、英国皇家工程院 J. A. Hudson 院士认为"锦屏二级深埋水工隧洞的建设，丰富了岩石力学理论体系，对岩石力学的发展产生深远的影响"。

| 岩爆：锦屏之后，再无秦岭 |

岩爆，顾名思义，就是岩体中聚集的弹性变形势能在一定条件下的突然猛烈释放，导致岩石爆裂并弹射出来的现象。锦屏二级水电站水工隧洞群，平均埋深达到 2000 米，由于洞室开挖扰动带来的巨大应力调整引发的岩爆，让人谈之色变。秦岭隧道全长 18 公里，埋深 1600 米，当时刚到现场的施工人员称只在秦岭见过岩爆，然而接下来锦屏的岩爆彻底刷新了他对岩爆的认识：锦屏之后，再无秦岭。

岩爆的发生概率取决于岩石强度和地应力的比值，8—10 被认为是适宜进行山体内开凿的一个比例，但在锦屏深埋隧洞群，最大实测地应力达到 113.87 兆帕，为世界地下工程实测最大值，岩石强度和地应力的比值是 1.5—4。就好比用个小木锤去敲一块铁板，没有问题；但用个小铁锤去敲一块木板，就非常容易被敲断，岩爆由此而生。岩爆的发生，事先没有任何征兆。钻机，这雄踞巷道里的庞然大物，那长伸的钢铁巨臂，立刻招致"粉碎性骨折"，甚至被击成几节。有时，不是在掌子面，在巷道顶和左右岩壁的任何角落，没有任何人为的诱因，甚至在万籁俱寂中，那可怕炸响和令人惊栗的一幕照样发生。爆裂的大大小小的石块如飞弹，弹射出好几十米远。

锦屏二级每条隧洞岩爆洞段约占整个开挖洞段的 15%，岩爆发生总数 1000 多次，其中强一极强岩爆发生百余次。

| 高压突涌水：无形杀手的威力 |

超高压大流量岩溶地下水是锦屏二级水电站水工隧洞群面临的第二大世界级难题，被国内外专家认为是无法根治的"顽瘤"。实测地下水压力 10.22 兆帕为世界水电工程实测最高值，实测单点突涌水量高达 7.3 立方米 / 秒。锦屏山 2000 多米深的胸腹中，围岩富水带发育非常旺盛，隧道施工掘进多处穿过围岩富水带。隧洞开挖过程中，山体内的地下水瞬间冲穿一条条围岩裂隙，以每秒 7 立方米的出水量（相当于一条小河流的流量）和高达 10 兆帕的压力从掌子面向开掘出的隧道巷道里呈浓雾状喷射，喷射最远距离达到 100 多米。

2005 年 1 月 8 日，从辅助洞东端出来的第一股水，呈雾化状喷射 50 多米远之后，现场建设者就领教了这个无形杀手的威力。这次喷水之后，在掌子面的设备被淹。为把设备拖出来，从武汉请来一名"胆子大"的潜水员。但是第一次进去不成功出来后，这位潜水员说什么也不肯再进去了。"50 多米雾化区没空气，要命的。"这一次出水耽误了 8 个月的工期，最后打了个绕行洞绕过去才算了结。

| 攻克：世界级深埋地下工程技术难关 |

岩爆与突涌水严重危害着锦屏二级水电站的施工安全与工程进度。

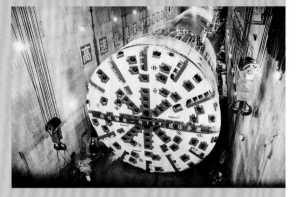

锦屏二级引水隧洞硬岩掘进机（TBM）步进

锦屏二级水电站首台机组定子吊装

世界上埋深最深的地下实验室——中国锦屏地下实验室
投入使用仪式

暗物质探测实验组在中国锦屏地下实验室做实验

针对强岩爆，建设者们提出了超高地应力场测试分析和岩爆风险分区新方法，首创了"超前诱导释放能量，时空分序强化围岩"的岩爆防控集成技术体系，化解了施工期发生的100多次强一极强岩爆，实现了安全快速施工，攻克了100兆帕级超高地应力强烈岩爆下隧洞安全施工难题。

针对高压突涌水，建设者们建立了高山峡谷岩溶水孕育演化、突涌运移规律的非线性分析预测方法，提出了突涌水灾害风险多尺度递进识别与预警方法，研发了超高压大流量地下突涌水治理成套技术，解决了千米级超高压、最大流量达63万立方米/天突涌水情况下的施工技术难题。

在此基础上，建设者们建立了"超深埋水工隧洞结构"设计方法，保证了最小强度应力比0.8条件下深埋隧洞安全成洞，解决了100兆帕级超高地应力、10兆帕级超高外水压力耦合作用下引水隧洞结构长期安全难题。

同时，克服了深埋长大隧洞群施工组织难题，创造多项施工纪录。总计66.8公里的超大断面引水隧洞群工程从开工到全部贯通仅用了58个月，刷新了超深埋特大隧洞建设世界纪录。

2014年工程全部建成投产至今，4条引水隧洞历经两轮放空检查，安全监测数据表明引水隧洞工程整体结构良好。隧洞围岩变形和衬砌结构受力监测数据稳定，单条隧洞实测渗漏量小于0.13升/分钟，远低于设计要求。

| 打造：与自然和谐共处的绿色工程 |

在雅砻江流域水电开发的过程中，雅砻江

公司秉承"绿水青山就是金山银山"的理念，充分发挥"一个主体开发一条江"的优势，始终坚持开发与保护并重，企业效益与社会责任并重，努力创建开发效益更显著、生态保护更完整、人文环境更和谐的水电开发模式。锦屏水电工程大力开展环境保护与管理系列重大科研课题的研究，引进国外流域环保管理经验，采用"节能、节地、节水、节材"的环保技术。节能，设计建造了长7.3公里的正向运渣、返程带砂石骨料皮带输送系统，运送洞渣482万吨、骨料592万吨，减少了油料消耗和有害气体排放。节地，工程枢纽区占地少，场内施工道路洞线占比80%，在渣场上建立砂石骨料生产系统，利用渣料制成450万立方米混凝土骨料，减少土地使用和植被破坏。节水，建设了先进高效节能的废水处理系统，废水净化处理后实现了循环利用和达标排放。节材，引水隧洞采用复合承载结构设计，充分发挥围岩自承载能力，通过衬砌厚度优化节约混凝土约100万立方米。

| 贡献：服务国家发展的清洁能源 |

锦屏二级水电站装机容量480万千瓦，至2020年6月底，锦屏二级水电站已累计发电超过1600亿千瓦时，累计交税约100亿元，极大地促进了民族地区经济社会发展。锦屏二级水电站所输出的清洁能源，每年可替代标煤1130万吨，减少二氧化碳排放1850万吨。

锦屏二级水电站项目建设支持了地方发展，助力国家"脱贫攻坚"战略。雅砻江公司投入超40亿元用于基础设施建设，建成公路约250公里、供电线路205公里、通信线路约500公里，还投入约1300万元对盐源县开展精准扶贫工作，改善地方居民生活条件，减少了贫困人口，为凉山州脱贫攻坚作出巨大贡献。

| 建成：世界最深地下实验室 |

更重要的是，利用本项目成果建成了我国世界上岩石埋深最深、实验条件最为优越的地下实验室——中国锦屏地下实验室。中国锦屏地下实验室拥有锦屏山得天独厚的2400多米的垂直岩石覆盖，可以阻挡绝大部分的宇宙射线和辐射，宇宙线通量降至地面水平的亿分之一，可为相关实验提供极为"干净"的实验环境。实验室分两期建设，一期实验室于2010年12月12日正式投入使用，先后入驻的清华大学领导的CDEX与上海交通大学领导的PandaX两项暗物质探测实验均取得了重要成果，帮助我国暗物质探测实验从无到有、从跟跑到并跑，并达到国际领先水平。二期实验室工程作为国家"十三五"重大科技基础设施优先启动项目，建设完成后将成为世界上最深、宇宙线通量最小、可用空间最大、综合条件齐全的地下实验室，具备国际领先的深地物理实验综合条件，有望成为世界深地物理实验的中心，将推动我国开展国际级大科学合作，吸引国内外顶尖学者前往开展前沿物理实验，为取得重大物理突破提供基础设施保障。

文 / 杜成波

澜沧江水天上来

小湾水电站工程

项目名称：澜沧江小湾水电站
获奖单位：华能澜沧江水电股份有限公司
获得奖项：优秀奖
获奖年份：2019 年
获奖地点：墨西哥墨西哥城

　　在祖国边陲的无量山深处，凤庆县与南涧县交界的澜沧江中游河段，矗立着一座世界级丰碑工程——云南澜沧江小湾水电站工程。小湾水电站工程是"国家十五重点工程""国家西部大开发战略标志性工程""国家西电东送骨干电源"。

　　"三峡最大，小湾最难。"作为世界首座 300 米级混凝土双曲拱坝，小湾水电站工程建设时在诸多方面没有成熟的理论、规范和经验可供参考，工程建设面临多项世界级技术难题，难度全球罕见。建设时拱坝坝高、坝顶长度、混凝土总量等多项指标在世界同类坝中均为第一，迄今为止，

正面全景

大坝正视图

坝体承受总水推力仍在同类坝中独占鳌头。曾同时担任三峡工程和小湾工程专家委员会主任的两院院士潘家铮说："水电大坝是土木工程之王，小湾大坝是王中之王，是当之无愧的世界第一难高坝，是人类现代文明的体现和高科技的结晶。"

十年艰苦卓绝，砥砺奋进，小湾水电站工程创下了多项世界奇迹，取得丰硕创新成果。一举拿下国际里程碑工程奖、菲迪克优秀奖、国家优质工程金质奖、中国土木工程詹天佑奖，荣获国家科技进步奖 4 项、国家及行业工法 10 项，被水利部评为国家水土保持生态文明工程。

| 国家谋略，翘首企盼 |

改革开放初期，为迫切改变经济落后的状况，云南省委、省政府在一次次探索中提出"电力先行、电矿结合"的经济发展战略。作为澜沧江水电开发的关键工程，小湾水电站开始初步规划。

1991 年能源部、国家能源投资公司、广东省人民政府和云南省人民政府签订《两省四方协议》，按协议小湾水电站应于"九五"初期开工建设，但由于国家经济宏观调控以及广东和云南经济发展形势的变化，小湾水电站的开工建设时间不得不推后。

20 世纪 90 年代末，西部大开发重大战略决策在我国启动。1999 年国家电力公司等四家企业正式签订《澜沧江水电开发有限责任公司发起人协议书》，书中明确：对云南省境内的澜沧江、金沙江等流域水电站实行滚动开发。公司成立后，首先开发小湾水电站。由此，小湾水电站工程的建设正式提上日程。

2002 年，第一批建设队伍进驻小湾，从此便开始了长达十年工程建设的峥嵘岁月。

| 时代选择，惠泽千秋 |

小湾水电站工程建设时是云南省装机容量最大的电站，是国内仅次于三峡水电站的第二大电站，总装机容量达 420 万千瓦，年发电量 190 亿千瓦时，是满足 2010 年以后云南国民经济发展用电需求最优的项目。

150 亿立方米的超级库容，近 100 亿立方

大坝鸟瞰图

米的调节水量，龙头水库的调节性能不仅使下游三个梯级电站出力增加 110 万千瓦，相当于不花一分钱就建成了一座百万千瓦级的大电站，而且使云南水电汛、枯期电量比例由 64：36 改善为 50：50，发电量利用率从投产前的 88.5% 提高到 98.7%，从根本上扭转了云南省不合理的电源结构，提高了电能质量，增强了云南电源的综合实力，有效缓解了云南省、广东省的用电紧张局面，为"西电东送""云电外送"打下了坚实基础，为我国国民经济发展作出了重大贡献。

┃捷足先登世纪峰，拱坝建设的新崛起┃

21 世纪初，我国已然是全世界高拱坝建

设的中心，不论在工程的数量和规模，还是面临的技术难题都是世界顶级的。伴随西部大开发战略的春风吹来，小湾水电站工程一举摘下当时"世纪第一高拱坝"的桂冠。

坝高 294.5 米，坝顶弧长 893 米，大坝混凝土总量 852 万立方米，承受水荷载超过 1800 万吨，工程边坡开挖高达 700 米，坝址地应力最大 50 兆帕，一项项指标刷新纪录，工程建设面临多项开创性技术难题。在国家"八五""九五"等科技攻关以及全体建设者的共同努力下，拱坝结构、抗震、混凝土温控、泄洪消能等核心难题得到攻克，技术研究成果填补了行业空白，特高拱坝建设关键技术及工程应用成果经鉴定已达到国际领先水平。

作为世界首座 300 米级拱坝，传统基于

200 米级拱坝建设经验的设计理论和方法已经不能满足需求。为了同时满足施工期、蓄水期和运行期以及地震等特殊荷载工况下的拱坝应力标准，小湾工程突破传统拱坝设计理论，提出高拱坝体型设计综合优化方法，建立分载位移法与有限元法相结合的理念，综合考虑坝轴线选择、拱端嵌深、拱座稳定以及施工期和运行期的各种工况，既注重坝体应力满足规范控制标准的传统设计，又力求控制坝踵和坝趾的高拉压应力区以及坝体中上部高程的高动应力区，实现控制坝体整体应力水平并降低这些关键部位高应力的目的。首次成功在坝体设置了新型结构诱导缝，发明了可预防高压水劈裂的柔性防渗体系，同时采取坝趾设置贴角锚索、坝肩抗力体设置置换加固系统等系统性结构措

施，成功解决规范尚未涉及的特高拱坝坝踵开裂风险等结构安全问题，极其有效地改善了拱坝应力，保证了工程结构安全。这一设计突破减少了坝体混凝土用量 40 万立方米，为工程投资节约 1.6 亿元。监测资料显示，坝体位移和应力水平均优于设计值，蓄水后坝基坝体渗流总量仅为 10.01 立方米 / 小时，从工程意义上讲可谓"滴水不漏"。

小湾拱坝地处我国区域地震活动性强烈的云南西部地区，地质构造条件复杂，工程区地震基本烈度为Ⅷ度，100 年超越概率 2% 的峰值加速度为 0.313g，大坝抗震安全成为工程建设的关键技术问题之一。

小湾特高拱坝突破了难以反映实际的传统拱坝设计概念和方法，首次建立了更贴近实际

移民新村建设

的大坝—地基—库水整个体系的地震响应分析模型。为反映强地震作用下特高拱坝抗震稳定的实际性态，提出了"以整个体系的位移反应随地震作用加强而出现突变的状况，作为评定拱坝损伤已由量变到质变、呈现整体失效的定量准则"的新概念，提出了跨横缝抗震钢筋及坝顶安装减震装置等综合抗震措施。通过技术创新，提高了地震时拱坝整体稳定性，同时大量减少了钢筋用量，直接节约工程投资4200万元。本项研究解决了结构抗震安全评价中的瓶颈问题，部分成果纳入国标《水工建筑物抗震设计规范》中。

小湾坝址区地形狭窄，岸坡陡峻，沟梁相间，河谷深切，分布着断裂带、错动带、滚石、危岩等，岩石风化破碎，堆积体和强卸荷裂隙发育带广泛分布，边坡稳定性极差。左右岸开

挖形成的高边坡高差在600—700米，明挖总工程量超过2000万立方米，其技术处理难度之大，在国内外水电建设乃至其他行业工程建设中尚属罕见。

为此，设计单位进行了专题研究，结合实际情况，总结形成了"高清坡、低开口、陡开挖、强支护、先锁口、排水超前"的特高边坡开挖支护程序和原则，改造、研制和创新出组合螺旋钻具、跟管钻具、荷载分散型锚索等一项项新的施工技术。首次提出并成功实践超大型堆积体蠕滑变形"削、锚、排、挡"的综合治理技术，形成了深山狭谷高地应力区坝基强卸荷松弛处理的主要措施和基本原则。特高工程边坡和坝基处理成套技术为小湾大坝提前1年浇筑创造了条件，并成功应用于金安桥、溪洛渡等水电工程建设中，取得了良好的综合社会经

济效益。

为适应拱坝高质量、快速、安全的坝体浇筑目标，解决大体积混凝土温控难题，设计研制出性能优于国标的"小湾专供中热水泥"，在现行规范基础上提出增加中期冷却并实现了"小温差、早冷却、慢冷却"的施工技术，揭示了世界特高拱坝温控技术（包括相关规范）存在的不足，建立了特高拱坝温控标准。双仓浇筑及无缝转仓等工艺的技术攻关和研究，加快了大坝混凝土施工进度，创造了连续 18 个月吊运混凝土强度在 20 万立方米以上和日、月、年吊运混凝土强度中国企业新纪录，大坝较原计划工期提前 11 个月封顶。2007 年 2 月 4 日，在小湾拱坝 17# 坝段取 15.6 米长芯样，刷新了"国内第一混凝土长芯"的纪录。

小湾工程枢纽区共安装埋设了监测仪器 12000 余支，是全国乃至世界最大的安全监测系统。研发应用了大量的新仪器和新技术，如适应超高水压的传感器、拱坝折线式真空激光三维变形监测系统等，解决了前期尚未成熟的监测手段问题，促进了监测技术的进步。

首次提出基于坝体各种响应增量及其变化规律和分布规律的评价方法，通过建立具有预测、预警和结果三维可视等新的功能的特高拱坝安全监测实时分析系统，实现了大坝工作性态全过程实时安全监控，实现了小湾高水位阶段的无弃水安全蓄水。

通过优化开关站布置和骨料运输及加工系统，在节能的同时，节约土地 1000 余亩，充分贯彻"四节一环保"的绿色设计与施工理念。电站将引水发电系统和泄洪洞的洞挖料 400 万立方米全部加工成现场混凝土的骨料，有效减少了工程弃渣对环境的影响。施工用水循环利用，减少用水 280 万立方米。工程共节约投资 2.8 亿元。建立了珍稀动、植物保护区和自然保护区，施工区域植被恢复率达 98% 以上。通过了电力行业绿色施工示范工程验收，被评为国家水土保持生态文明工程。

| 践行使命，造福一方 |

小湾水电站总装机 420 万千瓦，自首台机组投产至 2020 年 10 月 1 日，电站累计发电量超过 1800 亿千瓦时，贡献税收超 110 亿元，成为当地政府稳定持续的税源，为云南省乃至南方地区社会经济发展注入了强大的动力。

小湾水库可提供与兴利库容结合的调洪库容为 13.18 亿立方米，为保障大坝安全进行的调洪可削减洪峰 12%，有效保障了下游地区人民的生命和财产安全，水库建成后可形成干流库区深水航道 178 公里，支流黑惠江库区深水航道 123 公里，为发展库区航运创造了条件，有效促进了地方社会经济发展。

电站自开工以来，充分发挥大企业的辐射带动作用，积极履行国有企业社会责任，开辟多种渠道帮助当地群众脱贫致富，通过"直过民族"帮扶、"百千万工程"专项行动、"挂包帮"定点扶贫等方式助力 3 个州市的 6 个县区实施了精准扶贫脱贫，为临沧三县"直过民族"和电站驻地周边贫困县乡打赢脱贫攻坚战作出巨大贡献。

文／聂兵兵、王凌峰

三峡升船机：70 年铸就大国精品

三峡水利枢纽升船机工程

项目名称：三峡水利枢纽升船机工程
获奖单位：长江勘测规划设计研究院
获得奖项：优秀奖
获奖年份：2019 年
获奖地点：墨西哥墨西哥城

2019 年 12 月 27 日，由长江勘测规划设计研究院（简称"长江设计院"）担任设计总成的三峡水利枢纽升船机工程通过竣工验收，这标志着三峡水利枢纽的最后一个单项工程圆满完成建设任务。

在三峡升船机验收会上，水利部副部长蒋旭光这样评价三峡升船机工程——

三峡升船机与三峡大坝全景

"三峡升船机工程的建设攻坚战取得预期成果，是科学民主决策的样板，是团结协作建设的范例，体现了建设者精益求精的科学态度，是一项航运效益显著的工程。"

浩瀚的大江之上，三峡升船机屹立在三峡大坝左岸，壮观雄伟。作为世界上最大的升船机，她与世界首座全衬砌双线五级船闸构筑成长江黄金水道的重要关口，为长江经济带发展战略注入澎湃新动能，成为践行"生态优先、绿色发展"的里程碑工程。

|漫漫求索　多方论证铸精品|

三峡升船机是世界上最大的升船机，技术和施工难度都居世界前列。

看数字——三峡升船机最大提升高度113米、最大提升重量超过15500吨。只需约40分钟时间，3000吨级船舶就可以完成近40层楼房高度的垂直升降。

看特点——三峡升船机具有提升高度大、提升重量大、上游通航水位变幅大和下游水位变化速率快等特点。

看效能——作为三峡工程的永久通航设施之一，三峡升船机是客货轮和特种船舶的快速过坝通道。

自上世纪50年代起，长江水利委员会（简称"长江委"）就开始对三峡升船机的设计、施工、制造、安装的可行性、可能性等进行全面论证。

研究的主要型式有平衡重式、浮筒式、水压式、液压式、水力式及半水力式垂直升船机和斜面升船机等，并在丹江口水利枢纽垂直+斜面升船机设计建造中积累实践经验。

上世纪70年代，按照国家提出"借鉴国外、

鸟瞰图

立足国内"思路,长江委继续推进升船机设计工作。1983 年 10 月,国家科委牵头组成的"二委三部"联合考察组赴德国、比利时和法国实地考察了各种类型的升船机。

1985 年,长江委在《长江三峡水利枢纽初步设计(150 米方案)》中推荐全平衡钢丝绳卷扬式一级垂直升船机方案,该方案具有通过能力大、运行费用低、对塔柱施工及机械设备制造要求相对较低等优点,适应我国国情,技术比较成熟。其间,长江委还联合国内多家科研单位,对全平衡垂直升船机的钢丝绳卷扬和齿轮齿条爬升两种典型方案进行了专项科研和"七五""八五"科技攻关。1993 年 5 月,在国家审查通过的三峡工程初步设计报告中,初步确定了钢丝绳卷扬升船机的线路位置及总体布置。

1995 年 4 月,国务院三峡工程建设委员会研究决定三峡升船机缓建。缓建期间,长江委仍进行了大量的中间试验机和模型试验工作,全面检验三峡升船机的前期科研成果,不断完善技术方案。

2000 年后,长江委进行机构改革,原有的"委院一体"变为"委院分开",改企后的长江设计院继续承担三峡升船机的设计论证工程。

此后,受三峡集团公司委托,长江设计院启动齿轮齿条爬升式垂直升船机方案的研究。根据相关考察、调研资料以及结合三峡升船机的施工现状,技术团队对升船机关键设备的性能、参数、结构形式,以及由各种因素引起的影响升船机运行的综合变形和误差进行深入分析研究,落实并完善该方案的主要技术问题和相应的解决措施,提出了设计研究报告。

上游整体航拍

　　2003 年 9 月，国务院三峡建委第 13 次会议同意三峡升船机由钢丝绳卷扬提升式改为齿轮齿条爬升式。

　　为充分借鉴和吸收国外特别是德国在升船机建设方面的成功经验，三峡集团公司委托德国"拉麦尔–K&K"设计联营体负责船厢及其设备和平衡重系统设计，长江设计院作为设计总成单位，承担了德方设计的复核审查，并且完成了其余所有的上下游引航道、升船机建筑物、闸首金属结构和设备、机电和消防等的设计工作。

　　2005—2007 年联合设计期间，长江设计院组织土建、金结、机电等多专业专家先后赴德国十多次，对德方设计成果进行了深入细致的复核审查，提出了大量有价值的意见和建议，并为德国设计方所接受采纳。

　　与国外联合设计如此重大的工程项目，对长江设计院是一种全新的尝试与挑战。2004年，长江设计院就成立了三峡升船机项目部，由院长钮新强担任项目总负责人。几年来，项目部全体成员克服了种种困难，付出了艰苦努力，不断地吸收与创新，高质量地完成设计工作，极大地推动了我国升船机设计水平的提升。

　　2007 年 7 月 11 日，长江设计院编写的《长江三峡水利枢纽升船机总体设计报告》通过了审查，向国家交出了一份优秀的答卷。中国工程院院士潘家铮在审查闭幕会上动情地说："三峡升船机规模之大，升程之高，技术之复杂和困难，在全世界的升船机工程中绝对是没有先例的。多年来，长江设计院和广大科研单位依靠科学分析试验，反复研究攻克了一系列难题，做出了先进和可靠的升船机设计。"

上游进船

| 从 0 到 1, 攻坚克难造奇迹 |

　　三峡垂直升船机规模、技术难度均为世界罕见。

　　面对一个如此庞大复杂的系统工程,长江设计院在一穷二白的基础上着手研究,几代长江设计人从一个个数据、一张张图纸、一本本报告、一次次审查做起,历经 70 余年的光阴沉淀,攻克了诸多技术难关,堪称世所罕见的奇迹。

　　做工程,安全是第一位。三峡升船机各项创新的关键技术,均围绕升船机运行的安全性做文章,一是要保证三峡升船机建筑结构的安全,二是要充分保障升船机设备系统运行的安全,主要包含升船机结构关键技术与升船机设备关键技术两大类。

　　在升船机结构方面,主要涉及上下闸首、承重塔柱、塔柱顶部机房、上下游引航道导航、隔流及靠船建筑物等。升船机土建结构形式、受力及边界条件异常复杂,且建筑物规模巨大,因而结构技术难度大。其中,上闸首与承重塔柱是三峡升船机中最重要、最复杂的结构,也是设计中所关注的焦点与难点。

　　——上闸首很特别,兼有挡水坝段及升船机闸首双重功能,在正常运行工况下要适应枢纽上游 30 米的水位变化和升船机 113 米升降要求。受复杂地质条件的影响、布置和运行条件的要求,上闸首结构具有尺寸大、受力复杂的特点。因此,从适应基础岩石不均匀性的力学性能、提高上部结构的整体性出发,长江设计团队采用整体 U 形结构;同时,针对上闸首底板结构内力大、正常使用要求严的技术特点,底板采用预应力钢筋混凝土的结构方案。对上闸首整体应力分析、结构稳定性分析及配筋方法等关键技术问题,长江设计院经过多年研究论证,形成了适应三峡升船机上闸首稳定的设计分析方法,提出了采用群锚的预应力混凝土结构设计方案,这也是全球首例对大型 U

形过水结构的预应力设计研究。

——高达 146 米的承重塔柱，支撑着船厢垂直升降 113 米。它是超规范设计，国内外没有可供借鉴的经验，其结构高耸、复杂，设计标准和设计参数均无先例可循。当时能参考的只有与其功能完全不同的高层建筑、桥墩和烟囱等设计规范。长江设计院通过多年的研究和分析，逐步认识和确定了塔柱的受力性态、荷载取值和结构体系。

长江设计团队介绍，在塔柱结构设计中，解决了两个关键性问题，一是塔柱结构的选取，二是设计原则的确定。

塔柱结构方面，重点对全筒式、墙－筒体等四种形式进行了反复比较研究，最后确定了墙－筒体结合并通过沿高程方向的纵向联系梁形成 119 米长连续布置的混合式塔柱结构。设计时，既考虑承重结构自身的安全，特别是抗震安全，还需满足承船厢运行的变位限制，结构需要前后左右协同工作。最终长江设计院提出了设计原则、设计参数，明确各类荷载的取值、荷载组合、承载能力等设计要求。

在升船机设备方面，如果说土建结构是支撑着升船机的骨骼，那么机械、电器设备便是升船机运动的肌肉和器官。设备关键技术，就像是升船机运转时的经络关节或网络神经，它们会感知设备的运行状况，一旦出现意外，第一时间会发出预警信息，做出安全稳妥的应对措施。

——驱动机构超载保护技术：当船厢内的水体超载或欠载时，驱动机构会检测到超载或欠载，并通过一系列动作，把齿轮上增加的载荷转移到安全机构上去。

——安全装置技术：船厢升降的保护神，一旦水深超过允许值，驱动机构将敏感"刹车"，与船厢同步升降的短螺杆就停止转动，随着船厢水深的不断变化，螺杆与安装在塔柱壁上的

下游进船

实船通航

长螺母柱之间螺纹副间隙逐渐消失，船厢此时就牢牢固定在螺母柱上，既不上升也不下降。如果安全装置过于"敏感"，会严重影响升船机的运行，这就是所谓的合理确定安全机构螺纹副的间隙。通过大量的分析，影响螺纹副间隙的因素有船厢与塔柱之间的纵横向变位、螺母螺杆制造安装误差等多达十几种，最终确定安全机构的螺纹副间隙设计值为 ±60 毫米。

——电气传动与控制技术：在"电气行程同步"控制的基础上，增加了"机械同步"，相当于双保险。如果电气行程同步控制功能失效，将改由"机械同步"控制完成升降，负责兜底。

在施工技术方面，开展了塔柱结构混凝土施工方案与施工程序、温度控制措施、施工期变形分析及施工精度控制措施、承船厢安装方案等关键技术问题的研究，解决了狭小场地下的超高层薄壁大体积混凝土建筑物施工精度和快速施工难题，解决了钢筋及埋件安装工程量大而混凝土量小的施工难题，通过开展塔柱施工期变形仿真模型提出施工应对调整措施，使用桥机现场安装方案解决了超大钢结构重件在狭窄场地拼装与安装等技术难题。这些新技术、新工艺、新设备的应用，使得施工外观质量和施工精度控制良好，施工进度处于受控状态。

多项创新的结构关键技术、设备关键技术与施工关键技术，很好地解决了齿轮齿条爬升全平衡重式三峡垂直升船机的安全保障顾虑，并将多个不同性质的复杂机构与土建结构协调在一起。

2016 年 5 月 12 日，长江电力号客轮顺利通过三峡升船机，完成了试通航前验收的带船升降试验。升船机就像个自信的大力士，举重若轻地托举着船厢平稳上升、下降，站在船厢上参加升船机验收的专家对其赞赏有加并为之惊叹。

| 勇担重任 勠力创新不言弃 |

三峡升船机设计负责人钮新强院长曾在2005年一次会议上讲道:"三峡升船机设计任务艰巨、责任重大,承担着前所未有的压力和责任,面临着严峻的挑战,时刻都要有足够清醒的认识。"

责任在肩,使命重大。长达近8年的建设期,长江设计院坚持服务最优化理念,始终为三峡升船机施工建设提供全过程的技术支撑。

——常驻现场服务及时。派出主要设计人员深入设备制造工厂,参与关键设备制造详图技术审查和主要部件工艺方案制定及出厂验收等工作;派出技术骨干常年提供现场技术服务,对发现的技术问题及时研究并提供处理措施。

——邀请专家服务深入。多次组织长江委、长江设计院老专家进行现场考察和技术咨询,虚心听取来自各参建单位和有关方面的意见和建议,不断优化和完善设计方案。

——精准检测凸显实力。长江设计院承担了三峡升船机关键结构混凝土无损检测工作,采用"二维复杂结构三角网射线追踪全局方法""结构混凝土声波穿透移动单元体检测方法"两项国家发明专利及"阵列超声横波合成孔径高精度成像系统"三大关键技术,用于升船机塔柱关键受力结构体混凝土施工质量的检测,为准确评价升船机的施工质量、保证结构安全可靠提供科学依据。

厚积薄发,创新求变。正是这份对升船机事业的执着、热爱与沉甸甸的责任,长江设计院的技术团队一直在该领域积极探索、精心耕

耘、成就卓越,承担设计了我国约90%的大中型升船机;与此同时,还主编了世界上首部《升船机设计规范》《船闸与升船机设计》《三峡工程永久通航建筑物研究》等著作,掌握着主提升机安全制动系统关键技术、适应水位变化和塔柱变形的撑紧摩擦式对接锁定机构等十多项核心技术,拥有国内最多的升船机技术专利。

正是基于三峡升船机的吸收与创新,长江设计院技术团队又将升船机设计的先进理念与核心技术应用到提升高度达114.2米的升船机——向家坝升船机之中。

建造三峡升船机的神圣使命,让长江设计院与她结下了近70年的深厚情缘,并深深印记在一代代长江设计人的脑海里。

三峡升船机项目副经理、总工于庆奎把三峡升船机比作"我们的情人"。三峡升船机项目部副经理朱虹则言之,"三峡工程是长江委几代人的梦想,也是实现梦想的地方"。

"这辈子为三峡升船机而活!""热闹的时候我不去,工作需要的时候我一定去。""要敢于坚持、刀枪不入。""技术审查时不满足要求,绝对不允许通过,谁说都没用!"采访时,曾参与三峡升船机建设的长江设计院老一辈专家们如是说。

70年艰辛历程,70年栉风沐雨。治理长江、开发三峡是长江设计人肩负的崇高使命。如今,三峡升船机已全面发挥航运效益,她犹如镶嵌在长江上的一颗明珠,为通江达海、拥抱世界闪耀着最美的光华。

文 / 郑雁林、秦建彬、刘小飞

PART 3

建筑篇

ARCHITECTURAL

在城市建设方面，我国正在积极推进城市更新行动。这是适应城市发展形势，推动城市高质量发展的重要举措，建设重点将由增量建设逐步转为以提升城市品质为主的提质改造。在"量"到"质"的转型阶段，优化城市空间结构、提高人居环境品质、促进产业转型升级、注重城市内涵发展将成为我们主要的诉求目标。未来，城市更新体系将更加健全，模式会更加多样，更加注重经济、社会、环境的协调发展，这会成为推动城市高质量发展的主导力量之一。

中华瑰宝

天安门广场建筑群

....

项目名称：中华瑰宝——天安门广场建筑群
获奖单位：北京市建筑设计研究院有限公司
获得奖项：百年重大建筑项目优秀奖
获奖年份：2013 年
获奖地点：西班牙巴塞罗那

人们提起对首都北京的印象，都离不开天安门和天安门广场。作为中华民族的瑰宝，天安门广场建筑群凝聚了建设者的无穷智慧与辛勤汗水，是中国特色社会主义现代化建设历程上一颗璀璨的明珠。

作为新中国第一家建筑设计院，北京市建筑设计研究院有限公司（以下简称"北京建院"）与新中国在同一年诞生，共同成长。从新中国成立初期到多方位国家建设、改革开放，国家发展的每个历史时期都留下了北京建院的足迹与成果。北京建院参与了以人民大会堂为代表的天安门广场建筑群从规划到单体的一系列设计，包括天安门城楼（重建工程）、观礼台、人民大会堂、国家博物馆（原中国革命和中国历史博物馆）、毛主席纪念堂、全国人大机关办公楼、全国人大常委会会议厅改扩建等一系列工程。

天安门城楼

人民大会堂

2013 年，天安门广场建筑群被有着全球工程咨询界"诺贝尔奖"之称的菲迪克评为菲迪克百年重大建筑项目优秀奖，她再次向全世界展示了中国当代与传统的建筑之美，也向全世界展示着中国的大国文化，传递着中国的文化自信。

| 人民大会堂 |

屹立于天安门广场西侧的人民大会堂庄严雄伟、气势恢宏，居新中国成立十周年"十大建筑"之首，是全国人民共商国是、国家举行外事活动的重要场所。她于 1959 年建成，是到 2021 年为止世界上最大的会堂建筑。人民大会堂适用性强、坚固抗震、大气端庄，她将中国传统元素与现代性相结合，与天安门城楼和广场取得了协调一致又创新的效果。

人民大会堂位于北京天安门广场西侧，占地 15 公顷，平面呈"山"字形，南北长 336 米，东西宽 174 米，由万人大会堂、宴会厅、

全国人大常委会办公楼三部分组成。大会堂平面对称，采用中国传统的建筑风格，是具有鲜明民族风格的"中而新"的大型纪念性公共建筑。大会堂内设有以全国各省、自治区、直辖市名称命名的、富有地方特色的厅堂。

万人礼堂是人民大会堂的核心部分，具有万人座席的规模，被誉为"世界第一大会堂"。其内部装修设计极富创新性，顶棚采用"水天一色，浑然一体"的艺术手法，使穹顶与周边墙面实现无缝对接。在穹顶中央镶嵌着一颗巨型五角星红灯，四周环以金色葵花光束，犹如水波涟漪，层层叠落，象征宇宙天体恢宏的气势。设计万人大礼堂时，周恩来总理曾亲自指导方案设计，给设计师诸多启发。

人民大会堂工程于 1958 年 9 月开始征集建筑方案，于 10 月 28 日开工，并于 1959 年 9 月建成。在施工过程中，全面推行技术先行的科学管理方法，"立体交叉、平行流水"，加快了施工进度，确保了工程质量，是当时世界上施工最快、最好的大型公共建筑之一，创造

人民大会堂

了新中国建筑史上的奇迹。人民大会堂对称宏伟、气势磅礴，是天安门广场的重要组成部分，她与天安门、人民英雄纪念碑、正阳门和前门箭楼在高度、色彩、造型、风格上相协调，共同构成了浑然一体的天安门广场建筑群。

人民大会堂是中国建筑史上的不朽之作，其规模庞大、技术繁杂、文化艺术水准高、建造周期极短，在当时被视为一项几乎不可能完成的任务。她的诞生过程，凝聚了那个时代的人们的智慧和勇气。在新中国成立50周年前夕，人民大会堂东西南北四个立面换成天然花岗石，弥补了当时的建设遗憾。在人民大会堂使用60多年后的今天，她仍然保持着雄伟壮观的形象，这座融会了中国传统和西方古典建筑风格的宏伟建筑已成为中国政治活动中心的象征。

| 中国国家博物馆 |

中国国家博物馆（原中国革命和中国历史博物馆）是新中国建立的第一座中国国家博物馆，也是新中国成立十周年"十大建筑"之一。她位于北京天安门广场东侧，与广场西侧的人民大会堂相互对应，总建筑面积近6.5万平方米，是中国传统的"左祖右社"布局新的延续。

中国国家博物馆的整体采用院落式建筑的布局，南部是历史博物馆，北部是革命博物馆，中部为门厅和中央大厅，同时与两个博物馆相连。为与人民大会堂和天安门广场的巨大尺度相配，工程整体设计采用了"目"字形的建筑布局，利用建筑内院获得较大的外形轮廓。博物馆中央靠天安门广场一侧用高大的方形廊柱构成雄伟壮丽、具有纪念性的通透门廊，通过

门廊将天安门广场空间引入内院，并与对面的人民大会堂的门廊相呼应，从而达到对称均衡、虚实相辅的效果。屋檐用黄绿两色琉璃砖饰面，彰显整个立面的民族色彩，体现出继承传统与创新的精神。整座建筑色调典雅、巍峨庄严，是具有鲜明民族风格的"中而新"的大型纪念性公共建筑。

该工程于1959年7月建成，1961年7月正式对外开放，1969年两馆合并为中国革命历史博物馆。1983年，中国历史博物馆与中国革命博物馆恢复独立建制，中国革命历史博物馆这一正式名称暂告一段落。2003年2月，中国历史博物馆与中国革命博物馆合并，改称"中国国家博物馆"。中国国家博物馆是天安门广场的重要组成部分，在高度、色彩、造型、风格上与周边的建筑和环境协调，形成了浑然一体的天安门广场建筑群。在2008年扩建时，利用原馆两侧内院的空间，增加了1.7倍的建筑面积，并保持了建筑外形原貌，维护了天安门广场的历史环境，是经典建筑改扩建工程的成功范例。

| 天安门城楼（重建工程）与天安门观礼台 |

天安门城楼始建于明永乐十八年（1417年），当时称作承天门，于清顺治八年（1651年）重建，改称天安门。1969年，因旧天安门城楼年久失修，国务院决定拆除旧城楼，在原址按原规模和原建筑形式重新修建，将建筑材料全部换新。重建方案经周恩来总理亲自批准后，于1969年12月15日开工，于1970年"五一"

天安门城楼

前竣工。

天安门城楼是重要的古代建筑，属国家重点保护文物，重建仍按原建筑形制，采用木结构，加强结构的耐久性，并采取多项改进措施，同时增加了多种使用功能。重建后的天安门城楼增高了 87 厘米，气势更加雄伟恢宏。1971 年，对城楼的须弥座、栏板、望柱用汉白玉石料进行了重新制作。

与天安门城楼及广场建筑群浑然一体的观礼台是现代设计与传统文化完美结合的典范。观礼台位于天安门前方东西两侧，主要用于国庆等重大庆典观礼。观礼台东西对称，各有 7 个台。观礼台的建设弥补了高大雄伟的天安门两侧略显单薄的红墙，与红墙同色的、层层升起的简洁的台阶与天安门的基座浑然一体，在更大尺度上烘托了城楼，加强了广场北面的围合感。当人们从天安门前走过时，很少会注意到它的存在，有人说设计师张开济先生把它"设计没了"。天安门观礼台的设计也被建筑界称道为"甘当配角的神笔之作"。

2012 年 1 月 1 日，从未向普通民众开放的天安门观礼台正式对外开放，首次迎来 5000 名观看升旗仪式的游客。自 1949 年 10 月，开国大典上举行第一场阅兵开始，天安门观礼台作为观礼建筑已经历了十六次国庆阅兵，见证了伟大祖国繁荣富强的光辉历程。

| 毛主席纪念堂 |

毛主席纪念堂位于天安门广场南北轴线上，占地 5.72 公顷，建筑面积约 2.8 万平方米，总高 33.6 米，于 1976 年 11 月建成，1977 年 9 月 9 日举行落成典礼并对外开放。其主体建筑为柱廊型正方体，南北正面镶嵌着镌刻有"毛主席纪念堂"六个金色大字的汉白玉匾额，四面共 44 根方形花岗岩石柱环抱外廊，雄伟挺拔、庄严肃穆，具有独特的民族风格。整体建筑为重檐琉璃屋顶，琉璃平板挑檐，总体色彩与天安门广场的建筑融为一体。

纪念堂打破了坐北朝南的传统，主立面朝北，与纪念碑为同一朝向，平面布局严整对称，参观路线通畅。纪念堂设有台阶，分上下两层，底层选用红色花岗石做台帮，象征"红色江山永不变"。

北大厅是瞻仰参观入口和举行纪念仪式的地方，大厅正中为高 4.5 米的毛主席坐姿汉白玉像，背后墙面悬有巨幅绒绣壁毯《祖国大地》。瞻仰厅居中，是瞻仰毛主席遗容的地方，正面

（南面）为汉白玉墙面，镶有"伟大领袖和导师毛泽东主席永垂不朽"16 个银胎镏金大字。毛泽东同志身着灰色中山装，覆盖中国共产党党旗，安卧在晶莹剔透的水晶棺里。南大厅为瞻仰参观出口大厅，北侧汉白玉墙面镌刻着鎏金的毛泽东同志词《满江红·和郭沫若同志》手迹，抒发了中国人民开展社会主义革命和建设以及反对霸权主义的坚强决心和豪迈气概。

毛主席纪念堂是党和国家的最高纪念堂，是以毛泽东同志为核心的党的第一代革命领袖集体的纪念堂，是全国爱国主义教育示范基地。40 多年来，党中央曾在毛主席纪念堂落成典礼，毛泽东同志诞生 90 周年、100 周年、110 周年、120 周年纪念日及庆祝新中国成立

毛主席纪念堂

改扩建后的全国人大常委会会议厅

70 周年之际，在这里隆重举行纪念活动。自 1977 年开放至 2021 年，累计接待 2.3 亿多人次瞻仰群众，180 多位外国元首和政府首脑。

| 全国人大机关办公楼 |

全国人大机关办公楼位于天安门广场南部西侧，人民大会堂正南方，用地面积 2.5 万平方米，总建筑面积 8.3 万平方米，于 2010 年 8 月竣工，是北京天安门广场周边建筑群中的最后一座大型建筑物。

从定位和格局上，全国人大机关办公楼延续了天安门广场建筑的中心对称式布局，东立面与人民大会堂东立面取齐，建筑南北中轴线与人民大会堂南北中轴线一致，与广场主要建筑物之间保持对应关系。建筑采用外围式的布局形式，整体平面呈横置的"目"字形，实现了建筑体量的最大化。内部采用庭院式布局，保证充足的自然采光通风。

从建筑体量和建筑风格上，全国人大机关

办公楼和广场主要建筑物协调一致。办公楼的地位从属于人民大会堂，其造型设计也很好地烘托大会堂，整个建筑风格实用、稳重、简洁、朴实、亲切，富有民族特色，而不喧宾夺主。

全国人大机关办公楼是集美观、实用、绿色节能等特色于一体，拥有简洁、庄重，色调明快设计风格的大楼。工程的建成令天安门广场更加完善，也使天安门广场建筑群更加完整。

| 全国人大常委会会议厅改扩建工程 |

全国人大常委会会议厅改扩建工程是人民大会堂在新世纪进行的一次重要的改造工程，于 2012 年 8 月 20 日竣工。新常委厅的位置选定在大会堂的内院南侧，将接待厅上方的山西厅拆除，改造为常委会会议厅，而一层的接待厅由于其特殊的历史意义，予以保留。新的方案将新建部分的一、二层完全解放了出来，围绕保留的接待厅形成了六个会议室，满足了人大常委会分组会六个会场的要求，进一步完善了改造的功能性。

设计师在有限的建筑轮廓内完成一系列的大空间布置，各功能连接顺畅，配置合理，所有部位的设计均维持了大会堂的格调与尺度。新老建筑结构完全分开，保证各自结构体系的独立性。此外，在改造设计中充分尊重人民大会堂现有的使用习惯，根据实际情况调整、优化设计方案。

工程改造完成后，在大会堂内穿行，完全体验不到新老建筑的交接，空间感受、流线组织、装饰细部都如同一次建成。新老建筑形成新的秩序，浑然一体。这一工程完善了大会堂的功能及分区，使全国人大常委会第一次拥有了独立、完善的会议场所，并拥有了专用的旁听和记者席位，是我国民主法治建设的一个重要进步。

天安门广场融合了古今中外建筑艺术，堪称建筑艺术的博览园，广场上的每一座建筑都蕴含着厚重的历史文化积淀。时间变迁让她更加璀璨秀丽，沧桑变化令她更具魅力，这些由北京建院几代设计大师架起的"国之重器"，已成为北京城市中不可复制的文化"名片"，沐浴着新时代曙光的天安门广场建筑群将会历久弥新。

2021 年是中国共产党建党 100 周年，这些曾在不同历史时段向党和国家献礼的建筑瑰宝将会继续屹立在天安门广场周边，见证着中华民族的伟大复兴。北京建院将始终秉持"建筑服务社会，设计创造价值"的理念，用大国匠心雕琢，奉献出更多体现国家和民族精神力量、无愧于时代的优秀建筑作品。

文 / 北京市建筑设计研究院有限公司等

天安门建筑群（马文晓摄）

世界之巅，一塔倾城

广州塔

项目名称：广州塔
获奖单位：广州建筑工程监理有限公司
获得奖项：百年重大建筑项目杰出奖
获奖年份：2013 年
获奖地点：西班牙巴塞罗那

在中国广州，一座令人惊艳的地标性建筑穿云而出，一个钢铁与混凝土铸就的巨人，有着模特般纤纤细腰的、高达 600 米的广州塔，是中国第一、世界第三的高耸结构类建筑，她是一个建筑奇迹，是广州最耀眼的城市新地标、旅游新名片，向世人展示了广州这个"国际化大都市"的形象，面向世界的视野和气魄。

黄昏下的广州塔

广州塔与有轨电车

　　广州塔又称"广州新电视塔"，昵称"小蛮腰"，位于广东省广州市海珠区，矗立于广州新城市中轴线和珠江景观轴的交汇处，与海心沙岛及广州市珠江新城 CBD 隔江相望，是一座以旅游观光为主，具有广播电视发射、文化娱乐和城市窗口功能的高耸建筑。

　　广州塔项目总投资 29.48 亿元，建设用地面积为 17.5 万平方米，其中塔基用地面积约 8.5 万平方米，总建筑面积 12.9 万平方米，地下 6.8 万平方米；整体高度达到 600 米，其中塔身主体 450 米（塔顶观光平台最高处 454 米），天线桅杆 150 米。塔体由底至上分为 5 个功能区和 4 个镂空区，作为观光、餐厅、电视广播技术中心及休闲娱乐区等。地下两层，其中标高 –10.0 米的地下二层，主要为车库（五级人防区）、设备用房及电视塔器材间；标高 –5.00 米的地下一层，主要为停车场、饮食街、

展览和地下设备用房。地面层主要为各种车流的出入口，架空平台为游客步行广场、接驳中轴线轨道交通的大厅，形成人车分流的格局。

　　自 2005 年 11 月广州塔奠基动工建设，至 2009 年 9 月 28 日竣工，2010 年 10 月 1 日起正式公开售票接待游客，广州建筑工程监理有限公司自始至终全程负责广州塔项目前期咨询、招标代理和施工全过程监理，为广州塔建设的顺利有序开展，起到了重要作用。

| 婆娑曼妙"小蛮腰" |

　　广州塔的建筑设计师是荷兰信基建筑事务所（Information Based Architecture，IBA）的马克·海默尔（Mark Hemel）和芭芭拉·库伊特（Barbara Kuit）夫妇。

　　历史上的高耸建筑，一直延用宏伟壮丽、

广州塔-主体结构施工

棱角分明的外观，建筑师们除了乐此不疲地追求建筑的高度，结构设计几乎都延续着"下宽上窄"的风格，而广州塔打破了高耸建筑的常规，不拘一格的时尚风格令人耳目一新。她的原型是一个有着修长而曼妙身躯、美到极致的少女，设计灵感来源于人体髋骨。马克·海默尔（Mark Hemel）和芭芭拉·库伊特（Barbara Kuit）夫妇为塑造女性苗条的曲线和柔软的质感，把一些弹性橡皮绳绑在两个椭圆形的木盘之间，模拟三维立体造型。当旋转顶部椭圆至45°的时候，一个奇妙的花篮形状出现了，那个犹如扭腰回眸的窈窕淑女，便是广州塔的雏形。

广州塔属于单一体型，银灰色椭圆形的渐变网格结构，椭圆形的钢筋混凝土核芯筒用于竖向交通联系，外框筒由连接上下两个大小不同的椭圆平面的倾斜钢管混凝土柱组成。两个旋转的椭圆形，一个在基础平面，一个在高450米的平面，两个椭圆彼此扭转135°，外框筒在腰部收缩变细，在塔体中部形成细腰，其中底部椭圆直径尺寸约为60.0米×80.0米，上部椭圆直径尺寸约为40.5米×54米，高宽比为7.5，中部最细处仅为20.65—27.5米，中部最细处的相对于塔身底面和顶部而言，对比差异突出，呈现出"纤纤细腰"之感。镂空、开放的结构形式，便于减少塔身自重和风荷载，使塔体更纤秀、挺拔，也创造出更加丰富、有趣的空间体验和光影效果。而扭转的椭圆螺旋体型，市民在城市的任意角度仰望"广州塔"，均展现出不同的造型，形成了独特的空间效果。

广州塔建成后，建设单位于2009年向社会各界为其征名，并于2010年9月28日举行新闻发布会，正式公布其名字为"广州塔"，正式英文名称使用了广州的传统称谓，即"Canton Tower"。但广州市民钟爱这个玲珑靓丽、婀娜多姿的"美人"，更喜欢叫她那形象贴切、清新可人的小名儿："小蛮腰"。

| 超高层建筑狂想曲 |

广州塔兼具电视塔和高耸建筑的特点，建筑超高、造型奇特、结构复杂。作为世界上施工难度最大的建筑之一，广州塔的建设者们克服了前所未有的工程设计和施工难度，创造了一系列建筑"世界之最"，在超高层建筑发展历史中具有里程碑的意义。

广州塔的"根"深扎至 –40.0米标高的地底下，直径达3.8米的人工挖孔扩底灌注桩直达微风化岩；她苗条的"躯体"内浇筑了高强度、高性能混凝土，直接泵送高程达450米，刷新国内混凝土泵送高度的新纪录；她柔韧的"筋骨"由5万吨厚钢板焊接而成，扭转的"身躯"由24根钢管柱和斜撑、环杆交织而成，钢管立柱底部直径2.0米渐变到顶部的1.2米，安装精度达1/2000，定位误差不超过5毫米。亮丽的"外衣"采用高强度钢化夹胶玻璃制造，为营造动感的曲线美，功能层椭圆形弧面上的每一块三角形玻璃尺寸无一相同……镂空、开放的钢结构，塔身自下而上逆时针扭转45°，使结构呈三维倾斜状态，每一个截面都在变化，一万多构件无一相同，使得施工测量、变形控制的难度极大。

由于广州塔结构的高度和形体上的特殊性，钢结构施工的测量、吊装、焊接、变形控制等方面都存在很多的难题，具有扭、偏、高、

结构施工俯瞰图

钢柱吊装施工

重、悬等特点。钢结构的施工技术成了广州塔工程的最大特色和难点。

1. 以两台 1200t.m 级的 M900D 重型塔吊和大型履带吊作为主要起重设备，创新设计了斜拉式的外挂内爬重型塔吊附墙体系，进行钢结构的垂直运输，安装和就位。

2. 以 GPS 定位系统和高精度全站仪为重要手段，进行测量基线网的测设和构件空中三维坐标定位。

3. 以二氧化碳气体保护药芯焊丝半自动焊为主，手工焊为辅，进行钢结构节点高空全位置焊接的焊接工艺。

4. 以计算机模拟施工阶段结构验算为先导，进行施工工艺设计和施工控制。

5. 以阶段调整、逐环复位为特征的预变形方案，进行钢结构在恒载作业下的变形补偿。

6. 以无线传输，实时检测的结构温度检测系统，进行结构在环境温差条件下的温度监测。

7. 以径向布置的临时支撑作为结构在安装阶段的稳定措施。

8. 以垂直爬梯、水平通道、临边围栏、操作平台和防坠隔离设施，组成安全操作系统。

9. 以气象预测为手段，构建防风、遮雨、避雷击为重点的全天候应对保障系统。

10. 以计算机控制、液压整体提升技术完成超高空桅杆的安装就位。

广州塔在建设过程中遇到了许多世界级技术难题，而破解所有难题的关键在于创新的科技和超前的思维。在住房和城乡建设部推广的建筑业十项新技术中，广州塔在施工中优先采用了混凝土裂缝防治、超高泵送混凝土、大跨度空间结构与大跨度钢结构的整体顶升与提升、钢与混凝土组合结构、高强度钢材的应用、管线布置综合平衡、建筑智能化系统调试、建筑设备监控、施工过程监测和控制等 10 个大项目、24 个小项新技术；同时自主创新应用了施工仿真分析、空间钢结构预变形、三维空间测量、外挂内爬重型塔吊施工、异型整体提升钢平台施工、计算机实时控制天线桅杆整体提升等新技术；采用了钢筋桁架楼层板、BRA520C 耐候钢等新材料，使用了可调节宽度式圆弧形大钢模、外挂内爬重型塔吊安装等 11 项专利技术。

广州塔的建设者们以卓越、独特、创新的

技术，展现了中国建造的综合实力和一流水平，让广州塔成为世界经典钢结构建筑中最具有时代性的标志性建筑工程。

2009 年 4 月，广州塔大型结构诊断与预测系统（结构健康监测），获第 37 届日内瓦国际发明及创新技术与产品展览金奖和大会特别大奖；

2010 年 4 月，获 2009 年度中国建筑钢结构金奖（国家优质工程）；

2011 年 5 月，被评为国家级 2010 年度绿色建筑示范工程；

2012 年 3 月，获 2011 年度中国建筑工程鲁班奖；

2012 年 6 月，获得国家级建筑设计金奖；

2013 年 9 月 17 日，在西班牙巴塞罗那召开的"菲迪克百年工程项目奖"颁奖仪式上，荣获"菲迪克百年重大建筑项目杰出奖"。这是中国的自豪！更是广州的骄傲！

|"世界之最"的旅游资源|

广州塔是一座具有丰富文化内涵的大型旅游观光建筑，依托其得天独厚的旅游资源，2013 年成功创建国家 4A 级旅游景区，并成功加盟"世界高塔联盟"，致力于打造一个世界一流水平的旅游景区。

两项吉尼斯世界纪录：488 米摄影观景平台"Highest Observation Deck"（世界最高户外观景平台和速降体验游乐项目）、"Highest Thrill Ride"（世界最高惊险之旅）。

最高的横向摩天轮：与一般竖立的摩天轮不同，广州塔摩天轮在 450 米露天观景平台外围，沿塔体顶端的钢结构网格外框筒环梁，设有世界最高的 16 个观光球舱的横向摩天轮，可 360°高空俯瞰、全方位观景，饱览广州乃至珠三角的美景。

最高的商品店：432 米高的广州塔纪念品零售商店，让您可以把广州塔精美的模型带回家。

最高的旋转餐厅：424 米高的旋转餐厅可容纳 400 人就餐，享受中外美食。

最高的 4D 影院：身处百米高空看有香味的电影。

最长的空中云梯：设于 160 米高处，旋转上升，由 1000 多个台阶组成。

时间来到 2021 年，广州塔建成开放已满 11 年。广州塔作为地标建筑，已成为广州必游景点，彰显着广州的城市形象。未来的广州塔，将进一步肩负传播岭南文化的职责，发挥文化引领作用，打造文商旅融合发展的特区，推动广州城市文化综合实力出新出彩。

文 / 易容华、洪虹

全球科普名片

广东科学中心

项目名称：广东科学中心
获奖单位：广州宏达工程顾问集团有限公司
获得奖项：百年重大建筑项目杰出奖
获奖年份：2013 年
获奖地点：西班牙巴塞罗那

| 一、前言 |

广东，改革开放的前沿，屹立着一座国内领先、国际一流的世界最大的科技馆——广东科学中心。这是一座造型独特的建筑，从上方俯瞰，像是广州市市花——木棉花，独具岭南特色和地

航拍图

域风华；从侧面看，"木棉花"上的片片花瓣像是一艘艘即将启航的船艇，象征着广东科技发展乘风破浪，一往无前，"木棉花"的中央部分像是一架即将起飞的宇宙飞船，彰显着科学与时俱进的发展；而科学中心的正门，看起来像一只智慧的大眼睛，寓意着开眼看世界、放眼望未来。

这座由广州宏达工程顾问集团有限公司（简称"宏达顾问"）提供了全过程咨询和项目管理服务的世界最大科技馆，于 2013 年荣获"国际咨询工程师联合会（FIDIC）百年重大建筑项目杰出奖"，与悉尼歌剧院、迪拜塔等全球八个最伟大的建筑问鼎国际工程最高奖，是迄今为止全球唯一获该奖的科技馆项目。

宏达顾问自 2001 年起为广东科学中心提供全过程工程咨询和项目管理服务。这一系列工程咨询和项目管理服务体现了工程咨询全体系产业链的本质和价值，诠释了 FIDIC 精神和可持续发展原则。宏达顾问与广东科学中心筹建方一起编制了包括《展品展项设计规范》《展品展项制作规范》等七个技术标准和管理规范，为国内科技馆建设创立了技术上的标准，成为科技馆展项工程建设的"中国标准"，开创了中国的科技馆工程建设的全系统项目管理模式，推高了中国科技馆建设的整体水平和国际影响力。

| 二、科技领航，意义非凡 |

21 世纪是世界科学技术日新月异的时代。随着社会经济的不断发展，科学技术作为第一生产力越来越显示出巨大的作用，为积极响应

贯彻实施国家"科教兴国"战略和"可持续发展"战略，响应国家在有条件的地区大力发展科技馆事业的号召，广东省决心筹划建造一个大型的科学综合活动场地，一座现代化的科学中心——广东科学中心。

1997 年，广东科学中心项目获得广东省人民政府同意筹建的正式批复，由省科技厅负责建设，具体建设工作由广东科学中心筹建办公室承担。2003 年，广东科学中心正式立项并开始建设。2004 年 3 月 28 日，广东科学中心举行开工奠基仪式，项目建设进入快车轨道。

2008 年 9 月，广东科学中心正式开馆，主题思想为"自然、人类、科学、文明"，场馆平面结构为一个中庭和五个花瓣，根据展示功能和需求进行空间布局，包括常设展馆、临时展馆、科技影院、开放实验室以及室外展区等；首期设置了飞天之梦、绿色家园、人与健康、感知与思维、实验与发现、数码世界、交通世界和儿童天地等常设展馆。开业后，二期建设了 LED 体验馆、岭南科技纵横展览、全国首个"低碳 & 新能源汽车"科普体验馆、广东省食品药品科普体验馆等主题展馆。已累计接待公众超过 2000 万人次，单日最高接待量近 4 万人次，极大地填补了广东省缺少大型科普教育基地的空白。

作为国际一流科技馆，广东科学中心先后与英国、法国、德国、西班牙、瑞士、美国、墨西哥、俄罗斯、印度、巴基斯坦、澳大利亚、泰国、韩国等国家，以及我国澳门、香港等地区的同行进行科技交流活动，成为中国重要的国际科学与技术交流和合作的平台之一，提高了中国在国际科技馆行业的地位和影响力。

科技航母，乘风破浪

寓意"发现之眼"的广东科学中心正门

俯瞰图

|三、全过程咨询，迎接挑战|

由于科技馆的规模大、技术要求高、结构复杂、功能性强，展项展品的设计、制作创意强、非标准化多，存在统一管理规范缺乏，投资不可控风险大的挑战；又因项目参建单位众多（其中展项设计、制造和施工单位达 33 家，且来自不同的国家和地区），其进入项目时间不同，工期持续时间长（近五年时间），而同一时间内开展施工作业的单位多，项目管理中协调工作任务非常重，统筹协调工作复杂。

为做好项目管理工作、减轻业主的负担、避免让繁杂的科技馆建设工作陷入无序状态，宏达顾问吸取了国际工程咨询的先进经验，大胆突破传统模式，成功实践"全过程项目管理"这种国际通行的咨询服务模式。宏达顾问充分发挥主观能动性，采用多种手段，运用专业知识、技能，做好项目统筹协调工作开展项目管理。首次在国内科技馆工程中采用统一规则计算工程造价，以及成功在国内财政投资的大型公建项目中采用了 FIDIC 合同管理模式，并按建设过程不同阶段的特点与需要，依法采用公开招标、国际竞赛、竞争性谈判、单一来源采购等招标方式进行招标；通过全过程项目管理模式，有效解决科技馆建设管理失控问题，成功实现了项目目标。

该项目全过程项目管理工作从 2003 年开始，包括项目策划与建设管理两个阶段，内容涵盖项目策划及报批、可行性研究、采购（招标）代理、设计管理、投资管理（造价咨询）、质量管理、合同管理、总控及统筹协调，以及展项制作监造及安装监理、布展施工监理等。为此，宏达顾问成立了专门的管理部门——装备工程事务所，配备了工程咨询、工程造价、合同管理、工程监理、设备监造、多媒体、布展装修、档案管理等各专业工程师，并设立了综合计划管理、合同造价管理、工程技术管理三个部门，与业主的相应部门融合式办公，紧紧围绕业主的项目建设目标进行系统化管理，对项目建设的各个阶段和整个过程进行了集成优化和资源整合，将各项业务能力整合到一起，发挥整体优势，使得各个单项业务体现更好的综合价值。开展全过程项目管理，有利于对项目工程质量、投资、进度的有效控制，确保了广东科学中心项目顺利进行。

四、管理创新，蜚声国际

2008 年广东科学中心开业运行，至今已有十余年，但展项的损坏率相对国内外的同类科技馆都低很多，说明展项的质量非常优异。广东科学中心在 2013 年荣获世界荣誉"FIDIC 百年重大建筑项目杰出奖"；在国内更是荣誉满载，获得"詹天佑土木工程科学技术奖"和建设部"2007 中国建筑节能年度代表工程""全国科普教育基地""国家 4A 级旅游景区""全国科普教育先进集体""广东省科普教育基地""国际创意科学传播奖""国际创意科展项奖"等荣誉称号近 100 项。

通过全过程项目管理，广东科学中心展教工程的质量、工期和投资都得到了有效的控制。全过程项目管理模式在广东科学中心成功实践后，宏达顾问将其成功应用在中国科技馆、杭州低碳科技馆、天津自然博物馆、内蒙古科技馆、河南省科技馆、湖北省科技馆、辽宁省科技馆、山东日照科技馆等一大批科博展览工程中，包括习近平总书记 2018 年广东考察时考察的深圳改革开放展览馆（大潮起珠江——广东改革开放 40 周年展览）和 2020 年参观的"从先行先试到先行示范——庆祝深圳经济特区建立 40 周年展览"项目。这些宝贵的经验对国内其他科技馆的建设具有重要的指导意义。

当前，由全过程项目管理发展而来的全过程工程咨询已日渐成为工程咨询服务的主流，随着工程咨询行业的不断发展，推行全过程工程咨询已然是完善我国工程建设组织模式的必然要求，是工程咨询供给侧结构性改革的必然要求，也是工程咨询行业在"一带一路"背景下与国际接轨的必然要求。宏达顾问将立足于全过程服务的大咨询格局，通过深化配套的服务能力体系和开展综合性咨询、全过程咨询、项目管理等工程实践，不断开展包括 BIM 等智慧建设管理技术、智能化工具和智慧管理信息平台的创新应用，构建"建设全程咨询专家＋智慧管理平台"，发挥"技术驱动＋创新驱动"的建设管理优势，在我国工程建设组织模式革新的新时代，实现新的发展飞跃。

新时代、新发展、新挑战、新机遇，"科教兴国"战略的持续推进，掀起了钻研科技、学习科技、发展科技的热潮。而国内领先、国际一流的广东科学中心，也不仅仅是广州一个城市的科普名片，更是中国面向世界的科普名片之一。

文 / 傅强

凝固的艺术之美

广州大剧院

项目名称：广州大剧院
获奖单位：广州建筑工程监理有限公司
获得奖项：百年重大建筑项目杰出奖
获奖年份：2013 年
获奖地点：西班牙巴塞罗那

　　广州大剧院是广州新中轴线上的标志性建筑之一，坐落于广州 CBD 的中心位置珠江新城花城广场旁，分别被《今日美国》和英国《每日电讯》评为"世界十大歌剧院""世界最壮观剧院"。2010 年建成以来，获得全球建筑界及登台艺术家的极高评价，国际大师、名团、名剧齐聚广州大剧院，为华南地区带来了前所未有的文化盛况。

广州大剧院夜景

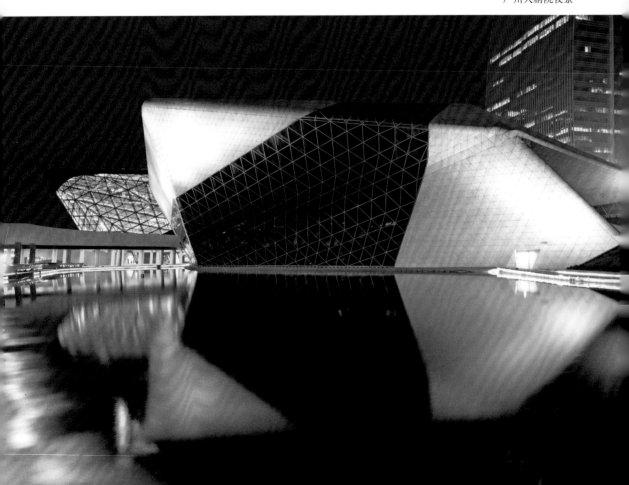

广州大剧院俯拍图

广州大剧院项目总投资约 13.8 亿元，总建筑面积 7.3 万平方米，其外部形态独特，犹如大小不同的两块石头，被形象地称为"双砾"。其中，"大石头"是 1800 座的大剧场及配套用房、剧务用房、演出用房、行政用房、录音棚和艺术展览厅；"小石头"是 400 座的多功能剧场及配套餐厅。整座建筑地上 7 层，高度为 43 米；地下 4 层，−19.4 米。

剧场"品"字形舞台、"双手环抱"式看台、不规则曲面预铸式玻璃纤维加强石膏板（简称"GRG"）装饰面层形成了极具个性的艺术殿堂，对中国剧院场馆建设具有引领和示范作用。其投入使用填补了广州高端演艺市场的空白，也提升了广州演出市场的总体水平，兼具歌舞剧演出、文化娱乐、观光旅游的功能。通过将项目的功能、形式与可行性三者结合，其成为中国观演建筑的一大亮点。

| 建筑设计和声学设计完美结合 |

广州大剧院由两位当代建筑界和声学界最重要的大师联袂设计，是"建筑设计和声学设计完美结合"的匠心之作。

广州大剧院的建筑设计由世界建筑界"诺贝尔"——普利兹克（Pritzker）奖的第一位女得主、英国女设计师扎哈·哈迪德担纲，外形宛如两块被珠江水冲刷过的灵石，造型奇特，复杂多变，充满奇思妙想；声学系统由全球顶级声学大师哈罗德·马歇尔博士精心打造，使广州大剧院传递出近乎完美的视听效果。

扎哈·哈迪德极富个性魅力的建筑设计对室内设计和声学设计提出了巨大的挑战。哈罗德·马歇尔进行声学专业设计，华南理工大学声学研究室进行观众厅声学缩尺模型验证。中国有色工程设计研究总院负责先进舞台工艺设计，从舞台机械、灯光、音频等方面，成功地实现了舞台工艺的需求。剧院的空间形式为非对称式三维曲面形式，运用国际首创的"双手环抱"式看台。不对称的构造、流线型的墙体和特殊的凹槽，各界面造型、节点构造所表现的部位，在声学设计的精妙测算下，传递出震撼而近乎完美的音质。观众厅天花和墙面大量采用不规则曲面"GRG"材料，采用了不规则扩散体施工技术，实现了最佳的声学效果，混响时间为 1.6 秒，达到世界领先水平。

工匠精神铸就精品工程

广州大剧院工程具有建筑跨度大、结构复杂、技术难度大、设备类型多、专业性强、钢结构高空安装就位难等特点。广州建筑工程监理有限公司负责广州大剧院全过程的项目管理咨询服务，包括前期策划、设计监理、招标代理、施工全过程的监理。从工程 2005 年 1 月动工建设，到 2010 年 3 月总体竣工验收，广州建筑工程监理有限公司坚持"热情服务、严格监理"的工作态度，秉承"创优质、建精品"的服务目标，实现了广州大剧院的最终功能，获得业内专家的一致好评。

成功挑战复杂钢结构体系

对于身临其境的观众来说，广州大剧院复杂结构体系带来了无与伦比的视觉和听觉体验。但是，对于建设者来说，任何不规则的结构建造均比规则结构超出数倍甚至百倍的难度。广州大剧院钢结构体系尚属国内首见。结构采用三维不规则倾斜的钢骨劲性砼剪力墙及柱作为主要竖向受力构件，同时观众厅挑台采用了曲折变截面钢骨砼悬臂梁（悬挑跨度达 11 米），均属于复杂特殊的结构构件形式。

钢结构采用空间组合折板式三角形网格结构体系，结构由空间不同角度的三角形或四边形面组合而成；不规则的三维多肢铸钢节点肢数达 6—10 根，铸钢节点重达 36.9 吨。钢结构外壳落地处设置收边钢环梁，梁下设球形钢支座，其中多数为固定铰支座，支承主梁的支座处为了释放水平力采用水平滑动球形钢支座。整个建筑外形独特，结构形式复杂，钢结构施工难度较大。根据结构特点，采用胎架支撑、高空原位拼装的方法进行钢结构安装。项目团队通过精心组织施工，成功地解决了复杂铸钢节点的安装、大型吊车上楼面加固、大面积钢结构支撑胎架同步卸载等难题，顺利完成主体钢结构建设。

成功挑战清水混凝土施工难题

架空广场平台三角形布置的密肋楼盖装饰清水混凝土要求高，施工难度大，尤其是大面积三向斜交梁板天花采用清水混凝土，梁底面和侧面需圆弧倒角、侧面倾斜，国内罕见。饰面清水混凝土是以混凝土本身的自然质感，以及精心设计、精心施工的对拉螺栓眼、明缝、禅缝组合形成自然状态作为装饰面效果，包括室外架空平台、架空层墙柱梁板结构面、坡道侧面扶手栏杆、通道两侧结构面等，结构形式包括斜圆柱、斜墙、三向斜交梁板、菱形截面梁、异性栏板等。全部清水混凝土表面积约 15000

平方米。施工中无清水混凝土的质量验收标准，因此从模板体系的选用、设计、制作与安装，钢筋绑扎，混凝土原材料及配合比，混凝土浇筑、养护和修补等全过程进行了多次试验，并编制了清水混凝土的验收规范，以保证清水混凝土的装饰效果的实现。由于解决了清水混凝土施工难题，本项目最终被建设部列为全国第六批建筑业新技术示范工程。

| 成功挑战造型独特复杂的幕墙 |

广州大剧院外表面造型独特复杂，共有65个面，43个角部；多功能剧场分为38个面和54条转角，26个角部；共约规格大小不一的75000块三角形石材和5100块三角形节能玻璃。幕墙曲面变化多，凹凸幅度大，外帷幕面积达30000平方米；表面采用石材履盖为主，屋面与墙面浑然一体，宛如被珠江水冲刷形成的"砾石"。其幕墙安装施工无规律可循，技术要求高。施工人员凭借着"艺高人胆大"的创新精神，成功攻克了一系列困难和挑战，将造型独特的幕墙完美呈现。

广州大剧院工程自开工以来，赢得了社会各界的广泛关注。其建筑造型新颖独特，独一无二的空间设计，室内空间优美大气，尤其大小剧场和排练厅，建筑声学指标完全达到设计标准，国内领先，国际一流。在室内新材料的应用方面，使用了大量的GRG声学材料，使剧场完全达到设计效果，室内外效果互相辉映。广州大剧院获美国建筑学会优秀设计奖；获2008年中国建筑钢结构金奖，被评为广州市建设项目结构优良样板工程及广东省安全生产、文明施工优良样板工地；2010年被评为全国建筑业新技术应用示范工程；获2011年度国家优质工程银质奖；2013年9月，广州大剧院获得"菲迪克百年重大建筑项目杰出奖"。

|打造华南最高艺术殿堂|

广州大剧院以"立足珠三角，合作港澳台，携手东南亚，面向全世界"的战略定位，大胆探索中国剧院经营管理新模式和改革发展道路，整合国际国内各类优势文化资源，聚集演艺产业链，推举舞台艺术精品，不仅是华南地区最先进、最完善和最大的艺术表演中心，也是继北京国家大剧院、上海大剧院之后的全国第三大歌剧院。

2010年5月9日投入使用以来，年均演出场次达340场，为广州演出市场增加了30%的演出节目，其中国际A类演出占了演出总数的60%，填补了广州高端演艺市场的空白，也提升了广州演出市场的总体水平。世界指挥大师西蒙·拉特尔、祖宾·梅塔、夏尔·迪图瓦、唐·库普曼、丹尼尔·欧伦等，歌唱家何塞·卡雷拉斯、乔纳斯·考夫曼、蕾妮·弗莱明、塞西莉亚·芭托莉、戴安娜·达姆娆、和慧等，演奏家保罗·巴杜拉·斯柯达、弗拉基米尔·阿什肯纳齐、郑京和、郎朗等众多国际大师登台献艺；柏林爱乐乐团、费城交响乐团、波士顿交响乐团、捷克爱乐乐团、德累斯顿国家交响乐团、圣彼得堡爱乐等著名交响乐团，斯卡拉歌剧院、马林斯基剧院等轮番登台。剧院还联手罗马歌剧院、纽约大都会歌剧院、英国科文特花园皇家歌剧院等世界一流剧院及一线歌

广州大剧院内部钢结构

广州大剧院多功能剧场内部

唱家制作了《图兰朵》《托斯卡》《蝴蝶夫人》《茶花女》《卡门》《魔笛》《阿依达》等多部歌剧，并于 2018 年推出首部独立制作原创歌剧《马可·波罗》。一部部高水平的歌剧巨作轮番上演，改变着广州的文化生态，使广州成为全球瞩目的艺术都市。

广州大剧院还扎实开展艺术普及教育活动，举办艺术关爱、公益惠民活动，与人民共享文化成果，为培养艺术爱好者不遗余力；与美术馆、艺术家、国际著名品牌等举办跨界展览；利用艺术平台优势，开展艺术培训课程，以专业化、高标准开办国内首个剧院童声合唱团、少儿芭蕾舞团和青少年行进管乐团等，打造"课堂×舞台"的艺术培训模式，培养艺术人才。

2020 年 9 月 25 日，广州大剧院携手华为开启一场"云上风暴"，正式签署了战略合作协议，双方共同打造的"5G 智慧剧院"向全球首发，未来观众不仅可以在线上观看演出，更可以通过 VR 视角欣赏建筑设计大师扎哈·哈迪德前卫现代的建筑风格，Vlog 打卡"网红剧院"，感受大剧院的独特魅力。

从一座剧院，看一座城。广州大剧院诠释了建筑的文化内涵，同时彰显了广州的文化追求与自信。它见证了广州城市文化建设的快速发展，也见证了文化带给广州无形的改变，并将推动广州城市文化综合实力出新出彩。

文 / 洪虹、何智源、罗雄杰

千年商都的基因延续

记中国进出口商品交易会琶洲展馆一、二期建设

项目名称：中国进出口商品交易会琶洲展馆
获奖单位：华南理工大学建筑设计研究院有限公司；广州市国际工程咨询有限公司
获得奖项：百年重大建筑项目优秀奖
获奖年份：2013 年
获奖地点：西班牙巴塞罗那

　　千年以来，广州因商而生，因商而盛。1957 年，第一届中国出口商品交易会在广州开幕，周恩来总理亲自定下展会的简称为广交会。60 多年间，一年两届的广交会从未间断，发展为历史最长、层次最高、规模最大、商品种类最齐全、到会境外采购商最多、成交效果最好的"中国第一展"。广交会描绘了中国在改革开放中波澜壮阔的历史画卷，展现了中国在高速经济发展中走向世界的别样风采，审视着 21 世纪的商业文明。中国进出口商品交易会琶洲展馆便是这一盛会的重要载体；同时，它的建设也成为我国会展事业与城市发展共生互动的范例。

　　展馆采用的是日本佐藤综合计画 (AXS) 在 1999 年广州国际会议展览中心国际建筑设计竞赛

琶洲展馆北广场一侧的钢结构棚架及曲线型钢梁

中入选的方案，一期工程按照此方案实施，其施工图由华南理工大学建筑设计研究院有限公司（简称"华工院"）完成。二期工程华工院根据中国对外贸易中心的要求，在基本保持整体造型不变的前提下，从经济、实用的角度出发，对功能、布局、空间结构等进行了重新设计。

| 展馆选址促发展 |

广交会在广州四易其址，历经三大主要时期——海珠广场时期、流花路时期、琶洲时期，见证并推动了广州的城市变迁。新中国成立后的第一座突破百米的超高层建筑、流花路的外贸建筑群，都因广交会而建。城市的大型会展中心一般都规划在用地充足的新区，借此带动会展中心周边区域的长远发展。

流花路旧馆的选址便是一个成功的案例，生动体现了会展中心的触媒效应。旧展馆位于越秀山西麓，流花路之北，基地面积有 11.4 公顷，周边仍留有大量的发展用地。20 世纪 70 年代后，为适应会展规模的扩大，国务院批准立项了"广州外贸工程"，先后在旧馆周边区域兴建了交易会新展馆、东方宾馆新楼、流花宾馆和白云宾馆等配套建筑，市政府又新辟环市路、人民北路、站前路等城市主干道联通市中心各功能区。经过近 20 年的运维，旧馆周边数公里内发展成了一个活力十足的集对外贸易、批发、金融、旅游、交通为一体的城市新区，以广交会为中心的流花地区真正成为广州对外交通的枢纽和对外贸易中心。

20 世纪 90 年代末，广交会从"出口"转到"进出口并举"的展览模式，而流花湖展馆

在建筑规模和发展用地上都无法满足城市会展业快速发展的要求。城市急需一个包含大型国际型商品交易会和大型会议功能的世界级重要会展中心。因此，广州市政府决定在尚未开发的琶洲岛上建设展馆，希望通过这一项目解决广交会展位不足的问题。其选址更有高瞻远瞩的深远意义：一是广展中心作为广州"南拓"战略的带动项目，政府希望它的兴建可吸引更多的社会资金聚集琶洲区域，带动广州南部新区的建设；二是城市近郊区域的空闲用地较多且价值相对较低，有利于为超大型会展中心和配套服务区提供较为充裕且低廉的建设发展用地；三是琶洲岛自古以来是广州商舶进入广州的港口之一，琶洲展馆选址于此有一定的历史文化传承意义。

| 商船云集琶洲岛 |

琶洲岛位于广州市海珠区，平面呈东西走向，长约 8 公里，平均宽度为 1 公里左右，四周被珠江及其支流黄埔涌包围，处于珠江航道交汇处。在岭南为官多年的南宋诗人方信孺曾在《南海百咏》里写道："仿佛琵琶海上洲，年年常与水沉浮；客船昨夜西风起，应有江头商妇愁。"诗句里提到的便是轮廓如琵琶的琶洲岛。唐代，离琶洲不远处的扶胥古港是万里通海夷道（注：海上丝绸之路的前身）的起点，高如楼阁的唐船由此出发，直抵波斯湾畔；南宋时，随着航海技术的进一步提高以及宋瓷在海外大受欢迎，扶胥古港繁华兴盛，商船如云，是一个非常重要的避风之处。1000 多年前的琶洲，仅是珠江中的一个沙洲，因而那时的珠

江常起暴风，商船倘不及时入港，便很可能被风浪掀翻，后来琶洲与珠江南岸相连，沃野千里，大有可为。

琶洲展馆位于岛中部的一个矩形地块上。地块西临广州领事馆区；南连广州"南肺"——万亩果园生态保护区；北临珠江主航道，与广州新城市中心——珠江新城隔江相望；东眺长洲岛文化旅游区，不远处矗立着历史保护建筑——琶洲塔，其曾在清代以"琶洲砥柱"之名，入选了羊城八景。

为配合广交会庞大的交通流量，政府在地块东、西、南三侧建设了科韵路和华南快速干线两条城市快速路以及琶洲和新港东两个地铁站点，后续又在珠江南岸建设了环岛轻轨作为交通补充。在新港路北面沿江一侧，场地东西两侧分别为一、二期展馆，飘逸的连桥把分隔道路东西两侧的两组建筑联系为一个整体。

| 和煦之风飘珠江 |

中国进出口商品交易会琶洲展馆的设计理念来自珠江，主题为"飘"，柔软的屋顶与起伏的大地相连，融化在周围的自然环境之中。建筑主体仿佛由一条飘动的绸带包围，轻盈和柔和的曲线巧妙地化解了大尺度的会展场馆体量。这条自如流畅的曲线从北端地面而起，往南包裹着建筑主体后往珠江面延伸飘起。自然舒卷的金属百叶棚架，赋予了建筑恰如其分的地域特色，象征珠江暖风微微吹过大地，使这个高科技和现代文化的载体飘然落在广州珠江的南岸。

走近琶洲展馆，映入眼帘的是闪亮的不锈钢屋面板和大片通透的玻璃幕墙。刚劲有力、绵延起状的大跨度中央车站钢结构罩棚、充满韵律感的曲线型钢梁、二层展厅里跨度126米的空间钢构架，人们无不被钢的力度和结构的气势所震撼。

| 两期建设共协调 |

中国进出口商品交易会琶洲展馆一、二期的总建筑面积约78.5万平方米，可提供13600个国际标准展位。一期工程总建筑面积39.54万平方米，主要为13个标准展厅；二期工程总建筑面积约39万平方米，增加了13个标准展厅、1个会议中心和1栋办公大楼。

一期工程分为南北两大部分，共设有13个展厅，总高约43米。南侧共有两层，每层设展厅5个；北侧首层设16米高的展厅3个，二层不设展厅。底层和二层在展厅的组织方式和使用方式上有所区别：底层展厅以串联式组织，相互之间以卷闸分隔成独立的部分，当有较大规模展会时，5个展厅可以连通为一体，最大展览面积达57600平方米，可以满足当时我国90%以上的展会面积需求；二层展厅采用并联式组织，展厅之间留有6米的间隙，作采光和排烟之用。多种空间组合使会展中心成为真正的多元化展览空间，为多样的使用要求提供了极其灵活的可能性。

建筑南北两侧以一条宽32米的珠江散步道进行联通。珠江散步道是组织交通的重要场所，参观者通过位于东西两端的登陆厅进入散步道，再由此进入各个展厅。每组展厅间4米宽的双层透空钢桥把整个步道划成五组相互串

远景图

通的空间，极大地丰富了空间效果。每组单元中的扶梯侧板都采用清光玻璃，透明无色的玻璃将扶梯内部的机械美完整地呈现在观者面前。钢桥的钢体结构、扶梯的机械结构、幕墙的玻璃结构以及通向展厅的成组条形码引导线都体现出高技术的特征。其墙面选用红、黄、蓝三组颜色为主要色彩，南侧面以 16.000 米标高为界，上下分别以红色、蓝色区分，与南边对应的北端实墙则采用黄色的压形钢板，鲜艳夺目，充满生机活力。它不仅是公共集散的场所，还为大众提供了舒适的休闲空间，人们在此可眺望一览无遗的壮阔江景。因此，在二期工程的方案中，这种高效的组织模式被保留了下来。

针对一期展位供不应求的运营状况，二期方案在层数和布局上进行了适度调整，南北两侧额外增加了一层展厅，从而在相对较小的用地中布置了与一期相同数量的展厅，其中南侧设展厅 9 个，分别位于 - 6.000 米、5.000 米和 16.000 米标高上；北侧分两层设置了 4 个展厅。此外，二期工程的东北侧增加了一栋独立办公楼以及一个会议中心，将展厅卸货平台从 12 米加宽到 18 米，并增加了大型升降电梯和垃圾投放井以满足快速撤展的需要。

| 密切合作争优化 |

虽然华工院在一期工程中仅为施工图设计单位，但鉴于其拥有大量建筑设计及工程实践经验，熟悉国内的相关法律、法规，并对周边地区有着深度认知与清晰理解，随着一期方案深化与施工配合不断完善，华工院团队在日方方案的基础上，对建筑与地形之间的关系进行了适度的优化调整，并最终运用在建设之中。

由于用地比城市主干道低了近 4 米，若使用原方案直接对地形进行平整化处理，将产生较大的施工土方量，从而会导致预算增加和工期延长。考虑到这一问题，加之场地还存在地面停车面积不足的情况，华工院提出了一个一举多得的方案：利用高差设置一个 4.8 米高的架空地下室，同时解决停车、小商品展览区（后改为用餐区）及设备中心的功能需求。设备中心原本被放置在建筑东侧 300 米外，改到架空地下室后，管道长度大大缩减，能量损耗也随之降低。而架空车库提供的 2000 多个车位，解放了地面空间，使之能够成为一片亲民的城市绿地。设计方还在建筑主体南侧朝城市道路的方向给绿地设置了 3% 的坡度，利用新方案半地下空间增加的 2.6 米高差解决了场地的排水问题。

　　设置架空地下室的方案增强了会展中心各方面的设计合理性与经济性。方案调整之后，场地从南到北依次呈现为树林、草坪、建筑与亲水广场四个层次，建筑仿佛从茵茵绿草之上飘然而起，以轻盈的姿态融入珠江的柔波之中。

| 消防设计立标杆 |

　　广州琶洲会展中心是我国最早的特大型会展建筑之一，其消防设计全无先例可循，前后经历了两次专家论证才得以定案。

　　一个标准展厅的面积约为 10000 平方米，若按 2001 版《高层民用建筑设计防火规范》中"防火分区面积不应大于 4000 平方米"的条款，展厅应被划分为 3 个防火分区。但这种做法需要在展厅中央区域设置大量的防火卷闸，这将严重影响展厅的整体使用及人流组织。由于展厅的层高较高，上层空间才是火灾发生时真正的蓄烟区，当烟气影响到 2.1 米标高以下的人行空间时，参展人员早已疏散完毕。考虑到特大型会展建筑中的具体情况，当时的规范条款并不适用琶洲会展的消防设计。

　　经过日本火灾防止中心的电脑模拟和天津消防研究所的专家测试论证，琶洲会展中心的每一个标准展厅最终按照一个防火分区进行处理。为实现更安全的消防管理，每个展厅被划分为 4 个 2500 平方米的小型独立防火分区。

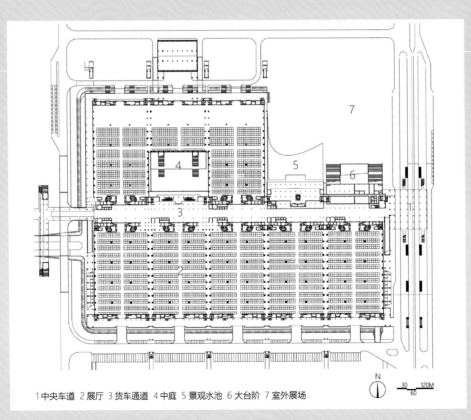

1 中央车道　2 展厅　3 货车通道　4 中庭　5 景观水池　6 大台阶　7 室外展场

（一期）首层平面图
1 中央车道　2 展厅　3 货车通道　4 中庭　5 景观水池　6 大台阶　7 室外展场

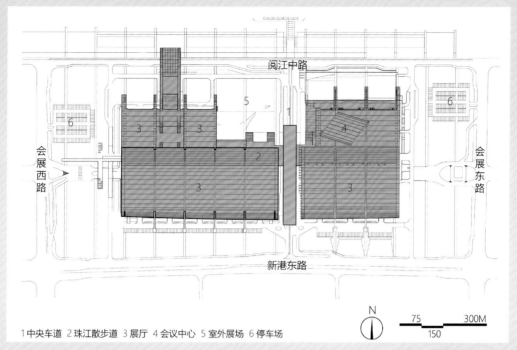

1 中央车道　2 珠江散步道　3 展厅　4 会议中心　5 室外展场　6 停车场

（一、二期）首层平面图
1 中央车道　2 珠江散步道　3 展厅　4 会议中心　5 室外展场　6 停车场

与防火分区不同，这4个分区相互间以6米的准消防通道分隔，而非防火卷闸等装置，保证了展厅的正常使用。除了防火分区的划定外，建筑中还设置了自动火警报警设备、自动喷淋或气体灭火设备、自动排烟设备以及防火卷闸等设施，落实了"早期预警、初期灭火、防火蔓延、迅速支援"的消防设计理念，为之后的会展消防设计规范提供了范例参考。

| 结束语 |

中国进出口商品交易会琶洲展馆作为我国2000年后第一个符合现代会展要求的大型会展建筑，在标准展厅设计、展厅组织模式、立体交通模式、对地形的利用以及建筑造型等方面都展现出了不俗的设计水平，对后来的大型会展建筑有着深远的影响。

在广交会的影响力下，广州名副其实地成为我国对外关系的"南大门"，这也使广州真正跻身于国家重要城市之列。当今，世界正处于百年未有之大变局，经济全球化遭遇逆流，我国提出构建"双循环"新发展格局，可谓正逢其时。在此过程中，广交会也将成为广州打造国内大循环中心节点城市和国内国际双循环战略链接城市的重要触媒。

未来，琶洲将与广交会比翼齐飞，共同传承千年商都的积淀，肩托广州的创新未来。

文 / 倪阳、邓孟仁、林毅、邱越

融云山珠水为一体的"飘"之创意

中国进出口商品交易会琶洲展馆

项目名称：中国进出口商品交易会琶洲展馆
获奖单位：华南理工大学建筑设计研究院有限公司；广州市国际工程咨询有限公司
获得奖项：百年重大建筑项目优秀奖
获奖年份：2013 年
获奖地点：西班牙巴塞罗那

　　中国进出口商品交易会又称广交会，创办于 1957 年春季，每年春秋两季在广州举办，是中国规模最大的国际贸易盛会，成交总额约占中国一般贸易出口总额的四分之一，在中国对外贸易上起着举足轻重的作用。由于原有场馆难以满足展览要求，2000 年广州市政府决定在海珠区琶洲岛上建设现代化的展馆——中国进出口商品交易会琶洲展馆。

中国进出口商品交易会琶洲展馆局部实景图

低点透视图

琶洲展馆分三期建设，三期的地理位置呈"品"字形分布，北面是一、二期工程，南面是三期工程。首期工程总投资 27.3 亿元，二期工程总投资 23 亿元，一、二期工程分别于 2002 年 10 月、2008 年 1 月投入运营，连同于 2008 年 9 月竣工的三期工程，展馆的总占地面积和总建筑面积分别达到 81 万平方米和 109 万平方米，展厅面积为 31.5 万平方米，可设置展位 55885 个，实现了多项创新和"世界第一"。

| 意 匠心独运的设计创意 |

琶洲展馆项目举办了国际建筑设计竞赛，通过国际招标的方式选择设计单位，通过对国内外 11 家投标设计单位的甄选，最后选定日本株式会社佐藤综合计画的方案为琶洲展馆的设计实施方案。

琶洲展馆的建筑设计主题为"飘"，象征珠江暖风微微吹过大地，巨大的建筑把轻盈、飘逸的抽象理念转化为一种视觉的实在，金属与玻璃包围的外壳，日夜散发着迷人的光彩。

展馆设有一条与珠江平衡的、宽约 32 米的"珠江散步道"（为展示场的主要交流空间和入口大厅空间）以及与之垂直的"终端散步道"（公共汽车、出租车停车场），两道的交叉点为主入口。这种以人为本、充分考虑使用者的物质和精神需求的设计理念，营造了一个舒适温馨的公共交往空间。此外，主体建筑北侧还设有中心广场、室外展示场、公园等外部开放空间，面向道路的停车场间插种植树木，主体建筑内设计了宛若引入珠江的溪流，形成了山、绿、水一体化景观。

以"亲近珠江"为主题的亲水公园位于会展中心临珠江边，跨度 1.3 公里，临江平均宽度 66 米，面积超过 8 万平方米。中部是将近 4 万平方米的带状开阔水域，在这条带状水域中还随意漂浮着 9 个椭圆形大小、形状不一的绿洲。东西两侧种植大片的台湾相思林带。漫步亲水公园，领略珠江的独特魅力。

| 优 人性化的功能布局 |

琶洲展馆的展厅采用模块式设计，每一个

内部结构图

展厅的规模、长度比例、服务配套设施、各项设备的组合控制及消防疏散的形式均采用相同设计。模块式设计使每个展厅自成体系，能够实现独立运作、可合可分，体现现代会展中心灵活、弹性、实用的特点。各展厅之间通过连接体连通，可根据展会的规模进行不同的组合。

琶洲国际会展中心可以为各类型展览提供超高的展出空间。二层的 5 个 1 万平方米左右的庞大展厅，全部为无柱空间，首层的 8 个 1 万平方米左右的展厅，每个展厅也仅有寥寥几根柱子，方便布展。展厅具备超强承重能力，首层、二层展厅每平方米设计荷载能力分别高达 5 吨和 1.5 吨。另外，展馆南北双向均有开放式进出口，展厅既可连成一体，又可独立办展。

2200 个停车位，在会展中心地下层部分，距离地面有 4.8 米深，南侧设计为大型的室内停车场，总面积可达到 49917 平方米，设计有 1800 个停车位，足够各路展商停车使用。在会展中心建筑物周围的空地上专门设计大约 400 个室外停车位，供工作参展车辆使用。

91 部各类电梯，琶洲国际会展中心充分考虑到了展览和观光的需要，在整个建筑群体的 100 多个出入口中，均匀铺设了自动扶梯 46 条、水平观光扶梯 16 条以及垂直升降电梯 29 台，以方便人们使用。

16 个展厅，会展中心拥有三层 16 个展厅：架空层 3 个，首层 8 个，二层 5 个。首层、二层共 13 个展厅的规格都是长 130 米、宽 90 米，有一个半足球场那么大。会展中心的内部设计和功能完全可以满足各类大型会展的需求。对展厅承重能力要求最高的重型机械展、对展厅净高要求最高的帆船展，都能承受。琶洲展馆内在 8 米标高处沿东西走向贯通布置了一条长 450 米、宽 30 米的人流集散通道——"珠江散步道"。间隔 90 米（单元体系）布置电梯、扶梯及楼梯，4 个竖向交通枢纽和与珠江散步道垂直的水平步行系统（终端散步道）。行人在展馆内畅通无阻。

| 新　富于挑战的设计创新 |

创新大空间设计

琶洲展馆具有大空间、大跨度和多功能复合的特点，在大空间建筑的设计中，琶洲展馆创下单体展馆面积世界最大和钢桁架跨度世界最长两项"世界第一"。

展厅主要集中在一层和二层，每个展厅大约有 11340 平方米。首层设有 12 根椭圆圆形立柱，高 13 米。首层的最大特点承重能力特强，可在此举办重型机械展。二层展厅为无柱大空间，长 130 米、宽 90 米、高 23 米的大厅内没有柱子，视线完全不受限制，空间宏伟。每个展厅的顶部（即会展中心的屋顶）由 6 个大跨度预应力张弦梁钢管桁架支撑着，每根钢管长达 126.6 米，是当时世界上跨度最大的张弦梁钢桁架，总用钢量达到 15000 吨，安装技术处于世界领先水平。

展厅创新模块式设计

每一个展厅的规模、长度比例、服务配套设施、各项设备的组合控制及消防疏散的形式均采用相同的设计。模块式设计使每个展厅自成体系，能够实现独立运作、可合可分，体现现代会展中心灵活、弹性、实用的特点。各展厅之间可通过连接体连通，可根据展会的规模进行不同的组合。

建筑被动节能设计

现代会展中心作为大型公共建筑绝对是一个能耗大户，琶洲展馆的节能设计不单单采用大量的高科技建材和设备，而且强调结合建筑的造型和布局，融入包括屋面架空通风层设计、设备中心设计、公共空间窗户设计等建筑被动节能设计。

| 效　经济效益社会效益兼得 |

琶洲展馆自 2008 年全面启用以来产生了极大社会效益：

提升城市的知名度与美誉度

广交会向世界宣传城市的经济发展实力和科学技术发展水平，向人们展示城市的精神风貌，扩大城市影响，提高城市在国际的知名度和美誉度。同时城市知名度和美誉度的提高反过来又会吸引投资、促进旅游发展，从而推动城市经济的发展。

拉动地区消费，为城市产生经济效益

展馆不仅能带来长租、广告等直接经济收入，还给酒店、旅游、金融、交通运输等诸多行业带来巨大的商机，带动人们在交通、餐饮、住宿、购物、旅游等的消费，拉动第三产业的发展。

促进城市基础设施建设

展会的发展依托于城市的硬件建设，需配套商业、餐饮、旅游、娱乐、道路交通等设施，为城市的道路交通、市容市貌、生活设施等建设起到很好的促进作用，进而带动城市基础设施的建设。

功能扩展综合利用

每年中国农历新年春节期间，大量旅客等候搭乘列车返乡与家人团聚，琶洲展馆免费开放给旅客异地候乘，使几十万旅客避免了在火车站的寒风苦雨中长时间露天拥挤排队候乘的窘境。

| 谋　前期咨询谋划未来 |

作为现代服务业的一支重要力量，工程咨询行业在琶洲展馆的建设过程中发挥了智囊作用。广州市国际工程咨询有限公司作为《可行性研究报告》（简称《可研报告》）的编制单位，在项目建设中贡献了咨询智慧。

可行性研究是建设前期工作的重要步骤，是编制建设项目设计任务书的依据。对建设项目进行可行性研究是基本建设管理中的一项重要基础工作，是保证建设项目以最小的投资换取最佳经济效果的科学方法，可行性研究在项目投资决策和项目运作建设中具有十分重要的作用，也是进行初步设计和工程建设管理工作中的重要环节。假如在设计初期不能提出高质量的、切合实际的设计任务书，不能将建设意图用标准的技术术语表达出来，自然也就无法有效地控制设计全过程。

可行性研究中总的目标如控制不好，会使设计朝令夕改，设计者无所适从，顾此失彼，往往造成产品先天不足。因此，搞好可行性研究环节非常有必要，这个环节的工作如果做得不细，可能导致决策失误，不但项目无法达到预期效果，而且可能造成惨重损失。反复论证的可行性研究是避免投资决策失误、保证工程

项目建设及投产后经营效益的重要手段。

琶洲国际会展中心的成功，得益于对项目深入的调研、对资料的广泛收集、对方案充分的研究论证后为项目的后续建设提供了有价值的参考意见。

对项目的投资风险进行了详细分析

《可研报告》通过财务效益评价和国民经济效益评价，肯定项目有较强的抗风险能力，同时也指出随着外贸交易方式渐趋多样和我国加入 WTO 以后中外直接贸易机会的增多，琶洲展馆的经营方式应向多样化发展。

对项目的选址、设计方案进行了对比论证

琶洲展馆项目的选址有珠江新城和琶洲岛两套方案，《可研报告》从全面提升广州市商业和贸易的国际化水平、促进广州市城市空间和交通结构的合理调整、建设资金的有效运用等基本原则出发，通过对两套选址方案的多角度对比，提出选址琶洲岛的实施方案。琶洲展馆项目采用国际建筑设计竞赛的方式挑选设计单位，《可研报告》对入围的日本、荷兰、德国的三个设计方案进行了详细的优劣对比，为最后的方案采用提供了参考。

创新建设管理模式

广州市国际工程咨询有限公司受政府部门的委托，通过招选的方式，确定了由广州钢铁集团和广州发展集团等共同组建建设管理团队，实行全过程管理，确保工程得到有效控制。

对项目建设规模进行了科学预测

《可研报告》通过对世界各国和我国会展业发展情况的深入分析，结合广州市会展业的发展现状，对展馆面积、展位数量等拟建规模进行了科学的测算，琶洲展馆首期工程最终是

按照《可研报告》论证的拟建规模实施建设。

对工程建设进度进行了规划设想

琶洲展馆项目的建设工期只有 21 个月，就其庞大的建设规模而言，工期相当紧张。《可研报告》针对琶洲展馆项目的工程特点，为工程建设设置了关键的进度节点，并制定了详细的进度实施计划，保证了项目建设的顺利开展。

| 誉　实至名归的荣誉 |

琶洲展馆是亚洲设施最先进、功能最齐全的现代化展览馆之一，是中国进出口商品交易会展（简称广交会）主体展馆，自 2008 年全面启用以来，凭借先进的软硬件设施、一流的展会综合配套服务，成为众多国内外品牌展览活动的发轫之地，更是大型专业展会首选的举办之地。

凭着一系列先进科技的应用，琶洲展馆获得了"中国十大建设科技成就奖""第五届詹天佑土木工程大奖""第四届中国建筑学会优秀结构设计奖"等多项国内大奖。

琶洲展馆满足**国际认可、技术卓越性、创新性**和**可持续性**四个方面的要求，2013 年荣获 FIDIC 百年重大建筑项目优秀奖，这是中国的自豪！这是广州的光荣，更是广州市国际工程咨询有限公司的荣耀！它宛如一朵白云在江畔飘动，向世界展示中国建筑的强大，展示中国工程咨询的骄傲！

文 / 广州市国际工程咨询有限公司

梦幻水下博物馆之旅

白鹤梁题刻原址水下保护工程

项目名称:白鹤梁水下博物馆
获奖单位:长江勘测规划设计研究院
获得奖项:优秀奖
获奖年份:2015 年
获奖地点:阿联酋迪拜

我们在儿时曾做过这样的梦,拥有孙悟空的超强战力,能上天能入海;或者拥有一个哆啦 A 梦,能打开时空隧道的宝盒,想去哪儿就去哪儿。

能水下参观博物馆的梦想,在今天的中国已变成了现实。

我们可以畅游这样一座梦幻般的水下博物馆——白鹤梁水下博物馆,它被联合国教科文组织誉为"保存完好的世界唯一古代水文站"和世界罕见的"水下碑林",也是"中国书法绘画艺术的水下博物馆"。1988 年被国务院列为"全国重点文物保护单位"。

说了这么多,是不是有兴趣了解它的前世今生呢?

那请跟我来。

白鹤梁工程鸟瞰图

| 一、悠久的历史与现实的抉择 |

白鹤梁位于长江三峡库区上游涪陵城北的长江中，是一块长约 1600 米，宽 15 米的天然巨型石梁，每年 12 月到次年 3 月长江水枯的时候，才露出水面。相传唐朝时朱真人在此修炼，后得道，乘鹤仙去，故名"白鹤梁"。石梁上以文字（计 3 万余字）和水标图像的形式记载了唐广德元年以来 1200 余年间的 72 个枯水年份的水位资料，以及历代文人的诗文、书法和绘画作品，具有极高的科学、历史和文化价值。

随着三峡大坝建成蓄水后，它就沉入几十米的水底，再也不能露出水面了。如何保护好它，并让它重新展示在世界人民和我们的子孙后代面前，成了长江勘测规划设计研究院（简称"长江设计院"）的一个新的课题。

长江设计院项目团队通过他们超强的创造力和不懈努力，破解深水条件下题刻原址保护、利用、展示等三大技术难题，建成了世界上第一座遗址类水下博物馆，实现了题刻"原址、原样、原环境"的保护目的，并以一种全新的方式展现在世人面前，成为让文化遗产"活起来"的成功范例。重要的是将我们的历史、文化和艺术完美展现在世人眼里，人们可以通过金属参观廊道、玻璃观察窗和蛙人孔，通过水下照明系统，常年在深水下观赏题刻，专业研究及工作人员还可出舱进入保护体内开展对题刻的研究和维护工作。

在这个过程中，长江设计院取得了大量系统性创新成果，经专家鉴定"具有国际领先水平"，并获 2009 年度文物保护科学和技术创新一等奖。

| 二、梦幻黑科技 |

深水下白鹤梁题刻原址保护面临保护、利用、展示等一系列世界性难题，国内外尚无成功先例，工程建设中的"黑科技"体现在解决以下三个方面问题：

一是深水条件下文物原址保护技术。题刻石梁为薄层砂页岩，存在地质条件差、白鹤梁本体受渗透水扬压力抬动而遭破坏、泥沙淤积掩埋及磨损题刻、保护体结构过大占用河道而影响行洪及航运安全，实施难度大等突出问题。

二是集水循环净化处理、自动监测与控制于一体的自适应净水平压技术。长江为有沙河流，存在泥沙淤积掩埋文物，江水浊度 300—5000NTU，不能清晰观赏题刻；同时水位日最大变幅达 9.5 米，控制 40 米深水下保护体内外水压差在合适范围，构建适应江水水位变化的净水平压技术是清晰观赏文物及工程安全的关键问题。

三是深水安全参观与文物展示技术。题刻显示场景是在 40 米深水下的封闭水体中，照明、观测及密封穿舱技术直接影响能否实现多种方式向公众展示。

项目团队通过 11 项课题研究，对关系到文物保护、安全和展示的上述三大关键技术问题，开展了近 10 年的研究，取得了系统性创新成果。

黑科技一：首次提出基于"无压容器"原理的深水条件下文物原址保护技术，解决了白鹤梁题刻薄层砂页岩受渗透水扬压力抬动而遭破坏、保护体结构过大占用河道而影响行洪及航运安全等技术难题，实现了题刻"原址、原样、原环境"的保护目的。

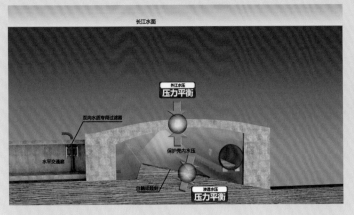

"静水"平衡示意图

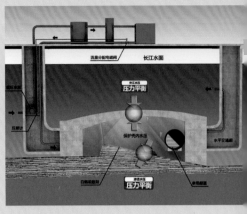

"动水"平衡示意图

提出基于"无压容器"原理的深水条件下文物原址保护技术。解决了以往方案存在的题刻本体抬动与冲刷、保护体结构巨大、结构复杂等系列重大技术问题，节省工期及工程投资。

充分认识白鹤梁历史信息和全部价值，尽量真实、全面地保存并延续其重要的部分，是保护技术研究的目标。1994年开始，经历8年研究，最具代表性的成果有"水晶宫"和"就地保护、异地陈展"两类方案，均因题刻本体地质条件差、所处河道为长江主航道和水库变动回水区等复杂条件而被否定。

基于"无压容器"原理的深水条件下文物原址保护技术是在需要保护的白鹤梁题刻上兴建一座保护体结构——"容器"，保护体内充满处理过的长江清水，净水平压系统根据长江水位的变化情况，自动将处理过的长江清水引入保护体内，或者将保护体内水排出，保持保护体内外水压平衡，题刻及保护体处于压力平衡的状态。在保护体内设置了承压的金属参观廊道，并设置了供参观的玻璃观察窗和蛙人孔，通过水下照明，游客可常年在水下40米深处以多种方式观赏题刻，专业研究及工作人员还可出舱进入保护体内开展研究和维护工作。

保护体内充满与外江压力平衡的长江清水，避免了题刻受渗透水压力抬动而遭破坏，并且处于长江水的保护之中，免遭游人践踏，保护环境更好；保护体结构由于不再承受巨大的水压力，拱壳结构高度大大降低，解决了航道工程安全问题；并且可减少工程实施难度，缩短工期，节约工程投资。

项目团队鉴于水下保护工程紧靠文物敏感区，研究提出了保护体水下导墙与围堰相结合的施工方案，使保护体顶拱处在水上施工，保证了施工期文物不受损害，船只航行正常，确保了工程质量，满足了三峡工程按期蓄水的要求。

黑科技二：研发了集水循环净化处理、自动监测与控制于一体的自适应净水平压系统，建立了保护体内水体浊度及内外水压差控制标准，解决了40米深水条件下题刻看得清、原水环境保护、江水水位变化引起保护体内外压差过大带来工程安全及文物安全的技术难题。

研究并提出保护体内水体浊度及内外水压差控制标准

保护体内水质除须满足观赏要求外，还须保证不对题刻本体、设备及保护体结构等产生影响。项目团队通过试验选择确定净化水质指标，提出净水平压系统出水浊度控制指标不超过1NTU，保证保护体内水的浊度不超过

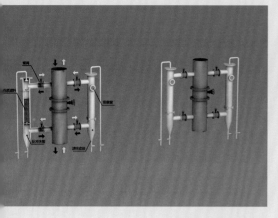

双向水质专用过滤器

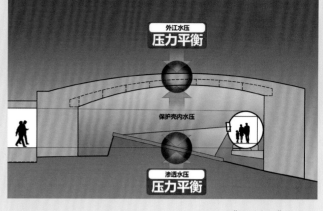

"无压容器"原理图

3NTU；为合理控制保护体内外水压差，实现"无压"理念，提出题刻保护体内外水压差限值为±0.5mH₂O。

研发了集水循环净化处理、自动监测与控制于一体的自适应净水平压系统

创建了自适应净水平压系统技术：通过管道将保护体内水与长江水连通，连通管上的"双向水质专用过滤器"可有效拦截外江浊质进入，保护体内外水压随江水变化自动平衡，呈"静水"平衡状态。当保护体内浊度不满足观赏要求时，通过浊度及压差监测装置控制一系列设备及部件的协同动作，可有效保证保护体结构内外"无压差"，呈"动水"平衡状态。

研制"双向水质专用过滤器"

研制了净水平压系统的核心构件"双向水质专用过滤器"，使外江水与保护壳内部水体通过净水平压系统可靠连通，保持了内外水压平衡，阻止了外江水浊质对系统渗透。研究适应深水条件下水下古文物观赏要求的过滤技术，选定普通石英砂滤料和均质滤料作为过滤材料，确定其基本参数（均质滤料扩散系数均值D=3.38×10−6m²/s，均质滤层厚度0.4—0.6米）。

白鹤梁水下博物馆多年成功运行效果表明，保护体内外压差稳定控制在±0.2mH₂O以

内，内部水质稳定维持在3NTU以内，水质满足水下观赏要求，实现了题刻保护及展示功能。

黑科技三：研发了40米深水条件下的参观廊道、耐高水压大功率LED投射灯、水下电缆穿舱连接器等技术及相应设备，创建了深水安全参观与文物展示系统，攻克了深水中电气设备运行、维护和观赏系列技术难题，实现了白鹤梁题刻全天候向公众展示，成为让文化遗产"活起来"的成功范例。

梦幻般的参观廊道

40米深水条件下的参观廊道技术：研制了承压参观廊道和具有自主知识产权的双层观察窗装置，游客可以近距离观赏题刻。参观廊道由U形廊道、八字体舱、球舱及观察窗组成；观察窗采用双层耐高压YB−3航空有机玻璃结构，具有优越的透光性能，在确保水下使用安全的同时，也便于在水下更换。

创建CCD遥控观测系统：创造性地将实时图像与图片资料集成到一个操作界面上，实现了水下博物馆的全天候展示。游客可远程控制和在参观廊道内通过手控操作摄像头实时观看题刻。

神奇的照明装置

探索并建立了深水照明照度标准：照度值

白鹤梁水下博物馆

及色光是决定视觉效果和成像质量的主要因素之一，针对白鹤梁题刻石材及封闭水体的特性，通过大量研究和试验，项目团队确定了深水下白鹤梁题刻表面照度为 350Lux，特别关注的部位题刻表面照度为 400Lux 的标准。

研制了封闭深水介质中耐高水压、大面积、大功率 LED 照明装置：研制了以大功率 LED 为光源的专用照明灯具。这是国内唯一的深水大面积大功率 LED 照明工程。

神奇的穿舱连接器

研发了具有自主知识产权的水下可卸式穿舱连接技术，研制了水下穿舱管两端设置可拆卸连接器的组件结构，解决了在水中更换电缆穿舱件的技术难题，提高了水下电器设备的可维护性和拓展性。

|三、梦幻引领世界潮流|

白鹤梁题刻原址水下保护工程代表了世界上行业技术成果的前沿水平，得到了国内外同行的高度认可。2014 年 12 月，湖北省科学技

术厅组织召开了"白鹤梁题刻原址水下保护关键技术"项目成果鉴定会，由张勇传、郑守仁、张柏、陶景良、铁付德、李化元等知名专家组成的鉴定委员会一致认为："该项目集成了文物、水利、建筑、市政、交通、军工、特种设备等多学科专业技术，是一项在国内外文化遗产保护领域具有重要影响的系统工程。""研究成果具有国际领先水平"。

2010 年 10 月，联合国教科文组织、中国文化遗产研究院和重庆市文物局在重庆联合召开了"水下文化遗产保护展示与利用国际学术研讨会"，会议认为"白鹤梁水下博物馆即是就地保护的典型。博物馆的建造采取了拱形的无水压结构，解决了诸多工程和技术上的难题，同时也造就了就地保护水下遗产的国际先例"。

|四、梦幻般的可持续发展|

白鹤梁题刻原址水下保护工程质量优良，投入运行以来，接受了各种设计工况考验，建筑物及设备系统均运行正常，长江航运及行洪

正常，题刻观赏清晰，工程及题刻安全。

　　受技术限制，深水下原址保护珍贵文化遗产是一个世界性难题。白鹤梁水下博物馆成功实现 40 余米的深水下文物遗产原址保护，对推动水下文化遗产保护作出了重要贡献，为促进人文环境可持续发展产生了积极影响。

　　白鹤梁水下博物馆首创"无压容器"方案建造水下保护工程，节约工程投资 1.1 亿元。博物馆开放运行后已成为独特的人文景观，成为重庆市六大旅游精品项目之一，带动重庆和三峡的旅游发展，实现了国家级重点文物的永续利用，具有广泛的社会影响力。

　　白鹤梁水下博物馆注重环保节能，强调建筑与自然环境和人文环境协调，椭圆形开放式庭院和展厅突出屋顶观景平台实现了"石鱼出水"的建筑意境。

文 / 郭靖、高洪远、章荣发、王环武

中国自信与文化的表达

凤凰中心

项目名称：凤凰中心
获奖单位：北京市建筑设计研究院有限公司
获得奖项：杰出奖
获奖年份：2017 年
获奖地点：印尼雅加达

　　北京是一座文化底蕴和时尚并存的繁华都市，是历史和现代交融碰撞的活力城市。从古至今，她都在为我们打造着一个城市的神话，为我们留下了无数优秀的建筑遗产，也是全世界设计师展示才华的舞台。2013 年，在一片或方正规整，或线条分明的地标建筑丛中，在四环内最大的城市公园——朝阳公园的一角，悄然立起了一座圆融、柔和的建筑，默默融入了周边的景致，它就是凤凰中心。

近景

内部空间

　　凤凰中心是新世纪数字革命的产物，它既为城市贡献公共空间，也为公众提供舞台。工程整体占地面积 1.8 公顷，总建筑面积 72478 平方米，南侧眺望北京 CBD 商务区，东侧与北侧紧邻公园大片湖面和绿地，具有开阔优美的自然景观、便捷的交通条件和难得的商业区位。整个建筑的造型曲线的壳体来自"莫比乌斯带"的概念———一条没有开头和结尾的延续的条带，将宏伟的中庭空间缠绕包裹。一个结构性的钢铁斜肋构架支撑着巨大的玻璃幕墙，这面透明的幕帘为室内带入充足的阳光。整个建筑体现了绿色节能和低碳环保的设计理念，光滑外形没有设一根雨水管，所有在表皮形成的雨水顺着外表的主肋导向建筑底部连续的雨水收集池，经过集中过滤处理后提供艺术水景

及庭院浇灌。

　　凤凰中心是世界建筑界公认的高技派建筑作品，由北京市建筑设计研究院有限公司（简称"北京建院"）首席总建筑师、全国工程勘察设计大师邵韦平主持设计，是一座由中国本土设计、建造的建筑，肩负了中华文化传承的使命感，彰显了中国文化的自信，也为人类文化交流、融合、进步作出了贡献。这座建筑的未来意识、超前意识和科技水平在中国乃至世界建筑范围内都具有标杆引领作用。

| 源自中国传说的"凤凰文化" |

　　凤凰文化是多元和谐的文化，中国自古就有关于凤凰的传说，也有赤色朱雀、青色青鸾、

黄色鹓鹐、白色鸿鹄和紫色鸳鸯这五类凤凰之分。在凤凰文化中，融合了五凤一体的是五彩凤凰，融合成功的调和剂，正是"和谐"。而将之放在一座建筑上，每一座建筑都是有灵性、灵魂的，传统、现代、简约、时尚，建筑的个性呈现其中。

凤凰中心就是一座能够传达凤凰文化的建筑，也是一座有灵性和灵魂的建筑，它更是一座融合了多元和谐文化理念的建筑。这座建筑承载了设计师们众多期望与设想，"和谐"则是连接的纽带和整体基调。这种和谐是多方向、多层面的，包括建筑与环境的和谐、建筑内外的自身和谐、建筑设计与技术实现的和谐，以及建筑与人、人与自然的和谐。对于和谐的充分考虑，成就了凤凰文化，同样造就了传达凤凰文化的凤凰中心。建成的凤凰中心与凤凰卫视的企业形象和文化相当契合，反映了企业追求的品位和境界。

基于对中华文化传承的使命感和文化的自信，凤凰中心的设计者与建造者均来自本土，由中国人自己来完成这样一座建筑既是中国建筑史的本分，也能更好地传达中华文化和凤凰文化。

中华文明上下五千年，中国城市有着悠久的历史。中国古建筑是世界上历史最悠久、体系最完整的建筑体系，从单体建筑到院落组合、城市规划、园林布置等，在世界建筑史上都处于独特地位。作为世界三大建筑体系之一，且充分体现"天人合一"建筑思想的中华建筑，为中国建筑设计师提供了丰富的创意源泉，而深厚的中华文化底蕴更是设计师自信的来源。

凤凰中心既是本土设计师智能与现代高科技结合的产物，也是中西合璧的建筑作品。为了塑造凤凰中心的个性，受莫比乌斯数学模型的启发，凤凰中心的设计从西方的场所环境与中国文化传统中汲取灵感，让技术营造出建筑的精神价值。

| 彰显中国自信的建造实践 |

凤凰卫视是改革开放以来中国最成功的民营公共媒体，其"创新、开放、融合"的核心价值已成为连接全球华人的信息纽带，是世界了解中国的一座桥梁。按照惯例，如此重要和具有区位优势的工程通过国际招标的方式选择国际大牌建筑师是当时顺理成章的惯例。然而，作为以传播华人文化为目标的凤凰卫视却坚定地选择本土建筑师，体现了企业在特定时代背景下所具有的智慧和自信，事实证明本土建筑师无愧于这种坚定的信任。历时6年精心建造的凤凰中心，从方案设计绘制到建筑材料、施工建造等全部由中国人独立完成，中国的原创设计、全部的中国创造，这个项目向全世界展示了中国建筑师的设计与控制能力，它不仅是国家民族品牌，更是开创先河的建筑奇迹，展现了中国创造的新高度。

2014年，在世界著名建筑杂志《建筑师》对凤凰中心主持建筑师——邵韦平先生采访的文章中，曾这样描述："目前北京的最新地标是中国最大的商业媒体总部——该建筑并非由外国建筑师设计……新的凤凰中心是一个由钢结构弯曲成型的饱满圆环，它胜过了近十年西方人在中国设计的任何建筑。"经过团队多年的艰苦探索与脚踏实地的实践，矗立在北京

内部空间

CBD 周边的凤凰中心获得了成功，同时成为一张重要的城市名片。在这个项目中，建筑师和建造团队都收获了宝贵的经验，带动了本土的设计和建造行业的发展，并且在国际上产生了很大的影响。

凤凰中心的落成标志着知识和信息的转化，是中国设计师掷地有声的宣言，它发出了由"中国制造"向"中国创造"模式转变的信号，也意味着建筑潮流的接力棒或将传递到中国人手中。

| 象征包容与开放的建筑文化 |

成立于中国香港的凤凰卫视是以普通话为媒介发声的媒体，秉承兼收并蓄、东西结合的风格。凤凰中心的设计与建设精确地捕捉了凤凰传媒的特质，它没有将东方文化看作西方文化的对立面，而是融会贯通、相得益彰。该建筑借鉴了西方的技术和工具，比如：首创性地采用了先进的数字技术进行精确化建造，但建筑的"意"却非常东方——采用柔和的形体，消解尖锐和矛盾，以柔和的姿态面对城市与环境。

传播文化是媒体的使命，无论媒体文化还是建筑文化，凤凰中心都是凤凰精神的恰当表达——"创新、开放、融合"。它既看重历史文化，也重视当代性的挖掘。而选择中国的设计与建造团队，不仅体现文化信心，也是华语媒体传播本土文化的使命。

凤凰中心给了中国建筑师发声的机会，它向世界展示了中国人对于环境、建筑、艺术、技术的理解和运用方式，向世界展示了东方的立场和价值取向，我们不仅有怀旧式的亭榭楼阁，也有国际化的视角、人性化的理念和最先进的技术，并且能够攻克技术难题，通过艰苦

387

航拍实景

而扎实的自主研发将符合这个时代特色的"新"的媒体大楼精确实现。

凤凰中心的开放性还体现在文化的开放上。它既有在西方文化中所强调的严谨写实、注重几何原理的研究，又表现出中国文化的圆融和写意，传达了与环境的意境、感受、情感。该设计方案的灵感来源于"莫比乌斯环"，这是一条来源于西方的数学模型，但其正反相接、上下相承、内外相连的形态，恰巧又体现了中国本土传统道家文化中阴阳相生，中西文化、古今文化融合理念。它将一个高层办公楼和低层的演播楼统一成了一个浑圆的整体，这样的圆润外形考虑到周边弯曲的道路、转角以及朝阳公园的关系，将建筑的高低起伏自然融合。因此，设计师在理性高效地解决各种功能需求

的同时，也创造了大量富有想象力的浪漫主义写意空间，体现了古老的东方文化的哲理，在各种文化、需求中寻找到一个平衡。

凤凰中心的开放性，还体现在新时代媒体的互动性和灵活性上，它创造出远超传统办公室和演播室的开放空间。在整个建筑中有一条向公众开放的流线，人们可以通过这条独立的流线，参观凤凰卫视的演播制作现场，并在1200平方米的演播互动大厅亲身参与节目制作。东西两个中庭可以进行艺术品的展示和公众活动。

凤凰中心的开放性使其可以探索艺术与经营的平衡。作为综合的媒体中心和交流互动、展示中心，凤凰中心除整合凤凰集团及旗下子公司的办公、会议，以及节目制作等功能外，

其公共空间总面积达 12000 平方米，体现了建筑的艺术性与商业性的平衡和凤凰传媒独特的开放经营理念，为多元化经营创造了灵活的机遇和更多的可能性。

自 2015 年试运营起，凤凰中心已承办多场顶级的品牌活动，同时举办了多场有影响力的专业讲座、聚会、座谈等活动。凤凰中心通过公众活动产生社会影响力，通过科技创新技术亲身体验现代媒体文化，创造与参观者的联系，已成为丰富城市文化生活、提升市民生活品质的重要场所。

| 代表绿色与创新的技术突破 |

凤凰中心的设计与建造是国内首次在真正意义上全面应用数字技术进行建造的大型公建项目，其意义远不只是创造出一个造型新颖的建筑，而在于它给建筑设计领域带来了开创性的变革。设计和建造者用一种与传统完全不同的全新方式完成了凤凰中心的设计，使建筑设计的过程和成果达到了更加科学和精确的水平。

凤凰中心在科技上有众多突破，其中数字技术领域的突破最为重要，具体表现在三个方面：一是利用参数化设计辅助完成了整个设计深化，包括最初原始的造型研究、后期表皮研究、内部装修研究；二是由于项目的复杂性已无法用常规二维手段来构思与表达，因此，全面利用 BIM 技术进行突破；三是推动数字建造方面前进一大步。中国工程院马国馨院士表示，凤凰中心在科技上使建筑学专业上了一个台阶；崔愷院士认为凤凰中心应该参评国际科技奖。

凤凰中心是一个富于感性又饱含科技的建筑。大胆的创意使建筑极具复杂性。设计师将尖端的数字信息技术手段运用在设计、制造、建造的全过程，对与建筑相关的各种因素进行全面精确的整合与控制，通过建立与工程进度同步、高质量、可调控的数据信息模型，实现前所未有的高质量的建筑语言与美学形式。凤凰中心以参数化设计、BIM 三维协同和数控加工为代表的新技术手段经受住了复杂设计环境的考验；同时，设计团队在协同工作、工程优化等技术环节结合国情及项目背景进行了多项技术创新，取得显著成效。凤凰中心不但创造了前所未有的空间体验，更实现了多项建造工艺的突破，带动了国内建筑业的数字信息化升级，充分体现了科技在建筑学领域中所具有的创新潜力，证明了当代科技是建筑学发展的重要动力。

在领先技术应用、成本控制与绿色节能的理念下，凤凰中心在投资总额的范围内，严格控制建设总成本，在保证高质量、高价值的前提下，做到了较低投入，最大程度地体现了建筑的价值，是一座高效率、高产出，低投入、低消耗的代表建筑。其整体工程体现了绿色节能和低碳环保的设计理念，光滑外形没有设一根雨水管，所有在表皮形成的雨水顺着外表的主肋导向建筑底部连续的雨水收集池，经过集中过滤处理后提供艺术水景及庭院浇灌。建筑具有单纯柔和的外壳，除了其自身的美学价值之外，也有缓和北京冬季强烈的高层建筑的街道风效应的作用。同时，建筑外壳又是一件"绿色外衣"，它为功能空间提供了气候缓冲空间。建筑的双层外皮很好地提高功能区的舒适度和

内幕墙实景

建筑能耗。设计利用数字技术对外壳和实体功能空间进行量体裁衣，精确地吻合彼此的空间关系。共享空间利用 30 米高差的下大上小的烟囱效应，在过渡季节，可以形成良好的自然气流组织，有效节省能耗。

2016 年 7 月，时任联合国秘书长潘基文在亲临建筑现场参观时曾感叹，凤凰中心让他看到了建筑的未来。2016 年 11 月，国际咨询工程师联合会（FIDIC）主席 Jae-Wan Lee 先生、前主席 Richard Kell 先生、Jorge Diaz Padilla 先生、John Boyd 先生、Gregs Thomopulos 先生一行参观了凤凰中心，同样对这座建筑给予了高度评价。

2011 年，凤凰中心被设计网站 Designboom 评选为"年度世界十大文化建筑"；2016 年，荣获美国 Autodesk 工程建设行业全球卓越奖最高奖；2017 年，荣获"菲迪克工程项目杰出奖"。

凤凰中心基于当下的社会和技术发展，利用最先进的技术实现了中国当下的意识形态表达，实现了一系列技术突破和大量与众不同的创新要素：全新的建筑语言、全新的空间感受、全新的艺术体验、全新的设计方法、全新的建筑体系、全新的建造模式。它超越了传统的设计观念，真正实现了创作的自由和制造的精确。自工程竣工以来，几乎每天都在接待来自世界各地的访客，众人皆为这座建筑所具有的神奇魅力所折服！

如今，凤凰中心已成为北京最具人气的时尚中心之一、世界和中国顶级的时尚品牌的新品发布场所，以及世界级艺术大师的演讲场所；未来，凤凰中心也将带动创意文化产业发展，引领创意文化产业潮流，为打造创新、开放、融合的媒体总部和文化中心做出示范。

文 / 邵韦平、刘笑楠、王宇

云顶报春早

上海北外滩白玉兰广场建成记

项目名称：上海北外滩白玉兰广场
获奖单位：华东建筑设计研究院有限公司
获得奖项：优秀奖
获奖年份：2018 年
获奖地点：德国柏林

北外滩，位于上海黄浦江畔，苏州河与黄浦江交汇处，板块总面积达 3 平方公里，拥有 3.2 公里延绵的滨水岸线，距离外滩、陆家嘴皆在 1 公里范围内。

上海北外滩白玉兰广场，地处北外滩沿江最优越的区位，作为浦西最具标志性的第一高楼及上海的新地标，西南面与外滩万国建筑群交相辉映，南面与陆家嘴摩天大楼群体隔江相望，成为上海中心城区当之无愧的耀眼明珠，既传承了浦江两岸的沪上风情，又展示了上海这座现代化国际大都市的摩登魅力，为浦江的悠长画卷再度添一笔浓墨重彩。

上海北外滩白玉兰广场鸟瞰

| 城市新力　凌空皎皎 |

21 世纪初，上海市政府致力于城市升级，规划将北外滩与外滩、陆家嘴联动发展，共同构成上海浦江两岸中央商务三角地带。

当外滩成为历史的烙印，当陆家嘴逐渐趋于饱和，以上海北外滩白玉兰广场为代表的一系列高端城市综合体在北外滩逐渐成长，北外滩也正在成为未来上海金融经济实力主场，重点打造航运、金融企业总部基地。

上海北外滩白玉兰广场，位于上海虹口区北外滩，作为地区的焦点，创建了与外滩和浦东陆家嘴的视觉联系，形成上海独特的黄浦江风景线。项目场地东至规划新建路，西至旅顺路，南至东大名路，北至东长治路，位于上海港国际客运中心北侧。总用地面积 56670 平方米，总建筑面积 414798 平方米，其中地上建筑面积 249983 平方米，地下建筑面积 164815 平方米。包括一座 66 层高 320 米的办公塔楼，顶部设置上海最高直升机停机坪；一座 39 层高 171.7 米的酒店塔楼和一座 2 层 57.2 米高的展馆建筑连接着 3 层高的裙楼；地下室共 4 层。项目 1999 年开工，2017 年正式投入使用。

目前，已有 3000 多家国内外知名航运、金融及经贸等企业强势入驻，北外滩的商务能级不可估量，业已与陆家嘴、外滩隔江相望，呈三足鼎立之势，黄浦江两岸开发的双赢效应已经呈现，成为推动区域和城市发展的新力量。

| 精心设计　香留四方 |

上海北外滩白玉兰广场北靠地铁 12 号线

国际客运中心站，地下一层通过两个连接口引导地铁人流入内；南临上海港国际客运中心，有地下通道相互连接；东有新建路隧道，紧密联系黄浦江两岸；西有外白渡桥，直达外滩，便捷的交通赋予其无穷的活力。

得天独厚的交通条件使得出入口可以灵活布置。机动车出入口在满足规范规定的同时，按地上建筑的使用功能，实行分区管理和室外结合。东大名路的半地下车行道可直接进入本项目 B1 层入口并引入本项目的地下停车库。同时，利用旅顺路、东大名路、长治路以及基地内的道路作为各建筑单体的环形消防车道。在办公塔楼西南侧、酒店塔楼的东北侧和西北侧、白玉兰馆北侧设置消防登高面。

利用建筑物之间的关系，创造出一个环绕商业建筑的人行开放步行空间，同时在南侧提供了一处大型公共广场空间。开放步行空间鼓励行人在商业建筑楼层的环廊中通行，收获更多的商业消费体验。将绿化景观和地面休闲商业融为一体，与沿江的滨江大道、黄浦江形成一个有机组合，打造上海最有特色、最具标志性的公共景观。地理位置和建筑高度，配合对周边景观资源的最大化利用，打造了无任何遮挡的视觉通道，拥有了绝佳的江景景观视角。

| 鸿图华构　铁骨柔情 |

上海北外滩白玉兰广场的结构设计与建筑形象的优化整合，是对建筑意象和结构美学的完美呈现。

伸臂桁架与带状桁架组成的加强层，明显增强了结构的刚度和抗侧移能力。钢筋混凝土

办公塔楼和 W 酒店

梁与钢骨混凝土柱相交时，由于柱的钢骨阻挡了梁钢筋的穿过，需要采取梁水平加腋、在钢骨腹板开孔的方式保证 1/3 的纵向钢筋穿过柱中心线 5d，其余纵向钢筋双面 5d 焊接于柱钢骨伸出的钢牛腿上。

塔楼屋顶塔冠是空间钢结构，从塔楼外框架柱延伸上来，与核心筒联系在一起，形成了上海市花白玉兰的造型。塔冠结构由钢柱及钢梁组成，采用了箱形构件作为主体构件，由于建筑造型外观为立体弧形，故单根构件在构造上需形成双曲线，方能在整体成型后体现出弧形的效果，给图纸深化及加工带来不小的挑战。花瓣外包异形铝板，呈高大异形多曲面布置，铝板总计 11128 块，其中双曲板 1520 块，需于 300 米以上高空进行安装，安装定位难度大。

地上部分裙房之间、裙房与塔楼之间是通过抗震缝分割成多个独立的单体，由于建筑布置需要，抗震缝两边没有设置双柱，实际设计中采用滑动支座实现了抗震缝兼伸缩缝。

| 独运匠心　刻玉玲珑 |

上海北外滩白玉兰广场的机电系统，在设计之初不但充分考虑到建筑未来运营的使用，要求与建筑功能良好契合，更是对使用中的高效、节能、智能等诸多方面提出了很高的要求，项目中的机电设计在当时也具有一定的先进性和超前性。

项目中采用分质给水系统，不同的区域采用了不同的给水系统，并结合了市政直供水、中水回用水、雨水回用水、洁净水等不同的水源。采用在地下室设置分散集水井回收下沉广

场雨水、超高层虹吸雨水运用、结合富有律动的屋面跌水景观以及局部的线性排水，雨水排放顺畅，无积水现象。

作为功能形态不一的超高层建筑群，不同区域不同层高区域采用不同的灭火形式。AOP 智能化环保型循环冷却水处理设备的运用。常压消防系统的阀门运用。智能消防，在 APP 系统中可以显示各个消防系统的状态，从而来加强对消防系统的监控。

冷水机组采用大容量高压高效率机组，同时搭配小容量机组作为调峰机组，覆盖整个负荷区间，使用高效节能。IT 伺服机房楼层采用用户冷冻水系统，设置独立冷源系统为 IT 机房供冷，同时与制冷主系统连接，提高供能系统可靠性。

塔楼采用一次换热技术，在满足设备承压要求的前提下，减少换热损失，提高水系统整体效率。采用大温差供水，有效降低空调水泵的能耗。办公楼标准层划分空气调节内外区，采用变风量空调系统，使气流分配均匀，噪声满足高端办公需求，实现了理想的室内舒适性需求。

合理设置管道走向和变风量末端布置，并对所有管道进行管线综合，绘制各区域、各方向的管线综合剖面，从而有效控制施工安装，满足 3.0 米净高要求。采用高效热管换热设备，充分降低运行能耗，并保证新风品质，每年节电 443.5 千瓦。采用智能化控制系统，对与外幕墙结合的 LED 泛光照明变幻多样形式，目前建成后的外幕墙 LED 泛光照明已成为上海市的一大亮点。智能化系统采用模块化、网络化结构，运用数字技术、光纤技术，具有充

裙房

分的可扩充余地和可持续发展的技术要求。

| 智能绿建 友好环境 |

上海北外滩白玉兰广场坚持绿色、环保、节能的建筑理念，严格按照国际标准精心筑造，广泛采用前沿生态科技和先进绿色环保建材，革新的现代办公方式重新定义智能高效办公，让健康舒适与智能高效和谐并举，呈现商务新境界。

项目已经通过了 LEED 金奖预认证并根据国家绿色二星标准设计。未来不但为实力企业提供绿色、高效、健康的办公环境，还将有效降低能耗，节约资源。

项目根据绿色建筑设计理念设计，地下室车库、绿化用水及景观用水采用中水（收集下沉广场雨水，处理后回用）供给。

裙房卫生间便器用水采用中水（收集酒店标准层生活废水，处理后回用）供给。收集办公、酒店的空调冷凝水，回用给办公冷却塔补水和酒店冷却塔补水。冷却塔风机采用双速风机，根据空调负荷变化的需要进行调节。给水系统采取竖向合理分区方式，并采取适当措施控制各层用水器具的流出水头，局部淋浴间采用太阳能热水系统。冷热源、空调、通风系统中的各项设备均选择效率高、低能耗的产品，冷水机组采用大容量高压变频机组，满足负荷需求的同时，减少了机组数量，节约了机房面积。在人员密度较大且变化较大的房间，根据室内二氧化碳浓度检测值进行新风需求控制。空调箱静电 $PM_{2.5}$ 除尘设施，有效过滤 $PM_{2.5}$ 90% 以上，空气实时监测系统在每楼层显示当下 $PM_{2.5}$ 指数、二氧化碳等情况。地下停车库的通风系统，根据车库内一氧化碳浓度进行自动运行控制。在技术层分散设置变配电所，使供电电源尽可能地深入负荷中心，以减少电能损耗、提高供电质量、节约投资费用。

| 坚守品质　收获梦想 |

上海北外滩白玉兰广场以打造文明永恒建筑的梦想为愿景，通过节能、生态、环保、智能及高技术的运用，并结合"以人为本"的理念，全力打造一个舒适、实用的办公酒店商业综合体。

为满足多变的市场环境，设计方案几易其稿，经过多次重大调整。设计全过程和施工多次同步进行。超长的施工周期给现场增加了极大的变数，设计和施工需要随时应对和解决包括大底板浮力带来的地基变形等各种现场突发情况。施工过程中，攻克了诸多技术难关，使得工程优质、高效、安全、如期完成。

研究成果与新技术解决了本工程一系列技术难题，降低了建造难度、提高了工效，形成授权法发明专利 11 项、实用新型专利 5 项、国家级工法 2 项、省部级工法 5 项、软件著作权 2 项，发表学术论文 8 篇。获得国家科学技术二等奖 1 项，上海市科学技术一等奖 4 项、三等奖 2 项，获中国建设工程鲁班奖、第十六届中国土木工程詹天佑奖、中国钢结构金奖、上海市优质工程"白玉兰"奖等 7 项国家及上海市质量类奖项，被评为"上海市建筑业新技术应用示范观摩工程"，获"上海市优秀工程勘察设计奖公共建筑项目一等奖"，获上海市建筑施工行业协会"上海市建筑业新技术应用示范"称号。

在北外滩虹口滨江绵延的岸线上，被称为"浦西第一高楼"的上海北外滩白玉兰广场就耸立在北外滩最核心的位置。项目由上海金港北外滩置业有限公司开发建设，由美国 SOM 事务所与华东建筑设计研究院有限公司共同合作完成。她不但改变了浦西的天际线，也作为虹口的区域标志对周边腹地进行辐射与覆盖，从而影响和带动了虹口区的城市发展，进而为上海的健全发展和城市的美好生活鼓劲报捷！

文／沈婷婷、劳蓉霞、肖林、赵启博

聚万千瞩目，筑珠海地标

珠海歌剧院

项目名称：珠海歌剧院
获奖单位：北京市建筑设计研究院有限公司
获得奖项：特别优秀奖
获奖年份：2019 年
获奖地点：墨西哥墨西哥城

　　2016 年跨年夜，珠海歌剧院正式向市民开放，迎来首演。当夜幕下的音乐声响起，情侣路上涛声低吟，行人依依，一种浪漫而喜悦的氛围萦绕在海滨，感染着每个人，远远望去，海面倒映出这座城市的灯火和霓虹，也倒映着珠海歌剧院柔光闪动的身影，它像一轮硕大的明月从海上升起，凝视着美丽的城市和人们。一座剧院，可以奠定一座城市的文化基调，可以成为一座城市的

珠海歌剧院——航拍

珠海歌剧院——东南立面实景

名片。珠海歌剧院恰到好处地表达出珠海——这座被誉为中国浪漫之城的文化与情怀，成为当之无愧的"珠海新地标"。

| 历经波折的设计缘起 |

2007年，国家经济发展势头大好，在文化市场繁荣的大背景下，各地政府相继以文化产业为先导开始拓展城市转型之路，珠海市也不例外——这座珠江口西岸的核心城市在优化现有产业结构布局的愿望中，比任何时候都更需要一座文化地标去开启新的发展格局。旺盛的发展需求激发了业界各方的广泛响应，也无疑给予了建筑设计企业一次良机。2007年，珠海市决定在城市中心区海滨的野狸岛填海区域建设珠海歌剧院，并进行了国际概念方案征集。

"日月贝"的概念方案被确定为中标方案，并顺利通过对珠海市民的公示过程。"贝壳"作为当地特殊的自然人文环境无可取代的记忆符号，根植于一方人的情感之中。这些文化和心理因素，在城市决策者和民众的选择中所产生的作用，不言而喻。

然而项目在之后的进展并不顺利，出于种种原因，在近一年半的时间里，方案设计一直未能顺利推进，这令珠海市建设方感到了巨大的压力。让全市人民瞩目的珠海歌剧院从立项便伴随着极高的期望和要求，必须交给实力过硬的设计团队才能不负众望。

2009年底，经过认真考察和选择，珠海市政府决定委托北京市建筑设计研究院有限公司（简称"北京建院"）承担实施方案设计和建筑工程设计。北京建院立刻组织起一支由朱小地总建筑师领衔、会集了众多才华横溢的建筑师以及各专业优秀设计资源组成的豪华设计

内部空间

团队，开始了为期 6 年的设计工作。

| 重塑建筑与环境的关系 |

设计团队认真分析现有的"日月贝"方案，认为要解决其中存在的问题，必须回到珠海歌剧院的建筑本体上来讨论，在当代的设计语境下提升珠海歌剧院的建筑品质。珠海与天、海、地的共生互融的格局是非常独特、珍贵的，实施方案的设计灵感产生于"春江潮水连海平，海上明月共潮生"的自然与人文景观的联想，由此正式展开建筑与环境对话的设计探索。

在"大海之上，苍穹之下"创造出具有延伸性和包容性的时空意向，最重要的就是弱化建筑的凝固感。对于现有方案立意的重构工作势在必行，在满足珠海市民城市集体心智和心理景观期许的同时，以提纯的方法凸显建筑的

视觉效果，让建筑呈现漂浮于"大海"之上、掩映于"仙岛"之间的神奇景观。

为此，设计团队先后进行了一系列的深入研究：分析项目所在的填海区与野狸岛的空间关系，确定建筑不同的控制高度；分析与情侣路南北段不同城市视角，珠江入海口不同的海上观景视角，确定建筑的朝向，进而明确定位；模拟不同方位太阳光线对剧场建筑的影响，根据建筑的光影变化落实体型设计；结合北京建院多年来剧场设计的经验、技术与研究成果，对建筑功能进行重新梳理。这些工作为珠海歌剧院与自然景观、城市景观建立对话语境，打下坚实的基础。

中国美术馆副馆长谢小凡这样评价珠海歌剧院："立于海滨的珠海歌剧院，在我看来，是最天然的和谐。我有一种感觉，她们好像已经在这里存在了好久，只差这次真实赋形的寄韵。"

| 优化双贝造型的方案 |

经过大量研究分析,在按照设计要求保留两组仿贝形建筑基本意向的条件下,设计团队重新进行了实施方案的设计。

一是重塑建筑与场地的关系,将地形高度从海边到场地中央逐渐升起,将剧场的辅助功能整合于地景之下。从海上望去,两组仿贝形建筑突出醒目、纯粹凝练。重塑后的场地形态完整统一,不仅实现了建筑与环境的和谐对话,也为观众与建筑的良性互动奠定了基础。

二是使较大的仿贝形建筑独立面对大海的方向,从海上,特别是即将建成的港珠澳大桥方向可以观赏到完整而明确的圆形建筑轮廓,而在城市方向又可看到两组不同大小的仿贝形的建筑,突出了层次的变化和造型的复杂性。

三是将大小两组仿贝形建筑旋转 90 度,重新进行平面布局,将休息厅、观众厅、主舞台和后舞台依次布置在仿贝形的空间中,仿贝形体量不是单纯的装饰造型,而成为包容和控制整个建筑的核心主体。同时,剧场各功能与其空间形成契合关系,让建筑造型的特征始终伴随着观众活动的空间而存在。

四是使用玻璃幕墙和穿孔铝板组成复合建筑表皮,使建筑内外部形成了通透的空间效果,白天室外的阳光与夜晚室内的灯光都可以充分地扩散,并使建筑造型产生消隐的可能性,在建筑轮廓线的附近随着钢结构杆件细化,建筑的形象逐渐"融化"在海天之中,增加了歌剧院的飘渺、神圣之感,赋予建筑更加丰富的想象空间和更加多元的文化意境。

五是仿贝形建筑采用钢结构体系,不仅能高效承担建筑荷载,还在竖向桁架的钢结构内部形成了极具变幻趣味的可利用空间。桁架内部置入功能必需的楼梯、扶梯等交通设施,可以让观众在到达各个标高的过程中,进一步体验建筑层次丰富的空间特点。

经过一系列不断优化,珠海歌剧院的设计得到充分合理的优化,顺利通过了珠海市相关部门的审批,为开展建筑设计和工程施工创造了条件。此后,设计团队又为室内设计、景观设计、海韵广场规划设计等环节进行创作,获得珠海市相关领导的高度认可,使项目的整体设计日臻完善。

| 专业的剧场设计 |

珠海歌剧院采用世界先进声、光学设计和舞台工艺设计。主体建筑包括一座 1550 座观众席的歌剧厅和一座 550 座观众席的多功能厅,总建筑面积 5.9 万平方米。附属设施包括大型音乐排练厅、芭蕾排练厅及系列琴房等,还具有众多各类型活动和展示空间。

歌剧厅有观众席 1550 座,主要用于大型歌剧、音乐剧、芭蕾、交响乐、舞台剧、大型综艺演出和歌舞晚会等,舞台呈"品"字形,舞台机械可进行"升、降、推、拉、转"等多种变换,即使不使用扩音设备,场内任何区域的观众均能感受如同原声一般的视听效果,达到国际一流艺术殿堂的水准。音乐厅有观众席 550 座,作为歌剧厅演出功能的分流,可承接室内乐、爵士乐、地方戏剧、先锋剧、实验剧、时装等表演、中型会议、特色活动等。两座剧场分别位于两座大小不同的仿贝形建筑中,建

歌剧院礼堂舞台

筑高度分别为 90 米和 60 米。两座建筑成"八"字形向大海展开，在海韵广场的入口处形成轴线交汇。

剧场有一个共用的入口大厅，巨大的雨棚从门厅上方出挑 18 米，利于观众疏散。当观众走进珠海歌剧院，充满流畅曲线的空间在疏密的光影变化中依次展开，让人心旷神怡、流连忘返。

两座剧场拥有各自的交通体系，观众可以方便地来到 6 米标高的休息厅，一览建筑恢宏的内部空间。钢结构内侧放射形的线条轻盈、挺拔，展示着这座音乐殿堂高贵而典雅的气质。近似圆形的观众厅位于中央位置，观众可以从不同高度进入其中，并在过程中再次获得美的体验。

观众厅内部穹顶海天一色，顶部星光熠熠、璀璨夺目，四周变幻的帷幕呈现多重蓝色的交响，逐渐过渡到浅黄色的坐席与地面，如同置身于夜空、沙滩中。

为获得一个既浑厚又挺拔的建筑外形，仿贝形的剖面为上部笔直、底部圆润的抛物线形轮廓，两面则是一个椭圆曲面，复杂的形体可使底部的面积和容量扩张、上部形成收分，充分满足实用功能的要求。随着工程建设的逐步完成，一座美轮美奂的、与城市和自然融为一体的珠海歌剧院慢慢地展露在世人面前。

| 高超的技术保证 |

在整个设计过程中，通过参数化设计技术，在三维的空间中完成了建筑结构、支撑体系内外多层表皮的复杂设计和材料加工数据，确保了珠海歌剧院建筑造型的高质量完成。在建筑声学设计、光线设计、舞台机械等方面利用 BIM（建筑信息模型）技术完成，包括对舞台的面光、耳光、追光的角度和投射面进行即时的模拟。

钢结构体系使建筑的室内空间呈现出精

歌剧院礼堂舞台

巧、疏朗、富有韵律的效果，同时满足设计使用年限 100 年的要求，并按照珠海城市建筑的地震设防烈度提高 1 度，即抗震烈度 8 度进行抗震设计。

在设计中还充分考虑到珠海当地的自然条件，经二次复核，建筑幕墙按 18 级风的标准加固，抗台风能力比其他同类型海边建筑高 50%。穿孔铝板起到遮阳的作用，可控制室内的热辐射，并具有更好的耐腐蚀性，达到绿色节能的标准。

为了带给观众一流的视听享受，歌剧院在建筑声学、舞蹈、灯光等设计上都下足了功夫，集结全球顶尖剧院专业设计团队。英国 SPEIR+MAJOR 公司担当整体照明设计顾问，日本 GK 公司作为标识系统顾问。舞台机械设计选择与德国昆克国际咨询有限公司合作。建筑声学设计方面，邀请了马歇尔·戴声学公司，严格按照建筑声学的原理来设计施工，对天花板、墙面、地板、舞台、门、座椅等形态、材质逐一推敲，在大剧场和小剧场内，即使不使用扩音设备，依然能让最后一排观众清晰地听到声音，实现了美学与视听的完美结合。

| 异常困难的施工挑战 |

完成一系列复杂的设计之后，珠海歌剧院迎来的是施工上的巨大挑战。

歌剧院的弯扭钢结构大约占整个结构的三分之一，比例与北京的"鸟巢"相当，国内只有为数不多的几家公司能做这样的弯扭结构。建筑的弧形外墙虽然十分美观，但也给施工带来了巨大难题，常规的方法根本无法实现，只能分段浇筑，必须一次次地精确定位，确保弧度的精确。为了圆满地塑造出珍珠造型，施工团队将球体从上到下分为 9 段来浇筑。相同面积的常规墙体，只要 1 个月就可以完成，而珠海歌剧院工程为了保证建设质量，足足用了 1 年的时间不断调整以达到最完美的呈现效果。

内部空间

　　留给演出厅室内施工进场时间非常短，只有一年半时间。由于对声学环境的保障是歌剧院项目的重中之重，加上珠海市建设方对于珠海歌剧院项目的高定位，一年半的时间对于室内设计、施工来说非常紧张，但设计团队仍然力排困难，凭借出众的专业能力和经验按时按质圆满完成任务。

　　珠海歌剧院的设计以丰富、多元的表现手法，利于建筑语言体现出对观众感受的充分考量和尊重，也展示出设计团队对于现代建筑语境的深刻理解，以及对已有条件智慧的转化和过硬的技术水平。这些汇聚在一起，最终让珠海歌剧院超越一个单纯的剧场，超越一个作为标志的雕塑，成为珠海的文化新地标。

　　自 2013 年以来，珠海歌剧院先后获得"珠海市双优样板工地""广东省示范工地""广东省钢结构金奖""全国 BIM 应用技术示范工程""中国建筑工程钢结构金奖""全国优秀焊接工程一等奖""中国钢结构协会科学技术奖一等奖"等多项大奖。又在 2019 年荣获"菲迪克工程项目特别优秀奖"，是当年中国获奖项目中唯一的民用建筑。

　　建成后的珠海歌剧院，不但奉献了众多高雅的艺术演出，还举办了市民开放日、市民音乐会、艺术讲座等活动，已经成为高雅艺术殿堂、市民休闲场所、旅游观光胜地和城市地标性景观。同时，它还将促进"外海内湖，一岛一园，两湾一线"区域性文化中心的形成，不仅极大改变珠海文化基础设施落后的现状，而且对增强城市文化功能、带动城市文化潮流、提升城市文化内涵，以及对周边城市和港澳地区的文化艺术活动都产生辐射和互动作用。

　　珠海四季锦绣，海滨的美景在晨光里泛着绵绵情意。当都市的海岸线还在沉睡，珠海歌剧院的轮廓已经在金色的海面上渐渐清晰。两条洁白的弧线从岛屿缓缓划向天空，巨大又轻盈的"双贝"伫立在天海之间，静静等待迎接城市崭新的一天。

文／朱小地、刘笑楠、王宇

PART 4

能源篇

ENERGY

能源是人类文明进步的基础和动力,攸关国计民生和国家安全,关系人类生存和发展,对于促进经济社会发展、增进人民福祉至关重要。新时代的中国能源发展,积极适应国内外形势发展的新要求,坚定不移走高质量发展新道路,为经济社会发展打下了坚实的基础。

巨龙起舞耀中华

西气东输

项目名称：西气东输管道一线工程
获奖单位：中国石油天然气管道工程有限公司
获得奖项：优秀奖
获奖年份：2014 年
获奖地点：巴西里约热内卢

    西气东输管道一线工程——一条绵延近 4000 公里的钢铁巨龙，于 2004 年 10 月 1 日，全线投产输气，以此作为献给新中国成立 55 周年最深情的生日礼物。

    西气东输一线工程是连接中国西部天然气产地和东部经济发达区的一条输气管道，作为中国第一条距离最长、经过地形地貌最复杂、大型穿跨越技术应用最全面、输气压力最高、管线口径最大、钢管强度最高的管道，创多项中国之最。该工程先后荣获中国国庆 60 周年"十佳感动中

西气东输

国工程设计"、国家"科技进步一等奖"、新中国成立70周年优秀勘察设计项目等多项奖项，被誉为"中国的能源大运河"。

那么这条"能源大运河"起始点在哪里？都应用了什么样的先进技术？在建设的过程中有哪些故事发生？请跟随笔者来一探究竟吧！

| 重笔浓抹贯神州 |

了解中国能源结构的人应该都知道，中国的陆上天然气资源中，近90%都蕴藏于西部，特别是塔里木盆地，其天然气资源量约占全国的四分之一，并相继发现了克拉2、迪那2等高产气田，而天然气的消费量却集中于东部发达地区，天然气的生产和消费的区域不平衡现象十分突出。

在这种情况下，党中央、国务院高瞻远瞩，统筹考虑国内外资源与市场，果断决策，开发塔里木气田，建设西气东输管道，形成横贯东西的能源大动脉，并为建设跨国能源通道奠定基础。

举世瞩目的西气东输管道是西部大开发战略的标志性工程，它的建设，标志着西部大开发战略和我国能源结构调整又迈出了重大步伐。该工程于2000年3月正式启动，2000年9月批准立项。项目启动后，两年内对上游资源储量、管道走向及各项管道参数、下游市场开拓、环境评价进行了大量科学的论证。

它西起新疆塔里木盆地，一路东进，从荒无人烟的大西北茫茫戈壁，经过黄土高原，翻越近千公里的高山和丘陵，穿过黄河、长江、淮河，经过密集的南国水网，抵达繁华的上海，

干线全长3843公里，年输送天然气170亿立方米，惠及10个省区市，使沿线2亿人从中受益。

天然气进入千家万户不仅让老百姓免去了烧煤、烧柴和换煤气罐的麻烦，而且对改善环境质量意义重大。作为国家特大型基础设施建设项目，实施这一工程，对于贯彻党中央西部大开发的战略决策，把西部资源优势转化为经济优势，加快新疆及西部地区的经济发展，造福新疆各族人民，对扩大内需，拉动国民经济的增长，以及促进管道沿线特别是长江三角洲地区的能源结构调整，改善大气环境，提高人民生活质量，都发挥了重大作用，成为带动东中西部共同繁荣的能源大动脉。

| 气源开发破难题 |

要说西气东输这条能源大运河的源头，你必须了解一个名字"克拉2"，这个听起来有些像大钻石的名字，确实称得上我国天然气能源大宝库。

1998年9月17日，位于新疆阿克苏地区拜城县境内的克拉2探井获得高产气流，标志着克拉2大气田的成功发现。经过两年勘探，克拉2气田探明含气面积47平方公里，探明天然气地质储量2840亿立方米，其储层之厚、储量之大、丰度之高，举国罕见，成为我国目前最大的整装天然气田。克拉2气田的发现与探明，促使国家决定实施西气东输工程。克拉2气田的建成投产，成为中国天然气开发的里程碑。

在克拉2开发的过程中，工程人员遇到

了"异常高压特高产气田开发"的大难题。克拉 2 气田属于世界上罕见的异常高压特高产气田，气层压力达到罕见的 74.5 兆帕，地层岩性变化快，多个压力系统交互作用，如何控制压力、安全快速钻井与采气是一个重大挑战。通过艰难的技术攻关，工程人员自主成功研发异常高压特高产气田开发技术，包括应力敏感性气藏产能评价技术，山前高陡构造、窄压力窗口高效钻井技术，高压高产大尺寸油管安全完井技术，高产井网优化技术等。在投产之后，克拉 2 一直放射着它的光芒，源源不断地输送优质天然气。每天输出的气量，可供东部地区 1000 万市民家庭每日生活之用。

| 生死考验罗布泊 |

选线设计是整个管道工程设计中非常重要的内容，简单讲，就是确定管道走哪条路。对于西气东输长约 4000 公里的管道，从新疆到上海可以选择出上百个方案，设计中称"线路走向方案"，如何在大量的不同方案中挑选出使管道长期运行安全可靠、管道施工可行且难度较小，管道建设投资相对较少的方案，这就是管道选线设计的任务。

按照最初的规划，管道西部起始段，从新疆轮南经过库尔勒，沿兰新铁路绕行吐鲁番，再经鄯善，过哈密后，到达柳园。可是设计人员根据卫星遥感图分析，认为可以直插 800 公里的南湖戈壁无人区，直达柳园。这是个大胆的设想，也是一个充满挑战的设想。如果此方案可行，就可以节省 230 公里，约 20 亿元的直接投资！

南湖戈壁，就在罗布泊西北，离当年的原子弹试爆基地不远，是我国风沙最严重的地区，令人生畏的魔鬼城、风窟、星星峡就在这一带。据说星星峡就是因为大风刮起的砾石相互碰撞，产生的火花从远处看上去好像漫天的星星一样而得名。这里没有水，缺少生命，没有色彩，而且临近核试验区。

设计人员决定以身探险。经过精心谋划和认真准备，6 台车分两个组，直逼罗布泊！从早上 6 点，到第二天凌晨 4 点，设计人员度过了 22 小时惊险刺激的难忘时光。途中险遇沙暴和沙化沼泽，还曾走错路，闯入军事禁区。当大家从无人区中走出来时，打给单位的电话中第一句话就是："我们活着回来了！"

正是这个大胆的尝试方案，被证实施工可行，成为主要方案，缩短线路 230 公里，为国家节约了大量的投资。

| 科技之翼助飞腾 |

西气东输工程中，干线管道直径在中国首次突破到 1016 毫米；首次全线采用 X70 钢材质；首次管道输气设计压力达到 10 兆帕；首次采用管道内涂层技术，管道大型穿跨越技术得到充分应用，创油气管道史上多项第一，并第一次全面系统地制定了中国大口径天然气长输管道技术标准 70 多项，填补了中国这一技术领域的空白，为后续大口径管道建设奠定了基础。

为了达到这一项项的第一，保障工程建设顺利进行，项目建设方专项组织 30 家主体研究单位、70 余家协作单位、共 3000 余人的科研团队开展大口径、长距离管道重大科研课题研究 13 项,历时 7 年,一举攻克了高钢级大口径管道建设的系列技术难题,建设成了世界级的大管道。为管道设计、施工、材料生产提供技术支持,全面的保证了工程高效率、高质量建成投产。形成了 5 个方面的系统技术创新,发明专利 14 项,实用新型专利 37 项,技术秘密 60 项,标准规范 70 多项。这些研究成果已全部应用于西气东输工程的设计和建设,确保了工程建设技术达到国际先进水平目标的实现。

西气东输全线采用了 X70 钢。X70 钢基本参数在 API 标准中已明确规定,但各国在使用中需要结合本国实际情况对其进行修正,如何制定适应我国的 X70 技术指标与技术条件是一个必须解决的问题。针对我国地质条件复杂、地震多发的特点,在遵循国际先进标准 API 的基础上,提高了我国 X70 钢管的理化技术指标,将夏比冲击功由 75 焦耳提高到 190 焦耳,为管道安全提供了保障。

储气库是安全平稳供气的保障,西气东输沿线建库地质条件差,如何在超薄盐层中建库是我们必须花大力气去掌握的一门新技术。国外盐穴储气库盐层厚度均在 500 米以上,而我国可用的盐层厚度不足 200 米,并且夹层多,造腔难度大。项目团队通过自主攻关,掌握了超薄、多夹层盐穴建库技术,解决了储气调峰的难题,有力地保障了管道平稳运行和下游用户的供气安全。

西气东输管道长江、黄河 4 处,其他河流 700 余处,地质条件复杂多变,长江黄河穿越是制约工程建设的瓶颈所在。工程运用泥水平衡盾构技术,攻克了地质软硬交错的长江穿越难题;顶管刷新了单程连续顶进 1259 米的世界纪录,成功穿越黄河。

西气东输拥有 1 条主干线、3 条支干线和 20 条支线,向 60 多个城市用户、工业用户和电厂用户供气,关键是要解决好调峰设计。所谓调峰,就是用户的种类比较多,天然气的用途不尽相同,用气时间也不一样,导致管道供气有高峰有低谷,所以必须按照用户的要求合理安排好供气,以保证管道的运行安全。一般的输气管道只需要根据季节的变化进行调峰,而西气东输必须按照小时进行调峰,这样大型的管道,输气量的变化要精确到每一小时,难度是相当大的。在设计中,我们采用了世界上先进的数字模拟仿真技术,对每一类用户都进行了模拟计算,并对可能出现的每一种用户结构都进行了调峰分析,保障管道的平稳供气。

西气东输全线共设 35 座工艺站场、138 座截断阀室,截断阀室均按远程控制设计。正常情况下,一切操作指令均由控制中心发出,无须人工干预。一旦发生泄漏事故,截断阀室将会马上自动关闭管道。完全实现了自动化控制,平均每 10 公里用工只需要 1 个人,是我国管道建设史上的一次大的跨越。

| 国货精品破垄断 |

为保证管道安全,西气东输设计输送压力为 10 兆帕,管径为 1016 毫米,采用的钢级为 X70,厚度为 14.6 毫米,-20℃的横向冲击功 ≥ 120 焦耳。然而,工程启动之时,中国尚不具备 X70 级钢材生产能力,日韩钢厂坐地起价，垄断了 X70 钢板供应。

为了打破国外垄断，降低管线成本，中国历经多轮试制生产，终于在 2003 年，将第一批、两万吨国产 X70 钢板交付西气东输工程。X70 管线钢的应用，填补了国内管线钢生产、制管、焊接的空白，标志着中国管线钢生产和制管水平跻身世界先进行列。

在西气东输一线工程中，国产钢管使用率达 52%。至此，中国天然气输送管道管线钢被国外垄断的格局被打破。不仅满足了工程的需要，而且较大地平抑了国外产品的价格，使我国高钢级、大口径钢管的生产技术上了一个新台阶，达到世界先进水平。

与低级别钢材相比，X70 钢在晶粒结构等方面有了很大不同。在西气东输管道建设过程中，中国自主研发了适用于 X70 钢焊接技术，突破了国外技术封锁，研制了具有自主知识产权的（PAW2000）管道全位置自动焊机，整机技术指标达到了国外同类产品先进水平，实现了焊接配套装备的国产化，焊接效率提高 2—4 倍。

| 扣好管道安全带 |

西气东输输送的天然气是一种易燃易爆的气体，因此管道的安全直接关系到人民的生命财产安全。西气东输工程在管道防腐、管道设计施工、应对复杂环境等方面都采取相应措施以保证管道安全。

管道自设计开始，首先就避开了滑坡、泥石流等不良地质地段，并应用应力分析、校核和抗震设计，保证管道的本质安全；为保证通

过大型河流、山地等地段的管道安全，分别采用了跨越、隧道穿越、顶管穿越等通过方式；针对管道通过的不同地区，采取适宜的管道防护措施，比如在新疆、甘肃的荒漠戈壁地带，以防风固沙为主，在豫皖平原及江南水网地带，以管道稳定，防止第三方破坏为主；在管道沿线设置监视控制阀室，通过远传控制，保证将事故控制在最小范围。投产以来，经受住 2008 年汶川大地震以及新疆发生的数次中小型地震的考验，一直平稳运行。

| 绿色管道绵延长 |

在位于西气东输靖边压气站以东 16 公里的乔沟湾乡，17 年前，这里曾是轰轰烈烈的西气东输管道黄土塬段施工现场；今天，这里沙棘、紫穗槐郁郁葱葱，像铺了一张巨大的绿色地毯。如果不是每隔 50 米竖立着一个 2 米高的标识桩，谁能想到一条钢铁巨龙正静静地卧在"地毯"之下，将清洁的天然气源源不断地输送到千家万户。

在管道建设过程中，为了保护新疆野骆驼自然保护区，将管线向北调整，改线长度 200 公里，线路增长约 15 公里；在西部地区自然环境脆弱，将作业带缩小到 16 公里；同时针对荒漠戈壁、陇东农田、黄土高原、平原、水网等不同的地形地貌段，采取了符合当地实践情况的水工保护和水土保持措施等。

西气东输管道工程，用工程总投资 3.6% 的资金，投入到水土保持和生态环境保护中。通过采取行之有效的管理措施和过程控制，投产 16 年中，未发生任何生态环境破坏事件，

未发生任何重大社会投诉事件，未发生任何环境污染事故，实现"建设绿色管道、保护生态环境"的庄严承诺。2006年荣获国土资源部及国家环保总局分别颁发的"国家开发建设项目水土保持示范工程"和"国家环境友好工程"称号。

西气东输管道一线工程的建设，使沿线10个省区市受益，惠及沿线约2亿人口，成为中国乃至全球受益人口最多的天然气管道工程。年输送天然气170亿立方米相当于2200万吨标准煤，每年可以减少大气污染物排放二氧化碳5016万吨、二氧化硫19.1万吨、氮氧化物21.7万吨、粉尘38.2万吨，有力地改善了中国中东部对能源的需求结构，并减少污染物的排放，有效改善了大气环境。

同时，有利于扩大内需，增加就业，促进冶金、机械、电力、化工、建材等行业的发展；有利于促进和加快新疆等西部地区的经济发展，把资源优势转化为经济优势。国务院新闻办公室2009年发表的《中国的民族政策与各民族共同繁荣发展》白皮书指出，仅西气东输管道一线工程每年就为新疆增加了10多亿元的财政收入。其在追求经济、社会、生态全面协调可持续发展，减缓全球气候变化等方面作出了突出贡献。

西气东输工程的投产，标志着我国气田开发和管道建设进入了一个新时期，开创了大规模应用天然气的新纪元。在西气东输之后，我国又相继建设了西气东输二线、西气东输三线、中亚天然气管道工程，中缅天然气管道、中俄天然气管道等多条战略能源通道，将一条条管道织成了一张密密的网，为祖国的工业建设和人民的幸福生活送去"福气"。

文 / 王贵涛、韩伟伟、陈明宇

一个载入中国炼油工业史的标杆

镇海炼化

项目名称：中国石化镇海炼化公司 100 万吨／年乙烯工程
获奖单位：中国国际工程咨询有限公司；中国石化工程建设有限公司（SEI）
获得奖项：优秀奖
获奖年份：2014 年
获奖地点：巴西里约热内卢

  2006 年 11 月 6 日，中国石化镇海炼化 100 万吨／年大乙烯工程奠基。从此，"镇海炼化"成为中国石化工业史上一个闪耀的名字。经过三年建设，一个世界级炼化一体化石化集群在这片土地上崛起。今天的镇海炼化，已经是国家七大石化产业基地之———宁波石化基地的核心企业，塔罐林立、管道纵横。2014 年，凭借先进的炼化一体化发展理念，以及规划、设计、建设和运营等方面表现卓越，"中国石化镇海炼化公司 100 万吨／年乙烯工程"一举揽获"菲迪克 2014 年度工程项目优秀奖"，这是工程咨询界至高无上的荣誉！

镇海炼化乙烯装置全景（万里摄）

| 缘起，镇海炼化项目背后的故事 |

镇海炼化项目决策最早可追溯到 2003 年 6 月，中石化联合浙江省人民政府向国家发展和改革委员会（简称"国家发改委"）上报镇海炼化大乙烯工程项目建议书。

2003 年 11 月，中国国际工程咨询有限公司（简称"中咨公司"）根据国家发改委委托，组织召开镇海炼化 80 万吨／年乙烯工程项目建议书评估论证会。2004 年 4 月 5 日，中咨公司明确提出了评估意见：从国际乙烯工业技术发展趋势、镇海炼化乙烯原料资源优势条件等方面考虑，为提高乙烯项目先进性和企业整体竞争能力，镇海炼化乙烯工程规模宜由年产 80 万吨乙烯调整至 100 万吨，在可行性研究阶段进一步落实具体方案。

随后，根据中咨公司意见，中石化、石油化工科学研究院、北京化工研究院、浙江大学联合反应工程研究所等多所单位专家就相关技术进行多次交流研讨，2004 年 10 月，100 万吨／年乙烯工程可行性研究报告正式编制完成。针对报告，中咨公司进行了严谨深入的分析评估，评估认为，在镇海炼化建设 100 万吨／年乙烯工程不仅是必要的，而且也基本具备了项目建设的基础条件，镇海炼化建设 100 万吨／年乙烯工程是可行的。2005 年 3 月至 7 月，中咨公司根据国家发改委委托，对项目申请报告进行了评估，进一步明确了该项目作为国家乙烯工业技术装备国产化的依托工程之一所需承担的核心装备国产化任务，提出了优化产品方案供地方发展深加工和使乙烯原料更加轻质化、优质化的建议。

2006 年 3 月 17 日，国家发改委下发文件《印发国家发展改革委关于核准中国石化镇海炼化 100 万吨／年乙烯项目的请示的通知》（发改工业〔2006〕444 号），正式核准镇海炼化 100 万吨／年乙烯工程。

| 习近平同志对镇海炼化的殷殷期望：世界级、高科技、一体化！ |

镇海炼化乙烯工程的立项和核准，得到了习近平同志无微不至的关怀指导，凝聚着习近平同志的巨大心血，也见证了习近平同志对我国石化产业发展深谋远虑的初心印记。2002 年 12 月 20 日，履新浙江省委书记不到一个月的习近平同志就赶赴镇海炼化，考察规划中的大乙烯项目布局情况，推动项目进展。在项目预留地现场，习近平高瞻远瞩地指出：镇海炼化大乙烯项目将成为浙江省的龙头和骨干项目，极大地促进和拉动地方经济的发展，是浙江省新的经济增长点。省委省政府将下定决心，全力以赴，与中国石化一起，争取早日促成项目建设、建成。

2004 年 1 月 21 日，习近平同志再次赴镇海炼化实地考察、推动项目进程。2006 年 11 月 6 日，习近平同志出席工程开工奠基仪式并发表重要讲话，提出了"把镇海炼化大乙烯工程建设成为'世界级、高科技、一体化'的具有国际竞争力的标志性工程，为我国石化产业和浙江经济社会的和谐发展谱写新的篇章"的殷切期望。

镇海炼化不负习近平同志的期望，经过 10 余年的努力，已发展成为国内规模最大、

乙烯工程全景图

盈利能力最强的炼化一体化企业。

　　且看今日之镇海炼化！

| 规模大！世界级石化基地龙头 |

　　2006年11月6日，中国石化镇海炼化100万吨/年大乙烯工程奠基，国家"十一五"规划建设千万吨级炼油、百万吨级乙烯石化产业基地蓝图落笔宁波，划时代的画卷在此铺陈开来，该工程是当年国家确定的百万吨乙烯重大装备国产化依托工程之一。这个由100万吨乙烯裂解装置、65万吨环氧乙烷/乙二醇装置、28.5万吨环氧丙烷并联产、62万吨苯乙烯装置等10套生产装置以及相关配套装置组成的大乙烯项目，各套装置均属世界级经济规模，核准概算投资额235亿元。建成投产后，镇海炼化具备2300万吨/年炼油能力和100万吨/年乙烯生产能力。这在当时是一个天文数字。

　　2009年11月至2010年2月，项目各主装置陆续建成中交，2010年3月至6月先后投料试车，打通全流程，产出合格产品。项目建成4年后，其所在地宁波镇海区被国家认定为七大沿海石化产业基地之一，随着年吞吐能力4500万吨的深水海运码头和超过280万立方米的储库建成，镇海炼化"大炼油、大乙烯、大码头、大仓储"产业格局形成，一举成为目前国内规模领先、成本领先、效益领先、竞争力领先的炼油标杆企业，并发展成为更高质量世界领先的石化基地。

|效益好！启动高质量发展新引擎|

镇海炼化是我国最为经典的炼化一体化项目，大炼油、大化肥、大芳烃、大乙烯的紧密结合，使得资源及原料配置最佳化，有效降低了工厂能耗、物耗，实现油气资源加工后的价值最大化。项目建设按照"宜油则油、宜烯则烯、宜芳则芳"原则，显著提高了炼油和化工生产的灵活性，最大限度地实现了原油资源的综合利用。炼化一体化率（化工轻油占原油加工量的比率）已由 6% 提高到 25%，高于全国平均水平 15 个百分点以上，与世界先进水平相当。仅通过炼化一体化优化，乙烯等基础化工原料对石脑油的依赖度从 87% 降至 45% 以下，每年增效约 10 亿元；实施蒸汽、电、水

和氢气等资源优化，每年节约成本超过 5.5 亿元。炼油、乙烯、芳烃、化肥的深度联合，大幅提高了企业国际竞争力。

项目建成后，镇海炼化先后经历了金融危机、全球石化产品市场低迷以及 2020 年初以来疫情带来的低迷行情，在一次次严峻的市场考验中，镇海炼化转危为机，保持着经济效益连年稳定增长，经济效益常年排在中国石化系统炼化企业榜首。

2019 年，企业实现利润 81.25 亿元，占中国石化炼化板块利润总额的 15.80%。2020 年上半年，镇海炼化加工原油 874.98 万吨；生产汽煤柴三大类成品油 493.26 万吨；生产乙烯 54.00 万吨；实现营业收入 380.62 亿元，利税 60.15 亿元，利润 −16.14 亿元。其

镇海炼化乙烯裂解装置（万里摄）

中，炼油板块利润 –30.39 亿元；化工板块利润 14.25 亿元。项目建成 10 年来，镇海炼化百万吨乙烯项目产品累计实现收入 2719 亿元，利润约 425 亿元，为区域经济发展注入了强劲动力。镇海炼化无疑是国内规模最大、赢利能力最强的炼化一体化企业，也是国际领先的炼化一体化标杆型企业！

| 管理精细！塑造企业活力内核 |

镇海炼化不断强化内功，突出抓好精益管理、规范管理、从严管理，紧抓优化创效，注重价值引领，始终践行创新驱动发展战略。

一是打铁自身硬，带动全园区的发展。镇海炼化技术装备自动化、智能化水平高，且乙烯装备国产化率达到 78%，居同期乙烯工程领先水平，大幅节省了建设投资，同时实现首次开车 49 个月连续满负荷生产。

作为宁波石化经济技术开发区的龙头骨干企业，镇海炼化精心谋划、精诚合作，拆除围墙、走出厂界，做好产品、副产品互供物料，循环经济从小到大，辐射化工园区。在镇海炼化的示范引领下，开发区产业链拉长，产品附加值提升，集群效应日益显著。此外，镇海炼化与周边企业在供电、三废处理等方面加强合作，共建共享共赢。

二是实行差异化产品策略，突出了乙烯装置副产品丙烯、碳四、碳五等优势，延伸产品链，提高附加值。镇海炼化与北化院和化销华东合力攻关，依靠产销研用一体化合作机制，滚动优化聚烯烃新产品研发生产。聚乙烯产品不仅实现从低密度向中密度产品的突破，部分产品顶替进口，还打开了国际市场。产销研用协同优化让产品叫好又叫座。多项还实现了替代进口。

三是充分借鉴国际"分子管理"理念，实现了整体效益最大化。镇海炼化坚持整体效益最大化，不片面追求单个装置的单项指标，而是在抓好安全平稳运行基础上，下好炼油和化工全局一盘棋。各优化团队各司其职，协同作战。处室是效益管理中心，负责公司效益；基层是成本控制中心，管好物耗能耗、成本费用、安全环保，不承担效益指标。优化和算账都以跨部门、跨专业的团队协作方式进行，通过"每日产销平衡、每周生产优化、每旬经营决策、每月分析完善"的团队优化机制，将各自的小账汇聚成公司的全局账。

四是以财务为核心，推进业财融合，紧控成本。谨慎投资原则在镇海炼化深入人心，投资决策过程中反复优化投资项目，确保投资回报有保障。对于获批的项目，也会结合实际研判，如果预期效果不佳就不上或缓上；向平稳运行和原油采购要效益。炼化企业非计划停工，损失极大。镇海炼化围绕装置平稳运行，加强技术攻关，减少非计划停工；从原油保供源头抓起，精心策划原油安全、经济保供方案，维持合理库存。根据装置停工、生产情况，优化原油结构，做好适度劣质化、重质化工作。同时，创新原油途耗管理模式，从传统的吨损管理向桶损管理转变，原油途耗保持较好水平；优化物流降本增效。在强服务、强合作、强物流多重合力下，镇海炼化优化成品油出厂，让销售更加顺畅、快捷，生产总成本持续降低。

国际权威机构评估结果显示，镇海炼化炼油、石脑油裂解乙烯装置绩效均列全球第一群组，竞争力达到世界一流水平。2020年，镇海炼化单个企业炼油规模进入世界前五名，整体炼化一体化规模达到世界级水平，国际竞争能力和市场抗风险能力均显著增强。

| 绿色环保！坚持可持续发展 |

镇海炼化坚持将"能源与环境和谐共生"贯穿生产经营全过程，"绿色"已成为企业发展基因。

镇海炼化选择先进的设计理念、清洁生产工艺和综合利用技术组织生产，建立以"高利用型内部产业链""废弃物零排放"为构架的内部循环经济模式。全部采用加氢炼油工艺流程，实现了每吨原油加工综合能耗、水耗仅分别为44.64千克标油和0.3吨，居世界领先水平，按原油加工量2200万吨/年计算，每年可减少污水量55万吨。化学需氧量、二氧化硫等排放指标远低于我国最严格标准，已达到发达国家同类企业水平，真正创建了安全绿色工厂。

内部资源高效利用，产业链延伸也如此。镇海炼化拆除围墙、走出厂界，做好产品、副产品的互供物料，供应物料达16种，互供企业20多家，产业链和区域环保效益显著。

镇海炼化强化污染物末端治理，做好日常三废综合利用设施和末端治理设施的平稳运行。公司在催化烟气出口增设在线监测系统，对烟气、污水等污染源实施日常、紧急和24小时在线监测，并与地方政府实时监控衔接。

镇海炼化首开炼化一体化之先河，走出了一条规模效益好、资源综合利用水平高、环境友好、国际竞争力和市场抗风险能力强的新路。凡是过去，皆为序章。镇海标杆，必将指引我国石化产业扬帆起航、不负使命！

文／杨上明、陈梅涛、齐景丽、王一鸣

一个世界级工程的诞生

镇海百万吨乙烯

项目名称： 中国石化镇海炼化公司 100 万吨／年乙烯工程
获奖单位： 中国国际工程咨询有限公司；中国石化工程建设有限公司（SEI）
获得奖项： 优秀奖
获奖年份： 2014 年
获奖地点： 巴西里约热内卢

乙烯，被称为"石化之母"。作为石油化工的基础性原料，它可以"繁衍"出塑料、化纤、合成橡胶等种类繁多的化学制品，产业链长，对经济拉动力强，关系到一个国家或地区的经济发展水平。

2019 年，中国炼油总能力升至 8.6 亿吨，乙烯总能力首破 3000 万吨。根据专家推算，中国 2025 年炼油总能力将升至 10.2 亿吨，乙烯总能力将破 5000 万吨，双超美国而居世界第一位。而回首 21 世纪初，国内乙烯市场总的形势是供不应求，缺口大。同时，随着全球经济一体化进程的加快及我国加入 WTO 组织，国内、外市场日趋融合，市场竞争日益激烈。

镇海炼化乙烯装置全景（万里摄）

如何保障乙烯供应？如何增强中国石化产业在世界市场的竞争力，缩小我国石化产品在品种、质量、成本、市场占有率等方面与世界先进水平的差距？这成了摆在决策者面前的一道难题。

建设一套装备大型、技术先进、高度联合、生产高效率、产品高质量、装置低成本的大型乙烯联合工程，对于国计民生具有重大意义，是满足国民经济发展、人民生活水平提高、全面建设小康社会的需要，是提高综合国力、参与国际竞争的需要。

而自主建设世界级规模、国际先进水平的大型乙烯工程项目，能适应随着经济发展不断增长的市场需求，加快以乙烯为龙头的我国石化支柱产业的发展，提高我国乙烯工业整体竞争力，缓解石化产品市场供需矛盾，确系当务之急。

| 圆大乙烯之梦 |

镇海 100 万吨 / 年乙烯项目生逢其时，横空出世而又酝酿许久。

如今的镇海炼化海风拂面、绿树轻摇、白鹭振翅，树影婆娑间掩映着不远处的乙烯、炼油装置。而在上个世纪，这里却还是一望无际的棉花地与荒芜的海涂地，疾劲的海风猛烈地吹拂着荒芜的盐碱地，一朵朵随风而逝的芦苇花如同海面上一个又一个深不见底的冰窟窿。

1975 年 5 月 23 日，镇海炼化的前身，浙江炼油厂正式动工兴建。沉寂千年的海涂棉田上，第一次响起打桩机的轰鸣声。后来，镇海炼化人把这一天定为建厂纪念日。现在的炼化厂区当年依然是一片滩涂，却集中了 1 万多人加入镇海炼化建设大会战。建设者们缺少现

代化的工具，只能手拉肩扛。在那个时代闻名全国的"铁人"精神感召下，从四面八方涌来的青年建设者饱含建设热情。他们都是从各地抽调的精英，而能够参与这样的"会战"，无疑是一种荣耀。

伴随着改革开放的春风，镇海炼化从一个 250 万吨 / 年的炼油"小弟弟"不断发展壮大。2000 年，原油加工量逾越千万吨级大关。2002 年以后，原油综合加工能力实现 1200 万吨、1600 万吨、1850 万吨、2000 万吨的大步跨越，并逐渐向下游化工方向发展，发展成为目前国内规模领先、成本领先、效益领先、竞争力领先的炼油标志性企业。

而镇海炼化 100 万吨 / 年乙烯工程的这场会战的意义绝不亚于建厂。镇海炼化大型乙烯工程规划工作由来已久，早在"九五"期间，镇海炼化就开始乙烯工程的前期工作，并于 1998 年 3 月委托编制完成了《中外合资镇海 60 万吨 / 年乙烯工程预可行性研究报告》，2000 年 4 月又委托编制完成了《镇海炼化大型乙烯工程工艺装置国产化方案》，但上述方案由于情况变化未能正式实施。

| 谱写大乙烯国产化新篇章 |

时机尚未成熟，同志仍须努力。

乙烯装置处于石化"金字塔尖"，几乎涵盖了石油化工的所有操作单元，生产流程长，集高温、高压、深冷等多种苛刻条件于一体，并具有裂解原料构成多样、裂解反应机理复杂、反应和分离工艺条件变化大、介质易燃易爆且有毒、设备数量多且种类庞杂、控制变量多且

关联性强等技术难点，难度堪称世界级。

困难压不倒中国石化人。从百万吨级乙烯分离工艺包开发，到大型裂解炉装备和相关设计技术，从石油烃裂解产物预测系统（HCPC），到大型乙烯工程关键技术开发，以及乙烯装置配套催化剂的研制，科技工作者们孜孜以求，奋力前行。

新中国的乙烯工业发展史，就是一部科技突破史。自20世纪50年代中国开始建设乙烯以来，为了攻克核心乙烯成套工艺技术这一皇冠，中国石化组织了国家科技攻关计划"大型乙烯工程关键技术开发"。

中国石化工程建设有限公司的设计、咨询人员在无数个白天黑夜中，焚膏继晷、宵衣旰食，在生产、工艺、装备制造、节能减排等方面取得了一系列重大创新性研究成果。

镇海乙烯工程百万吨乙烯成套技术、首套15万吨/年裂解炉技术、65万吨/年乙苯生产成套技术和环氧丙烷/苯乙烯装置废气催化氧化处理成套技术被列入当年中国石化最高科技攻关项目——"十条龙"攻关项目并顺利投产。

在大型石化装备制造业的产业升级方面，13项设备国产化重点攻关项目全部实现国内自主设计、自主制造、自主安装，打破了国外技术垄断，有力地支持了民族装备制造业的发展。工程总体国产化率达到78%以上，其中，丙烯制冷压缩机、乙烯冷箱、EO/EG超大型换热器等国产化关键设备，不仅填补了国内空白，而且运行水平也达到甚至超过国际先进水平。EO/EG装置超大型换热器是迄今为止国内自主设计和制造的最大换热器，为促进我国大型装备制造业的振兴作出了重要贡献。

| 中国乙烯工业"里程碑" |

2002年11月6日，镇海大乙烯工程再次启动。这次中国石化人踌躇满志、蓄势待发。

在浙江省的关心支持下，在中石化总部的直接领导下，中国石化工程建设有限公司、镇海炼化公司等有关部门立即行动，及时启动了镇海乙烯的前期工作，2002年12月底完成了《镇海炼化大乙烯工程方案研究》。在此基础上，经过努力，2003年6月又完成了《镇海炼化80万吨/年乙烯工程项目建议书》并于2003年7月21日上报国家发展和改革委员会。

项目于2006年11月开工建设，2010年3月开始投料试运行，2010年4月20日全部装置一次开车成功，2010年5月正式进入商业运营，是主要由中国工程咨询单位设计、建设的首个百万吨级乙烯工程，工程总投资213亿元人民币。

回首2006年11月6日，中国石化镇海炼化100万吨/年大乙烯工程奠基，把世人的目光再次引向宁波这片热土，标志着中国乙烯工业发展进入了一个新的历史阶段。

在项目可行性研究阶段，中国石化工程建设有限公司的咨询工程师从世界乙烯工业技术发展趋势、未来国内外竞争环境等先进理念出发，立足当地市场、原料及技术装备等现实条件和比较优势，将建设规模从原定年产80万吨乙烯调整到100万吨级。同时，确定了充分利用宝贵石油资源实现炼化紧密一体化、采用先进清洁生产工艺的基本设计原则，并在加工方案上进行持续优化完善，逐步调整形成了更适应市场需求的产品方案。

镇海乙烯中央控制室　　　　　　　　　　　　　　　　　　　镇海乙烯施工瞬间

在项目设计过程中，最大限度物尽其用，实现资源利用由"线性模式"向"循环模式"转变。首次完全按照炼化一体化模式，从设计上充分优化炼油、乙烯两个厂区的资源配置，通过深度联合实现利用较少资源加工生产高附加值产品。在超大型乙烯工程中创新运用了国际先进节能理念进行设计，采用蒸汽透平平衡整个系统，实现热能梯次利用，开发了回收凝液余热进行吸收制冷和压缩制冷的制冷系统。

本项目从投料至满负荷运转、装置达标仅用 2 个月时间，创同类项目用时最短纪录。在 2011 年第一个运行整年就全面达到和超过设计指标，在所罗门全球乙烯装置绩效评价报告中跻身世界领先水平，成为中国乙烯标杆装置。自投产以来，已经实现连续 48 个月高负荷平稳运行，再创中国纪录并达到世界最先进水平，充分体现了设计和建设的高质量。

再炼"第一"

理论测算，这个浙江省"1 号工程"，100万吨乙烯项目投产后，可增加 200 多亿元的年销售额，带动 1000 多亿元的下游产业产值。大乙烯工程建成投入商业运营后，镇海炼化具备了 2000 万吨炼油能力和 100 万吨 / 年乙烯生产能力，实现了资源及原料配置的最佳化、油气资源加工后的价值最大化、炼油与乙烯的深度联合。向国内"炼化一体化"标志性企业迈进，向世界级、高科技、一体化的石油化工基地迈进。为建设浙江省先进制造业基地，为宁波市实施"临港大工业"战略发挥着重要作用。

到 2015 年 4 月，镇海炼化乙烯累计创造利润超 200 亿元，仅用不到 5 年的时间就收回了全部投资。到 2019 年 9 月，镇海炼化100 万吨乙烯装置乙烯产量累计 1000 万吨，成功突破千万吨大关，实现经济效益和社会效益双丰收。2019 年，镇海炼化乙烯投产 9 年，为国家累计创造利润超 380 亿元，整体投资回报率约 191%。

从项目筹备的几经周折、工程设计方案的数易其稿到产品设备选型、装置开工建设的精益求精，一路筚路蓝缕启山林，栉风沐雨砥砺行，都体现出了中国石化人、工程建设人的自立自强、技艺卓群，体现出工程咨询人的一流服务、创新引领。站在新的高度和新的起点，镇海炼化乙烯项目将与中国石化、工程咨询人再炼"第一"！

文 / 周宇阳、吴群英、范传宏

阔步迈向世界一流绿色石化产业基地

惠州炼油项目

项目名称：中国海洋石油总公司惠州炼油项目
获奖单位：中国石化工程建设有限公司（SEI）；中国国际工程咨询有限公司
获得奖项：优秀奖
获奖年份：2015 年
获奖地点：阿联酋迪拜

2010 年，IPMA 国际卓越项目管理最高奖——特大型项目金奖；

2014 年，国家科技进步二等奖；

2015 年，菲迪克工程项目优秀奖……

这是一项斩获多项殊荣的项目：中国海洋石油总公司惠州炼油项目。在这项卓越工程项目管理的背后，有一个身影始终相随：中国国际工程咨询有限公司。从项目萌芽直至今天，中咨公司

项目鸟瞰图

始终以一个智囊团的角色，为项目的决策、推进和实施贡献专家力量。

本项目为中国海洋石油总公司投资建设，厂址位于广东省惠州市大亚湾经济技术开发区大亚湾石化工业区。项目以渤海高含酸重质原油为主要原料，年原油综合加工能力为1200万吨，主要生产清洁优质的汽、煤、柴油产品，兼顾为邻近的中海油－壳牌合资乙烯项目提供优质裂解原料，同步建设了年产100万吨对二甲苯芳烃联合装置，按照炼化一体化模式进行设计优化。

| 缘起：中外合资，致力国内海上原油生产 |

本项目起始于20世纪80年代末期。中国海油拟与英荷壳牌公司合资建设南海石油化工项目，主要包括年处理能力为500万吨原油加工装置、年产45万吨乙烯装置等，其原油主要来源于国内海上原油。1991年1月，经国务院原则同意，国家计委以计工一（1991）63号文批复了其项目建议书。其后，中外合资双方于1993年11月向国家计委上报了可研报告，包括800万吨原油加工装置、45万吨乙烯装置；1997年4月，又上报了可研补充报告1997年修改报告，以80万吨乙烯装置为主。1997年12月，经报请国务院批准，原国家发展计划委员会按照"油化结合、一次规划、分期实施"的原则，以计原材（1997）2678号文批复了其可研报告。据此，中国海油先安排了80万吨乙烯工程建设，该工程已于2002年11月正式开工建设，2006年1月建成投产。

随着我国海上特别是渤海油区石油勘探的重大突破，我国海洋石油工业进入快速发展时期，根据我国海上原油产量规划，2005年以后我国海上原油产量将达到3000万吨以上，其中蓬莱19－3大油田等渤海原油年产量将达到2000万吨（2001年已达到756万吨），但渤海油区所产原油不仅质重、黏度高、酸值高，且氮、盐及重金属含量均较高，对于这种高含酸重质原油，国内现有的常规炼油厂或加工进口含硫原油的炼油厂都不能单独加工，部分改造或少量掺炼难以达到先进的技术经济指标和生产高质量的成品油，这为合理加工和优化配置这样的今后增储上产快、加工难度大的特质原油提出了课题，也为中国海油适时启动中外合资南海石化项目配套炼油工程（即中国海洋石油总公司惠州炼油项目）提供了较好的资源条件。

中国海油拟在广东惠州中外合资南海石化项目的厂址邻近处，建设1200万吨炼油工程，以集中加工国内海上生产的高含酸重质原油。该工程实施后，可优化原油资源配置，实现炼油乙烯一体化，生产达到国际标准的高质量成品油，延伸和完善企业的产业链，提高国际竞争力，增强抵御市场风险的能力，适应我国炼油工业发展的要求。而且，广东省工业基础雄厚，广东省及周边地区为我国成品油的主要消费市场之一，项目所产成品油靠近市场；同时，该项目实施后，可为邻近的中外合资南海石化项目供应大部分优质乙烯原料，增强广东省石化下游加工工业发展的后劲，促进地方相关产业结构调整。本项目符合国家产业政策，布局较为合理，投资时机合适，建设是必要的。

| 推进：数十设计主项逐一变成现实 |

本项目分两阶段开展了可行性研究。2002 年先期完成炼油工程可行性研究报告，于 2004 年获得国务院批准，后又于 2005 年进行方案优化，形成了增加 100 万吨联合芳烃装置的可行性研究报告，并于 2006 年获得国家核准。项目建设内容复杂，除 16 套主要生产装置外，还有配套的储运、公用工程和辅助设施，以及原油库、原油码头、成品油码头、原油输送管线、厂外铁路等厂外工程，共有 92 个设计主项。

本项目于 2006 年 12 月正式开工建设，2009 年 6 月投料试车，2010 年全面实现达产达标并投入商业运行。2010 年 9 月通过竣工验收。项目总投资（设计概算）为 216 亿元，实际建设投资（决算）为 178 亿元。

受业主委托，中国石化工程建设有限公司不仅承担了项目可行性研究工作，还成为项目的总体设计单位，并承担其中绝大部分工艺装置的工程设计。

受原国家发展计划委员会和现国家发展和改革委员会的委托，中国国际工程咨询公司（简称"中咨公司"）在 2002 年、2005 年分别承担了本项目炼油工程可行性研究报告评估和增建芳烃装置项目申请报告的核准评估工作。中咨公司在项目评估过程中，一直坚持按照紧密炼化一体化原则，增产芳烃产品，为项目优化方案最终确定并获得成功奠定了基础。

本项目投产后，成为中国首座单系列最大规模炼油厂，也是世界第 1 座 100% 加工海洋高酸重质原油的炼厂。本项目加工 100% 高含酸重质原油，设计原油的酸值为 3.57mgKOH/g，AIP 为 21.9。包括了 1200 万吨 / 年常减压蒸馏装置在内的 16 套主要生产装置以及配套的公用工程、辅助设施和厂外工程。项目按全厂 4 年一检修进行设计，全部装置为单系列配置。建设的总体目标是"差异化、清洁化、信息化、高价值"的世界级炼油厂。本项目采用了当今世界上最先进的各项工艺技术，率先采用低价值的高含酸重质原油，生产清洁优质的汽、煤、柴油产品，并为下游乙烯项目提供优质裂解原料，同时生产高附加值的对二甲苯等芳烃产品，兼顾油、化、纤的生产。在加工重质原油的情况下，全厂轻质油收率达 82.98%。汽油和柴油产品质量全部达到了欧 V 标准。

本项目 2010 年投入全面运营后，项目产品质量优良，汽油和柴油产品达到了欧 V 标准。炼厂综合商品率 96.45%，轻油收率 82.98%，加工损失率 0.35%，综合能耗 59.04 千克标油 / 吨，处理后的含油污水回用率达到 100%，含盐污水处理后全部达标排放。主要技术经济指标达到行业领先水平。

| 盛誉：斩获一项项殊荣 |

本项目于 2010 年 12 月在第二十四届 IPMA 国际项目管理大会上，荣获 2010 年度国际卓越项目管理最高奖——特大型项目金奖，为全球首个获此殊荣的炼油项目。

美国 Solomon 公司对本项目进行了总体评估，

认为本项目在亚太与世界处于领先位置。全厂结构方面，本项目复杂程度高，是亚太地区最大的炼厂之一（EDC 达到 4,807,000 桶／天，结构系数为 20.6）。炼厂操作费用方面，非能耗部分，项目的水平是 US $24.3/EDC，是全球最低之一；现金操作费用方面，其水平为 US $0.34/UEDC，位于亚太地区第一组群，排名位于亚太区七十五个炼厂中的第九；项目能量利用强度指数为 64.6，在亚太地区处于前 5% 的水平，在全球处于前 3% 的水平，现金净利润 21.24 美元／桶，投资回报 45.5%，均排名亚太印度洋地区第一。

Lummus 公司对本项目的加工流程与现有美国炼厂进行了初步比较，评价认为，项目总流程是现代化的；纳尔逊复杂因子为 12.5，可以与中国其他炼厂和东南亚国家的炼厂相竞争。

本项目获 2014 年度国家科技进步二等奖。评奖专家认为，本项目是世界上首套加工 100% 高含酸重质原油的炼油项目，采用了国内自行开发的高酸重质原油成套加工技术，集成创新了高酸重质原油加工总流程，创新性地开发了科学的防腐体系和高含酸污水处理成套技术。

2011 年 7 月，中国石油和化学工业联合会组织专家对"高酸重质原油加工技术的集成与应用"项目进行了科技成果鉴定，鉴定委员会认为："该项目在对高酸重质原油化学组成和性质深入研究的基础上，采用 10 余项国际领先的国内外专利技术，集成创新了高酸原油加工总流程，创新开发了科学的防腐体系和高含酸污水处理成套技术，建成了世界首套 1200 万吨／年 100% 加工高酸重质原油并具

有'差异化、清洁化、信息化、高价值'等特点的世界级炼厂，解决了大规模加工 100% 高酸重质原油的难题，形成了高酸重质原油加工成套技术，该成果在高酸原油加工方面达到了国际先进水平，部分技术指标达到了国际领先水平"。

2015 年，本项目荣获菲迪克工程项目优秀奖。

| 缘由：卓越和创新的技术 |

其一，创新集成的加工总工艺流程

针对高酸重质原油具有酸值高、密度大、黏度高、胶质含量高、氮含量高、盐含量高、重金属含量高、水含量高、轻质油收率较低导致非常难加工的特点，本项目集成创新了高酸重质原油加工总流程，选择原油蒸馏—加氢裂化—催化裂化—延迟焦化—气体制氢＋重整—PX 的技术路线，附带以天然气为原料的燃机及锅炉汽电联产设施用以产汽和发电。针对加氢精制技术处理直馏煤柴油馏份时，无法满足柴油十六烷值和航煤烟点指标要求的难题，创新选择了中压加氢裂化技术保证了装置直接生产优质航煤和欧 V 标准柴油。综合考虑加工效益和油化一体化需求，优化选择了不同蜡油加工技术的配置，形成了独特的"大加氢裂化、小催化"的规模配置方案。加氢能力达到原油一次加工能力的 87%。

上述加工方案运用了"宜油则油、宜烯则烯、宜芳则芳"的设计理念。用优质的加氢裂化石脑油做芳烃原料。加氢裂化尾油和焦化石脑油作为乙烯裂解原料提供给毗邻的乙烯工

厂。通过总流程的优化和先进工艺的集成组合、优化总平面布置，优化公用工程配置结构、优化能量利用方案、优化产品结构，实现利用低价值的原料，最小的物耗和能耗，形成最佳的加工方案，达到资源利用和效益最大化。在炼化一体化方面，采用的多厂多周期 PIMS 模型，通过模型指导预测一体化项目方案，实现炼油化工产品物料价值利用最大化。形成具有了中国特色、具有较强竞争力的 100% 高酸原油加工总工艺流程。

其二，创新高酸原油加工防腐方法体系

本项目提出了《加工高酸原油重点装置主要设备及管道设计选材导则》，并通过了石化领域专家的评定。所采用的防腐方法体系，全面引入主动腐蚀理念，绘制全厂各单元重点部位腐蚀流程图。制定加工高含酸原油腐蚀与防护手册，系统地阐述了每套装置重点腐蚀部位的腐蚀机理、监测方案及设备和工艺防腐策略。通过腐蚀监控系统管理软件自动分析判别，形成闭环循环，实现全过程控制，科学地解决了该类原油在工业化加工中的腐蚀难题。投产后工厂没有发生腐蚀问题，解决了大规模加工100% 高酸重质原油的技术难关。

其三，注重环保，开发高含酸原油加工含盐污水处理组合工艺

由于高酸原油的高酸质特征，含盐污水与其他炼油厂相比有较大差异。主要表现在两个方面：含盐废水污染严重：除油后的 COD 达到了 3000—5000 毫克／升，为常规炼油厂3—5 倍；含盐废水的盐含量高：原油水中仅氯离子浓度就达到了 1500 毫克／升以上，总含盐量达到了 4000 毫克／升以上。

针对高酸原油污水特点，本项目开创性地开展了以下有针对性的研究工作：1. 对高含酸原油加工污水处理全流程污染物组成特征及演变规律进行研究分析；2. 开发高酸重质原油加工废水的臭氧催化氧化技术；3. 开发了高浓度含酸含盐污水预处理工艺；4. 研究优化污水处理场恶臭气体处理、油泥无害化处置及资源化利用的技术方案；5. 高含酸原油加工污水处理组合工艺优化研究，摸索最佳工艺运行参数；6. 含盐污水零排放技术开发。

基于以上研究，成功开发高含酸原油加工污水处理组合工艺。工厂实际运行处理后的含油污水回用率达到 100%，含盐污水处理后全部达标排放，彻底解决了加工高酸原油时污水达标排放和污水回用问题。

本项目共申请国家专利 11 项，已授权 9项，其中发明专利 8 项，形成技术规定 1 套、规范 1 项；形成了高酸重质原油加工成套技术，填补了中国高酸重质原油加工技术空白。

| 环保：项目建设的底线思维 |

本项目在推进实施过程中，始终贯彻环保理念，实施清洁化开工和清洁化生产。

在项目建设阶段，引入环境监理，聘请专门环境监理机构，有效控制工程施工阶段的生态环境影响和环境污染；创造了无重大事故和死亡事故、伤害率为零的优异业绩，实现了既定 HSE 控制目标。

在开工阶段，推行"OIP 理念"（即无缺陷开工理念），进行全过程研究和监控，先后进行了全厂加工总流程的研究、设计协调、开工组织机构研究与优化、开工方案的优化与研究、操作规程推行"消项操作法"等，这项措施确保了所有装置一次投料试车成功。整个开工过程实现了"零排放"。

本项目积极落实环评及批复提出的生态保护及污染防治措施，做好"三同时"工作，经国家环境保护部验收，工程竣工环境保护验收合格。

项目汽柴油油品质量均达到欧 V 标准，生产过程实现安全、清洁、低排放，成为环境友好型、资源节约型炼厂。

| 菲迪克管理的实践成果 |

项目全过程积极实践 FIDIC 的合同管理、风险管理和可持续发展等先进理念。系统地导入 FIDIC 廉洁管理体系，将 FIDIC 倡导的"社会责任、优质服务、客观公正、企业廉洁、反对腐败和道德竞争优势"等理念融合在一起，构建廉洁管理工作机制。运用 FIDIC 项目管理方法，首创性地将"专项保廉"与"进度、质量、投资、HSE、合同"并为工程管理的"六大控制"，确保"工程优质、人员优秀"。项目从开展可行性研究到建成投产整个过程长达 8 年，按照 FIDIC 标准和国家法律规定，全面执行了透明、规范的招投标制度，未发生重大违纪和违法问题。

本项目位于惠州市大亚湾技术经济开发区东部的大亚湾石化工业区内，该园区于 2014 年被国家确立为七大沿海石化产业基地之一。中国海油惠州炼化二期 1000 万吨 / 年炼油、100 万吨 / 年乙烯一体化项目于 2018 年 8 月投产后，2018 年大亚湾石化基地的原油加工总规模达到 2200 万吨、乙烯生产总规模达到 220 万吨，推动了基地规模化、集约化、园区化、一体化发展，使惠州大亚湾超过宁波镇海成为当时国内最大的世界级规模炼化一体化基地，有利于优化国家石化产业总体布局，实现区域资源高效配置，提高原油资源利用深度和广度，提高我国炼化工业的整体水平和国际竞争力。

本项目建成投产后进一步保障了东南沿海地区的能源供给，项目投产后每年为国家和地方贡献税收 100 多亿元，有效拉动了下游产业发展，对推动广东乃至泛珠江三角区域经济发展，促进中国炼油、石化产业的发展起到重要的作用。

惠州炼油，正阔步迈向世界一流绿色石化产业基地，为粤港澳大湾区经济腾飞再添助力！

文 / 杨上明、王金成

圆梦大亚湾

中海油惠州炼油项目

项目名称：中国海洋石油总公司惠州炼油项目
获奖单位：中国石化工程建设有限公司（SEI）；中国国际工程咨询有限公司
获得奖项：优秀奖
获奖年份：2015 年
获奖地点：阿联酋迪拜

　　蔚蓝、辽阔、深邃的大海，不仅蕴藏着丰富的宝藏，她那汹涌、澎湃、经久不息的波涛，冲击着礁石，在喷溅出美丽浪花的同时，也孕育出了无数令人遐想的传奇。

　　大亚湾，一个神奇而美丽的地方。她静卧于我国南海一隅，西靠惠州，南连深圳，北接稔平半岛，与香港隔海相望，区位优势凸显。而作为改革开放的前沿阵地，广东是中国最具活力的经济热土，同时也是全国石油产品用量最大的省份之一。

　　自从上世纪 70 年代末以来，中国海洋石油人就把关注的目光投向了这里。一批批海洋石油

中海油惠州炼厂全景

勘探队伍来到辽东湾，高耸云天的钻探船驶进了这片碧波跳荡的海域。

1986 年，在辽东湾自营探区，总储量达 2.9 亿吨的绥中 36-1 油田横空出世。一时间，举世为之震惊。为了妥善利用资源，2004 年 7 月，国务院总理办公会议通过了由中国海洋石油集团有限公司（简称"中国海油"）独资建设的惠州炼油项目审批报告。8 月 3 日，惠州炼油项目通过国家发展和改革委员会（简称"发改委"）正式批准。惠州炼油项目，即将进入实质性的设计工作与施工建设阶段。

然而，当绥中 36 - 1 的原油从千年地层下喷射而出时，人们发现这是一种高含酸的重质原油。高酸重质原油因密度大、酸值高、含盐量高等特质，其集中加工产生的一系列难题，给炼油加工带来重大挑战。

| 高酸重油，世界性的难题 |

在当时，对于高酸重质原油加工，全球炼化企业均采用一定比例掺炼的加工方式，而 100% 集中加工高酸重质原油没有先例，亦无任何经验可借鉴。面对这一难题，为了节约宝贵的石油资源，维护我国能源安全，提高能源自给率，科研专家针对这一炼油界的世界难题展开了攻关。

中国石化工程建设有限公司（SEI）作为设计和建设单位的拿总院，明知山有虎，偏向虎山行。在中国海油的委托下，与业主惠州炼油、国内知名企业和科研机构及海外石油巨头合作，对海洋高酸重质原油性质进行了有针对性的系统研究和反复试验，从而摸清了高酸重质原油的特性和加工性能。

在与高酸重质原油进行"亲密接触"后，科研工作者们发现，它是石油家族中"脾气最大"的成员之一：

容易造成管线和设备腐蚀，环烷酸在原油的广泛分布，更加重了高温腐蚀的严重程度；

金属负荷大，可能导致结垢、催化剂中毒，冲击污水处理系统，并影响产品质量。

这些问题在高酸重质油集中加工过程中显得格外突出，通往高酸重质油集中加工的道路荆棘丛生。

| 独辟蹊径，破解高酸重质原油难题 |

为了摸清加工高酸重质原油的流程，确保加工的安全、可靠，做到"四年一检"的长周期运行。SEI 工程咨询部的专家下苦工、做实干，从酸分布、腐蚀机理、设备选材、工艺防腐到污水处理、加工工艺总流程和单元技术选择，可以说每一项工作都是一个新课题。厂师袁忠勋拿出当年与外国专利商技术谈判的资料介绍说："这一摞摞厚厚的技术资料，凝聚着很多科技人员的辛勤汗水，它们就是我们炼厂最宝贵的科技支撑。"

前期的基础研究已经为炼厂总流程规划、工艺技术选择、设备选材、产品方案设计等工作提供了重要基础数据资料。在可研、初步设计阶段，SEI 与科研院所合作开展了原油性质分析、破乳剂筛选与电脱盐技术选择、腐蚀机理与材料选择、腐蚀流程研究、监测与监控体系、工艺防腐等专题研究。经多次分析论证，对潜在的高酸原油加工的所有问题进行科学的评估与风险识别，为确保安全、环保、长周期运行制定相应对策。

针对高酸重质原油具有酸值高、密度大、黏度高、胶质含量高、氮含量高、盐含量高、重金属含量高、水含量高、轻质油收率较低导致非常难加工的特点，项目集成创新了高酸重质原油加工总流程，选择原油蒸馏—加氢裂化—催化裂化—延迟焦化—气体制氢+重整—PX的技术路线，附带以天然气为原料的燃机及锅炉汽电联产设施用以产汽和发电。

针对加氢精制技术处理直馏煤柴油馏分时，无法满足柴油十六烷值和航煤烟点指标要求的难题，研究人员创新地选择了中压加氢裂化技术保证了装置直接生产优质航煤和欧 V 标准柴油。综合考虑加工效益和油化一体化需求，优化选择了不同蜡油加工技术的配置，形成了独特的"大加氢裂化、小催化"的规模配置方案。加氢能力达到原油一次加工能力的 87%。

同时创新了高酸原油加工防腐方法体系，全面引入主动腐蚀理念，绘制全厂各单元重点部位腐蚀流程图。通过腐蚀监控系统管理软件自动分析判别，形成闭环循环，实现全过程控制，科学地解决了该类原油在工业化加工中的腐蚀难题。投产后工厂没有发生腐蚀问题，攻克了大规模加工 100% 高酸重质原油的技术难关。

| 集成创新，再造加工总流程 |

技术难关攻克了，同时也决定了惠州炼油的市场定位。SEI 工程咨询部从大局出发，将惠州炼油着眼于高品质产品市场，在国内汽柴油普遍采取国 III 标准时，就按照欧 IV 产品标准设计总流程，为争取市场份额和产品质量升级赢得了宝贵时间。

惠州炼油在可研阶段、定义阶段和实施阶段，就总流程加工方案、产品方案、设备选材等多方面进行研究与优化，形成了具有 SEI 特色和较强竞争力的高酸原油加工流程与综合技术。

总流程的选择按照原油资源价值最大化的思路，提出了"多产柴油和芳烃，适当生产汽油和航空煤油，提高轻油收率和综合商品率"的原则，同时采用汽-电联产方案以及热集成技术，使全厂加工综合能耗最低、综合效益最高。同时 SEI 运用了"宜油则油、宜烯则烯、宜芳则芳"的先进设计理念。优质的加氢裂化石脑油做芳烃原料。加氢裂化尾油和焦化石脑油作为乙烯裂解原料提供给毗邻的乙烯工厂。在总平面布置方面，SEI 带领项目组反复论证整体布局，严格遵循集约化原则，对生产装置、公用工程、储运设施科学规划、合理布局，实现了土地、物流、能源利用和操作管理的有效集约和集成。在能量优化方面，SEI 组织开展联合专题研究，先后对全厂蒸汽管网压力等级设置、蒸汽动力系统进行了优化，通过夹点分析对 15 套工艺装置进行能量利用分析，确定了装置热联合中间物料的最佳边界条件，对全厂氢气和燃料网络反复优化，回收过程尾气中的氢气。

| 绿色建设，建一流工程 |

2005 年 12 月 15 日，是中国海洋石油工业发展史上一个永远值得铭记的日子。这一天，地处南海之滨的大亚湾石化工业园区，彩旗飘扬，锣鼓声喧，挖掘机、推土机等大型施工机械排列有序，惊醒了沉睡许久的大亚湾。

SEI 作为工程建设单位，在项目建设阶段，首次引入环境监理的理念，聘请专门环境监理机构，有效控制工程施工阶段的生态环境影响和环境污染。创造了无重大事故和死亡事故、伤害率为零的优异业绩，实现了既定 HSE 控制目标。

在开工阶段，SEI 推行"OIP 理念"即无缺陷开工理念，进行全过程研究和监控，先后进行了全厂加工总流程的研究、设计协调、开工组织机构研究与优化、开工方案的优化与研究、操作规程推行"消项操作法"等，这项措施确保了所有装置一次投料试车成功，其中芳烃联合装置开工时间为 44 天，创造了国内外芳烃装置开工最快纪录。整个开工过程实现了"零排放"。

精打细算，厉行节约，严控各项管理费。SEI 在不同的阶段都进行了深入的优化设计，取得了含油雨水监控池缩小 2 万立方米等多项成果；物资采购阶段先后对部分合金管、高压管件和球罐板材等进行了国产化；施工阶段及时发现并修改不必要的变更设计，优化吊装顺序，工程余料调剂使用，有效降低了投资。

项目建设期间，坚持培育和宣贯"淡泊名利，耐住寂寞；艰苦创业、勤俭节约；廉洁高效，快乐工作"的企业文化，项目通过设计、采购、施工、开工等各阶段和各环节的优化和精心管理，比预算节省建设投资 17.6%。

| 着眼发展：持续提高价值创造力 |

从 2009 年 3 月 15 日常减压装置投料

试车，到 6 月 14 日芳烃装置投产，中国海油 1200 万吨／年惠州炼油项目工艺流程全部打通，实现了一次投产成功，并当年投产当年创效。惠州炼油项目安全平稳、高效快捷实现一次投产成功。装置负荷在半年之内由 60% 稳步提高到 100%，装置标定快速达标，产品质量优良，柴油达到了欧 V 水平，高清柴油为上海世博会指定专用。炼厂综合商品率 96.45%，轻油收率 82.98%，综合能耗 59.04kgEo/t，主要技术经济指标达到行业先进水平，集成创新取得预期效果，实现了整体竞争能力，同时也印证了各项技术选择的先进可靠，SEI 设计工作的高质量、高水平。

项目自投产以来，每年加工负荷均达到 90% 以上，截至 2014 年底累计加工原油 6333 万吨，营业收入 3638 亿元，利润 74 亿元，缴纳税费 705 亿元。每年可提供 700 多万吨优质汽、煤、柴油，400 多万吨石化产品，进一步保障东南沿海经济发达地区的能源供给，提高对二甲苯自给率，对轻工、纺织行业的发展产生积极的影响。

本项目形成的高酸重质原油成套技术使我国高酸重质原油加工达到国际领先水平，提升了我国炼油行业的技术水平和国际竞争力。本项目成功实施后，改变了世界高含酸重质原油加工版图，增加了我国特别是中国海洋总公司在此类原油价格的话语权，为国内同类原油高效利用提供了强大的技术支持。

文／周宇阳、吴群英、范传宏

中国风光，风光世界

记国家风光储输示范工程

项目名称：国家风光储输示范工程
获奖单位：中国电力工程顾问集团华北电力设计院有限公司
获得奖项：优秀奖
获奖年份：2018 年
获奖地点：德国柏林

在中国新能源发展史上，未来应该会记下这样一笔：2009—2014 年，中国电力工程顾问集团华北电力设计院有限公司（简称"华北院"），在河北省张北县奋战 5 年多，设计的世界首例集风力发电、光伏发电、储能系统、智能输电于一体的国家风光储输示范工程（简称"示范工程"），破解了世界级难题，并获得被誉为国际工程咨询领域"诺贝尔奖"的"菲迪克奖"。

国家风光储输示范工程

| 新能源消纳难：风光储输示范工程应运而生 |

长期以来，我国能源结构以化石能源为主，大规模开发利用化石能源，让我国面临着资源与环境的双重挑战，大力发展可再生能源已成为必然选择。

近年来，我国新能源快速发展，远远超出预期。2000—2019 年，全球风电、太阳能发电量增加 15%；国网能源研究院发布的《中国新能源发电分析报告（2020）》显示，2019年我国新能源发电新增装机容量 5610 万千瓦，占全国新增装机容量的 58%，连续三年超过火电新增装机。截至 2019 年底，中国新能源发电累计装机容量达到 4.1 亿千瓦，同比增长 16%，占全国总装机容量的比重达到 20.6%。风电和光伏发电量均保持两位数增长。新能源发电规模的猛增带来了消纳难题，与传统能源完全不同，新能源具有随机性、波动性、间歇性等特点，大规模的新能源并网消纳，对于电力系统而言是个巨大挑战。有电力专家形容："新能源就像一个不听话的孩子，时不时地会调皮捣蛋。"

2011 年，我国发生几起风机脱网事故，暴露了当时很多风机不具备低电压穿越能力的问题，此外，可再生能源如何安全稳定入网也是国际难题，德国风电就曾发生过大规模的脱网事故，引起了整个欧洲电网的震荡，这些事故都暴露了大规模风电接入带来电网整体安全性等问题。

新能源发电的不稳定性直接导致了弃风弃光现象严重，西北一些新能源电站的弃风弃光率达到 50%。尽管如此，新能源仍然在以滚雪球的速度发展着。

为了消纳规模如此之大的新能源电力，虽然各方不断在消纳机制上摸索、创新，但一些一直困扰新能源消纳的技术难题还是没有得到很好的解决。为了解决这些难题，必须有一个国家级的应用和验证各类新能源技术的示范平台。在这种情形下，国家电网公司肩负起新能源大规模消纳并网的技术攻关重任，投入技术团队和巨资，建设了国家风光储输示范工程。

| 理念创新：彰显示范作用 |

华北院作为国家大型勘察设计、工程咨询和工程总承包企业和高新技术企业，在国内外电力系统、火力发电、特高压输变电、新能源发电、建筑、通信工程的勘察、设计、工程总承包、工程管理、技术开发、规划咨询、评估咨询和监理等业务方面具有专业优势，近年来完成了大量的规划课题研究和评估咨询服务，为电力工业科学发展作出了积极贡献。

示范工程位于河北省张家口市张北县西部，是世界上首例集风力发电、光伏发电、储能系统、智能输电四位一体，综合开发利用新能源的一项国家级示范工程。项目立足于破解全球范围内大规模新能源并网瓶颈，旨在通过应用国际先进技术与管理，树立大规模新能源与电网协调发展的典范。

| 破解世界性难题：中国给出方案 |

示范工程增强了风电和光伏发电的友好性，

保障了大规模新能源并网安全，实现了新能源大范围配置，这是它获得世界大奖的主要原因。

示范工程中，以智能电网 D5000 平台为支撑，采用联合发电智能全景优化控制系统、风光功率联合预测系统和储能电站监控系统，为风电、光伏发电、储能联合控制及调度提供准确的分析与决策，有效改善发电特性，是国内首个智能化电网友好型风电场、首个功率调节型光伏电站，创新特色鲜明、示范效果显著。

在这个智能系统的控制下，示范工程可以进行"风、光、储、风＋光、风＋储、光＋储、风＋光＋储"7 种组态时序出力，实现了风储、光储和风光储联合等多种发电运行方式自动组态、智能优化和平滑切换，发电品质接近常规电源，不仅满足了平滑出力、跟踪计划、系统调频、削峰填谷等多样调度需求，更解决了新能源发电精细化运行与控制，为大规模新能源并网及调度提供了技术支撑。这一风光储输联合优化的技术路线属世界首创。

示范工程还引领着风电、光伏、储能电池行业的技术进步。在风电方面，示范工程突破常规风电场概念，采用统一监控平台，将不同厂家、不同技术路线的所有风电机组组合成一个有机整体。风机有功、无功功率已实现在线动态可调，有功调整速度、响应时间与常规水电机组相当。在全部具备低电压穿越能力的基础上，实现国内机型首次高电压穿越性能测试，时间及功率倍数均创国内最高纪录。

| 节约能源：做低碳奥运的开路先锋 |

示范工程立足于风电、光伏等可再生能源，

与化石能源相比，本身就具有可持续性。其更深层次的意义是，完全符合全球能源发展与战略调整，践行 2016 年签署的《巴黎气候变化协定》，引领整个新能源行业的可持续发展。

截至 2020 年底，示范工程输出绿色电能超过 57.1 亿千瓦时，相当于节约标准煤 192 万吨、减排二氧化碳 410 万吨，碳减排效果突出，为治理雾霾、重现蓝天作出了一定贡献。同时，示范工程清洁发展机制（CDM）项目已通过联合国执行理事会审核，在联合国成功注册。

在全站建筑外观上，项目团队着眼于建筑形象的整体性设计，保证了建筑外观造型风格的统一、建筑色彩的协调以及建筑与周边环境的相容。

本工程新建一栋生产辅助楼，楼内设有职工住宿、办公、会议、接待等基本设施，同时布置有研究实验室和职工培训室等，满足扩建后的科研使用需求。

建筑设计结合寒冷地区的特点，通过设计控制建筑的体型系数，选择传热系数小，保温性能优的建筑材料，严格控制建筑的能源消耗，并对建筑外围护材料进行适当的防风沙处理。

变电站的建筑形象是与其企业精神密切相关的，项目团队在设计中给予了充分的关注：在建筑形象设计中通过各种处理手段赋予了建筑文化内涵，以期达到激励员工的工作热情的作用；同时利用独特的地域文化特性的新型示范工程形象，给员工一种自豪感，以增加员工的凝聚力。

示范工程地处张家口地区，自然地融入坝上草原，二者交相辉映、相得益彰，共同打造一幅清新美丽的画面，尽显和谐之美，并将为冬奥会提供绿色电力，实现"零碳奥运"。

| 工程咨询：成就"智"造不凡 |

示范工程坚持"质量、廉洁和可持续"的理念，坚持"全过程工程咨询"思路，坚持透明、廉洁原则。

其中，示范工程全过程咨询引领着风电、光伏、储能电池行业的技术进步。在风电方面，突破常规风电场概念，采用统一监控平台，将全球各知名厂家、不同技术路线的所有风电机组组合成一个有机整体，风电机组有功、无功功率已实现在线动态可调，有功调整速度、响应时间与常规水电机组相当；在光伏发电方面，首次建立风光联合发电功率预测，实现多尺度全天候风光联合功率预测技术，并成功应用云成像技术和装置开展光伏功率预测，大范围捕捉方圆云层数据信息，有效提升光伏电站超短期功率预测能力；在储能电池方面，建成世界规模最大的多类型化学储能电站，储能电站设置大规模储能监控系统，可对多种类型电池进行统一监控，实现平滑出力、跟踪计划、削峰填谷、系统调频四大功能，使风电、光伏发电的出力特性达到或接近常规电源，网源友好性能得到极大改善。

| 创新引领：推动行业高质量发展 |

作为本项目一期参与设计单位以及二期工程的设计总协调单位，华北院始终致力于张家口全球能源互联网"样板间"建设、为"绿色奥运、低碳奥运"持续提供创新设计支持和综合服务保障。

华北院在参与工程的规划、设计及协调等工作中，不断开拓创新，坚持以"世界级工程""国家示范工程"这样的最高标准严格要求自己。华北院的积极投入和付出使得其依托本工程屡获国家专利和工程大奖。

《国家风光储输示范工程可行性研究》（一期），获得了全国优秀工程咨询成果一等奖，2010 年度电力行业优秀工程咨询成果一等奖；《国网新能源张家口风光储输示范电站有限公司大河光伏储能电站扩建工程可行性研究报告》获得北京市 2014 年度优秀工程咨询成果一等奖；国家风光储输示范工程二期工程设计获评 2017 年度电力行业优秀工程设计一等奖。依托本项目工程的设计，华北院获得了《风电场中的机组变压器配置结构》（证书号第 3360606 号）和《风力发电机的箱式变压器固定结构》（证书号第 3370540 号）两项实用新型专利。

获奖示范"出彩"，彰显华北院强力量；获奖示范"出才"，释放华北院正能量；工程咨询业绩，体现华北院综合实力！这不仅是对华北院设计理念、设计能力的高度认可，亦是新中国成立 70 多年来，华北院深化创新转型，为祖国献礼的重要一步，更是"科技梦"助推"中国梦"的伟大实践！

文／韩玉炜、林川、张恬

437

让输送电能之路不"堵车"

苏州南部电网 500 千伏 UPFC 示范工程

项目名称： 苏州南部电网 500 千伏统一潮流控制器 (UPFC) 工程
获奖单位： 中国能源建设集团江苏省电力设计院有限公司
获得奖项： 优秀奖
获奖年份： 2019 年
获奖地点： 墨西哥墨西哥城

　　2017 年 12 月 19 日上午，中国能源建设集团江苏省电力设计院有限公司（简称"江苏院"）承担设计的苏州南部电网 500 千伏统一潮流控制器（UPFC）示范工程正式投运。本工程是截至 2017 年底世界上电压等级最高、容量最大、控制最复杂的 UPFC 工程，也是世界上首个 500 千伏电压等级的双回线路 UPFC 工程，在世界范围内首次实现 500 千伏电网电能流向的灵活、精准控制，最大可提升苏州电网电能消纳能力 130 万千瓦。

苏州南部电网 500 千伏 UPFC 示范工程

|加装"智能导航"|

本项工程的投运，相当于给苏州南部电网加装了一个"智能导航系统"，实现了电能的"无人驾驶"。

苏州是我国用电负荷最大的地级市，2017年苏州全社会最大用电负荷达到2580万千瓦，其中，苏州南部地区用电负荷接近苏州的70%。如果把电网与城市交通网类比，就好比汽车保有量很高，需要畅通的交通网路支撑。那么现在问题来了，输送电能的路上车来车往，川流不息，路有几条、路宽不宽呢？

苏州南部地区主要电源分为三部分：锦屏—苏南特高压直流送来的四川水电、三条500千伏交流输电线路受进的三峡水电和安徽淮南煤电、省内电源送电。

到了冬季枯水期，四川来的水电锐减，送电大幅减少，造成苏州南部电网三条500千伏电力通道无法保持均衡利用，容易发生"一半过载堵塞、一半空置浪费"的现象。就好比，500千伏梅木线经常塞车，另外两条高速还有几条车道却没什么车……

为寻求解决之法，一项"世界之最"UPFC工程应运而生。

UPFC如何理解？UPFC的全称是Unified Power Flow Controller，统一潮流控制器。UPFC是功能最全面、技术最复杂的柔性交流输电装置。所谓"统一"，是指UPFC能同时或选择性地控制所有影响输电线路潮流的参数，即能对电压、阻抗和相位角进行控制，可以同时并快速地独立控制输电线路中有功功率和无功功率。也可以这样理解——UPFC可以控制输电通道潮流大小，可以调大，也可以调小，甚至可以使潮流反向。通过调节流量和方向，实现对电网潮流的灵活、精准控制。

安装UPFC后，它可以像电网的智能导航系统一样，将电网电能由自由分布状态转变为精确受控状态，智能匹配三条交流通道输电功率，实现了电能的最优分布，提升苏州南部地区供电能力130万千瓦。回到冬天的苏州，当梅木线处于过负荷状态时，"自动巡航系统"带着电能走光明大道——智能匹配三条交流通道输电功率，将部分负荷调节到其他两条线路上。于是，电能的最优分布实现了，地区供电能力也提升了。

相比新建输电线路等传统解决"拥堵"的方式，节约投资达6亿元。而且，当苏州南部地区出现大范围电网故障时，UPFC可以提高三条交流线路输送功率总和，最大限度缩小事故造成的停电范围。此外，UPFC还可有效支撑苏州南部地区电压水平，提高电网安全稳定运行水平。

|220千伏到500千伏的跨越|

回想2015年12月，同样由江苏院承担设计的我国首个自主知识产权UPFC工程——江苏南京220千伏西环网UPFC工程在江苏建成投运。这项"国内首座、世界第一个基于模块化多电平技术的UPFC工程"使南京西环网供电能力提升了30%，约60万千瓦，替代了一条投资10亿元以上的220千伏线路。

时隔两年，由江苏院设计的第二座苏州南部电网500千伏UPFC示范工程成为目前世

阀厅及 UPFC 控制室人视图

换流器设备图

世界首创 500 千伏串联变压器

水冷房间设备布置图

界上投运的第 6 座 UPFC 工程（其余 2 座在美国、1 座在韩国，第 4 座是南京西环网 220 千伏 UPFC 工程，第 5 座是上海蕴藻浜 220 千伏 UPFC 工程）。从 220 千伏到 500 千伏的跨越，标志着江苏院在全球能源互联网最先进的柔性交流输电技术水平上已经走在了世界前列。

电压等级的提升，串并联变压器容量增大，将进一步提高 UPFC 对电网潮流控制、无功电压支撑的能力；但是，对串联变等特殊设备的绝缘要求及安全可靠性要求也同步提高，对设备选型、电气布置等设计也带来了新的挑战。

面对工程创新性强、设计难度大、施工难度高的特点，江苏院以敢为人先的姿态，打破成规，将最前沿的技术手段应用在工程实践。"这项工程的主设备在国际上没有制造先例，主接线、总平面布置都需摸着石头过河。"设计人员谈道。

江苏院重视顶层设计规划，在工程开展初期，结合工程特点对整体布置、接线方式、控保策略均进行了设计优化和创新，包括采用总平面 π 形布置、换流器与直流设备共室、长距离 GIL 布置、阀厅大跨度钢结构、阀冷设备叠合布置以及全套系统级控制策略和继电保护配置方案。

提到全套继电保护配置方案，江苏院电网工程公司总经理胡继军介绍："在汲取 220 千伏 UPFC 经验基础上，我们充分考虑施工、调试、运维、经济性等因素，最终确定了串联变压器保护、并联变压器保护、换流器保护、线路保护的配置及配合方案，确保整个系统无保护死区。整套保护系统均冗余配置，全面分析保护误动、拒动情况，并确保 UPFC 系统出现故障时，能进行运行方式切换，尽可能通过改变控制策略或者移除最少故障元件的手段，使得故障对于系统和设备的影响最小。"

再如，采用了串联变压器类外桥型接线的新型接线方式，能有效消除隔离开关操作中的拉弧问题，极大提升电网运行、检修的安全性与可靠性；总平面布置中，采用换流器和直流设备共室的布置形式，取消换流器之间防火墙，在柔性交流输电工程中尚属首次应用，不仅能显著减小建筑物面积，而且保证在换流器及间隔内相关设备检修时可见直流场隔离开关的明显断口，降低工程造价的同时，提高运检安全性。

串联变压器网侧跨接避雷器引线长度对串联变压器的雷电过电压保护水平影响非常大，设计方案中优化了串联变压器网侧避雷器的安装位置及连接方式，使两侧引线总长度大大减小，串联变压器网侧端间雷电过电压降低到700 千伏以下，串联变压器雷电冲击耐受电压要求明显下降，大大降低了串联变压器的研制难度。

江苏院以科技项目为依托，积极开展设计成果和先进技术的储备和转化，截至 2017 年 12 月，承担了 1 项国家电网有限公司科技指南项目、1 项中国能建科技众筹项目、2 项国网江苏省电力有限公司科技项目研究工作，完成了 7 篇论文的撰写及投稿，完成了国家实用新型专利申报共 8 项、发明专利申报共 4 项、计算机软件著作权申报 1 项。

本项工程的投运，是我国打造广泛互联、智能互动、灵活柔性、安全可控新一代电力系统的有力实践，促进了地区经济的快速发展，推动了民族装备制造业的技术进步和产业升级，进一步提升了我国在电工技术领域的综合实力和国际竞争力，实现了"中国创造"和"中国引领"。云程发轫，万里可期。江苏院将进一步巩固深化先进技术，广泛推广技术的工程应用与成果转化，推动我国电网从传统电网向安全、高效、经济、清洁、互动的现代电网升级跨越！

文 / 王莹、周冰、熊静、胡继军、刘琳

PART 5

科技篇
SCIENCE AND TECHNOLOGY

产业篇
INDUSTRY

科技篇：实现中华民族伟大复兴的梦想，最强有力的支撑就是科学技术。只有强化国家战略科技力量，加强基础研究，实施一批具有前瞻性、战略性的国家重大科技项目，才能确保中国科技跻身世界前列，从而为我国各项事业提供强有力保障。

产业篇：发展现代产业体系，推动经济体系优化升级是产业发展的总目标。把发展经济着力点放在实体经济上，建设制造强国、质量强国、数字强国，推进产业基础高级化，形成具有更强创新力、更高附加值、更安全可靠的产业供应链，才能提高经济质量效益和核心竞争力。

中国天眼，探寻无限

FAST 工程

项目名称：FAST 工程
获奖单位：中国国际工程咨询有限公司
获得奖项：优秀奖
获奖年份：2018 年
获奖地点：德国柏林

在贵州山区的层峦叠嶂间，"中国天眼"就像一只渴望无限奥秘的大眼，反射着宇宙流动的光影，呈现出别样的美丽。

500 米口径球面射电望远镜（Five-hundred-meter Aperture Spherical radio Telescope, FAST）被誉为"中国天眼"，是国际天文领域的重大科技基础设施项目，历时 22 年建成。项目具有自主知识产权，是世界最大单口径、灵敏度最高的射电望远镜。可以说，"中国天眼"不仅是人类探寻无限宇宙的眼睛，更是探寻人类科技与精神无限潜能的伟大创举。

工程与自然

2018 年，由中国国际工程咨询有限公司(简称"中咨公司")牵头，联合中国科学院条件保障与财务局、国家天文台共同申报的"FAST 工程咨询项目"荣获 2018 年度菲迪克工程优秀奖。这是我国第一个国家重大科技基础设施项目获此殊荣，彰显了我国近年来科技基础设施建设发展水平，对提升国家重大科技基础设施国际影响力具有重要意义。

| 从规划到建设，"十年磨剑" |

FAST 的预研究历时 13 年，其间对贵州台址、主动反射面、光机电一体化的馈源支撑系统、高精度的测量与控制、接收机等 5 项关键技术开展了多年的合作研究，凝聚了来自多家科研单位的多位中国科学家的创新概念，才得以最终完成。2007 年 7 月 10 日，FAST 工程获得国家发展改革委批复，正式立项。

2016 年 9 月 25 日，FAST 正式落成启用，进入调试观测阶段。习近平总书记在落成仪式当天发来贺信，在贺信中指出，天文学是孕育重大原创发现的前沿科学，也是推动科技进步和创新的战略制高点。500 米口径球面射电望远镜被誉为"中国天眼"，是具有我国自主知识产权、世界最大单口径、最灵敏的射电望远镜。它的落成启用，对我国在科学前沿实现重大原创突破、加快创新驱动发展具有重要意义。中共中央政治局委员、国务院副总理刘延东参加启用仪式，宣读了习近平的贺信并致辞。她表示，要落实科技创新大会精神和创新驱动发展战略，依托我国 500 米口径球面射电望远镜先进技术条件，瞄准科学前沿，加强国际合作，

聚集拔尖人才，打造高端科研平台，努力取得重大原创性成果，为我国天文学跻身世界一流水平和建设世界科技强国作出贡献。

2020 年 1 月，FAST 顺利通过国家验收。

| 从理念到技术，"匠心独具" |

创新造就领先

由于来自天体的无线电信号极其微弱，为了获得更多来自宇宙的无线电信号，甚至能够阅读到宇宙边缘的信息，需要大口径的射电望远镜来实现这一目标。但是受自重和风载引起形变的限制，传统全可动射电望远镜的最大口径只能做到 100 米。FAST 在研制阶段借鉴国外大射电望远镜的经验，吸收当今世界上先进的望远镜技术，从设计理念到工程技术都进行了创新，保障设施建设与综合性能的领先。

FAST 按期交付运行，已成为国际上最大的望远镜。与号称"地面最大的机器"德国波恩 100 米望远镜相比，其灵敏度提高约 10 倍，与排在阿波罗登月之前、被评为人类 20 世纪十大工程之首的美国 Arecibo 300 米望远镜相比，其综合性能提高约 10 倍。FAST 将在未来二三十年保持世界一流设施的地位。

设计理念的创新

为解决大口径望远镜建造的难题，FAST 创新性地发明了主动变形反射面，利用 4450 块单元面板铺设 500 米球冠状主动反射面及其索网结构，在观测方向形成 300 米口径瞬时抛物面汇聚电磁波，在地面改正球差，实现宽带和全偏振，使望远镜接收机能与传统抛物面天线一样处在焦点上。

FAST 索网是世界上跨度最大、精度最高的索网结构，也是世界上第一个采用变位工作方式的索网体系。FAST 对索结构的精度要求远超传统索结构工程。为此，首创恒温室"毫米级"索长调节装置及方法，实现了复杂地形条件下高空大型空间索网的施工工法。

FAST 采用光机电一体化技术，自主提出轻型索拖动馈源支撑系统和并联机器人，实现望远镜接收机的高精度指向跟踪，并将万吨平台降至几十吨。

工程还有很多了不起的中国制造：馈源塔的制造与安装、主动反射面液压促动器工程、测量基墩与布线工程、大尺度高精度实时测量系统、接收机与终端研制、高性能电磁兼容设计、超级计算系统的设计与建设等等。

卓越技术保障项目建设

FAST 不仅是现有技术的集大成者，更是对新技术的不断探索、对科技极限的一次次突破。

索网工程在 200 万次循环加载条件下的疲劳强度可达 500MPa，是目前相关标准规范的 2.5 倍，在国际上属于先例；动光缆疲劳寿命达到 6.6 万次，远超目前 1000 次标准；在野外 500 米尺度上对主动反射面的 2225 个节点实现 2 毫米定位精度；与国际团队合作，联合研制出世界上波束最多的 19 波束 L 波段制冷接收机；为保证高标准电磁兼容，设计多频率连续测试的系统进行电磁屏蔽效能自动扫频测试……

FAST 已获得 86 项专利授权，诸多先进技术的突破保障项目建设，部分制造工艺突破现有能力极限。

| 从自然到科学，"和谐统一" |

巧妙选址，顺应自然

FAST 利用地球上独一无二的优良台址——贵州天然喀斯特巨型洼地作为望远镜台址，使得望远镜建设突破百米极限。项目台址——大窝凼的地形就像一个完美的球面，项目施工土方量由 180 万方减到 80 万方，最大限度减少对山体的破坏。众多国内外专家（包括 Arecibo 天文台两任台长）曾到 FAST 选址勘察，一致认为大窝凼洼地作为 FAST 台址是世界上独一无二的。

此外，良好的排水系统对于 FAST 的选址至关重要，一旦"窝"底的排水系统堵塞，山体中的水将无法流入地下暗河，望远镜就有被淹没的危险。FAST 所处的平塘县虽然雨量充沛，但天然洼坑所在的喀斯特地貌具备良好的岩石透水性，排水性能较强，如果采取人为挖坑的方式来安置 FAST，一旦降雨，FAST 就有被淹没的风险。

助推立法先行保障设施安全运行

射电望远镜对于其周围的电磁环境极为敏感。中咨公司负责 FAST 的论证等工作，在项目论证阶段，即特别强调提出"通过立法方式，设立无线电宁静区，对项目周边电磁环境进行保护，保证装置的高效运行"的建议。该建议推动了贵州省积极立法。

2013 年，贵州省人民政府通过了地方性政府规章，提出宁静区保护办法。2016 年，贵州省通过中国首部为射电天文望远镜电磁宁静区运行环境出台的保护法规。

鸟瞰图

保持原有地形地貌特色的建设模式

工程所在地为喀斯特地貌地区，植被少、土层薄，形成1米厚的土壤需要25万年。工程台址开挖过程中剥离表面种植土，并移存保护，工程结束后进行覆盖复耕，最大限度保护地表植被。同时，创造性地使用开孔的反射面面板，透光率大于50%，保护下方的植被生长。

工程实施过程中应用BIM技术在岩溶洼地内优化开挖面积，将台址区切分为多个汇水单元，建立大型岩溶洼地综合防、排水系统，降低工程建设对地下水的干涉，提高洼地的排水效率。对工程建设主体及配套设施进行合理布局，尽可能减少开挖量，少砍伐树木。建成后，在各建筑物周围、道路两旁植树、栽花、种草，使场地的植被得到最大程度的恢复。

| 从工程到管理，"保障有序" |

导入FIDIC管理体系，并贯穿于工程全过程

在现有ISO14000、OHSAS18000质量、环境、职业健康安全管理体系基础上，导入FIDIC管理体系，构建务实的廉洁管理体制，并覆盖项目的咨询、设计、施工到运营管理的全过程。其中在项目招标、采购、档案等关键环节建立廉洁管理流程程序，对敏感信息保留记录，建立廉洁档案。

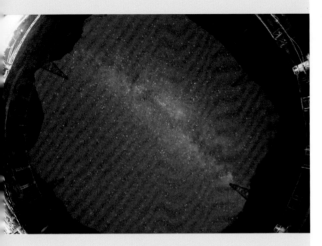

人类的天眼

反射面

馈源舱

FAST 是中国国家立项的重大科技基础设施，全程接受中国政府经济审计、专项巡视、质量监督、安全评估和工程验收。工程资金使用合理、合规，未发生一起安全质量事故，未发生任何违背咨询工程师职业道德的情况，实现安全、透明、廉洁的既定目标。

咨询审查，为项目建设保驾护航

中咨公司担任第三方咨询评估机构，对技术成果进行咨询论证，提出许多具有建设性的意见和建议。

在项目论证阶段重视设施与自然、人文的可持续发展。充分利用现有自然环境，最大限度保护自然资源，从加强地质勘测、边坡支护、危岩治理、厂区道路等方面提出优化建议15 项。

提出重视科技产出的带动作用的建议。在科技旅游、科普、天文领域产业化等方面提出建议。建议从旅游接待、道路规划、配套设施等方面提前谋划，为后期建设"天文小镇"做好准备。

作为第三方机构，对技术成果进行咨询审查。在建设阶段对设施的质量、进度、经费等方面进行分析，提出合理化调整建议。

领域内顶尖人才的摇篮

FAST 建设历时 20 余年，前后有几千人参与了此工程，FAST 团队也从最初的 5 个人发展到 100 多人。FAST 工程建设培养出了一批以首席科学家南仁东先生为代表的杰出科学家和工程师。依托 FAST 工程，国家天文台与国内外相关单位建立了合作关系，同英国曼彻斯特 Jodrell Bank 天文台等还建立了深度合作，为我国天文学发展提供了重要的人才储备。

| 从科技到可持续发展，"带动腾飞" |

科技贡献

FAST 使我国的天文观测技术跃居世界前列。作为同时期世界上灵敏度最高的望远镜，FAST 可以把我们探测宇宙天体的能力，拓展到 137 亿年前。2020 年，工程取得重要科学进展，两项关于快速射电暴探测方面的研究成果在同一天被 Nature 杂志正式接受，这也是完全独立基于我国地面望远镜数据的成果第一次被该顶尖期刊接受。

FAST 工程建设实现了多项自主创新，显著提升了我国射电天文研究能力和技术水平。自试运行以来，设施运行稳定可靠，其灵敏度为全球第二大单口径射电望远镜的 2.5 倍以上。这是中国建造的射电望远镜第一次在主要性能指标上占据制高点。同时，FAST 在调试阶段获得了一批有价值的科学数据，取得了阶段性科学成果。

FAST 的研制和建设提升了工程技术能力，将有望带动天线制造技术、微波电子技术、并联机器人、大尺度结构工程、公里范围高精度动态测量等众多高科技领域的发展。例如，FAST 建立的高精度索结构生产体系，已经在中国港珠澳大桥斜拉索等项目中得以应用。

经济贡献

FAST 所在地——中国贵州省平塘县，是深度贫困县之一，贫困面广，贫困程度深。由于项目建设需要，FAST 半径 5 公里范围内村民全部搬迁至镇上居住，生活条件得到极大改善。同时项目建设及运行带动周边产业发展，新增就业人员 3.2 万人，当地人均年收入由不足 540 美元增长到 1423 美元。FAST 项目成为依托科学工程项目带动扶贫脱贫的创新探索和成功案例。

围绕 FAST 提升配套服务，平塘县的交通路网、水利建设和城镇化建设突飞猛进。2015 年以来，累计修建、改建道路逾 320 公里。建成供水工程，解决了工程周边 5.5 万人安全饮水问题。完成电网改造 555 公里，使城乡 4G 信号覆盖率达 99.8%。

社会影响

当地政府依托 FAST 项目，突出天文科普旅游主题特色，着力打造平塘天文科普教育基地、国际射电天文科学旅游文化园体验区、地质生态旅游创新示范区、区域性旅游集散中心和国际天文旅游小镇。经过多年发展，边远闭塞的山区已转变成世人瞩目的国际天文学术中心。天文科技旅游成为当地的一张名片，据不完全统计，FAST 项目 2017 年吸引游客 360 余万人，工程每年带来的旅游等经济收益超 6.3 亿美元。FAST 项目在中国深入人心，中国人民关注天文、关心科技的人文、科学素养不断提升。

FAST 是人类眺望宇宙的眼睛，也是当地人民望向世界、世界关注中国的眼睛。她代表了最先进的科学技术，展现了勇于突破挑战极限的创新精神，涵养了科技、自然、人类的和谐统一、相互促进的无限力量。这是 FIDIC 精神之美的缩影，更是新时代中国精神的集中体现。让我们共同期待，"中国天眼"将宇宙与人类拉得更近，为人类揭示更多的奥秘！

文 / 吕琨、郑晓年、陶黎敏、曾钢、常超

南方现代化钢铁新星的"前世今生"

宝钢湛江钢铁基地

项目名称：宝钢湛江钢铁基地
获奖单位：中国国际工程咨询有限公司
获得奖项：优秀奖
获奖年份：2018 年
获奖地点：德国柏林

作为广东最大岛屿，东海岛上"巨人"林立。宝钢湛江钢铁基地，赫然屹立其中，并以其建设世界一流绿色碳钢生产基地的宏伟蓝图和建设成果，吸引国内外货船来往不断……

| 示范工程　行业之最 |

宝钢湛江钢铁基地（简称"湛江钢铁基地"）项目以建设成为世界最高效率的绿色碳钢薄板生产基地为目标，成功克服了复杂沿海地质条件和特殊气候环境等困难，创造了千万吨级钢厂从

港口区域

投产到年度"四达"的最快纪录、钢铁冶金项目节能环保投资占比最高、中国首家实现含铁尘泥 100% 利用等诸多第一。项目自全面投产以来，产量稳步提升，成本优势、产品竞争力凸显。

湛江钢铁是钢铁行业供给侧结构改革的典范，代表了当今世界最先进的钢铁技术水平，为推动我国钢铁工业布局结构、产品结构、流程结构、能源结构调整作出突出贡献。

建成投产以来，迅速进入智能化水平领先、环保水平领先、产品品质过硬的全球最具竞争力绿色钢厂行列。

| 中咨建言：产能革新，优化布局 |

湛江钢铁基地项目位于广东省湛江市东海岛，由宝钢湛江钢铁有限公司承建，由中国国际工程咨询有限公司（简称"中咨公司"）提供全过程咨询服务。

宝钢湛江钢铁有限公司成立于 2011 年 4 月，为中国宝武钢铁集团全资子公司，是原宝钢集团重组韶关钢铁和广州钢铁后，在我国南方沿海建设的具有国际竞争力的特大型沿海钢铁生产基地。

湛江钢铁基地项目决策时，我国国民经济快速发展，对钢铁产品的需求不断增加，导致中低端产能快速扩张，落后产能不能真正淘汰退出，影响了优质增量供给的正常新陈代谢。此时，中咨公司基于对我国钢铁工业发展现状的深入研究和客观把握，以《我国钢铁工业若干重大问题研究》为题，明确提出了坚决淘汰落后、严格控制一般、积极实施高水平替代"三

箭齐发，三管齐下"解决我国钢铁工业产能过剩以及结构性矛盾突出等问题的思路，同时也指出，我国钢铁工业"北重南轻"的发展不平衡局面，加重了物流运输的压力，亟待改善和破解，并由此将建设湛江钢铁基地事宜提上日程。

| 中咨分析：湛江钢铁基地建设利国利民 |

中咨咨询团队认为，建设湛江钢铁基地是调整和优化中国钢铁工业布局的需要，是我国钢铁工业实现产品结构调整的需要，是推动广东省经济转型、区域协调发展的需要。项目建设可以依托湛江东海岛深水码头条件，充分利用国外铁矿资源，实现我国钢铁工业可持续发展，加快推进我国成为钢铁强国的进程。

一是优化钢铁产业布局，降低物流成本，缓解国家煤电油运的紧张局面。国家钢铁产业发展政策明确提出钢铁产能向沿海地区转移，最终应形成以环渤海地区、长三角地区、珠三角地区大型钢铁生产基地为主，内地区域性钢铁企业为补充的钢铁工业布局。但我国钢铁工业当时的区域布局与政策目标还相去甚远。大量铁矿石和钢材产品在沿海与内地之间的往返运输，不仅增加了企业的物流成本，而且加剧了国家煤电油运的紧张局面。在钢铁行业对进口矿石依赖程度不断上升、城市环保要求日益严格，水资源、运输条件、能源供应等制约日益显现的背景下，建设湛江钢铁基地有利于更便捷和经济地利用国内国际两个市场和两种资源，调整和优化我国钢铁工业布局。

二是升级广东省钢铁工业结构，促进广东经济转型、区域协调可持续发展。广东经济发

高炉区域

展在全国经济发展中具有举足轻重的地位。在全球金融危机中，广东经济以小企业为主的经济结构受到较大冲击，为此提出了重点发展装备、汽车、钢铁、石化、船舶制造五大产业，建设成为世界先进制造业基地的发展规划。精品钢材是装备、汽车、石化、船舶产业发展的基础和支撑，但当地的钢铁工业水平难以支撑广东省建设先进制造业基地。湛江钢铁基地项目产品定位为碳钢高端板材，其工艺和生产线设计代表了冶金工艺及制造的领先技术，在促进我国产品结构升级的同时，极大地提高了广东钢铁工业装备技术水平。同时，借项目建设契机大力推动基础设施建设、延伸钢铁产业链

和统筹城乡建设，有利于促进粤西地区可持续发展，缩小广东地区间的发展差距，促进广东省东西两翼区域经济协调发展。

三是进一步提升中国钢铁工业的国际竞争力。基于上游矿业和下游汽车、造船等制造行业的集中度日益提高，全球钢铁业受到来自上下游越来越大的双重压力。中国钢铁工业集中度低，不仅使得在与上游国外矿业巨头的谈判中处于不利地位，还使得中国钢铁市场波动幅度大，竞争秩序混乱。培育大型企业集团、提高产业集中度，是增强中国钢铁工业国际竞争力的切入点。

原宝钢集团在当时已具备一定的国际竞争

力，拥有一流的产品质量，先进的管理模式和较强的技术创新能力，有能力在国内联合重组、国际合作经营方面起引领作用。但是与国际大企业规模相比，原宝钢集团的产能规模明显偏小，应对国际竞争的能力受到严峻挑战。

因此，建设湛江钢铁基地项目，将原宝钢集团 30 年积累的建设、生产、技术、管理和市场经验进行拓展，不仅有利于提高中国钢铁工业集中度，提升行业地位、增强谈判话语权，还有利于我国冶金行业关键品种、关键技术与重大装备设计制造能力的提升，改变受制于人的状况，对提高我国钢铁产业安全具有积极作用。

2018 年，湛江钢铁基地项目一举斩获菲迪克工程优秀奖。

| 设计方案：
对标世界一流钢铁生产基地 |

湛江钢铁基地以广东及附近地区为目标市场，以汽车、家电、石化、机械和建筑等为主要目标行业，致力于建设成为现代化、生态化、高技术、高效益、体现循环经济和建设节约型社会理念、具有国际竞争力的世界一流钢铁生产基地。

项目设计团队由中冶集团武汉勘察研究院有限公司、中交第四航务工程勘察设计院有限公司、中交第三航务工程勘察设计院有限公司、中冶赛迪工程技术公司、中冶焦耐（大连）工程技术有限公司、中冶长天国际工程有限责任公司、宝钢工程技术集团有限公司等单位组成。

2012 年 5 月 24 日，国家发展改革委以发改产业〔2012〕1507 号文，核准湛江钢铁基地项目立项。

2012 年 8 月 21 日，宝钢集团公司以宝钢字〔2012〕269 号，批复宝钢广东湛江钢铁基地项目初步设计。批复同意建设一座 1000 万吨产能规模的钢铁基地，从而实施广钢环保搬迁，并替代广东省关停和淘汰省内现有约 1000 万吨钢铁生产能力。湛江钢铁基地项目达产后，年产铁 920 万吨，粗钢 1000 万吨，

钢材 938 万吨，其中生产热轧商品板卷 448 万吨，冷轧商品板卷 490 万吨。

2013 年 8 月 22 日，宝钢股份以宝钢股份〔2013〕263 号，对项目 2250 毫米热轧工程初步设计进行了批复。批复规模为年产热轧钢卷 550 万吨，热轧成品钢卷（板）547.4 万吨。

| 攻坚克难、创新创造 |

湛江钢铁基地项目成功克服了占地面积小、复杂沿海地质条件和特殊气候环境等困难，体现了中国冶金建设专业较高的综合技术水平。项目应用自主知识产权的专利 803 项、

焦炉区域

技术秘密 1486 项，基本形成了以"低成本冶炼技术、纯净均质钢技术、高精度轧制技术、孔型和壁厚控制技术、热处理和表面处理"等组成的钢铁主工艺流程核心技术链。

克服复杂地质与自然条件，体现出专业能力精湛。项目建设场地原始纸质地貌极其复杂，东南为玄武岩台地，西南为湛江黏土剥蚀台地，北面是海积平原和冲洪积洼地，东面地表有风成海积细砂覆盖。同时项目所在地温湿度高、台风多发、紫外线强。通过建设前期的系统策划，凝结 2 万多名建设者的智慧和汗水，运用沿海台风频发区域工业建筑和设备的抗风防台技术、沿海高温高湿强紫外线强腐蚀环境下的钢结构防腐技术、磨细浸泡法检测氯离子含量技术、抗地下水腐蚀高承载力管桩技术和海相高塑性淤泥水泥土搅拌桩技术，攻克一系列施工技术难题，取得了系统的创造性成果，达到国际领先水平，技术创新成效显著。

此外，项目填土区域酸碱度小、吹填区域氯离子高，属于强腐蚀建设环境。通过试验研究，制定了适用于腐蚀地基的 PHC 管桩标准图集和配套的检测标准，以及对 PHC 管桩生产工艺的具体要求。

应用"四新"，装备关键技术领先。项目采用大量新工艺、新技术、新装备、新材料，使高炉一代设计寿命达到 20 年，拥有自主知识产权的 BCQS 无料钟炉顶设备，首次在 5000 立方米以上高炉上获得成功应用。

炼钢 350 吨转炉为我国自主开发炉容最大转炉，通过合理选择高宽比、熔池深度、炉容比，既可满足转炉双联、双渣冶炼工艺，又可满足常规冶炼工艺，综合体现出厂房高度降

低、喷溅减少、高铁水比操作适应性强等优势，同时采用钢包全程加盖技术，降低转炉出钢温度约 10℃，带来可观的经济效益和环保效益。

2250 毫米热轧工程通过采用节能高效加热炉技术、新型除磷技术、先进的版型控制技术、高精度加强型层流冷却技术、全流程自动化生产控制技术等，降低了过程能耗，提高了带钢质量，实现了高效生产。

采用自主知识产权的冷轧产品一贯制生产技术，包括汽车板、家电板、硅钢等产品一贯制生产技术，保证冷轧产品的尺寸精度、表面质量、钢板成材率等均达到国际先进水平。

创新总图布局，吨钢物流量最优。该项目设计强调紧凑集约，充分考虑集中管理、减员增效、减少设施备用数量、降低建设投资和工序间的运输成本、兼顾远期发展等多方面因素，总图整体布局呈现"U"字形，有效减少物流、降低热损、提高效率。通过对运输方式的合理选择，以及对工艺工序合理衔接的充分考虑，码头工程以"挖入式"东、西双港池布置规划，大幅度提高岸线资源利用率，采用岸电供给等一系列环保措施实现码头水域"零排放"。通过最佳的工艺布局，厂内吨钢物流量只有 3.77 吨，属于钢铁行业最优。

全过程贯彻 FIDIC 管理理念，实现工程透明、廉洁。该项目秉承精干高效原则，采用组织机构扁平化设计方案，在人力配置上以国际先进指标为标杆，大幅度精简岗位，并通过提升装备自动化水平、大力推广运用智慧制造等措施大幅度提升了劳动效率。

项目选择"矩阵型"模式，建立以项目组为载体和核心、以职能管理有效支撑和监督制

热轧生产线

C 形料场内景

约的管理控制体系，并运用 FIDIC 项目管理方法，将"专项保廉"与"进度、质量、投资、HSE、合同"作为工程管理的"六大控制"，确保了"工程优质、人员优秀"。设计、设备、材料、建安等采购阶段，均按照 FIDIC 标准和法律法规，确保"公正、公平、公开"。

项目 1 号高炉系统自开工开始至钢坯试生产，仅用了两年四个月时间，在中国乃至全世界的冶金建设史上，这样超常规的建设速度极为罕见。

该项目在保持高速建设的同时，稳稳地把住工程质量的"方向盘"，工程质量主控项目点合格率 100%，其中炼钢工程获"鲁班奖"，高炉工程等荣获"国家优质工程奖"，各冶金主体单元均获"冶金优质工程奖"。

在投资控制上，经过制定统一设计标准、限额设计、"红线包干"、通用设备战略性集中采购等，实现总投资较批复总投资节约近10%，并满足工艺设备的有效需求目标。

引入环境监理的理念，聘请专业环境监理机构，有效控制工程施工阶段的生态环境影响和环境污染；采取完善的劳动安全、职业卫生设计，与主体生产设施同步设计、同时施工、同时投产；项目实施过程中实现了无重大事故

和死亡事故，实现了既定的 HSE 控制目标。

在合同管理方面，参考 FIDIC 橘皮书及桔皮书合同条件，创新性地制定了适用于冶金工程项目管理的建安合同模板，参考 FIDIC 银皮书合同条件条款，制定了适用于 EPC 项目管理的合同模板，有效减少了合同纠纷，提高了经济效益。

坚持生态文明建设的理念，清洁生产达国际先进水平。将"绿色"思维贯穿于整个项目设计、建设、生产过程中，整个项目共采用成熟可靠的节能环保技术 116 项，真正打造一个"全球排放最少，资源利用效率最高，企业与社会资源循环共享"的绿色梦工厂。

该项目是全球首个采用低温脱硝技术的钢铁项目，是中国首个对焦炉烟气采用同步脱硫脱硝工艺、采用人工湿地净化焦化废水、拥有全封闭原料堆场和防尘网的钢铁厂。项目吨钢综合能耗降低到约 600 千克标准煤 / 吨，低于国家《钢铁产业调整与振兴规划》620 千克标准煤 / 吨的要求。

项目采用成熟先进的余热回收技术和装备，优化提升余热利用水平，全厂烟气排放温度普遍达到 200℃以下，全年回收利用生产过程中的余热余压折标煤 70 万吨以上，达到世

界先进水平；采用独特的水资源"1+3"模式，即以"鉴江引水"作为主要水源，海水淡化、废水回收和雨水收集相结合的模式，全面采用节水的工艺和设备，并采取先进的串级供水技术，利用不同用户对水温、水质的差异，实行串联供水，同时设置中央水处理厂对废水进行深度处理后回用，达到对废水100%处理，水资源重复利用率98%以上。

项目固废处置严格遵循"减量化、资源化、再利用化"的原则，实现"高效率、低消耗和低排放"，综合利用率达99%以上。清洁生产水平达到国际先进水平。

| 经济社会效益双赢：湛江钢铁基地星耀南国 |

湛江钢铁基地项目整体设计处于国内领先，系统能耗低、物流顺畅、成本低，代表了我国冶金技术的前沿水平。项目对推动我国钢铁产业布局优化调整、实现我国钢铁产业结构升级具有重要意义。自全面投产以来，项目经济效益显著、社会效益明显。

湛江钢基地铁遵循简单、高效、低成本的管理理念，不断探索制造基地模式下的生产经营管控模式，以成本管控为核心，坚持对标达标。2017年是湛江钢铁基地生产经营元年，铁、钢、热轧等产量均超设计产能，铁水产量828万吨、板坯855.6万吨、商品坯材825万吨，2017年实现营业总收入约330亿元，利润总额超过20亿元，全面投产第一年就实现了高盈利水平，经营效益超出预期。

通过湛江钢铁基地主业带动配套产业链，包括循环经济、设备检修、能源动力和化工、钢铁仓储物流、建筑施工、钢铁产品深加工、辅料矿开发、生活配套及环保等产业，带动相关产业投资约130亿元，产业营业收入增加值约300亿元；同时带动就业人数约4.4万人，其中地区服务职工约1.4万人。

文 / 刘志兴、赵宏、尤振平、孙娟

附录

菲迪克 2013 年度工程项目奖

杰出奖

1	澳大利亚	悉尼歌剧院
2	中国	广州塔
3	中国	广州大剧院
4	中国	广东科学中心
5	日本	代代木国立综合体育馆
6	英国	哈利法塔
7	英国	2012 伦敦奥运会和残奥会场馆
8	英国	香港国际机场
9	澳大利亚	悉尼港湾大桥
10	加拿大	联邦大桥
11	中国	苏通大桥
12	中国	长江三峡水利枢纽
13	法国	英吉利海峡隧道
14	日本	东海道新干线
15	荷兰	荷兰三角洲工程
16	法国	英吉利海峡隧道
17	苏格兰	福尔柯克轮
18	美国	胡佛水坝旁路
19	美国	橘子郡再生水厂

优秀奖

1	中国	中国进出口商品交易会琶洲展馆
2	中国	天安门广场建筑群
3	丹麦	丹麦国家广播公司音乐厅
4	法国	圣拉扎尔火车站
5	希腊	圣三一教堂
6	美国	俄勒冈卫生科学大学多恩比彻儿童医院
7	中国	京沪高速铁路工程
8	中国	红水河龙滩水电站工程

9	中国	上海长江隧道
10	中国	武汉天兴洲长江大桥
11	中国	秦岭隧道群
12	中国	青藏铁路
13	法国	Mushaaer Mugaddasah 地铁项目
14	墨西哥	格里哈尔瓦河堵塞的应急管理和长期的解决方案
15	新西兰	Britomart 转运中心
16	新西兰	Newmarket 高架桥替换工程
17	西班牙	吉马太阳能发电站
18	英国	泰晤士水闸

菲迪克 2014 年度工程项目奖

杰出奖

1	澳大利亚	机场线、北公交专用线和机场环线升级项目
2	中国	西安地铁 2 号线工程
3	法国	贾克沙班—德尔马斯垂直升降桥
4	西班牙	马德里 M–30 M–RÍO 公路
5	美国	伯恩湖内港通航运河调压屏障项目
6	美国	710 区中心线：笔架山车站和隧道

优秀奖

1	澳大利亚	伊普斯维奇高速公路（迪莫—古德段）升级
2	澳大利亚	111 鹰街
3	巴西	图库鲁伊河河闸控制系统：研究、初步及最终设计、技术协助
4	中国	杭州湾跨海大桥
5	中国	泰州长江公路大桥
6	中国	中国石化镇海炼化公司 100 万吨 / 每年乙烯工程
7	中国	西气东输管道一线工程
8	中国	水布娅水电站
9	中国	京广高铁郑州黄河公铁两用桥
10	中国	石太高速铁路太行山超长隧道群工程
11	法国	库埃农河卡塞娜大坝
12	葡萄牙	布拉加市政体育馆
13	西班牙	普列托山光伏评估电站
14	西班牙	桑坦德集团城
15	土耳其	科尼亚科学中心
16	英国	苏塞克斯海洋清洁工程
17	美国	里翁—安提利翁大桥

18	美国	蒙哥马利控制闸点和大坝
19	美国	赫斯特总部
20	美国	莫克朗姆河项目

菲迪克 2015 年度工程项目奖

杰出奖

1	澳大利亚	格伦菲尔德枢纽工程
2	中国	渝利铁路工程
3	中国	舟山大路连岛工程西堠门大桥
4	法国	巴黎爱乐音乐厅
5	新加坡	新加坡滨海湾金沙综合度假村

优秀奖

1	中国	中国海洋石油总公司惠州炼油项目
2	中国	哈尔滨至大连铁路客运专线工程
3	中国	上海市轨道交通 10 号线（M1 线）一期工程
4	中国	广深港高速铁路狮子洋隧道
5	中国	白鹤梁水下博物馆工程
6	法国	路易威登基金会
7	韩国	光州市孝川污水处理厂
8	荷兰	武汉新能源研究院
9	西班牙	瓜鲁霍斯国际机场扩建工程
10	西班牙	诺柏一老蔡公路项目
11	英国	阿布扎比巴赫勒塔
12	英国	农村接入方案 2
13	美国	俄勒冈州交通投资 3 号法案 州桥梁运输计划
14	美国	瓦克大道和国会大道重建工程

菲迪克 2016 年度工程项目奖

杰出奖

1	中国	贵阳至广州高速铁路项目
2	中国	金沙江溪洛渡水电站项目
3	中国	钱塘江隧道及连线工程
4	摩洛哥	布赫格河谷开发项目
5	美国	富尔顿中心
6	美国	新东奥克兰海湾大桥

优秀奖

| 1 | 中国 | 青藏铁路西宁至格尔木增建二线关角隧道 |

2	中国	山西中南部铁路通道
3	中国	上海军工路跨江隧道工程
4	中国	忻州至阜平高速公路忻州至长城岭段
5	中国	北京地铁 10 号线工程
6	中国	马鞍山长江公路大桥
7	中国	宁波铁路枢纽北环线甬江特大桥工程
8	中国	南水北调中线工程
9	丹麦	奥尔胡斯植物园温室
10	韩国	巴库奥林匹克体育场
11	俄罗斯	新西伯利亚市鄂毕河 Bugrinsky 大桥
12	西班牙	巴拿马地铁一号线
13	西班牙	马拉加斯西部通道 AP–7 高速路 MA–417 连接路段 Churriana 隧道
14	美国	零雨水排放社区设计
15	美国	第九区灌溉扩建工程

菲迪克 2017 年度工程项目奖

杰出奖

1	中国	兰州—新疆高速铁路
2	日本	博斯普鲁斯海峡跨海隧道工程（马尔马拉海）
3	中国	凤凰中心

特别优秀奖

1	中国	汉江中下游水资源调控工程
2	美国	生物固体主生产线
3	中国	嘉绍大桥

优秀奖

1	澳大利亚	马丁广场 5 号
2	中国	重庆 3 号线跨座式单轨交通工程
3	中国	扬州瘦西湖隧道工程
4	中国	澜沧江糯扎渡水电站项目
5	中国	曹娥江大闸枢纽工程
6	中国	河北张家湾抽水蓄能电站
7	中国	澜沧江糯扎渡水电站项目
8	中国	杭州至长沙铁路客运专线项目
9	法国	斯特拉斯堡跨沃邦盆地大桥（Citadelle 桥）
10	希腊	STAVROS NIARCHOS 基金会文化中心
11	日本	柬埔寨 Neak Loeung 大桥
12	日本	三宝垄市水资源与洪水综合治理工程
13	西班牙	里波莱特—巴塞罗那公交及客运专用道
14	西班牙	北西北高速走廊 Venta de Baños 分区枢纽

| 15 | 美国 | 机场地热能利用项目 |

菲迪克 2018 年度工程项目奖

杰出奖

| 1 | 中国 | 雅砻江锦屏一级水电站 |
| 2 | 中国 | 合肥至福州高速铁路 |

特别优秀奖

| 1 | 中国 | 贵阳至瓮安高速公路 |
| 2 | 美国 | 世贸中心交通枢纽 |

优秀奖

1	中国	宝钢湛江钢铁基地
2	中国	北外滩白玉兰广场
3	中国	宁波梅山春晓大桥工程
4	中国	兰渝铁路西秦岭隧道项目
5	中国	国家风光储输示范工程
6	中国	500 米口径球面射电望远镜项目
7	中国	黄冈长江大桥
8	中国	上海市轨道交通 12 号线工程
9	澳大利亚	安娜米尔斯自行车赛车场
10	加拿大	韦尔昆辛格大桥
11	中国香港	香港港区第二期港区处理方案
12	日本	德里地铁工程
13	韩国	三陟液化天然气码头
14	俄罗斯	伊格纳利纳核电站 1 和 2 号机组石墨反应堆废核燃料组件临时储存设施
15	美国	SR–520 公路大桥
16	美国	珍珠港纪念桥
17	越南	霍泉水电站项目
18	越南	岘港市雅巴路互通立交工程

菲迪克 2019 年度工程项目奖

杰出奖

| 1 | 中国 | 西安至成都高铁（陕西段）工程 |
| 2 | 西班牙 | 兰德大桥加宽工程 |

特别优秀奖

1	中国	珠海歌剧院
2	中国	北盘江大桥
3	中国	武汉地铁徐家棚站综合交通枢纽

4	加拿大	纽维康图克托亚图克高速公路
5	法国	巴黎霍尔斯旧址改造项目
6	墨西哥	阿托托尼科污水处理厂

优秀奖

1	中国	北京市三元桥（跨京顺路）桥梁大修工程
2	中国	武汉鹦鹉洲长江大桥
3	中国	三峡水利枢纽升船机工程
4	中国	鹤岗至大连高速公路抚松段
5	中国	云桂高速铁路
6	中国	雅砻江锦屏二级水电站
7	中国	苏州南部电网 500 千伏统一潮流控制器 (UPFC) 工程
8	中国	澜沧江小湾水电站
9	加拿大	斯阔米什综合洪水灾害管理计划
10	日本	亨武吉海大桥 – 拉赫汇延港基础设施建设项目（路桥部分）
11	美国	仙人掌河湾整治工程
12	美国	马里奥·科莫大桥
13	美国	萨拉·米尔德里德长桥
14	美国	新伦敦大使馆
15	越南	越南海防市白藤大桥建设工程

图书在版编目（CIP）数据

当惊世界殊：菲迪克工程项目奖中国获奖工程集 /
中国工程咨询协会 编. —北京：人民出版社，2021.7
ISBN 978-7-01-023625-4

I.①当… Ⅱ.①中… Ⅲ.①建筑工程－中国 Ⅳ.①TU

中国版本图书馆CIP数据核字(2021)第145855号

当惊世界殊：菲迪克工程项目奖中国获奖工程集
(DANG JING SHIJIE SHU : FEIDIKE GONGCHENG XIANGMUJIANG ZHONGGUO HUOJIANG GONGCHENGJI)
· ·

编　　者：中国工程咨询协会
统　　筹：吴玉萍
责任编辑：赵爱华
责任审校：赵鹏丽
封面设计：张艾米
内文设计：杜英敏
出　　版：人民出版社
发　　行：人民东方出版传媒有限公司
地　　址：北京市西城区北三环中路 6 号
邮　　编：100120
印　　刷：鑫艺佳利（天津）印刷有限公司
版　　次：2021 年 7 月第 1 版
印　　次：2021 年 7 月第 1 次印刷
开　　本：787 毫米 ×1092 毫米　1/16
印　　张：30.5
字　　数：500 千字
书　　号：ISBN 978-7-01-023625-4
定　　价：178.00 元
发行电话：010-85924663 85924644 85924641
· ·